FlightSim 飞行器弹道设计实战技巧

李佳峰　陈万春　宋　磊　刘小明　著

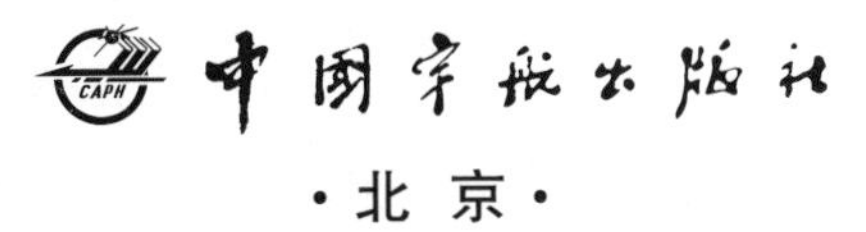

·北京·

图书在版编目（CIP）数据

FlightSim 飞行器弹道设计实战技巧 / 李佳峰等著. -- 北京 : 中国宇航出版社，2020.6

ISBN 978-7-5159-1792-4

Ⅰ.①F… Ⅱ.①李… Ⅲ.①飞行器－弹道－计算机辅助设计－应用软件 Ⅳ.①V47

中国版本图书馆 CIP 数据核字(2020)第 086901 号

责任编辑　赵宏颖　　**封面设计**　宇星文化

出版发行　中国宇航出版社

社　址　北京市阜成路 8 号　**邮　编**　100830

(010)60286808　(010)68768548

网　址　www.caphbook.com

经　销　新华书店

发行部　(010)60286888　(010)68371900

(010)60286887　(010)60286804(传真)

零售店　读者服务部　(010)68371105

承　印　天津画中画印刷有限公司

版　次　2020 年 6 月第 1 版

2020 年 6 月第 1 次印刷

规　格　787×1092

开　本　1/16

印　张　18

字　数　438 千字

书　号　ISBN 978-7-5159-1792-4

定　价　42.00 元

前 言

在飞行器设计过程中，弹道专业是联系总体、气动、制导、控制、载荷等多个学科的桥梁和纽带，飞行器的射程、精度、机动能力、突防能力等关键指标都需要弹道专业的参与。一方面，弹道设计是飞行器设计过程中不可或缺的专业，另一方面，弹道仿真参与飞行器设计的多个方面，控制、制导、突防等子系统的设计都离不开弹道仿真。

航天动力学软件是航天动力学理论与工程实践联通的桥梁，可以显著提高航天任务分析设计效率和水平。在弹道设计与仿真工具方面，国外已经形成了一批成熟的航天动力学软件，如侧重于任务仿真分析的 STK、FreeFlyer 等软件，以及侧重于航天器轨迹优化的 POST、ASTOS 等软件。这些软件成熟度和可靠性高，广泛应用于多个航天任务中。时至今日，航天动力学软件已经成为航天任务分析与设计中不可缺少的关键工具。但这些软件大部分是解决航天器轨道方面的设计、仿真和优化问题，主要涉及的是大气层外航天动力学问题，且这些软件多对我国限制或禁运。近年来，国内在航天动力学理论研究与工程应用方面均有长足发展，但成熟的航天动力学软件特别是针对弹道计算与仿真方面的软件几乎还是空白，当前我国高等院校及军工研究所的相关研究人员仍主要采用 MATLAB/Simulink、C/C++、Fortran 等编程语言编制程序进行弹道设计与仿真。让国内的设计人员用上成熟、可靠且不受制于人的航天动力学软件，是我们开发 FlightSim 软件和撰写本书的出发点。

FlightSim 软件由北京航空航天大学宇航学院陈万春教授团队成员李佳峰博士于 2004 年读研阶段着手开发，在各方面相关人士的帮助与支持下，经过十多年的研制、推广与应用，该软件目前已升级成面向飞行器设计与仿真的开放性设计环境，可以用于解决飞行器通用弹道设计与仿真、控制系统设计与验证、总体方案快速协同设计、多弹协同弹道规划与仿真等一系列问题。FlightSim 软件中的弹道计算工具提供了一套弹道模型的可视化设计方法，其操作简单，易于上手，设计人员通过简单的选取和输入即可完成弹道模型搭建，并且可以将公知的和一些重复使用的模型单元统一封装，并预留通用的输入输出接口，进而实现“搭积木”式弹道建模，大大提高了弹道模型的设计效率。

全书共分 8 章。第 1 章 FlightSim 软件概述，介绍了 FlightSim 软件的基本原理、特点及功能，并与其他常用软件进行了比较。第2章FlightSim软件入门与基本概念，介绍了FlightSim软件的运行规则、运算次序、坐标系定义、地球模型、姿态方式、使用单位、默认变量等内容。第3章程序设计基础，主要讲述FlightSim软件函数使用方法，包括数学运算、向量运算、矩阵操作等；介绍了绘图功能、读写功能等函数的具体使用方法。第4章软件接口与扩展，介绍了软件对外的接口和扩展功能，主要针对C/C＋＋和MATLAB两种软件，以实例的形式详细讲述了自定义接口函数的使用方法和步骤。第5章气动建模，针对软件专门开发的气动建模工具，详细介绍了气动建模工具的计算原理及内部变量名称；针对二维、多维、混合等不同格式气动数据，讲述了气动建模的具体过程；介绍了气动建模中经常使用的小功能，包括气动数据扩展、限幅、合成等；对气动数据分析相关工具进行了详细描述，包括气动配平、偏导数分析、升阻比计算等。第6章弹道计算，详细讲述了弹道计算工具中各个模块的使用方法和步骤；介绍了飞行环境设置方法，包括初始条件设置、大气模型设置、地球模型设置、输出变量设置等；讲解了弹道计算过程中需要使用的不同学科的创建方法，包括推力、控制、气动、质量、目标、时间、风场等学科；描述了弹道设计结果输出方法、自动生成报告的步骤和不同弹道版本管理的方法；重点介绍了弹道计算过程中的小技巧，包括消除代数环、“复制”弹道模型、批量弹道计算、弹道调试等。第7章弹道优化与设计，着重介绍了软件的弹道分析、蒙特卡洛仿真、优化等设计功能。第8章二维地图，具体介绍了二维地图工具的手动和自动绘图功能；重点介绍了二维地图工具与弹道计算工具结合使用进行绘图的详细步骤。

为了使读者更好地理解和掌握文中介绍的技巧，并便于对软件的灵活运用，在很多技巧之后附有提示。

本书在撰写过程中得到了许多专家及同行的热情鼓励和帮助，也得到了多家军队科研院所、航天科研院所和民营航天企业的鼎力支持，在此一并表示衷心感谢。

本书涉及知识面很广，囊括了飞行器设计领域的飞行力学、弹道计算、弹道优化、气动建模、二维地图等多个专业，而作者水平有限，书中的缺点和错误在所难免，敬请广大读者指正。

作　者

2020年5月10日

目　录

第1章　FlightSim软件概述

本章介绍了FlightSim软件的基本原理、特点及功能，并将其与目前常用的相关软件进行了对比，以便读者初步了解该软件。

技巧1　FlightSim通用弹道仿真软件的特点

在飞行器设计工具方面，国外已经形成了一批成熟的航天动力学软件，如侧重于任务仿真分析的STK、FreeFlyer等，以及侧重于航天器轨迹优化的POST、ASTOS等。这些软件的成熟度和可靠性高，广泛应用于多个航天任务中。时至今日，航天动力学软件已经成为航天任务分析与设计中不可或缺的关键工具。但大部分软件解决的是航天器轨道方面的设计、仿真和优化问题，其中，主要是大气层外航天动力学问题。国外的实践表明，功能丰富、高效精确、任务通用、界面友好的航天动力学软件，能有力促进航天动力学工程关键技术发展，提高航天任务分析与设计的水平和效率，推动航天技术的标准化、商业化、自主化发展。中国从20世纪90年代开始陆续引进国外航天动力学软件，但随着我国航天实力的提升，国外加紧对我国的技术封锁，如目前最为成熟的航天任务仿真分析商业软件STK，在7.0版本以后全面对华禁运，NASA于2017年新公布的一系列开源软件多数也对中国用户的使用进行限制。国内在航天动力学软件方面起步较晚，开展航天动力学软件研制的部门主要集中在航天领域高校以及相关科研单位。这些高校和科研单位研制的航天动力学软件可分为三类：解决特殊问题的工程软件，具备一定通用性的软件以及基于商业软件二次开发的软件。但截至目前，中国尚无成熟的通用航天动力学软件。

FlightSim软件工具提供了一个界面友好的通用弹道建模环境，利用该工具可以快速搭建各类大气层内飞行器的弹道模型，提供气动建模、弹道建模、控制系统分析与设计、优化算法、非线性方程组求解、蒙特卡洛仿真、高精度地图等弹道设计与仿真相关工具，为弹道设计过程中的一系列问题提供一整套的解决方案。

FlightSim软件平台采用矩阵式弹道建模思路，如图1-1所示，其中列代表时间，行代表学科，矩阵中的元素代表不同学科在不同飞行阶段的模型。同时内置了包括数值积分、弹道积分、质量、气动、推力、控制、制导、目标、方程解算、风、自定义等在内的多个相关学科并为其建模提供了专门的模型。

该平台的优势和特点主要表现在：

1）支持多种飞行器、多种任务模式的矩阵式弹道建模方法，可以方便地创建各类飞行器的三自由度/六自由度弹道模型；

2）提供气动、优化、求解、地图等多种辅助弹道设计工具，能够解决弹道设计过程

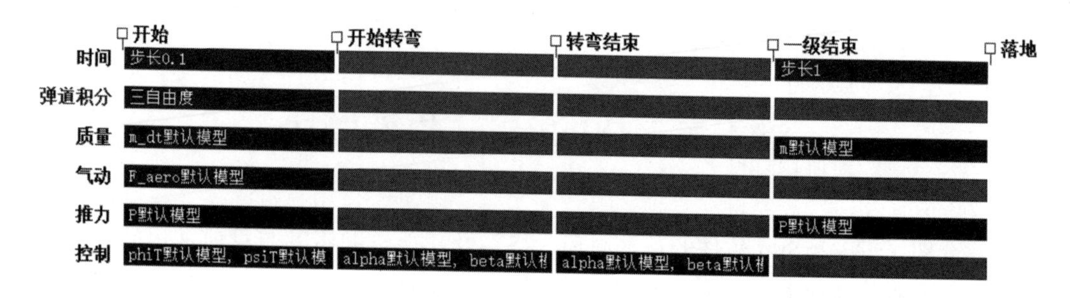

图 1－1

中遇到的诸如安全区论证、级间比优化等问题；

3）提供插值、脚本、内置函数、自定义等多种学科建模方式，可以创建制导、控制、发动机、气动等模型；

4）提供解释语言、计算引擎、解决方案管理、工具箱管理、函数管理等强大的底层功能支持；

5）丰富的接口设计，为用户扩展提供了极大的方便，也可方便地融入其他系统。

基于此，FlightSim 软件在弹道仿真与优化方面实现了“四化四易”，即：

1）化专用为通用：将传统的仅针对某个问题开发的专用弹道仿真模型，转化为可以适应具备支持各类飞行器以及各种飞行环境、发射方式、弹道模式的三自由度/六自由度弹道建模软件；

2）化无形为有形：将传统的利用 MATLAB 软件或 C/C++ 语言等编写的“无形”弹道计算程序，转化为计算过程及结果“有形”的可视化编程界面；

3）化烦琐为简单：将传统弹道计算软件需要编制大量底层函数及代码的烦琐过程，转化为基于图形用户界面模式的简单过程；

4）化封闭为开放：将传统的仅用于弹道计算的封闭工具，转化为可实现方程求解、弹道优化、蒙特卡洛仿真等功能的开放仿真设计平台；

5）易上手：FlightSim 软件可以帮助编程基础较差的设计人员或非弹道相关专业人员快速搭建所需飞行器弹道模型，使模型编制效率提高十倍以上；

6）易调试：FlightSim 软件采用可视化建模方式，可以方便灵活地通过设置断点和仿真结束点实现各学科模型的调试；

7）易维护：FlightSim 软件建立的模型是基于图形界面模式，对于弹道模型的修改及维护简单、方便；

8）易扩展：FlightSim 软件中不同专业的相关内容以工具和模型的形式建立在底层平台上，彼此之间采用松耦合方式，没有依赖性，相互之间的联系通过底层的多种机制实现，同时针对 MATLAB 软件和 C/C++ 语言提供了多种接口，利用这些接口可实现函数、模型、工具等形式的扩展。

技巧2 FlightSim软件能够为用户提供什么功能

最初，为解决弹道设计问题，研制了FlightSim软件，通过研制气动建模、弹道计算、优化/求解/仿真算法、高精度二维地图等相关工具，解决了通用弹道建模、弹道计算、弹道优化以及六自由度弹道仿真等问题。目前FlightSim软件已升级到具有面向飞行器设计与仿真的开放性设计环境的版本，可以解决飞行器通用弹道设计与仿真、控制器设计与验证、总体方案快速协同设计、多弹协同弹道规划与仿真等问题。

FlightSim软件中的弹道计算工具可计算大气层内的各种飞行器的轨迹，不仅可以计算简单的质点弹道，还可以计算包括舵机、校正网络、测量设备、制导系统等在内的精确弹道；不仅可以计算单段简单弹道，还可以计算包含若干离散事件的复杂弹道；不仅可以设置适合无人机计算的地球模型，而且可以设置适合火箭计算的旋转椭球模型，具体功能主要包括：

1）可计算由若干飞行段组成的复杂弹道，可以通过指定时间或条件灵活地对弹道进行分段；

2）可以在飞行段中间定义关键动作，例如释放诱饵、脱落残骸等；

3）提供弹道、质量、推力、气动、制导、控制等相关子学科的专门建模工具；

4）提供三自由度/六自由度弹道计算功能，可以方便地计算精确弹道；

5）提供不同地球模型，例如平面、圆球、椭球模型，支持地球模型旋转和静止的切换；

6）支持求解非线性方程组，可实现动态气动配平等功能；

7）支持冲击、碰撞等不连续弹道建模；

8）可实现运行过程数据的动态显示、计算结果的格式化输出；

9）简便地引用中间过程数据；

10）简便地设置偏差弹道；

11）为弹道优化、弹道分析等工具定义输入输出接口；

12）可存储多种设计方案；

13）自动生成包含方案对比曲线、特征点数据和弹道数据的报告。

由于工程实际中的气动数据量往往较大且没有标准格式，导致气动建模复杂，因此一般软件和自编程序很难实现通用、统一的气动建模。为配合弹道建模与仿真工作的开展，FlightSim软件平台提供了方便用于气动建模的统一工具，其功能主要包括：

1）可实现由多段组成的飞行器（如多级运载火箭、导弹）的气动建模；

2）支持多个舵偏产生的复杂气动数据线性叠加的飞行器气动模型；

3）支持气动数据的扩展、限幅；

4）支持弹体系和速度系的气动系数；

5）支持动态气动参数建模；

6）支持气动数据的文本显示和曲线显示；

7）可以方便地在弹道计算中使用气动模型；

8）支持数据的标准格式预览，以便检查气动模型的正确性；

9）支持气动参数配平、偏导数计算、升阻比计算等。

除了弹道设计和气动建模功能外，FlightSim 软件还具备以下功能：

1）数学运算：包括算术运算、关系运算、赋值操作、基本数学函数运算等；

2）控制器设计与验证：支持飞行器姿态控制器参数的可视化设计，解决与六自由度气动建模、弹体传递函数分析、控制器结构搭建、控制器参数整定、设计结果评估、非线性定点仿真等控制器设计相关的问题；

3）总体多学科协同设计：包含外形与部位安排设计与计算、发动机建模与分析、气动估算与建模、弹道计算、载荷计算、气动热计算等工具，可为飞行器总体设计提供基于模型的多方案对比、多学科一体化设计、敏度分析、打靶概率分析、包络设计、仿真评估等自动化设计手段；

4）弹道规划：可进行基于作战需求的武器库建模、武器性能分析和多弹弹道规划，并提供针对用户具体应用的典型武器库；并在此基础上，实现面向具体应用的弹道规划算法库，提供满足多弹协同仿真的分布式计算引擎；并在高精度二维地图和三维视景仿真工具的配合下，为用户提供一款方便、快捷、灵活的，适用于进行导弹武器系统射前规划和射后仿真的一体化设计仿真平台。

本书重点介绍与弹道设计相关的使用技巧，包括弹道计算工具和气动建模工具的使用技巧，而其他工具的使用技巧不在本书范围内。

技巧 3 FlightSim 软件与同类软件的比较

（1）与 MATLAB 软件的比较

MathWorks 公司推出的 MATLAB 软件无疑是当前科学计算领域最为流行的仿真设计平台，广泛应用于信号处理和通信、图像和视频处理、控制系统、测试和测量、计算金融学及计算生物学等领域。MATLAB 软件通过提供适合科学计算的 M 语言、相关专业的工具箱、适合仿真的 Simulink 软件等手段，为用户构建了一个非常开放灵活的仿真设计平台。

与 MATLAB 软件相比，FlightSim 软件的弹道计算工具更注重为特定问题提供更加简便快捷的解决方案。两者不同之处在于：

1）FlightSim 软件针对特定问题为用户提供专门的设计与仿真工具，更针对具体的设计与仿真问题，更注重对解决方案及相关数据的管理；

2）FlightSim 软件不失灵活性和扩展性，它同样提供了类似于 M 语言的编程语言、类似于 Simulink 的建模方式，不同的是，这两种手段在 FlightSim 软件的弹道设计与仿真工具中并非主要的建模方式，而是仅作为专门工具的必要补充；

3）为解决弹道计算和设计问题，专门开发了适合工程应用的气动建模、弹道计算、优化算法、高精度二维地图等实用工具，为解决飞行器总体方案优化设计、飞行试验弹道设计、航迹中心线残骸落区论证等工程问题带来了极大的方便。

（2）与 STK 软件的比较

STK 软件是由美国 Analytical Graphics 公司开发的一款商业分析软件。该软件具备如下功能：

1）分析功能：计算卫星在任何时刻的位置和姿态，以及卫星或地面站遥感器的覆盖区域；

2）生成轨道功能：提供卫星轨道生成向导，帮助用户建立常见轨道，如地球同步轨道、近地轨道等；

3）可见性分析功能：计算空间对象间的访问时间并在二维地图窗口中动画显示，可以在空间对象间增加几何约束条件（如可视范围、最小仰角等）以进行细节上的仿真；

4）可视化计算结果功能：可以显示所有以时间为单位的信息，对任务场景变化等具备多窗口实时显示能力。

与 FlightSim 软件相比，在弹道计算与设计方面，STK 软件的劣势主要表现在：

1）对大气层内飞行器支持弱，不提供专门的气动建模工具；

2）仅对给定弹道数据提供仿真功能，不提供弹道建模功能；

3）难以对大气层内飞行器进行弹道优化设计。

（3）与 ASTOS 软件的比较

ASTOS 软件是一款商业化非常成功的航天器轨迹优化软件，广泛应用于不同领域和不同类型航天器设计任务。ASTOS 软件和 FlightSim 软件的功能对比如表 1－1 所示。

表 1－1

序号	软件功能	ASTOS 软件	FlightSim 软件
1	多个成熟轨迹优化算法包	有	有
2	动力学建模	有	有
3	友好的接口支持	有	有
4	卫星等航天器轨迹设计	有	需定制
5	方便的气动建模工具	没有	有
6	高精度地图支持	没有	有

可以看出，ASTOS 软件更适合做卫星等航天器轨迹设计，而 FlightSim 软件更适合做火箭等飞行器轨迹设计。

技巧 4　FlightSim 软件与 MATLAB 软件和 C 语言的异同点

为特定问题提供简便快捷的解决方案，FlightSim 软件结合了 MATLAB 软件和 C 语言的部分优点，采用了适合进行科学计算的解释语言体系，形成了具有自身特色的集成仿真设计平台。由于结合了两者的优点，在语法规则和使用惯例方面与两者均有所差异，因此在实际编程和使用过程中必然会给用户带来一些困扰。这里将 FlightSim 软件与 MATLAB 软件和 C 语言的异同点进行总结和归纳，如表 1－2 所示，以便用户学习和使用。

表 1－2

序号	与 MATLAB 软件相同点		序号	与 C 语言相同点	
1	拖拽式建模与仿真	与 Simulink 类似	1	数组、向量索引	数组和向量的索引均从 0 开始
2	变量不需事先声明，不需声明维数	需要使用时直接定义并使用	2	条件三元运算符“?:”	表达式 1 ? 表达式 2 : 表达式 3。与 C 语言相同，若表达式 1 的结果为真，那么执行表达式 2，则返回表达式 2 的结果，否则返回表达式 3 的结果
3	数组、向量运算	数组的创建、运算	3	变量命名	以字母、“_”、汉字等开头，是字母、数字、汉字和“_”的任意组合，字母区别大小写
4	数组三元运算符“::”	x0:x1:x2。产生一个从 x0 开始、每隔 x1 到 x2 的行向量	4	程序控制语句	分支控制语句（if…else if…else）、循环控制语句（for 循环、do…while 循环、while 循环、continue 和 break 语句）和程序终止语句（return 语句）
5	特殊变量	ans、pi			
6	变量工作空间	类似 MATLAB 软件中的 workspace			
7	画图	plot、holdon、figure、legend 等函数与 MATLAB 软件中的相同			

技巧 5　FlightSim 软件弹道计算基本原理

FlightSim 软件将运动物体的基本运动学和动力学方程封装在底层，共封装了质点和刚体的运动学和动力学方程 12 个，其中质点 6 个，刚体 6 个。

$$
\begin{cases}
\dot{S} = \boldsymbol{V} & \text{质点运动学方程} \\
\dot{V} = \dfrac{\boldsymbol{F}}{m} & \text{质点动力学方程} \\
\dot{A} = \boldsymbol{\omega} & \text{刚体运动学方程} \\
\dot{\omega} = \dfrac{\boldsymbol{M}}{J} & \text{刚体动力学方程}
\end{cases}
$$

同时将与弹道计算相关的质量、高度、速度、欧拉角转换、积分、插值等基本方程和关系式也封装起来，与运动学和动力学方程配合构成完整的解算体系，使得用户在软件使用过程中不必接触或改动这些物体运动最基本的规律。在保持软件简洁、通用的基础上，为了满足用户在不同弹道计算使用场景的需要，通过开放多种输入接口、选择多种模式、开发多种灵活的建模方式等设计理念，FlightSim 软件也为用户使用提供了足够的灵活性。下面结合软件界面简要介绍 FlightSim 软件进行弹道计算的基本原理。

在利用 C 语言或 MATLAB 软件进行弹道计算过程中，一般将积分变量写在方程左侧，将所有积分表达式写在方程右侧，右侧一般表示弹道模型中所有的输入参数。FlightSim 软件也有类似右侧函数的设置窗口，但不同的是设置窗口中仅对用户开放了特定的部分参数，对其他通用的关系和表达式均进行了隐藏。

FlightSim 软件弹道设计主页面如图 1－2 所示。

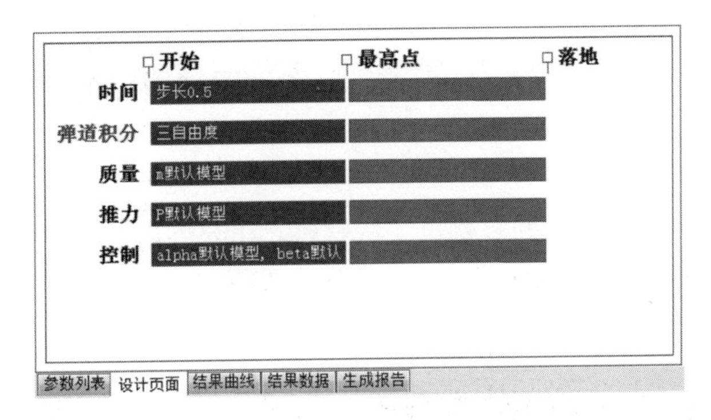

图 1－2

设计主页面中最核心的是“弹道积分”学科。双击“弹道积分”，在弹出的对话框中可以对弹道仿真的初始条件等进行设置，详细设置方法可参见技巧 66～技巧 68。双击“弹道积分”学科后面的矩阵块，可弹出图 1－3 所示的设置对话框。

弹道积分设置

输入设置

⊟ 输入

质量	m
转动惯量	Jxyz
重力加速度	gxyz_yin
发射坐标系外力	0
速度坐标系外力	0
弹道坐标系外力	0
弹体坐标系外力	P
弹体坐标系力矩	0

设置飞行环境...　　确定　　取消

图 1－3

这个页面是弹道积分计算的核心对话框，需要输入质量、转动惯量、重力加速度、外力、力矩等信息，其中外力提供了发射坐标系、速度坐标系、弹道坐标系和弹体坐标系 4 种输入方式，可以选择一种或同时选择多种输入方式，软件内部将自动进行转换。每个输入框中既可以输入单个数值，又可以输入变量名称，还可以输入表达式。弹道计算和仿真中使用的质量、转动惯量、重力加速度、外力、力矩等信息一般都不是一个固定的值，具有特定的模型，需要分别进行建模，弹道设计页面中其他学科均是为弹道积分学科服务的。FlightSim 软件中对弹道计算和仿真所有的设置和编程均是围绕此模块进行的。完成这个对话框的所有输入设置后，原则上就可以进行弹道积分计算了。

技巧 6　在什么地方能够获得关于 FlightSim 软件更多的帮助和算例

公司网站上提供了各种帮助和算例电子版材料，用户可以通过访问网站自行下载，网站地址为：http：//www. vdht. com. cn。

第 2 章　FlightSim 软件入门与基本概念

本章介绍了 FlightSim 软件入门知识和基本概念，包括软件的运行规则、运算次序、坐标系定义、地球模型、姿态方式、使用单位、默认变量等。

技巧 7　使用 FlightSim 软件进行弹道计算需要准备的专业知识

弹道计算与仿真是一门专业性很强的学科，无论是利用 C 语言、MATLAB 软件、FORTRAN 语言，还是使用 FlightSim 软件进行弹道计算，用户均需要掌握飞行力学基本概念和模型。FlightSim 软件中飞行器运动学模型、动力学模型、坐标系定义、坐标变换、欧拉角定义等内容与贾沛然等编著的《远程火箭弹道学》中的相关内容保持一致，需要了解软件底层基本算法和原理的用户可以首先学习该书，学习该书也有利于用户快速上手 FlightSim 软件。使用 FlightSim 软件需要准备的专业知识包括但不限于以下几个方面：

1）飞行器运动学/动力学方程；

2）地球模型；

3）大气模型；

4）发动机质量特性与推力；

5）气动力和气动力矩；

6）飞行器常用坐标系及相互转换关系。

技巧 8　FlightSim 软件运行规则

FlightSim 软件以设计页面顶端定义的事件为时序依次运行，不同学科依据一定的先后顺序开展计算，同时利用自定义脚本进行前后处理。以图 2-1 所示具有 3 个时序事件的弹道模型为例，对软件的具体运行规则进行说明。

对于以上弹道模型，软件运行过程主要包含图 2-2 所示的 7 个步骤：

1）运行“编辑脚本”按钮中起始脚本标签中定义的代码。此处代码一般用于弹道模型初始化，可在弹道主模型积分运算开始前对弹道模型中相关参数进行前处理。详细使用方法见技巧 91。

2）运行“事件 1”中定义的代码。此处代码一般用于对弹道积分过程进行处理，可实现设置飞行段标志位、记录事件发生时的弹道参数、弹道转飞行段处理、弹道过程参数控制等功能，当“事件 1”条件成立时仅运行一次代码。详细使用方法见技巧 91 和技巧 98。

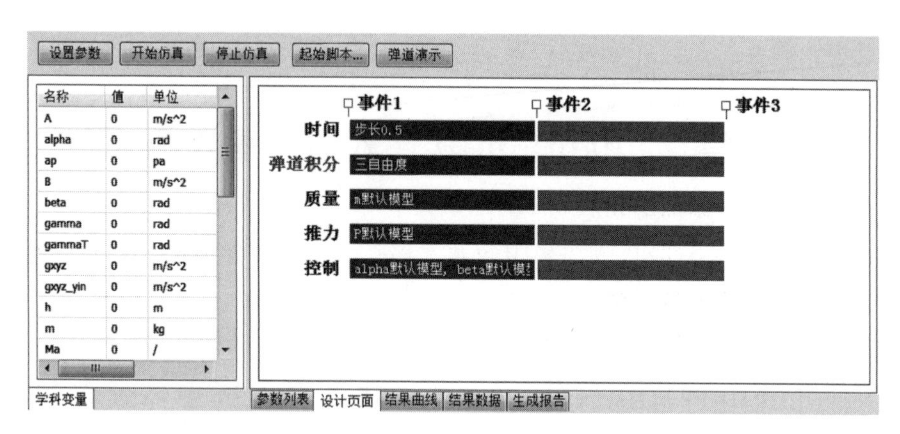

图 2-1

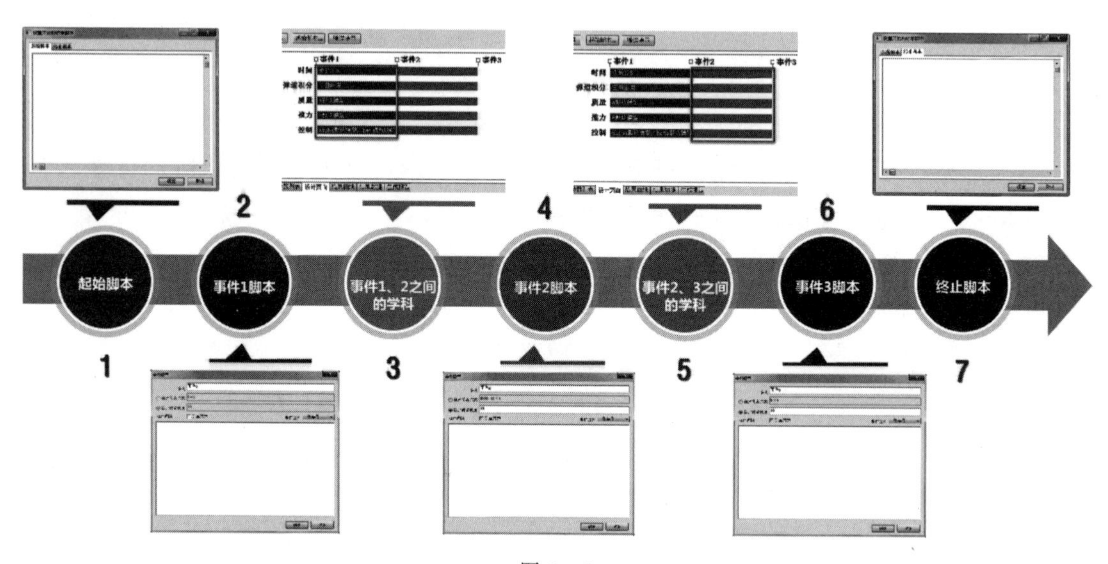

图 2-2

3）运行“事件1”和“事件2”之间定义的所有学科模型。“事件1”条件成立后，将首先运行一次“事件1”中定义的代码，然后依据软件内部制定的规则运行弹道模型中定义的时间、弹道积分、质量、推力、控制等所有学科模型。关于不同学科模型之间的运行次序详见技巧9。

4）运行“事件2”中定义的代码。与步骤2）相同，不再赘述。

5）运行“事件2”和“事件3”之间定义的所有学科模型。与步骤3）相同，不再赘述。

6）运行“事件3”中定义的代码。与步骤2）相同，不再赘述。

7）运行“编辑脚本”按钮中终止脚本标签中定义的代码。此处代码一般用于对弹道计算结果进行后处理，例如进行弹道参数运算、判断以及画图显示等。

技巧 9　弹道模型不同学科的运算次序

在利用 FlightSim 软件进行矩阵式建模的过程中，一般需要建立若干个学科模型，这些不同学科之间不是以添加的先后顺序为运算次序的，软件内部按照一定规则设计了一套严格的运算次序算法。下面对弹道模型中不同学科之间的运算次序做一个简单的介绍，目的是让用户理解软件的运行机制。

首先介绍两个软件内部的基本概念。

（1）模型单元

一个学科被称为一个模型单元，每个模型单元均包含输入和输出。我们定义需要使用除时间学科和弹道积分学科外其他学科的输出作为本模型输入的模型单元为有输入模型单元，定义仅需要使用时间学科和弹道积分学科的输出作为本模型输入的模型单元为无输入模型单元。

例如图 2－3 所示的推力学科，由于该模型单元的输入仅包含时间 t 一个变量，在软件内部该学科被定义为无输入模型单元。

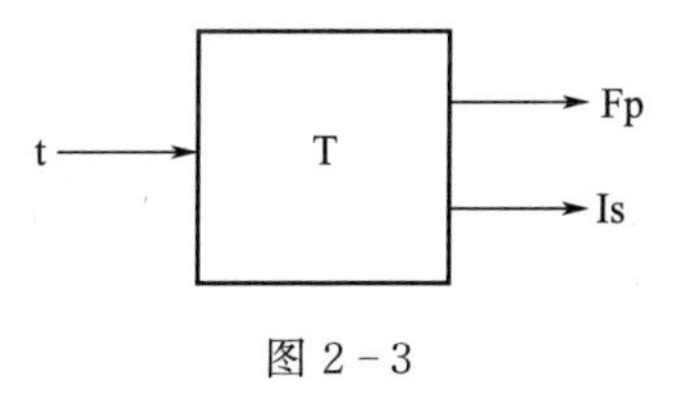

图 2－3

例如图 2－4 所示的质量学科，由于该模型单元的输入为推力学科的输出变量秒耗量 Is，因此在软件内部该学科被定义为有输入模型单元。

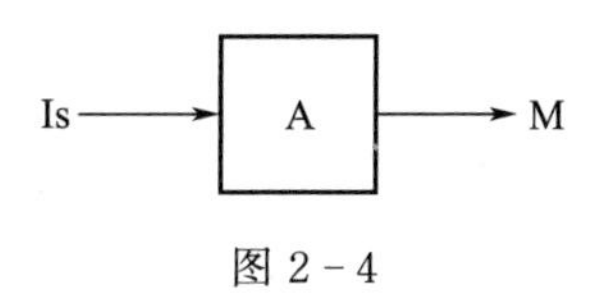

图 2－4

（2）关系类

关系类用来描述两个模型单元之间的输入输出关系，每个关系类定义的输入输出关系均包含两个模型单元，其中输出作为另一个模型单元输入的模型单元称为输入模型单元，另一个模型称为输出模型单元，软件内部通过识别变量名称来实现关系类的定义。

例如对于图 2－5 所示的三个模型单元，第一模型单元 101 的输入为 x_1 和 x_2，第二模型单元 102 的输出为 x_1，第三模型单元 103 的输出为 x_2。软件内部将自动建立两个关系类，这两个关系类分别为第二模型单元 102 到第一模型单元 101 的关系类和第三模型单元 103 到第一模型单元 101 的关系类，其中，第二模型单元 102 和第三模型单元 103 均为输入模型单元，第一模型单元 101 为输出模型单元。

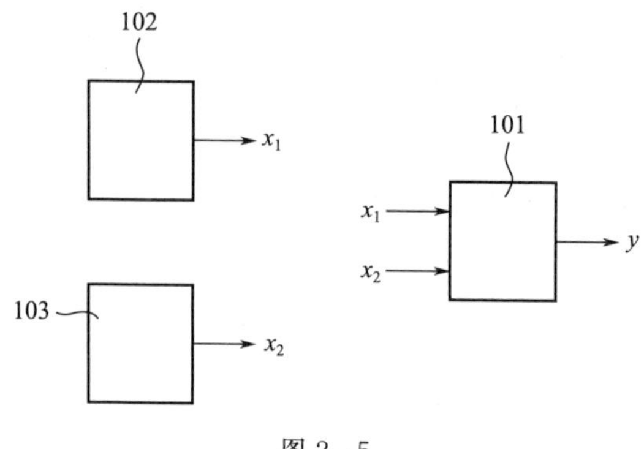

图 2－5

下面介绍不同学科之间的运算次序：

1）新建运算次序空队列，用于存放模型单元；

2）将无输入模型单元存入空队列中，如果存在多个无输入模型单元，则按照建立模型单元的先后顺序将其存入空队列中；

3）根据定义的关系类，针对剩余的有输入模型单元，逐个判断是否其所有输入模型单元已在运算次序队列中，若否，则判断下一个模型单元；若是，则将该有输入模型单元放入队列中，直至没有模型单元可以放入队列为止；

4）如果所有的模型单元都已经存入空队列，则运算次序队列中模型单元存入的先后次序就是运算次序；如果存在剩余的模型单元没有放入队列中，则说明所构建的弹道模型各学科之间存在代数环，不能求解，软件将给出错误信息。关于代数环的详细处理方法见技巧 88。

下面通过一个例子进行详细说明。例如对于包含 7 个学科的弹道模型，各学科之间的输入输出关系如图 2－6 所示。

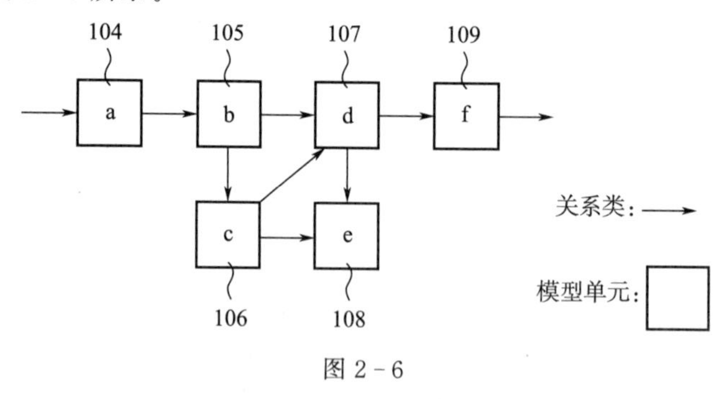

图 2－6

按照以上规则，运算次序队列中第一次放入无输入模型单元 a104，第二次放入有输入模型单元 b105，第三次放入有输入模型单元 c106，第四次放入模型单元 d107，第五次放入模型单元 e108 和模型单元 f109。因此，弹道积分运算次序为先运算无输入模型单元 a104，然后依次运算有输入模型单元 b105、有输入模型单元 c106、模型单元 d107、模型单元 e108 和模型单元 f109，其中由于模型单元 e108 和模型单元 f109 同一批放入队列中，其运算次序根据建模时添加的先后顺序确定。

技巧 10　FlightSim 软件中定义的坐标系

为了提供通用的弹道计算和仿真解决方案，FlightSim 软件中定义了多种坐标系。下面对 FlightSim 软件中定义的坐标系及其相互转换关系进行介绍。

（1）软件中常用坐标系定义

在弹道计算过程中除了常用的弹体坐标系和速度坐标系这两个坐标系外，还有地心坐标系、发射坐标系、发射惯性坐标系以及弹道坐标系，下面将分别进行介绍。

地心坐标系 $O_E x_E y_E z_E$：固联于地球，坐标原点在地心，$O_E x_E$ 轴指向 0° 经度线，$O_E z_E$ 轴指向北极，$O_E y_E$ 轴垂直于 $O_E x_E$ 轴和 $O_E z_E$ 轴，在赤道平面内，$O_E y_E$ 与 $O_E x_E$、$O_E z_E$ 构成右手坐标系。

发射坐标系 $Oxyz$：也叫地面坐标系，固联于地球，坐标原点通常选择在发射点，也可以根据需要选择在其他地方，Oy 轴垂直于当地地球表面，向上为正，Ox 轴垂直于 Oy 轴，一般选择为瞄准方向，Oz 轴与其构成右手坐标系。

发射惯性坐标系 $Ox_A y_A z_A$：对于射程较大的飞行器，地球旋转对飞行过程的影响是不能忽略的，很多制导方面的设计在 $Ox_A y_A z_A$ 上完成，但对于射程较小的飞行器，可以直接忽略地球旋转的影响，在 $Oxyz$ 上处理制导即可。该坐标系在发射时刻与发射坐标系 $Oxyz$ 重合，飞行过程中坐标系在惯性系内保持静止。

弹体坐标系 $Ox_b y_b z_b$：固联于弹体，坐标原点在导弹质心上。Ox_b 轴平行于弹身轴线，从弹体尾部指向头部为 x 轴正方向；Oy_b 轴在导弹纵对称面内，垂直于 Ox_b 轴，向上为正；Oz_b 轴垂直于 Ox_b 轴和 Oy_b 轴，其方向按右手定则确定。

速度坐标系 $Ox_v y_v z_v$：固联于弹体，坐标原点在导弹质心上。Ox_v 轴与质心运动速度方向重合，向前为正；Oy_v 轴在导弹纵对称面内，垂直于 Ox_v 轴，向上为正；Oz_v 轴垂直于 Ox_v 轴和 Oy_v 轴，其方向按右手定则确定。

弹道坐标系 $Ox_t y_t z_t$：固联于弹体，坐标原点在导弹质心上。Ox_t 轴与质心运动速度方向重合，向前为正；Oy_t 轴位于包括速度向量的铅垂面内，垂直于 Ox_t 轴，向上为正；Oz_v 轴垂直于 Ox_v 轴和 Oy_v 轴，其方向按右手定则确定。

（2）坐标系之间的关系

本书参考《远程火箭弹道学》中的符号来描述各欧拉角。

如果不考虑坐标系原点的不同，两个坐标系之间的关系可以通过变换矩阵 $\boldsymbol{M}$ 、变换四元数 q 或欧拉角来表示，三者之间是可以相互转换的，不同的表示方法各有优劣。其中，用欧拉角表示更易于理解，但是容易产生歧义，而且不同的转换次序对应的欧拉角不同，常用的转换次序有 321(zyx) 次序和 231(yzx) 次序，其中 321 次序适合垂直发射的飞行器，231 次序适合多数时间平飞的飞行器，FlightSim 软件支持这两种旋转次序。下面将简要介绍各坐标系之间的关系：

1）弹体坐标系与发射坐标系：按照 321 次序，将发射坐标系依次沿 z 轴、y 轴和 x 轴

旋转俯仰角 φ 、偏航角 ψ 和滚转角 γ ，使得其与弹体坐标系重合；按照231次序，将发射坐标系依次沿 y 轴、z 轴和 x 轴旋转偏航角 ψ 、俯仰角 φ 和滚转角 γ ，使得其与弹体坐标系重合。

2）弹体坐标系与发射惯性坐标系：按照321次序，将发射惯性坐标系依次沿 z 轴、y 轴和 x 轴旋转俯仰角 φ_A 、偏航角 ψ_A 和滚转角 γ_A ，使得其与弹体坐标系重合；按照231次序，将发射惯性坐标系依次沿 y 轴、z 轴和 x 轴旋转偏航角 ψ_A 、俯仰角 φ_A 和滚转角 γ_A ，使得其与弹体坐标系重合。

3）速度坐标系与弹体坐标系：速度坐标系依次沿 y 轴和 z 轴旋转侧滑角 β 和攻角 α ，使得其与弹体坐标系重合。攻角和侧滑角定义都遵循先 y 轴再 z 轴的规则。

4）弹道坐标系与发射坐标系：按照321次序，将发射坐标系依次沿 z 轴和 y 轴旋转弹道倾角 θ 和弹道偏角 σ ，使得其与弹道坐标系重合；按照231次序，将发射坐标系依次沿 y 轴和 z 轴旋转弹道偏角 σ 和弹道倾角 θ ，使得其与弹道坐标系重合。

5）弹道坐标系与速度坐标系：将弹道坐标系沿 x 轴旋转倾侧角 μ ，使得其与速度坐标系重合。

技巧11　FlightSim软件中如何设置坐标系

虽然FlightSim软件中定义了多种坐标系，但为了软件操作的简捷性，仅对用户开放了发射坐标系或发射惯性坐标系的设置权限，其他坐标系之间的转换均在软件内部自动进行。用户在进行弹道计算之前，需要在软件中进行发射坐标系或发射惯性坐标系的设置。

首先介绍发射坐标系和发射惯性坐标系的基本定义，如图2-7所示。

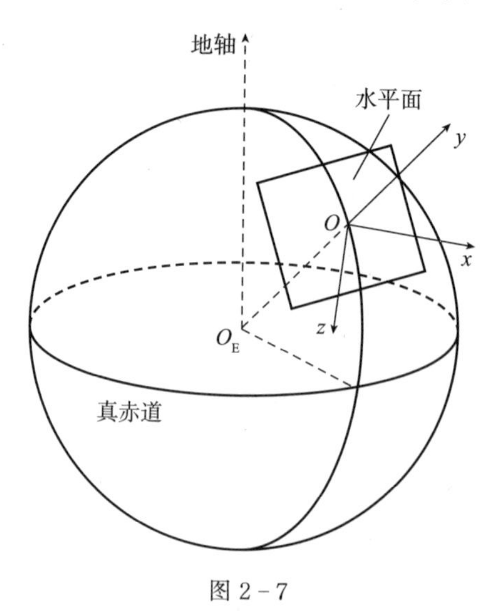

图2-7

对于发射坐标系，原点为发射点 O，Ox 轴在发射点水平面内，指向发射方向，Oy 轴沿发射点的铅垂线向上，Oz 轴与 Ox 轴和 Oy 轴构成右手直角坐标系；在发射瞬时，发射惯性坐标系与发射坐标系重合。根据以上坐标系定义，在设置坐标系时，仅需要输入原点位置和射向(即 Ox 轴) 即可。

其次介绍在 FlightSim 软件中如何设置发射坐标系或发射惯性坐标系：

1）在图 2－8 弹道设计页面双击“弹道积分”。

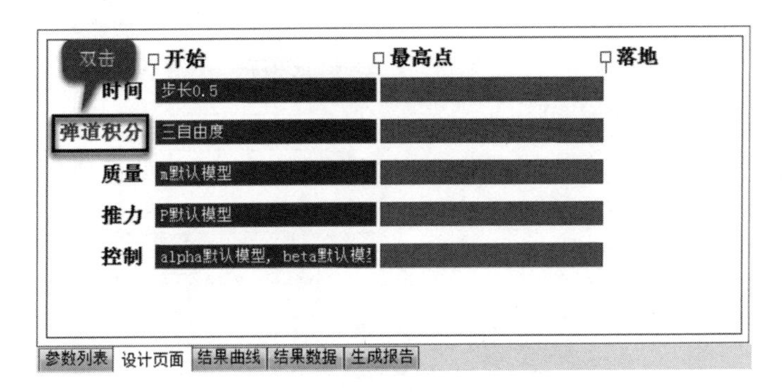

图 2－8

2）在弹出的图 2－9 所示的“飞行环境设置”对话框中，单击“飞行环境”标签。

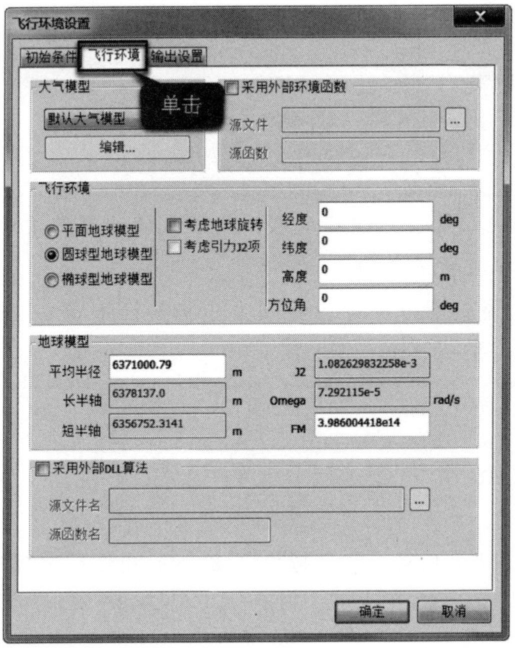

图 2－9

3）在“飞行环境”标签页中的“飞行环境”模块的经度、纬度、高度和方位角输入框中输入相关数值，即可完成发射坐标系/发射惯性坐标系的设置，如图 2－10 所示。其中经度、纬度和高度三个输入值决定了发射原点 O，方位角（即射向）决定了 Ox 轴方向。

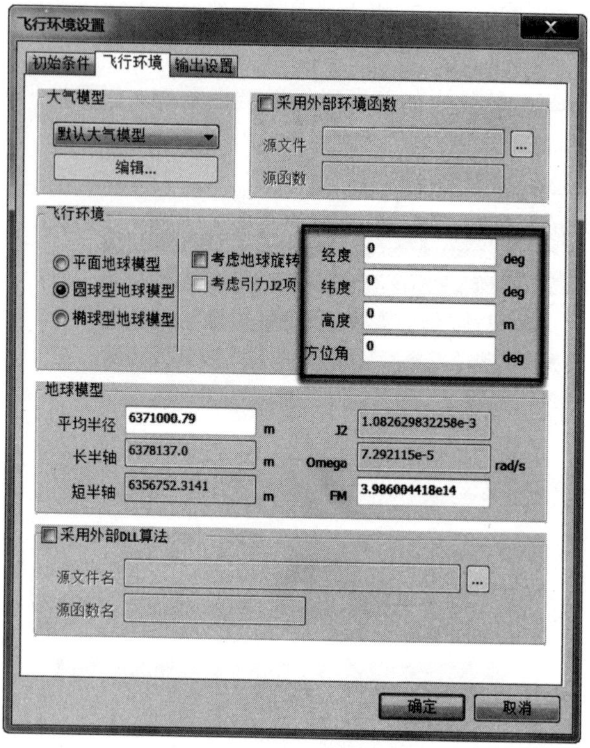

图 2-10

提示 1："飞行环境设置"中的纬度表示发射点的地理纬度，软件内部同时计算了地心纬度值，用户可根据需要选用。

提示 2："飞行环境设置"中的方位角表示大地方位角，是指从标准方向的北端起，顺时针方向量至射向的角度。

技巧 12　FlightSim 软件中如何进行坐标变换

为了方便用户使用，FlightSim 软件提供了多个不同坐标系间转换的函数，如表 2-1 所示。

表 2-1

序号	函数名	功能
1	body2laun_q	计算弹体坐标系到发射坐标系四元数
2	body2laun_v	将向量从弹体坐标系转换到发射坐标系
3	body2sped_q	计算弹体坐标系到速度坐标系四元数
4	body2sped_v	将向量从弹体坐标系转换到速度坐标系
5	cent2earth	将地心坐标系的向量转化为经度、纬度、高度

续表

序号	函数名	功能
6	cent2laun_p	将位置从地心坐标系转换到发射坐标系
7	cent2laun_q	计算地心坐标系到发射坐标系四元数
8	cent2laun_v	将向量从地心坐标系转换到发射坐标系
9	earth2cent	将经度、纬度、高度转换为地心坐标系的向量
10	iner2laun_p	将位置从发射惯性坐标系转换到发射坐标系
11	iner2laun_q	计算发射惯性坐标系到发射坐标系四元数
12	iner2laun_s	将速度从发射惯性坐标系转换到发射坐标系
13	iner2laun_v	将向量从发射惯性坐标系转换到发射坐标系
14	laun2body_q	计算发射坐标系到弹体坐标系四元数
15	laun2body_v	将向量从发射坐标系转换到弹体坐标系
16	laun2cent_p	将位置从发射坐标系转换到地心坐标系
17	laun2cent_q	计算发射坐标系到地心坐标系四元数
18	laun2cent_v	将向量从发射坐标系转换到地心坐标系
19	laun2iner_p	将位置从发射坐标系转换到发射惯性坐标系
20	laun2iner_q	计算发射坐标系到发射惯性坐标系四元数
21	laun2iner_s	将速度从发射坐标系转换到发射惯性坐标系
22	laun2iner_v	将向量从发射坐标系转换到发射惯性坐标系
23	laun2traj_q	计算发射坐标系到弹道坐标系四元数
24	laun2traj_v	将向量从发射坐标系转换到弹道坐标系
25	sped2body_q	计算速度坐标系到弹体坐标系四元数
26	sped2body_v	将向量从速度坐标系转换到弹体坐标系
27	sped2traj_q	计算速度坐标系到弹道坐标系四元数
28	sped2traj_v	将向量从速度坐标系转换到弹道坐标系
29	traj2laun_q	计算弹道坐标系到发射坐标系四元数
30	traj2laun_v	将向量从弹道坐标系转换到发射坐标系
31	traj2sped_q	计算弹道坐标系到速度坐标系四元数
32	traj2sped_v	将向量从弹道坐标系转换到速度坐标系

表 2-1 列举了所有可用于坐标转换的函数名及功能，具体的函数使用方法可查询帮助文档或使用软件提供的函数查询功能。

下面以一个函数说明坐标转换函数的使用方法。在命令框中输入如下代码：

```
a = ::laun2body_v([0;-9.8;0], 0.1, 0.05, 0, "321");
```

可将加速度向量从发射坐标系转换到弹体坐标系，其中参数 0.1、0.05 和 0 分别表示俯仰角、偏航角和滚转角，单位为弧度，“321”表示欧拉角旋转次序。

技巧 13　FlightSim 软件中的地球模型

FlightSim 软件提供了 3 种主要地球模型，供用户在不同使用场景中选用，具体介绍如下：

1）平面地球模型：重力加速度恒定为 9.8 m/s^2，方向垂直地面向下，地球不旋转，发射坐标系和发射惯性坐标系重合。平面地球模型主要适用于飞行距离较短或飞行时间较短飞行器的三自由度/六自由度弹道计算问题，一般在战术导弹中使用较多。

2）圆球型地球模型：将地球考虑为理想圆球型，重力加速度矢量指向地球球心，可选择地球是否旋转。圆球型地球模型适用于飞行距离较远或飞行时间较长飞行器的三自由度/六自由度弹道计算问题，一般配合地球不旋转设置共同使用，主要用于飞行器射程能力评定。

3）椭球型地球模型：将地球考虑为椭球型，可选择考虑 J_2 项或不考虑 J_2 项，可选择地球是否旋转。椭球型地球模型适用于飞行距离较远或飞行时间较长飞行器的三自由度/六自由度弹道计算问题，一般配合地球旋转设置共同使用，主要用于飞行器实际飞行试验弹道设计。

不同地球模型详细设置方法详见技巧 68。

提示：一般常用的地球模型为圆球型不旋转地球模型和椭球型旋转且考虑 J_2 项地球模型。

技巧 14　设定不同的姿态方式

FlightSim 软件针对三自由度弹道设计定制了 3 种不同的姿态方式，供用户在不同使用场景中选择使用，具体介绍如下：

1）alpha、beta、mu 方式：采用速度坐标系与弹体坐标系之间的欧拉角设计，一般用于近程导弹或战术导弹弹道设计。

2）phi、psi、gamma 方式：采用发射坐标系与弹体坐标系之间的欧拉角设计，一般用于远程导弹或大型火箭弹道设计。

3）phiT、psiT、gammaT 方式：采用发射惯性坐标系与弹体坐标系之间的欧拉角设计，一般用于远程导弹或大型火箭弹道设计。

不同的姿态方式之间可以互相转换，详细设置方法详见技巧 75。

技巧 15　FlightSim 软件中使用的单位

FlightSim 软件内部变量均采用国际单位制，例如长度单位为 m，质量单位为 kg，角度单位为 rad，速度单位为 m/s，角速度单位为 rad/s。但为了用户使用方便，在某些 GUI

（图形用户接口）设计中采用了非国际单位制，例如角度采用 deg，角速度采用 deg/s 等。同时在可视化曲线显示和格式化输出中又采用了可灵活实现的单位转换设计，用户可根据需要对显示或输出的参数单位进行设置。下面对软件中与变量单位相关的部分进行详细说明。

（1）软件内部定义变量一般采用国际单位制

在弹道计算工具的学科变量控件窗口中，可以看到所有被设定为输出的变量及其相关信息，如图 2－11 所示。

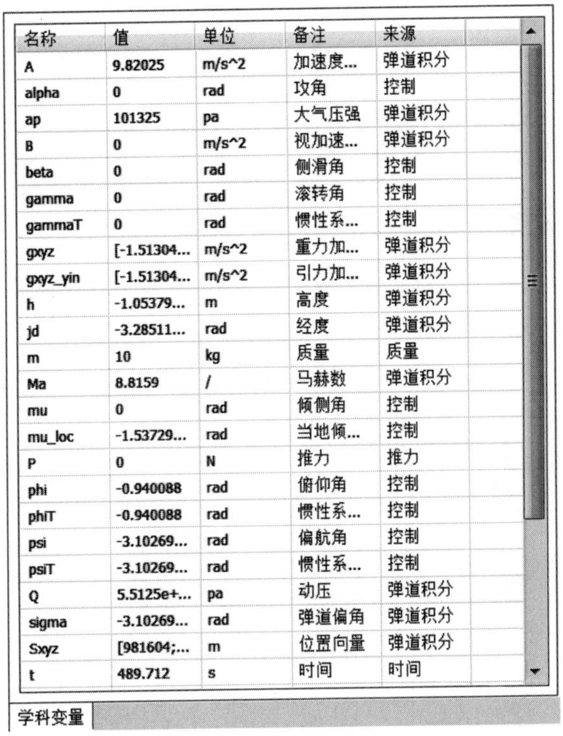

名称	值	单位	备注	来源
A	9.82025	m/s^2	加速度...	弹道积分
alpha	0	rad	攻角	控制
ap	101325	pa	大气压强	弹道积分
B	0	m/s^2	视加速...	弹道积分
beta	0	rad	侧滑角	控制
gamma	0	rad	滚转角	控制
gammaT	0	rad	惯性系...	控制
gxyz	[-1.51304...	m/s^2	重力加...	弹道积分
gxyz_yin	[-1.51304...	m/s^2	引力加...	弹道积分
h	-1.05379...	m	高度	弹道积分
jd	-3.28511...	rad	经度	弹道积分
m	10	kg	质量	质量
Ma	8.8159	/	马赫数	弹道积分
mu	0	rad	倾侧角	控制
mu_loc	-1.53729...	rad	当地倾...	控制
P	0	N	推力	推力
phi	-0.940088	rad	俯仰角	控制
phiT	-0.940088	rad	惯性系...	控制
psi	-3.10269...	rad	偏航角	控制
psiT	-3.10269...	rad	惯性系...	控制
Q	5.5125e+...	pa	动压	弹道积分
sigma	-3.10269...	rad	弹道偏角	弹道积分
Sxyz	[981604;...	m	位置向量	弹道积分
t	489.712	s	时间	时间

学科变量

图 2－11

这个控件中每一行包括 5 列，分别表示变量的名称、值、单位、备注和来源，其中从单位一列可以看出，所有变量的单位均采用国际单位制。

关于在学科变量控件中设置显示变量的方法，详见技巧 70。

（2）某些用户输入参数接口采用非国际单位制

在弹道积分初始条件设置中，某些需用户输入的变量采用非国际单位制，例如在初始条件对话框中在极坐标下设置速度信息定义时，速度倾角 theta 和速度偏角 sigma 采用 deg，在姿态信息定义中俯仰角 phi、偏航角 psi 和滚转角 gamma 均采用 deg，角速度均采用 deg/s，如图 2－12 所示；又例如在飞行环境设置中，用来定义发射坐标系/发射惯性坐标系的经度、纬度、方位角均采用 deg，如图 2－12 和图 2－13 所示。

关于弹道初始条件和飞行环境设置方法，详见技巧 66 和技巧 68。

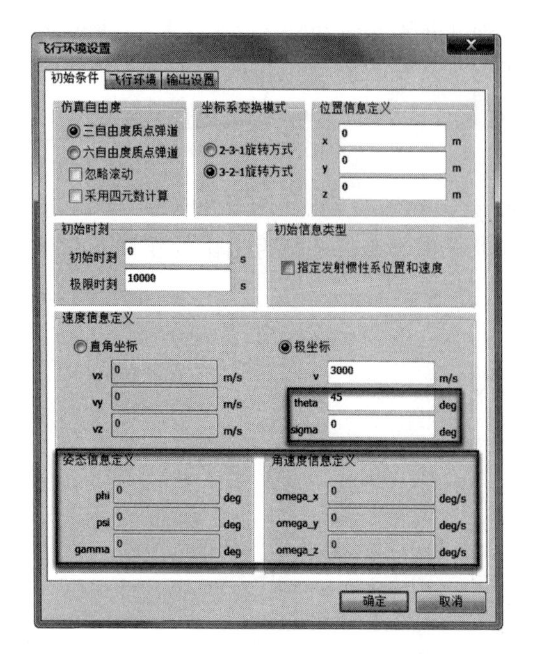

图 2-12

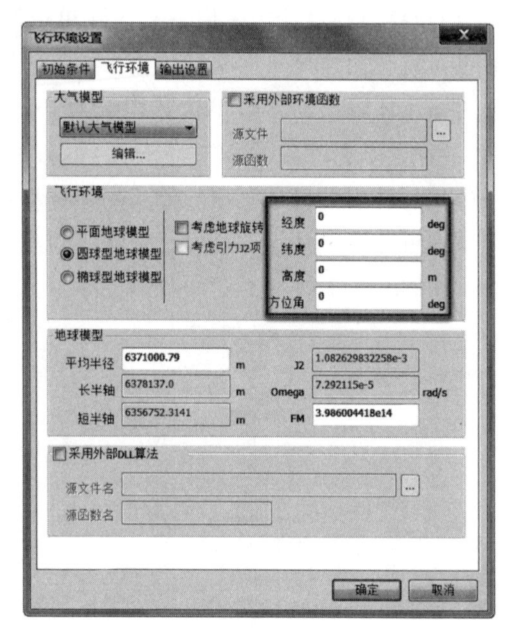

图 2-13

(3) 可视化窗口中学科变量参数单位可自行设定

在弹道计算工具的结果曲线标签页上方，设置有一个输出单位下拉框按钮，如图 2-14 所示。

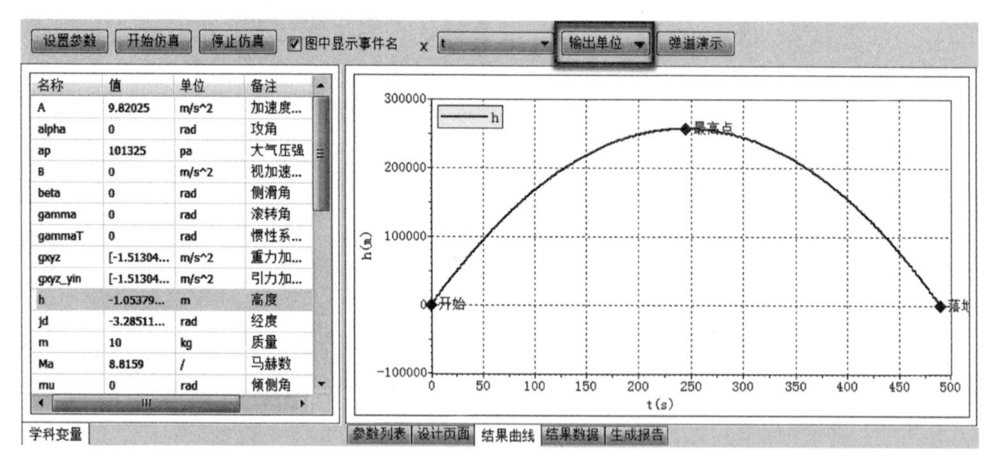

图 2-14

点击该按钮后将弹出图 2-15 所示的下拉列表：

在该列表中，可通过勾选的方式在学科变量控件中设置参数的单位，具体方法详见技巧 86。

(4) 结果数据格式化输出中参数单位可灵活转换

在弹道计算工具的结果数据标签页中，如图 2-16 所示，右侧输出参数设置控件的最

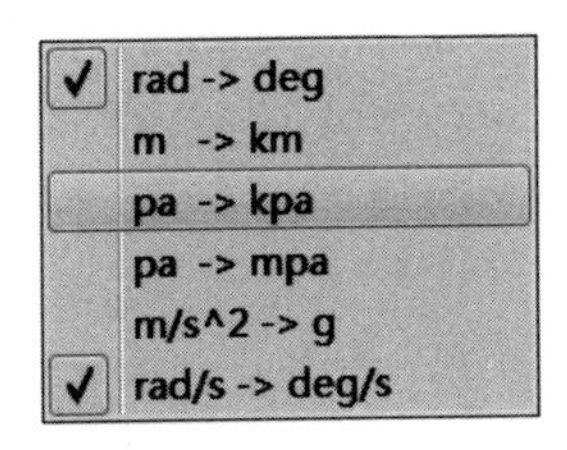

图 2 - 15

后一列为单位与转换，点击该单元格后面的倒三角后，如图 2 - 17 所示，可在弹出的下拉列表中设置输出变量的单位，也可以进行单位转换，具体方法详见技巧 81。

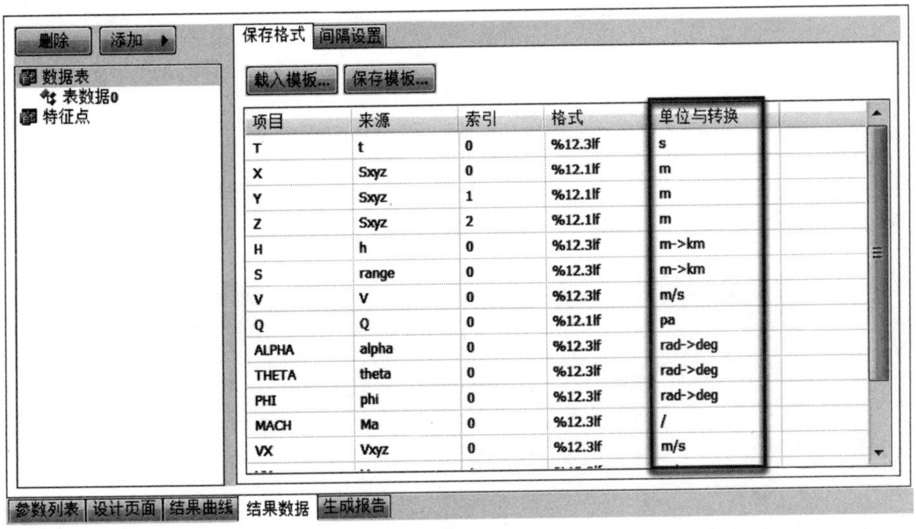

图 2 - 16

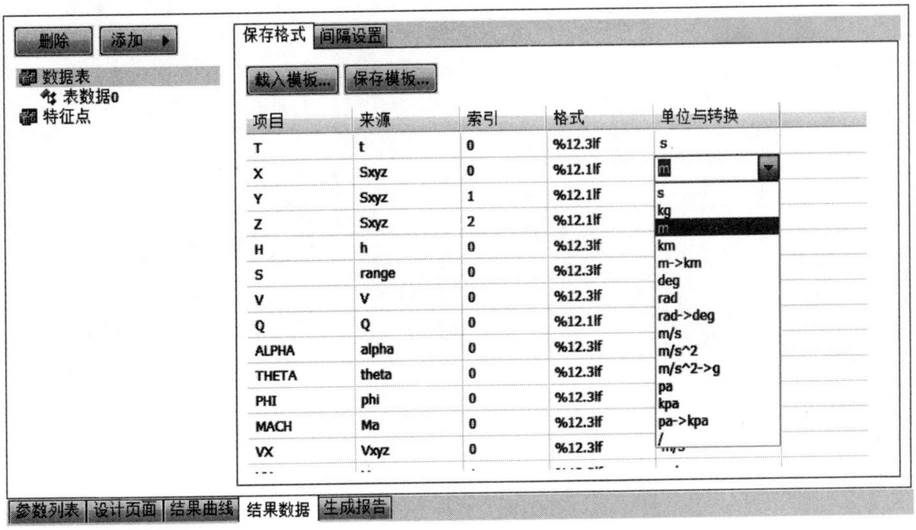

图 2 - 17

技巧 16　FlightSim 软件中关于经度和纬度的定义

弹道计算和高精度二维地图中均使用了地理中经度和纬度的概念，下面进行简单介绍。经度是指通过某地的经线面与本初子午面所形成的二面角。在本初子午线以东的经度叫东经，在本初子午线以西的经度叫西经。东经用 E 表示，西经用 W 表示。纬度是指过椭球面上某点作法线，该点法线与赤道平面的线面角，其大小在 0°～90°之间。位于赤道以北的点的纬度叫北纬，记为 N；位于赤道以南的点的纬度叫南纬，记为 S。

在弹道计算弹/箭下点的经纬度或地图中标注经纬度时，由于程序或数据表中不可能用东经北纬或者字母表示，因此用正负号来区别东西经以及南北纬，具体正负号含义如下：

1）经度（正——东经；负——西经）；

2）纬度（正——北纬；负——南纬）。

例如，打开 FlightSim 软件的二维地图工具，当把鼠标放置在中国时，下方的状态栏中显示的经度和纬度均为正，如图 2－18 所示。

图 2－18

当把鼠标放置在南美洲的巴西时，下方的状态栏中显示的经度和纬度均为负，如图 2－19 所示。

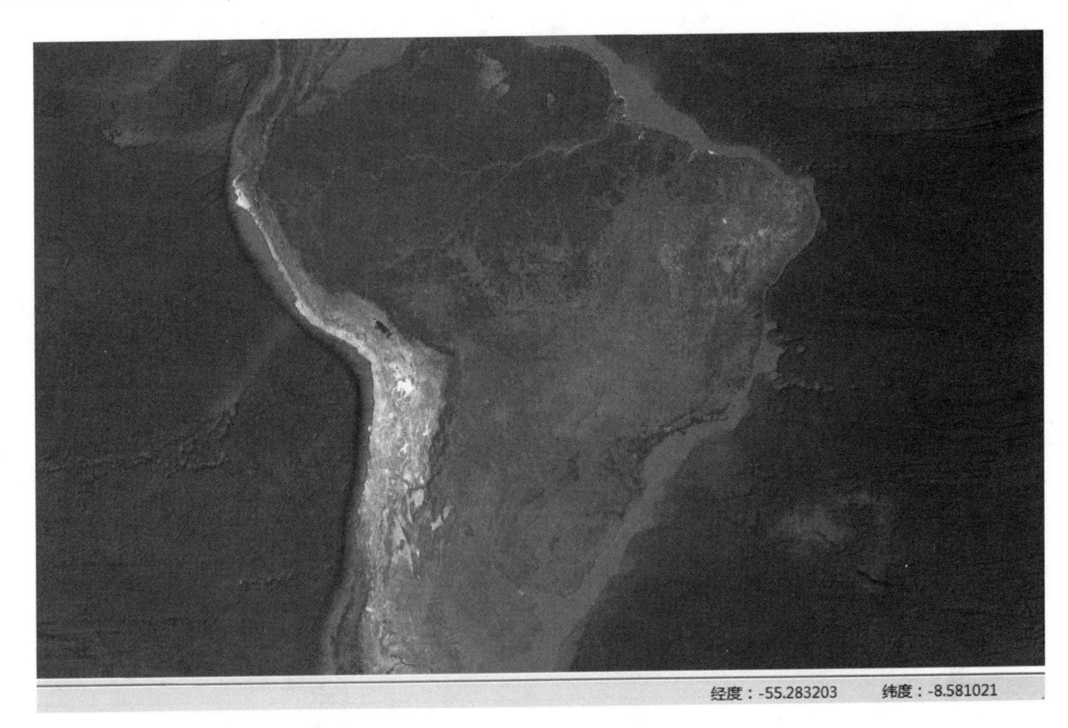

图 2-19

技巧 17　弹道计算工具中默认变量有哪些

FlightSim 软件弹道计算工具中默认变量主要分为几类，见表 2-2。

表 2-2

序号	变量名	含义
	环境变量	
1	g	重力加速度
2	g_yin	引力加速度
3	gxyz	重力加速度矢量
4	gxyz_yin	引力加速度矢量
5	sonic	声速
6	rho	大气密度
7	ap	大气压强
8	temper	大气温度
9	Ma	马赫数
10	Q	动压
	位置变量	
1	h	高度

续表

序号	变量名	含义
2	jd	经度
3	wd	纬度
4	wd_g	地心纬度
5	voyage	航程
6	range	射程
7	range_x	纵向射程
8	range_y	横向射程
9	Sxyz	位置向量
10	Saxyz	发射惯性坐标系位置矢量
11	Txyz	视位置矢量
12	Rxyz	发射坐标系地心矢径
13	Rxyz_g	地心坐标系地心矢径
	速度变量	
1	V	速度大小
2	Va	绝对速度大小
3	Vxyz	速度矢量
4	Vaxyz	发射惯性坐标系速度矢量
5	theta	弹道倾角
6	sigma	弹道偏角
7	theta_loc	当地弹道倾角
8	V_	速度导数
9	theta_	弹道倾角导数
10	sigma_	弹道偏角导数
11	W	视速度大小
12	Wint	视速度模的积分
13	Wxyz	视速度矢量
	加速度变量	
1	A	加速度大小
2	Axyz	发射坐标系加速度矢量
3	Axyz_b	弹体坐标系加速度矢量
4	Axyz_v	速度坐标系加速度矢量
5	Axyz_t	弹道坐标系加速度矢量
6	B	视加速度大小
7	Bxyz	发射坐标系视加速度矢量
8	Bxyz_b	弹体坐标系视加速度矢量

续表

序号	变量名	含义
9	Nxyz_b	弹体坐标系过载矢量
10	Bxyz_v	速度坐标系视加速度矢量
11	Bxyz_t	弹道坐标系视加速度矢量
	姿态	
1	alpha	攻角
2	beta	侧滑角
3	mu	倾侧角
4	phi	俯仰角
5	psi	偏航角
6	gamma	滚转角
7	phiT	发射惯性坐标系俯仰角
8	psiT	发射惯性坐标系偏航角
9	gammaT	发射惯性坐标系滚转角
10	alpha_	攻角导数
11	beta_	侧滑角导数
12	mu_	倾侧角导数
13	phi_	俯仰角导数
14	psi_	偏航角导数
15	gamma_	滚转角导数
16	phiT_	发射惯性坐标系俯仰角导数
17	psiT_	发射惯性坐标系偏航角导数
18	gammaT_	发射惯性坐标系滚转角导数
	姿态角速度	
1	Omega_xyz	角速度
	其他	
1	t	时间
2	ts	分段时间
3	dt	仿真步长
4	m	质量
5	P	推力
6	Is	秒耗量

第 3 章　程序设计基础

FlightSim 软件程序的结构与其他高级语言的结构类似，特别是在数组的操作方面有很多地方与 MATLAB 软件语言一致。建议有这些语言基础的读者在学习中注意 FlightSim 软件语言与其他高级语言的异同，以方便理解。

技巧 18　如何进行代码编辑

在 FlightSim 软件中，可以通过两种方式进行代码编辑：1）自定义脚本；2）命令行。其中，自定义脚本为用户提供定义一段代码的文本编辑工具，命令行需在输出窗口中键入代码。一般自定义脚本适合代码较长的情况，而命令行适合代码较短的情况。

（1）自定义脚本

单击软件左上角“新建”按钮，在弹出的对话框的“建模工具”中选择“自定义脚本”即可打开自定义脚本工具，如图 3－1 所示。自定义脚本工具实质上就是一个文本编辑器，为了便于阅读，代码中的关键字、函数、字符串等会以不同的颜色显示。

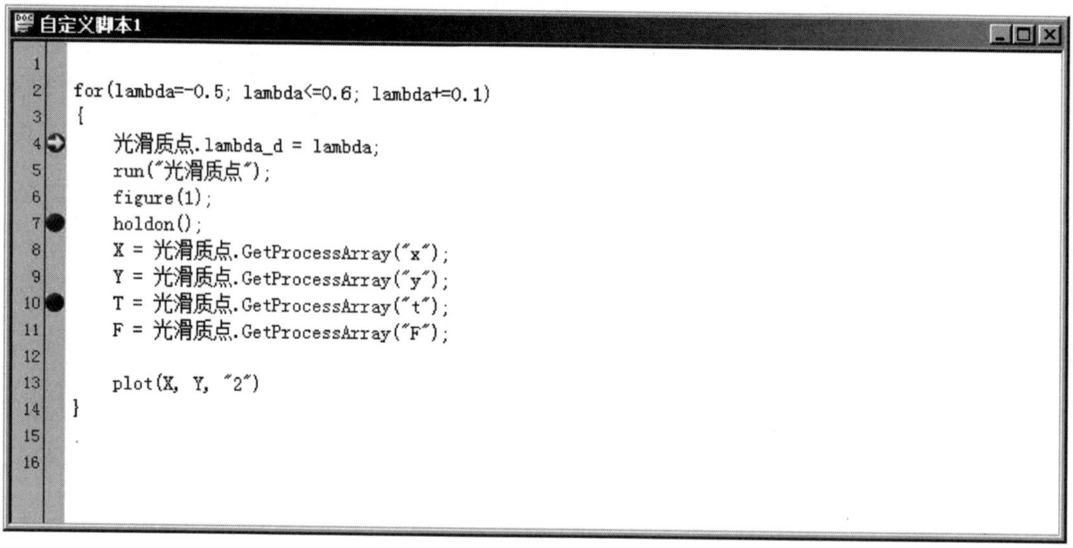

自定义脚本1

```
for(lambda=-0.5; lambda<=0.6; lambda+=0.1)
{
    光滑质点.lambda_d = lambda;
    run("光滑质点");
    figure(1);
    holdon();
    X = 光滑质点.GetProcessArray("x");
    Y = 光滑质点.GetProcessArray("y");
    T = 光滑质点.GetProcessArray("t");
    F = 光滑质点.GetProcessArray("F");

    plot(X, Y, "2")
}
```

图 3－1

自定义脚本中的文本编辑器支持以下快捷键操作，如表 3－1 所示。这些操作大部分也可通过快捷菜单来完成。

表 3 - 1

快捷键	功能
F5	运行
Shift + F5	结束运行
F8	执行当前选中的代码
F9	切换当前行的间断点
F10	单步运行
F11	跳入当前行对应的函数
Shift + F11	跳出当前函数
Ctrl + R	注释当前选中行
Ctrl + T	取消当前选中行的注释
Ctrl + C	复制选中内容
Ctrl + X	剪切选中内容
Ctrl + V	粘贴
Ctrl + Z	撤销
Ctrl + Y	重做

（2）命令行

FlightSim 软件中的输出窗口可以直接进行简单的代码编辑，例如直接在输出窗口命令行输入如下绘图代码：

```
X = 0:0.1:10;Y = sin(X);plot(X,Y);
```

技巧 19　运行用户代码

（1）运行自定义脚本代码

自定义脚本工具配有专门工具栏，如图 3 - 2 所示。

图 3 - 2

该工具栏对应的功能见表 3 - 2。

表 3-2

按钮	功能
	运行
	单步运行
	跳入当前行对应的函数
	跳出当前函数
	停止运行
	撤销
	重做
	选中行整体往右移动
	选中行整体往左移动
	注释当前选中行
	取消当前选中行的注释

在自定义脚本工具中编辑好代码后，可对代码进行部分和全部运行。直接点击工具栏的“运行”按钮，可运行全部代码；利用鼠标选中需要运行的代码后，右键选择“运行”或直接使用快捷键 F8 可运行该部分代码。

(2) 运行命令行代码

在输出窗口输入或拷贝指令后，直接输入回车即可将指令提交执行。输入↑和↓可以自动输入历史指令，输入指令 clc 可清空当前输出面板。

技巧 20　如何调试代码

在自定义脚本中编辑的代码可以进行调试。在自定义脚本工具编辑框左侧点击可切换设置断点，程序运行到设置断点的行时将会暂时停下，等待用户下一步指令，如图 3-3 所示。此时用户可以将鼠标移动到关心的变量处，然后可显示变量值的提示框。在调试状态下，可利用自定义脚本专用工具提供的按钮或快捷键进行单步调试。

另外，当程序停止到中断行时，可以在输出框键入各种指令，查看各类信息，辅助调试，如示例所示。此时，FlightSim 软件平台使用当前停止所在处的工作空间为运行的基础。

```
main
1
2  for(num=20; num<=40; num+=2)
3  {
4      VL = ::PrimeDecompos(num);
5      disp(num2str(num)+"可以分解为：");
6      for(j=0; j<getrow(VL); j++)
7      {
8          disp(num2str(VL[j, 0])+" + "+num2str(VL[j, 1]));
9      }
10 }

VL:  2×2 double
         3        17
         7        13
```

图 3-3

```
>> VL
   VL =
              3            17
              7            13
   >>sin(VL)
   ans =
         0.14112      -0.961397
        0.656987       0.420167
```

技巧 21　简单的数学运算

FlightSim 软件提供了进行科学计算的运算符号和函数，这些符号和函数主要包括：

1）+、-、*、/、^等算术运算符；

2）= =、! =、| |、&&、＞、＜、≥、≤等关系运算符；

3）=、+ =、- =、* =、/ =、^ =、+ +、- -等赋值操作符；

4）sin、cos、exp、sqrt 等基本数学函数。

与简单数学运算相关的主要的函数名及功能如表 3-3 所示。

表 3-3

序号	函数名	功能
1	abs	求取绝对值
2	sin	求取正弦值
3	cos	求取余弦值

续表

序号	函数名	功能
4	tan	求取正切值
5	asin	求取反正弦值
6	acos	求取反余弦值
7	atan	求取反正切值,结果在(-pi/2,pi/2)区间
8	atan2	求取反正切值,结果在[-pi,pi]区间
9	ceil	求取大于或者等于指定表达式的最小整数
10	floor	求取小于或者等于指定表达式的最大整数
11	exp	求取以 e 为底的指数函数
12	log	求取以 e 为底的对数函数
13	log10	求取以 10 为底的指数函数
14	max	求取向量中最大值或两个值中最大值
15	min	求取向量中最小值或两个值中最小值
16	mod	求余函数,返回值为 MOD(n, d) = n - d * INT(n/d)
17	pow	函数原型为 double pow(double x, double y),返回 x 的 y 次幂
18	sign	符号函数,求取指定值的符号
19	sqrt	求取平方根

提示：乘方运算除了利用函数 pow 外，还有一种简单的表述方法，即利用算术运算符“^”。例如要计算 x 的 y 次幂，可以用“x^y”简单表示。

技巧 22　向量运算

FlightSim 软件提供了向量之间的基本运算函数，可方便进行向量之间的数学运算。与向量运算相关的主要的函数名、功能及说明如表 3-4 所示。

表 3-4

序号	函数名	功能	说明
1	clamp	求两个向量之间的夹角	声明:clamp(vector v0,vector v1) 参数:v0, v1,vector 数据类型 返回值:向量间的夹角,单位弧度,最大不超过 pi
2	cross	求两个向量叉乘	声明:cross(vector a,vector b) 参数:a,b 参与运算的三维向量 返回值:向量或者矩阵
3	dot	求两个向量点乘	声明:dot(vector a,vector b) 参数:a,b 参与运算的向量 返回值:实数

续表

序号	函数名	功能	说明
4	norm	求向量的模	声明:norm(vector v) 参数:v 参与运算的向量 返回值:实数
5	normal	求向量的标准形式，即模为 1 的向量	声明:normal(vector v) 参数:v 参与运算的向量 返回值:归一化后的向量
6	vrot	一个向量绕另一个向量旋转	声明:vrot(vector v0,vector v1,double angle) 参数:v0, v1,vector 数据类型,表示 v0 绕 v1 向量旋转角度 angle;angle double 数据类型,表示向量旋转角度,单位弧度 返回值:旋转后的向量

clamp 函数示例：

```
a=[-1 0 0];
b=[1 0 0];
clamp(a,b)/pi*180
ans=

    180
```

vrot 函数示例：

```
a=[0 0 1];
b=[1 0 0];
vrot(a,b,pi/2)
ans=
            0
           -1
            0
```

技巧 23　矩阵操作

FlightSim 软件提供了丰富的矩阵操作和运算功能，在该软件中不区别数组和矩阵，也就是说在 FlightSim 软件中数组就是矩阵。由于向量是行或列为 1 的特殊数组，因此数组中的用法同样适用于向量。与数组运算相关的主要的函数名、功能及说明如表 3-5 所示。

表 3-5

序号	函数名	功能	说明
1	row	求矩阵的行	声明:row(array mx0) 参数:mx0,array 数据类型 返回值:矩阵的行,int 数据类型
2	col	求矩阵的列	声明:col(array mx0) 参数:mx0,array 数据类型 返回值:矩阵的列,int 数据类型
3	diag	生成以给定数组为对角线的矩阵	声明:diag(array mx0) 参数:mx0,array 数据类型 返回值:对角线矩阵。若 mx0 为行或列向量,则返回维数为向量个数的对角方阵,对角线各元素为向量各元素;若 mx0 为 n * m 矩阵,则返回维数为 n * m 的对角方阵,对角线各元素为矩阵各元素,元素按行依次排列
4	eye	生成单位矩阵	声明:eye(int row) 参数:row,int 数据类型 返回值:维数为 row 的单位矩阵
5	inv	求矩阵的逆	声明:inv(array mx0) 参数:mx0,array 数据类型方阵 返回值:mx0 矩阵的逆矩阵
6	length	求矩阵中元素的个数	声明:length(array mx0) 参数:mx0,array 数据类型 返回值:mx0 矩阵中元素的个数
7	linspace	生成平均分布的行向量	声明:linspace(double t0,double t1,int count) 参数:t0,t1,double 数据类型,表示从 t0 到 t1 之间生成个数为 count 的平均分布的向量 返回值:生成的平均分布的行向量
8	ones	生成元素均为 1 的矩阵	声明:ones(int row,int col) 参数:row,col,int 数据类型,若为方阵,可仅输入一个参数 返回值:生成行数为 row、列数为 col 的所有元素均为 1 的矩阵
9	rand	生成[0,1]内随机分布的矩阵	声明:rand(int row,int col) 参数:row,col,int 数据类型,若为方阵,可仅输入一个参数 返回值:生成行数为 row、列数为 col 的元素在[0,1]分布的矩阵
10	randn	生成均值为 0 的正态分布矩阵	声明:randn(int row,int col) 参数:row,col,int 数据类型,若为方阵,可仅输入一个参数 返回值:生成行数为 row、列数为 col 的均值为 0 的正态分布矩阵
11	reshape	重设矩阵的行和列	声明:reshape(array mx0,int row,int col) 参数:mx0,array 数据类型,表示原始矩阵,row,col,int 数据类型,表示新矩阵的行和列,其中 row * col 的值应等于矩阵 mx0 元素的个数 返回值:生成行数为 row、列数为 col 的新矩阵

续表

序号	函数名	功能	说明
12	size	得到矩阵的行和列	声明：size(array mx0) 参数：mx0，array 数据类型 返回值：二维向量，向量第一个元素为矩阵 mx0 的行数，向量第二个元素为矩阵 mx0 的列数
13	sort	按大小顺序排列矩阵元素	声明：sort(array mx0) 参数：mx0，array 数据类型 返回值：若 mx0 为行或列向量，则返回元素从小到大排列的同等维数的向量；若 mx0 为矩阵，则返回所有列元素从小到大排列的相同维数的矩阵
14	sum	求和	声明：sum(array mx0) 参数：mx0，array 数据类型 返回值：若 mx0 为行或列向量，则返回所有向量元素求和后的数值；若 mx0 为矩阵，则返回列向量，列向量的每个元素为矩阵 mx0 每一行所有元素求和后的数值
15	zeros	生成元素均为 0 的矩阵	声明：zeros(int row，int col) 参数：row，col，int 数据类型，若为方阵，可仅输入一个参数 返回值：生成行数为 row、列数为 col 的所有元素均为 0 的矩阵

矩阵运算示例 1：

```
>> A=[];
for(i=0; i<5; i++)
        A=[A, i];
>> A
A=
          0          1          2          3          4
```

矩阵运算示例 2：

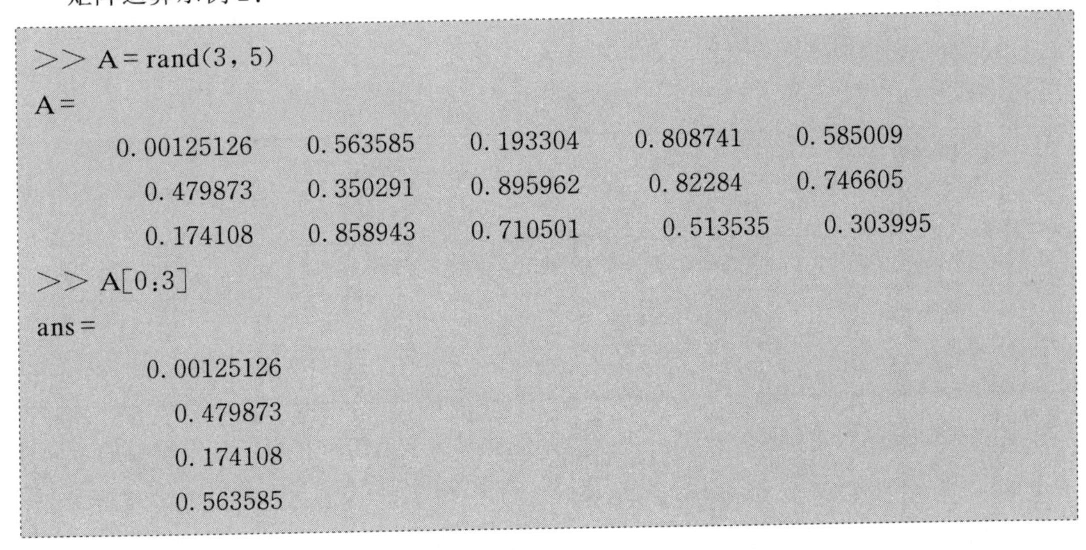

```
>> A=rand(3, 5)
A=
     0.00125126   0.563585   0.193304   0.808741   0.585009
       0.479873   0.350291   0.895962    0.82284   0.746605
       0.174108   0.858943   0.710501   0.513535   0.303995
>> A[0:3]
ans=
       0.00125126
         0.479873
         0.174108
         0.563585
```

```
>> A[4]
ans =
0.350291
>> A[[0 2],[1 4]]
ans =
        0.563585        0.585009
        0.858943        0.303995
```

技巧 24　绘制简单曲线

FlightSim 软件提供了绘制曲线功能，绘图功能均通过函数实现。绘图功能中提供的函数及其功能如表 3－6 所示，函数名和用法与 MATLAB 软件中的函数类似。

表 3－6

函数名	功能
plot	绘制曲线
xlabel	设置 x 轴名称
ylabel	设置 y 轴名称
legend	设置并显示表示框
title	设置图表的标题

其中绘制曲线函数 plot 用法较为复杂。plot 函数的输入数据可以是一个，此时的 x 轴为数据的个数（从 0 开始计数），y 轴为输入参数；也可以是两个，第一个表示 x 轴，第二个表示 y 轴。

plot 函数支持的设置选项名及含义如表 3－7 所示。

表 3－7

选项名	含义
linewidth	指定线宽
color	指定颜色，颜色是三个数组成的数组，分别表示范围为[0，255]红、绿、蓝三原色
markcolor	指定标示的颜色
marksize	指定标示的大小

另外，plot 函数支持快速设置，快速设置是紧跟数字后的字符串，其中符号的含义见表 3－8。

表 3 - 8

符号	含义	符号	含义	符号	含义
r	表示红色	t	指定标示为矩形	–	指定线型为实线，默认设置
g	表示绿色	+	指定标示为十字形	– –	指定线型为虚线
b	表示蓝色	x	指定标示为叉字形	–	指定线型为点划线
k	表示黑色	*	指定标示为星形		指定线型为点线
o	指定标示为圆形	n	指定曲线不显示，但是如果指定了标示，标示将显示	1～9	线宽，默认线宽为 1
d	指定标示为菱形	s	如果标示为圆形、菱形或矩形，这些图形将被填充		

在 FlightSim 软件中运行如下代码：

```
plot([0:4:100]/10, sin([0:4:100]/10), "2-o", "color", [0 0 255]);
xlabel("t(s)");
ylabel("y");
legend("a");
title("my figure")
```

得到绘图结果，如图 3 - 4 所示。

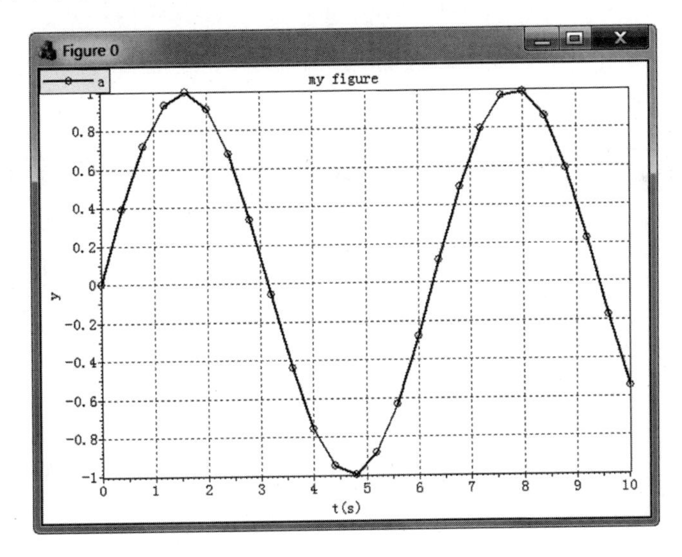

图 3 - 4

技巧 25　绘制多条曲线

除支持绘制简单曲线外，FlightSim 软件还提供了绘制多条曲线的函数，其函数名、功能及说明如表 3 - 9 所示。

表 3－9

函数名	功能	说明
figure	打开绘图窗口	声明：figure(int index) 参数：index，int 数据类型 返回值：无，打开或激活编号为 index 的绘图窗口，在新建绘图窗口时，若不使用函数 figure，则默认打开编号为 0 的绘图窗口
holdon	绘图时保留绘图窗口中的内容	声明：holdon() 参数：无 返回值：无，保持绘图窗口内容
holdoff	绘图时擦除绘图窗口中的内容	声明：holdoff() 参数：无 返回值：无，擦除绘图窗口中的内容

在 FlightSim 软件中运行如下代码：

```
figure(2);
holdon();
plot([0:4:100]/10, sin([0:4:100]/10), "2-o", "color", [0 0 255]);
plot([0:4:100]/10, cos([0:4:100]/10), "2-.d", "color", [255 0 0]);
xlabel("t(s)");
ylabel("y");
legend("a", "b")
```

得到绘图结果，如图 3－5 所示。

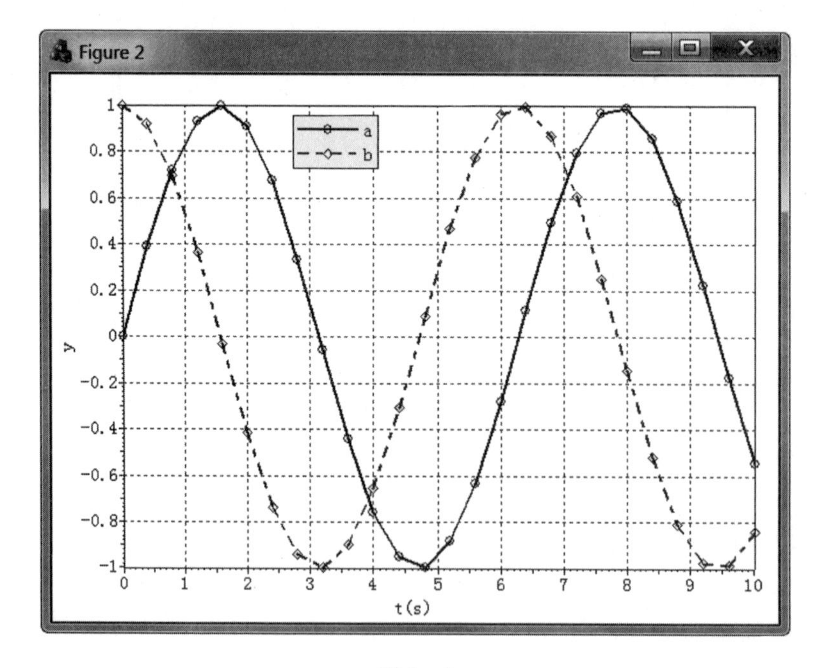

图 3－5

提示 1：FlightSim 软件中函数调用一般都是通过“函数名＋（）”实现，无论函数是否具有形参，括号均不能省略。

提示 2：holdon 和 holdoff 函数与 MATLAB 软件中的 hold on 和 hold off 指令使用方法不同，使用时需按照函数的方式进行调用，即“holdon（）或 holdoff（）”，而 MATLAB 软件中的 hold on 和 hold off 指令虽然功能一样，但其性质为指令，可以不带括号直接使用，即“hold on 或 hold off”。

提示 3：对于解决方案中的全局变量，可以通过变量窗口中提供的快速绘图功能绘制多条曲线。在变量窗口中，如图 3－6 所示，首先选择需要绘图的变量名，然后点击变量窗口上方工具栏中的“绘制曲线”按钮，即可绘制该全局变量曲线，绘制的曲线如图 3－7 所示。需要注意的是，利用该绘图功能绘制的曲线中，横坐标恒定为全局变量的行数（从 0 开始索引），纵坐标为全局变量的列向量，图中曲线的数量等于全局变量的列数。

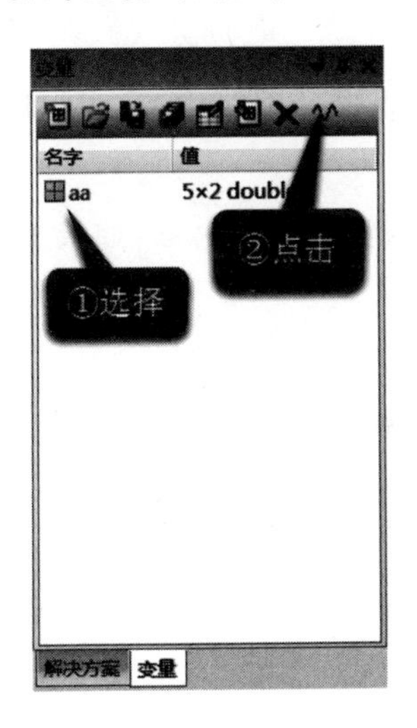

图 3－6

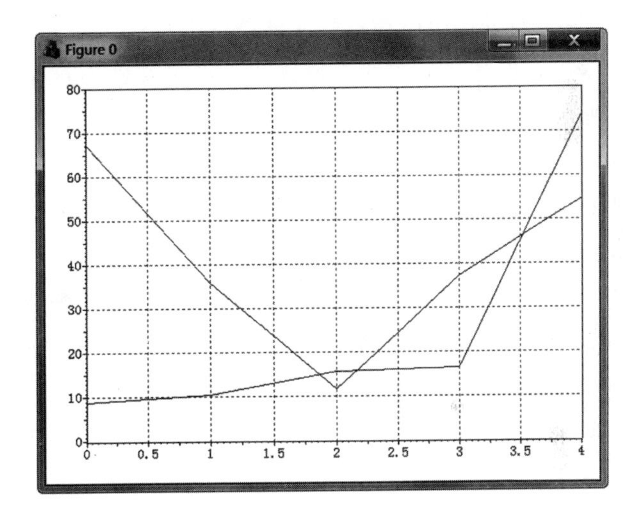

图 3－7

技巧 26　从文件读入信息

FlightSim 软件提供了类似于 C 语言中的 fopen、fscanf、fprintf 等函数，可实现文件读写、保存等功能。具体函数名、功能见表 3－10。

表 3－10

函数名	功能
fopen	打开文件
fclose	关闭文件
fscanf	读出信息

续表

函数名	功能
fprintf	往文件中写入内容
importdata	载入数据
savedata	保存数据

其中，fopen 中的打开格式和 fprintf 中的输出格式与 C 语言中对应函数的一致，fopen 支持的打开文件格式包括：

1）r，以只读方式打开文件，该文件必须存在且可以打开；

2）w，打开一个文件进行写入，如果文件不存在，则创建一个新文件，如果文件存在，则删除其中的内容；

3）a，打开一个文件进行写入，如果文件不存在，则创建一个新文件，如果文件存在，则在其内容后面写入数据；

4）r+，打开一个已存在的文件进行读写；

5）w+，打开一个文件进行读写，如果文件不存在，则创建一个新文件，如果文件存在，则删除其中的内容;；

6）a+，打开一个文件进行读写，如果文件不存在，则创建一个新文件，如果文件存在，则在其内容后面写入数据。

fprintf 支持的写入格式包括：

1)%c,%C,%d,%i,%o,%u,%x,%X，不同的整数型数据；

2)%e,%E,%f,%g,%G,%a,%A，不同的双精度型数据；

3)%s,%S，字符串型数据。

例如要将保存在 D:\data. txt 路径下的表 3 - 11 文件数据读入软件，可以有两种方法。

表 3 - 11

alpha	CA	CN	CZ
-15	0.220 9	-9.018 3	14.972 5
-10	0.224 9	-5.458 2	16.395 3
-5	0.227 2	-2.581	17.154 3
0	-0.139 3	0	17.326 3
5	0.227 2	2.592 7	17.103 4
10	0.224 9	5.486 8	16.313 9
15	0.220 9	9.045 3	14.889 9

方法一：在 FlightSim 软件的输出窗口中输入以下代码：

```
a = ::importdata("D:\\data. txt");
```

即可将文件中的所有数组信息赋给变量 a。需要注意的是，利用以上代码读入的信息删除了文件表头中的字符串信息，仅保留了数据信息，此函数功能与 MATLAB 软件中的 importdata 函数功能类似。

方法二：在 FlightSim 软件的输出窗口中输入以下代码：

```
file=fopen("D:\\data.txt", "r");
for(i=0; i<4; i++)
{
    fscanf(file, "%s");
}
for(j=0; j<28; j++)
{
    a[j]=fscanf(file, "%f");
}
fclose(file);
```

运行以上代码，即可将文件中的所有数据信息以向量的形式存入变量 a 中。软件中的 fopen、fscanf 等函数功能与 C 语言的相关函数功能类似。

技巧 27　将内容保存到文件中

FlightSim 软件提供了将数据变量写入文件的功能，例如需要将以上技巧中的数组 a 保存成本地文件，可以在 FlightSim 软件的输出窗口中输入以下代码：

```
file=fopen("D:\\data_output.txt", "w");
for(i=0; i<row(a); i++)
{
for(j=0; j<col(a); j++)
    {
fprintf(file, "%12.5f", a[i, j]);
    }
fprintf(file, "\n");
}
fclose(file);
```

运行以上代码，即可将数组 a 中的数据保存在路径为 D:\data_output.txt 的文件中。

技巧 28 在解决方案中自定义函数

在 FlightSim 软件的解决方案中，用户可以方便地创建自定义函数，该函数可以在该解决方案的其他工具中直接使用。单击软件左上角“新建”按钮，在弹出的对话框的“建模工具”中选择“自定义函数”即可打开自定义函数工具，其设计页面如图 3-8 所示。

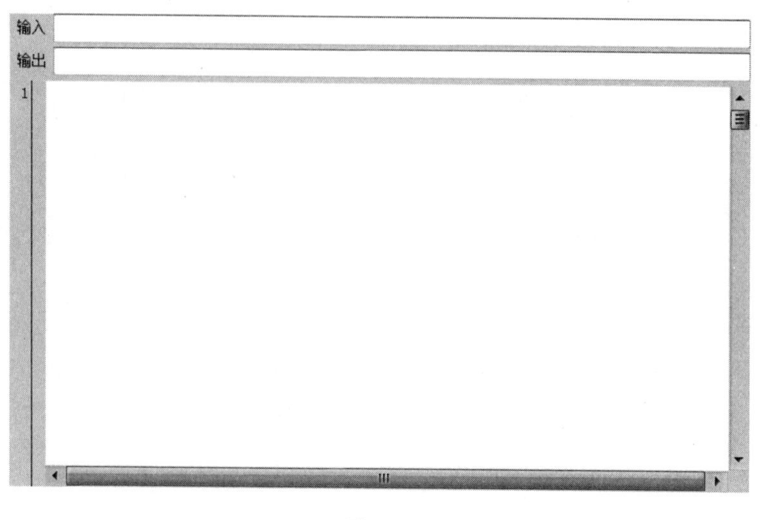

图 3-8

从设计页面中可以看出，自定义函数工具同样包含一个文本编辑器，该编辑器的用法与自定义脚本工具中的完全一致。另外，还包含一个输入编辑框和一个输出编辑框，用于设置该函数运行时需要的输入变量和输出变量，变量之间用逗号或空格分隔。

例如，定义函数名 opposite，其功能是计算输入值的相反数。首先在自定义函数工具的输入、输出编辑框中定义函数的输入和输出形参，然后在编辑器中输入函数中主体代码，最后在解决方案对话框中将自定义函数工具的名称更改为“opposite”，如图 3-9 所示。

需要使用函数时，在该解决方案中可以任意进行代码编辑的地方直接使用“::opposite()”或者“opposite()”调用该函数。

技巧 29 查看所有函数的说明

FlightSim 软件提供了众多函数，用户也可以根据需求自定义函数。作为一款可视化仿真软件，用户可通过点击相关按钮查看所有函数的相关信息和说明。

打开软件后，点击工具栏上的自定义函数按钮，如图 3-10 所示。

将弹出图 3-11 所示的自定义函数配置对话框，在这里可以查看软件载入的所有自定义函数信息、输入变量、输出变量及函数注释等。

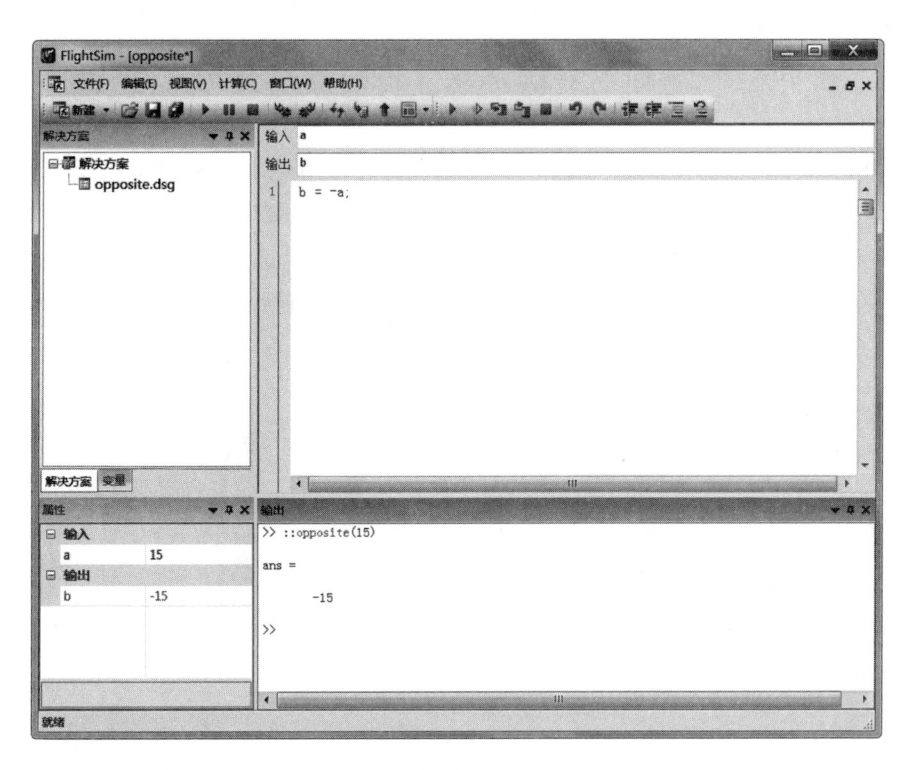

图 3-9

图 3-10

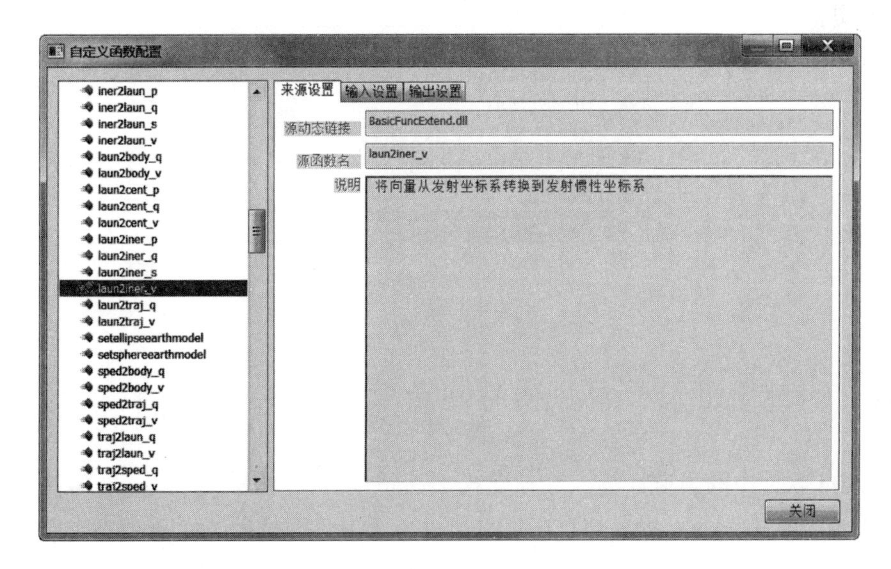

图 3-11

技巧 30　代码编辑过程中激活函数名提示编辑框

FlightSim 软件中提供的函数较多，在代码编辑过程中经常会碰到忘记函数名或仅能记住函数名开头几个字母的情况，这时可以利用软件提供的辅助编辑功能激活函数名提示编辑框。

具体使用方法为：在需要使用函数时，键入双冒号可激活函数名提示编辑框，如图 3-12 所示。

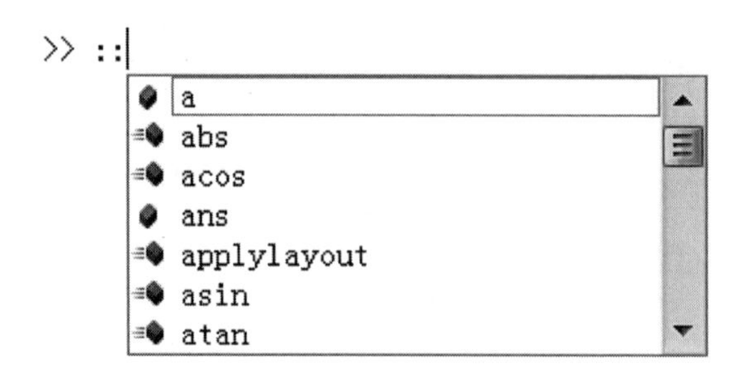

图 3-12

激活该提示编辑框后，提示编辑框不仅显示软件中载入的函数，而且还显示解决方案中的全局变量和设计文件，通过键入↓和↑可在这些项目中进行切换，键入回车可确定所选项目，如图 3-13 所示。若仅能记住函数名开头若干个字母，也可以在键入双冒号后继续键入字母，这时提示编辑框将直接跳到以此字母开头的函数处，再通过键入↓和↑可进行进一步的选择。

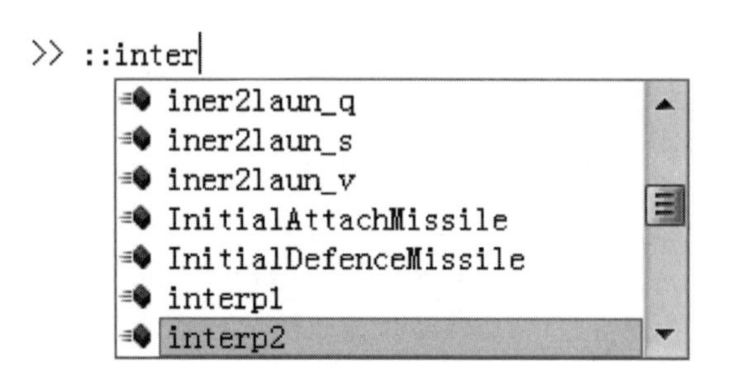

图 3-13

技巧 31　如何调用工具提供的特定函数

FlightSim 软件中的弹道计算、气动建模、高精度二维地图等工具，在解决方案中除了可作为设计工具进行独立仿真外，还可以通过各个工具提供的特定函数在外部对其进行操作，例如在不打开弹道计算工具的前提下，在自定义脚本中通过编写代码的方式对弹道计算工具进行赋值、计算、结果保存等操作。

调用设计工具中特定函数的具体方法为：首先键入双冒号；其次在弹出的函数和设计工具提示框中选择设计工具名称后键入回车，如图 3-14 所示；然后在设计工具名称后面键入“.”可显示该设计工具中包含的函数和属性提示框，如图 3-15 所示；最后通过键入↓和↑可在这些项目中进行切换，键入回车可确定所选项目，如图 3-16 所示。

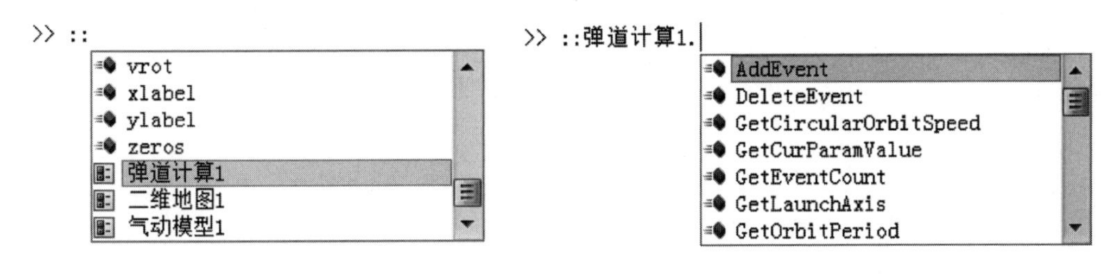

图 3-14　　　　图 3-15

```
>> ::弹道计算1.AddEvent(
弹道计算1.AddEvent (string sevent)
sevent: 事件名称
```

图 3-16

弹道计算工具提供的主要函数见表 3-12。

表 3-12

序号	函数名	功能
1	AddEvent	在所有事件最后添加事件
2	DeleteEvent	删除指定位置事件
3	InsertEvent	在指定位置添加事件
4	GetCircularOrbitSpeed	在当前位置、速度方向下，计算圆轨道需要的绝对速度大小
5	GetCurParamValue	得到指定弹道参数当前值
6	GetEventCount	得到弹道模型中事件的个数
7	GetLaunchAxis	获得发射坐标系下初始参数，包含经度、纬度、高度、方位角
8	GetOrbitPeriod	获得当前状态下的轨道周期
9	GetOrbitSixFactors	获得当前状态下的轨道六根数
10	GetParamLatelyValues	得到指定弹道参数近几个步长的值
11	GetProcessVarNames	获得当前所有弹道参数的名称及单位
12	GetProcessVarValues	获得当前所有弹道参数值及其列数
13	GetTrajData	获得设定输出格式的弹道数据表
14	GetTrajDataNames	获得设定输出格式的弹道数据表表头变量名称
15	IsTrajTerminate	返回弹道计算是否完成标志

续表

序号	函数名	功能
16	OpenScheme	打开指定的设计方案
17	SaveCurrentScheme	保存当前的设计方案
18	SaveTrajData	保存设定输出格式的弹道数据表到指定路径文件
19	SetAttitude	设置当前姿态角
20	SetAttitude0	设置初始姿态角
21	SetEvent	设置事件属性
22	SetLaunchAxis	设置发射坐标系初值
23	SetOmega_xyz	设置当前角速度
24	SetOmega0_xyz	设置初始角速度
25	SetParamInOutProperty	设置指定参数输入输出属性
26	SetStep	设置仿真步长
27	SetSxyz	设置当前位置
28	SetSxyz0	设置初始位置
29	SetTxyz	设置当前视位置
30	SetVxyz	设置当前速度
31	SetVxyz0	设置初始速度
32	SetWxyz	设置当前视速度

高精度二维地图工具中提供的主要函数见表 3-13。

表 3-13

序号	函数名	功能
1	AddLayer	添加图层
2	AddLine	添加线
3	AddPoly	添加多边形
4	AddCircle	添加圆形
5	AddSolidCircle	添加填充的圆形
6	AddRect	添加矩形
7	AddSolidRect	添加填充的矩形
8	AddAero	添加填充的多边形
9	AddLandLink	添加岛链
10	AddText	添加文字
11	AddDHSB	添加东海识别区
12	AroundChina	围绕中国内陆边界线绘制曲线

续表

序号	函数名	功能
13	CorverChina	围绕中国内陆边界线绘制区域
14	EarthArc	画两点之间的大圆弧
15	ClearLayer	清除图层中的所有元素
16	DeleteLayer	删除图层
17	SetCurrentLayer	设置当前图层
18	ResetMap	重置地图工具，清除地图中添加的所有元素

提示 1：工具中的特定函数需要采用编辑代码的方式才能调用，因此可以在自定义脚本、输出命令窗口或本工具及其他工具中具有文本编辑对话框的地方使用这些特定函数。

提示 2：在工具内部使用自身特定函数除了采用本技巧中介绍的方法外，还可以采用“this. + 函数名”方式，例如在弹道工具内部调用函数 SetStep 将仿真步长设置为 1 s，可以使用如下语句：this. SetStep(1)。

技巧 32　编辑函数过程中激活提示信息

为了使编辑代码更加方便，FlightSim 软件提供了函数信息提示功能，通过相关技巧可以在编辑过程中激活提示信息：

1）在函数名后面键入左括号，可显示函数输入提示框，如图 3－17 所示，提示框将显示函数需要的输入、输出和注释。

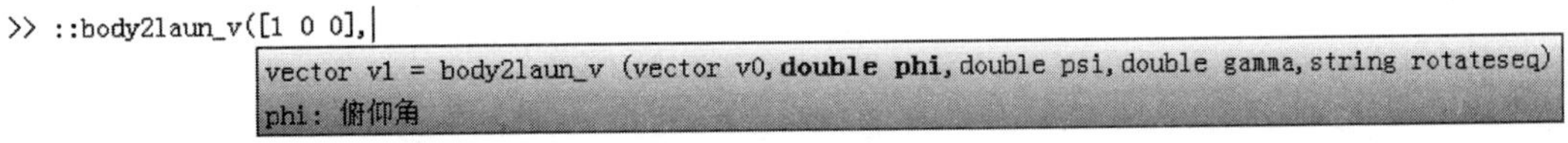

```
>> ::body2laun_v([1 0 0],|
vector v1 = body2laun_v (vector v0, double phi, double psi, double gamma, string rotateseq)
phi: 俯仰角
```

图 3－17

2）若在函数输入、输出参数键入完成前点击其他操作，提示信息将消失，再次返回键入时，可直接在左括号后面键入逗号或者操作快捷键“Ctrl + D”，则可再次激活提示信息，如图 3－18 和图 3－19 所示。

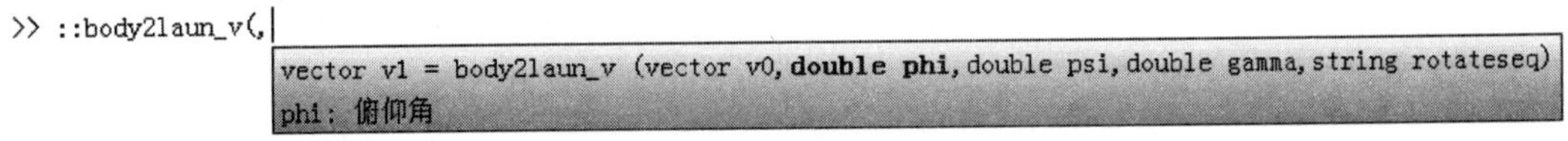

```
>> ::body2laun_v(,|
vector v1 = body2laun_v (vector v0, double phi, double psi, double gamma, string rotateseq)
phi: 俯仰角
```

图 3－18

```
>> ::body2laun_v(
vector v1 = body2laun_v (vector v0, double phi, double psi, double gamma, string rotateseq)
v0: void
```

图 3 - 19

3）在函数名后包含左括号或左括号和右括号同时存在情况下，将输入光标放在函数名前、中、后任意位置，操作快捷键“Ctrl + D”，可直接激活提示信息，如图 3 - 20 和图 3 - 21 所示。

```
>> ::body2laun_v(
vector v1 = body2laun_v (vector v0, double phi, double psi, double gamma, string rotateseq)
body2laun_v: 将向量从弹体坐标系转换到发射坐标系
```

图 3 - 20

```
>> ::body2laun_v()
vector v1 = body2laun_v (vector v0, double phi, double psi, double gamma, string rotateseq)
body2laun_v: 将向量从弹体坐标系转换到发射坐标系
```

图 3 - 21

第4章 软件接口与扩展

为了充分利用 C/C ++ 语言和 MATLAB 软件丰富的资源库，同时为用户解决问题提供便利，FlightSim 软件针对 C/C ++ 语言和 MATLAB 软件提供了多种接口，如图 4 - 1 所示，用户通过这些接口可以实现如下操作：

1）软件可以调用由 C ++ 语言编写的函数和模型，用户利用 C ++ 语言编写的 dll 文件可封装若干函数和模型，只需将该文件放置在软件根目录或者搜索目录中就可自动加载其中封装的所有函数和模型；

2）软件可以调用用户在 MATLAB 软件平台中创建的各种函数以及 Simulink 模型，可以联通软件的工作空间与 MATLAB 软件的工作空间，相互传递数据；

3）软件中的解决方案的后台可以由若干解决方案为其提供支撑，可以以后台启动的方式调用多个解决方案中的功能；

4）在 C ++ 语言中可以加载由软件构建的解决方案，可以将其作为用户项目的一部分，为用户项目提供计算、绘图等服务；

5）在 MATLAB 软件中可以加载由 FlightSim 软件构建的解决方案，可以对解决方案中的每个工具进行运算和调用，并得到其计算结果。

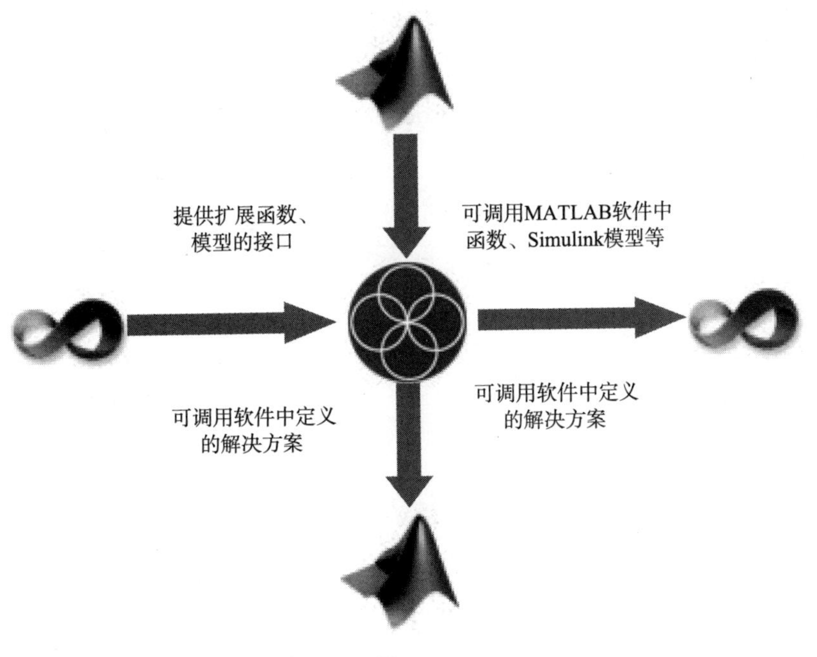

图 4 - 1

技巧 33　如何封装自定义 dll 函数

对于用户自定义函数，在 FlightSim 软件中可采用动态链接库形式进行封装和扩展使用。首先将用户自定义函数封装在动态链接库中，然后把该链接库复制到软件安装根目录下，或者在软件配置对话框中添加相应的搜索路径，软件在启动时将自动搜索该动态链接库中包含的函数，并将搜到的函数载入内存，用户即可在解决方案中方便地使用自定义函数。具体实现方法和步骤如下：

1）在软件根目录下，进入\interface\extdll 文件夹，双击 ExtendFuncExample. sln 打开自定义 dll 制作模板。

2）在解决方案面板中，完成自定义 dll 封装只需要更改图 4 - 2 中框内的三个源文件。

图 4 - 2

3）修改 LoadDllTest. cpp 文件。在 LoadDllTest. cpp 中仅需要更改图 4 - 3 中框内部分。

```
// LoadDllTest.cpp : 定义 DLL 应用程序的导出函数。
//

#include "stdafx.h"
#include <math.h>

#include <vector>
#include <string>
#include <map>
#include <strstream>
#include <iomanip>
using namespace std;

int ExportExtendFuncs(char** pfuncs)
{
    char* pFUNC[] = {
        "array rt = 数学运算\\func_example[func_example](array mx0, array mx1)",
        "[double alpha_out(指令攻角), double phi_out(指令俯仰角)] = 制导算法\\CloseLoopGuidLaw_HTheta[CloseLoopGuidLaw_HTheta](闭路制导算法)(double Hf(终端高度),
    };
    for(int i=0; i<sizeof(pFUNC)/sizeof(char*); i++)
    {
        pfuncs[i] = pFUNC[i];
    }
    return sizeof(pFUNC)/sizeof(char*);
}
```

图 4 - 3

此处主要定义 dll 的函数名、输入变量、输出变量以及在 FlightSim 软件中显示的说明内容等。函数描述的基本格式为：

[datatype output0{notes}，datatype output1{notes}，…] = 函数类别\\funcname[dllfuncname]{notes}(datatype input0{notes}，datatype input1{notes}，…){notes}

其中，

a）datetype 表示数据类型，定义函数时可用的数据类型包括：

- double 表示一个双精度数字；
- int 表示一个整形数字；
- string 表示字符串；
- bool 表示布尔型数字；
- vector 表示一个三维向量；
- vector2 表示一个二维向量；
- array 表示一个由双精度数字组成的二维数组，如果其行为 1 或列为 1 就是一维数组。

b）函数类别表示自定义 dll 函数所属的类别文件夹，同一个类别文件夹下可以定义多个函数。

c）funcname 表示自定义函数的名字，具体使用的时候直接用 funcname 即可。

d）dllfuncname 表示在该动态链接库中对应的函数，一般情况下与 funcname 一致。可以省略。

e）notes 为注释，可针对自定义函数的输入变量、输出变量以及函数功能等进行注释，这些注释内容可以在软件的自定义函数配置对话框和使用函数的提示框中显示。可以省略。

4）修改 FunctionDef. def 文件。FunctionDef. def 中仅需要对定义的函数名进行说明即可，格式为“函数名 + 空格 + @数字”，如图 4 - 4 所示。若 dll 中自定义多个函数，都需要在这里说明，格式相同，数字可以任意选取不相同的正整数即可。

图 4 - 4

5）修改 mathfuncs. cpp 文件。mathfuncs. cpp 为整个 dll 的函数主体部分，如图 4-5 所示，首先第一步需要修改函数名，函数名需与上一步中定义的函数名保持一致；第二步完成函数主体部分功能的编写，按照 VC 的语法完成函数自身需要实现的功能。需要注意的是，pInput 表示上一步中函数定义的所有输入，一般利用语句 x = pInput - >m_p_DataArray[i-1]->m_p_Data[j-1,k-1]或 x = pInput - >m_p_DataArray[i-1]->GetDoubleValue(j-1，k-1）表示将定义的第 i 个输入变量的第 j 行、第 k 列元素赋值给变量 x；第三步将函数得到的计算结果赋值给输出变量 pOutput。一般利用函数 pOutput->m_p_DataArray[i-1]->m_p_Data[j-1,k-1] = y 或者 pOutput->m_p_DataArray[i-1]->SetDoubleValue(j-1，k-1，y)表示将变量 y 赋值给函数定义的第 i 个输出变量的第 j 行第 k 列元素。

```
mathfuncs.cpp
(全局范围)    func_example(CFsDataArray * pInput, CFsDataArray * pOutput)

#include "stdafx.h"
#include "math.h"


bool func_example(CFsDataArray* pInput, CFsDataArray* pOutput)
{
    int row, col;
    row = pInput->m_p_DataArray[0]->GetRow();
    col = pInput->m_p_DataArray[0]->GetCol();
    pOutput->CreateData(1);
    pOutput->m_p_DataArray[0]->Reset(row, col);
    for(int i=0; i<row; i++)
    {
        for(int j=0; j<col; j++)
        {
            pOutput->m_p_DataArray[0]->SetDoubleValue(i, j, pInput->m_p_DataArray[0]->GetDoubleValue(i, j) * pInput->m_p_DataArray[0]->GetDoubleValue(i, j));
        }
    }
    return true;
}

bool CloseLoopGuidLaw_HTheta(CFsDataArray* pInput, CFsDataArray* pOutput)
{
    //Tf为发动机总工作时间，t为此级当前飞行时间，Vf为标称终端速度大小，Thetaf为终端速度倾角，Vy为当前飞行器y向速度，
    //Is为发动机秒耗量，g为重力加速度，Hf为标称终端高度，h为飞行器飞行高度，m为飞行器总质量，P为发动机推力，theta_loc当前飞行器当地速度倾角，
    double Hf, Thetaf, Vf, Tf, t, Vy, Is, g, h, m, P, theta_loc;                  //输入
    double phi, alpha;                                                            //输出
    double L, N, tgo, Vy0, t0, c, temp, temp0, temp1, temp2;                      //中间变量
    double Vyf, a1, a2, a3, a4, b1, b2, b3, b4, c1, f11, f12, f21, f22, e11, e12, del;   //中间变量
    double pi = 3.141592653589793238462643383279502884;
100 %
```

图 4-5

6）以上三个文件修改完毕后，就可以对整个 VC ++ 模板进行编译，编译通过后点击“生成-生成 ExtendFuncExample”，如图 4-6 所示，即可完成整个 dll 的自定义生成。自定义 dll 生成成功后，将在\interface\extdll\Release 或 Debug 文件夹下生成名为 ExtendFuncExample. dll 的文件，将此文件更名后（需确保其与软件根目录下其他 dll 不重名）复制到软件根目录下，即完成了自定义 dll 的封装及相关设置，后续在软件中可直接使用。

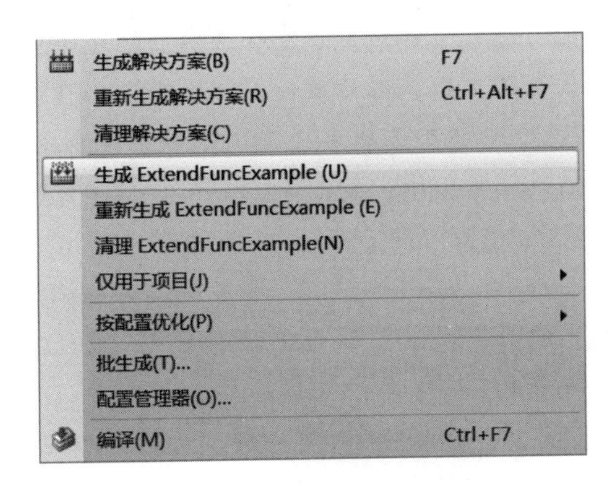

图 4-6

技巧 34　如何调用自定义 dll 函数

用户自定义的 dll 函数可以直接在软件中查看和使用，具体使用方法和步骤如下：

1）查看自定义 dll 函数的相关信息。打开软件后，点击图 4-7 工具栏上的自定义函数按钮，弹出自定义函数配置对话框，在这里可以查看软件载入的所有自定义函数信息、输入变量、输出变量及函数注释等，如图 4-8 所示。

图 4-7

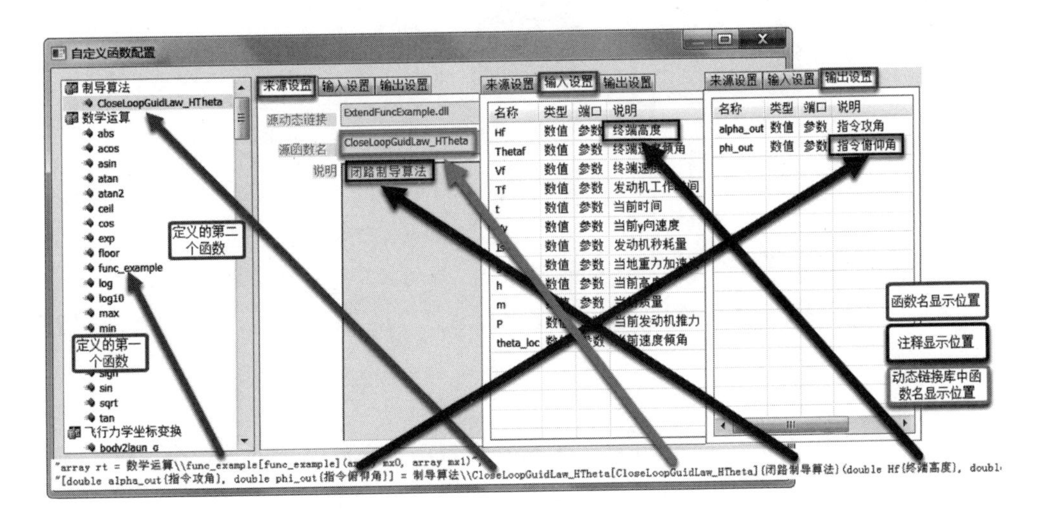

图 4-8

2）在弹道建模中使用自定义 dll 函数。首先在弹道计算界面添加自定义学科，然后在模型类型处选择自定义，在右边下拉三角处选择“基本模块\外部资源\DLL 函数”，如图 4－9 所示，最后双击图 4－10 所示区域即可弹出函数选择框，找到自定义的函数名双击，软件将自动解析出函数的输入输出，如图 4－11 所示，对输入输出分别进行相关设置即可使用此函数。

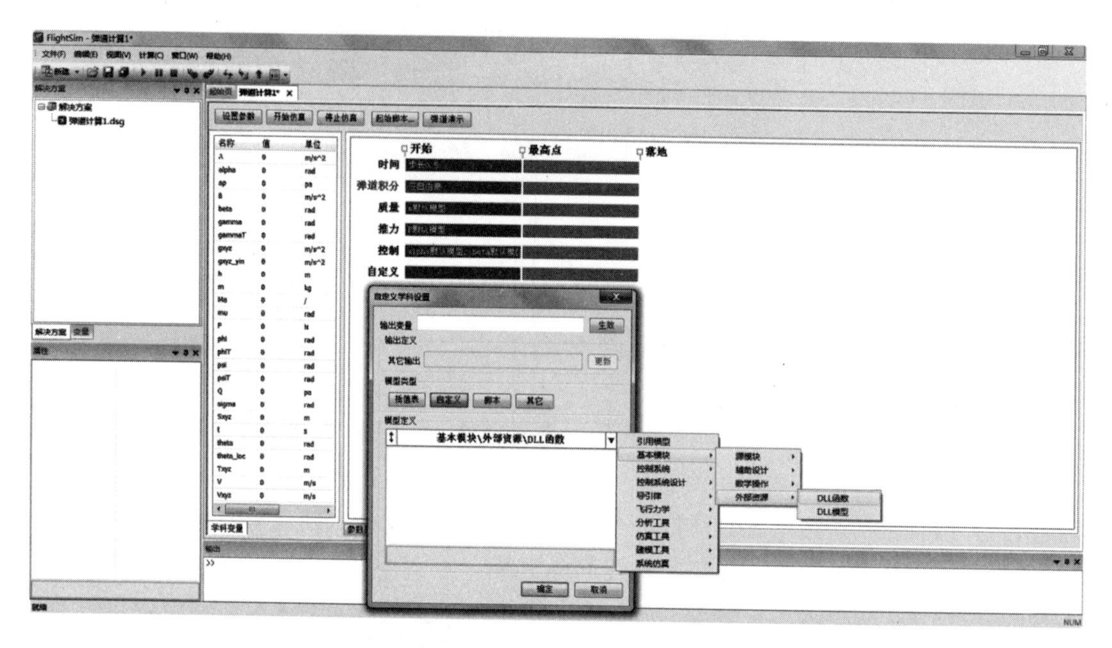

图 4－9

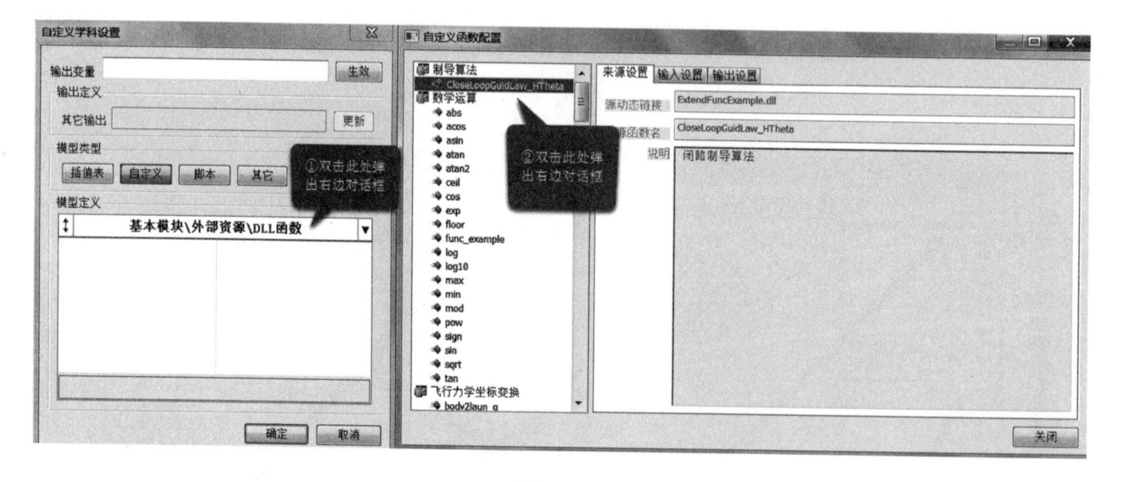

图 4－10

3）在代码编写中使用自定义 dll 函数。在软件自定义函数、自定义脚本、输出面板等设计界面键入双冒号，将激活函数提示框，在此对话框中可以输入或选择需要使用的 dll 函数名，在函数后面键入左括号，可显示函数输入提示框，如图 4－12 所示，提示框将显示函数需要的输入及函数的注释。

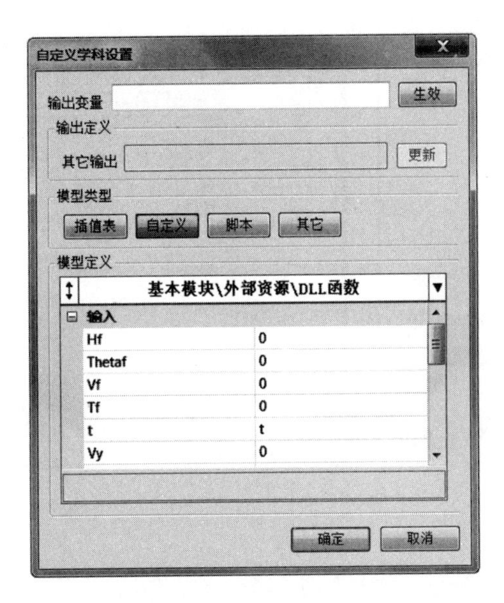

图 4 - 11

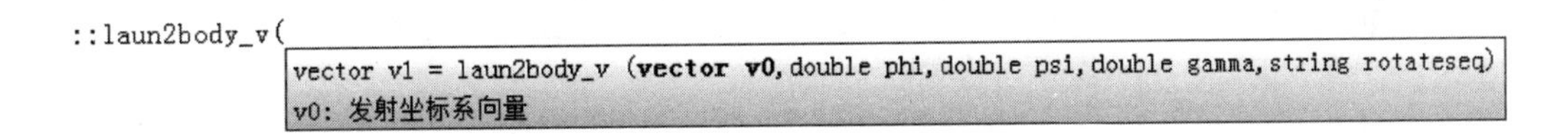

图 4 - 12

技巧 35　如何调试自定义 dll 函数

在 ExtendFuncExample. sln 文件中完成 dll 封装后，虽然可以通过编译调试函数存在的语法错误，但是函数本身的逻辑错误或者功能错误却无法通过 C ++ 程序进行调试。为了方便用户，软件提供了自定义 dll 函数的调试功能。调试自定义 dll 函数的具体方法和步骤如下：

1）将 ExtendFuncExample 解决方案设置为 Debug 模式。

2）设置自定义 dll 函数的输出目录和调试命令程序。首先在 ExtendFuncExample 解决方案的 ExtendFuncExample 项目名称处单击右键，在下拉框中选择“属性”，如图 4 - 13；然后在弹出的对话框中，将“配置属性—常规—输出目录”设置成 FlightSim 软件根目录，如图 4 - 14 所示；最后将“配置属性—调试—命令”设置成 FlightSim 软件 exe 程序路径，如图 4 - 15 所示。

3）在函数内部设置断点，如图 4 - 16 所示，点击启动调试按钮（或 F5），即可打开 FlightSim 软件。

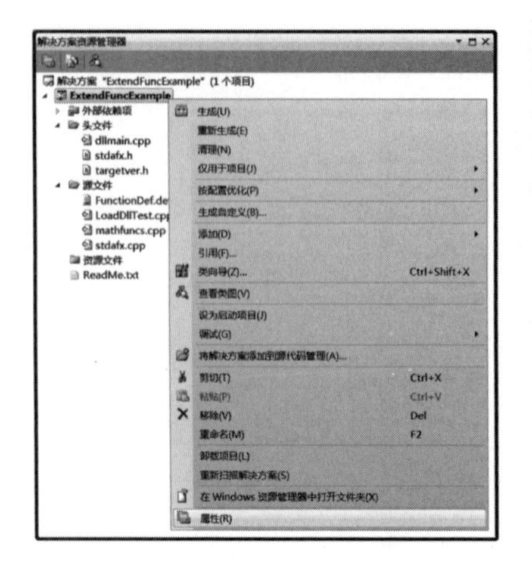

图 4-13

图 4-14

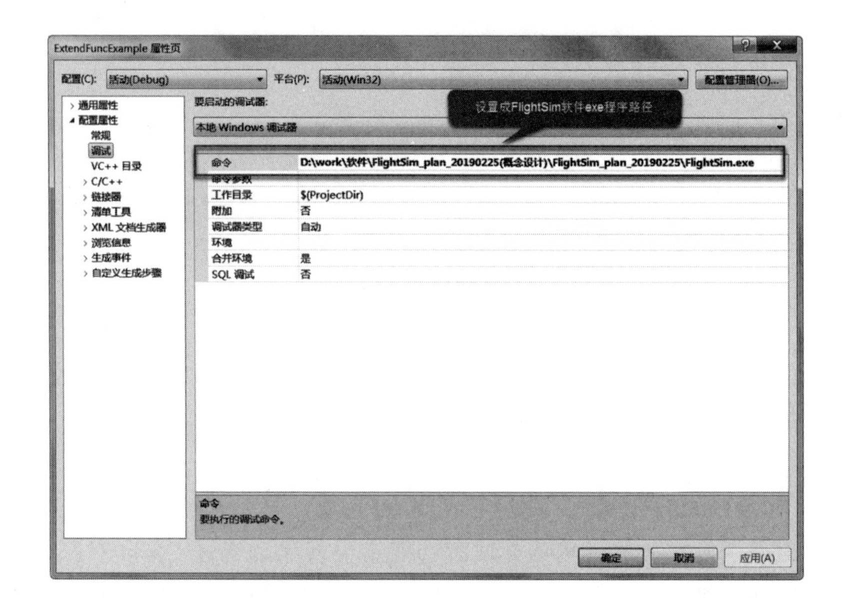

图 4-15

```
mathfuncs.cpp
(全局范围)    CloseLoopGuidLaw_HTheta(CFsDataArray * pInput, CFsDataArray * pOu

bool CloseLoopGuidLaw_HTheta(CFsDataArray* pInput, CFsDataArray* pOutput)
{
    //Tf为发动机总工作时间，t为此级当前飞行时间，Vf为标称终端速度大小，Thetaf为终端速度倾角，Vy为当前飞行器y向速度，
    //Is为发动机秒耗量,g为重力加速度，Hf为标称终端高度，h为飞行器飞行高度，m为飞行器总质量,P为发动机推力，theta_loc当前
    double Hf, Thetaf, Vf, Tf, t, Vy, Is, g, h, m, P, theta_loc;              //输入
    double phi, alpha;                                                        //输出
    double L, N, tgo, Vy0, t0, c, temp, temp0, temp1, temp2;                  //中间变量
    double Vyf, a1, a2, a3, a4, b1, b2, b3, b4, c1, f11, f12, f21, f22, e11, e12, del;  //中间变量
    double pi = 3.141592653589793238462643383279502884;
    double R2D = 180.0/pi;

    Hf = pInput->m_p_DataArray[0]->m_p_Data[0];
    Thetaf = pInput->m_p_DataArray[1]->m_p_Data[0];
    Vf = pInput->m_p_DataArray[2]->m_p_Data[0];
    Tf = pInput->m_p_DataArray[3]->m_p_Data[0];
    t = pInput->m_p_DataArray[4]->m_p_Data[0];
    Vy = pInput->m_p_DataArray[5]->m_p_Data[0];
    Is = pInput->m_p_DataArray[6]->m_p_Data[0];
    g = pInput->m_p_DataArray[7]->m_p_Data[0];
    h = pInput->m_p_DataArray[8]->m_p_Data[0];
    m = pInput->m_p_DataArray[9]->m_p_Data[0];
    P = pInput->m_p_DataArray[10]->m_p_Data[0];
```

图 4-16

4）在打开的 FlightSim 软件中，通过新建或打开已有解决方案的方式，在建模过程中调用 dll 函数，模型搭建完成后点击“运行”或“开始仿真”按钮，如图 4－17 所示，即可进入调试模式，程序直接跳转至函数断点处，此时用户可以按照 C++ 的方法进行调试，如图 4－18 所示。

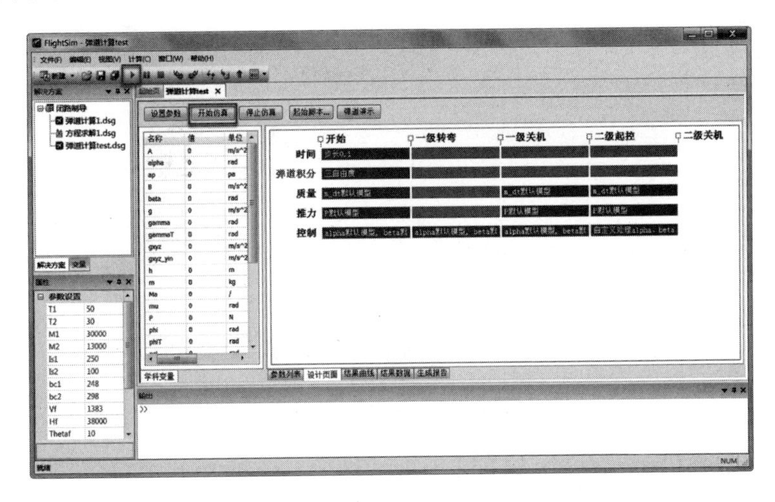

图 4－17

```
mathfuncs.cpp
(全局范围)    CloseLoopGuidLaw_HTheta(CFsDataArray * pInput, CFsDataArray * pOu

bool CloseLoopGuidLaw_HTheta(CFsDataArray* pInput, CFsDataArray* pOutput)
{
    //Tf为发动机总工作时间，t为此级当前飞行时间，Vf为标称终端速度大小，Thetaf为终端速度倾角，Vy为当前飞行器y向速度，
    //Is为发动机秒耗量，g为重力加速度，Hf为标称终端高度，h为飞行器飞行高度，m为飞行器总质量，P为发动机推力，theta_loc当
    double Hf, Thetaf, Vf, Tf, t, Vy, Is, g, h, m, P, theta_loc;          //输入
    double phi, alpha;                                                    //输出
    double L, N, tgo, Vy0, t0, c, temp, temp0, temp1, temp2;              //中间变量
    double Vyf, a1, a2, a3, a4, b1, b2, b3, b4, c1, f11, f12, f21, f22, e11, e12, del;   //中间变量
    double pi = 3.141592653589793238462643383279502884;
    double R2D = 180.0/pi;

    Hf = pInput->m_p_DataArray[0]->m_p_Data[0];
    Thetaf = pInput->m_p_DataArray[1]->m_p_Data[0];
    Vf = pInput->m_p_DataArray[2]->m_p_Data[0];
    Tf  Vf 1383.0000000000000  y[3]->m_p_Data[0];
    t = pInput->m_p_DataArray[4]->m_p_Data[0];
    Vy = pInput->m_p_DataArray[5]->m_p_Data[0];
    Is = pInput->m_p_DataArray[6]->m_p_Data[0];
    g = pInput->m_p_DataArray[7]->m_p_Data[0];
    h = pInput->m_p_DataArray[8]->m_p_Data[0];
    m = pInput->m_p_DataArray[9]->m_p_Data[0];
    P = pInput->m_p_DataArray[10]->m_p_Data[0];
100 %
```

图 4－18

技巧 36　与 MATLAB 软件的接口函数有哪些

FlightSim 软件提供了调用 MATLAB 软件平台的专用函数，见表 4－1。

表 4－1

MATLAB 软件接口函数	函数说明
matlab_execute	执行 MATLAB 相关指令
matlab_popvar	从 MATLAB 工作空间中得到参数
matlab_pushvar	将 FlightSim 软件中的参数传入 MATLAB 工作空间

以上函数可直接在 FlightSim 软件平台中使用。例如，在 FlightSim 软件平台中执行命令：

```
::matlab_execute("plot(sin(0:0.1:10))")
```

如图 4 - 19 所示。

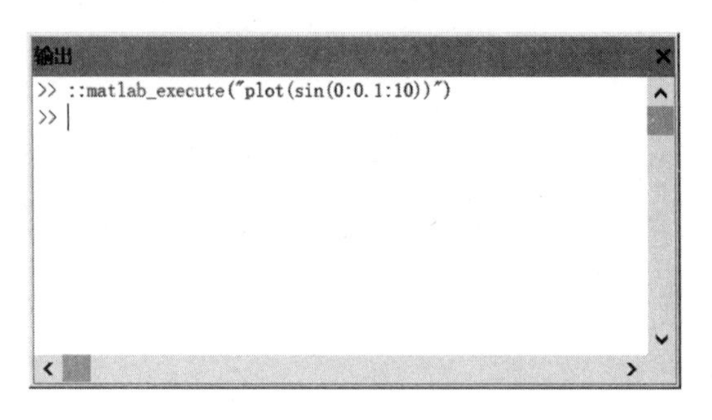

图 4 - 19

执行结果即可利用 MATLAB 软件平台绘制曲线，得到图 4 - 20 所示的对话框。

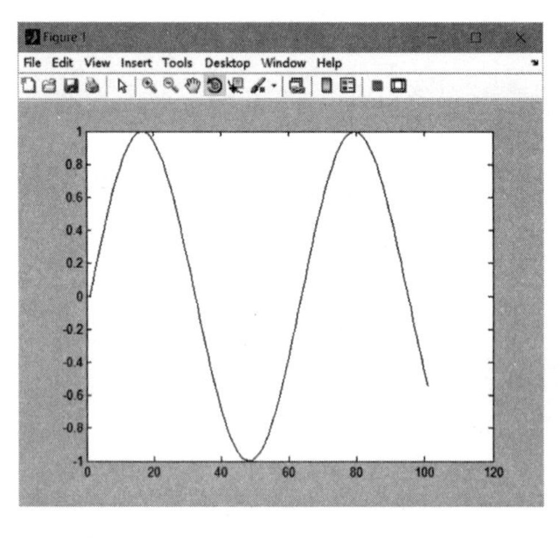

图 4 - 20

技巧 37　如何实现三维等复杂曲线作图功能

利用 FlightSim 软件提供的 plot 及其他函数，可以实现基本的二维绘图功能。但对于三维曲线、三维曲面、离散序列数据等复杂作图功能，FlightSim 软件本身是没有提供类似函数的，可以通过软件定制的与 MATLAB 软件的接口，通过调用接口函数简单实现。具体实现方法和步骤如下：

1）新建“弹道计算 _ 地空 . dsg”文件，弹道建模完成后，在弹道设计主页面左上角的设置参数对话框中设置需要绘图的变量。在图 4 - 21 中点击“设置参数”按钮，在弹出的中间变量设置对话框的输出设置标签中，如图 4 - 22 所示，在需要设置为绘图变量数据的最后“array”列中单击下拉三角，在弹出的下拉框中选择“计算并输出”。

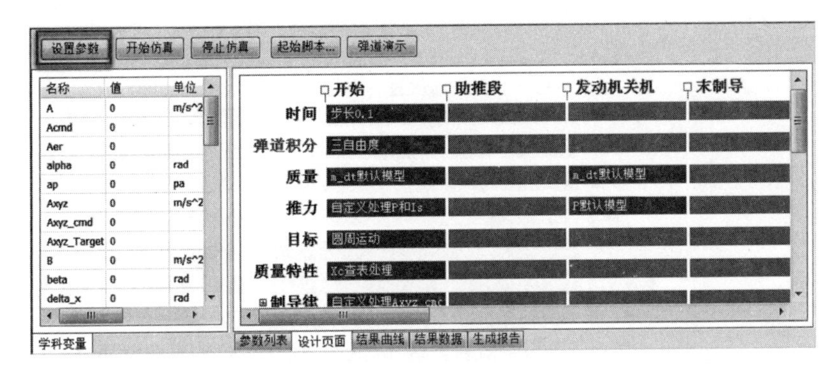

图 4 - 21

图 4 - 22

2）设置好弹道模型及绘图变量后，有两种途径可以实现利用 MATLAB 软件接口绘图功能。一种是在弹道计算工具中实现，另一种是通过新建自定义脚本工具实现。

3）首先介绍在弹道计算工具中的实现方法。在弹道设计主页面中，单击图 4 - 23 上部“编辑脚本”按钮，在弹出对话框的终止脚本标签中，输入代码并点击确定，如图 4 - 24 所示。点击“开始仿真”按钮，程序运行结束后即直接调用 MATLAB 软件，实现三维绘图功能，如图 4 - 25 所示。

4）下面介绍利用新建自定义脚本工具的实现方法。单击 FlightSim 软件左上角的“新建”图标，在弹出的对话框中选择“建模工具”中的“自定义脚本”模块，如图 4 - 26 所示，然后单击右侧“空模型”，最后单击确定。在弹出的脚本工具中输入代码，如图 4 - 27 所示，即可调用 MATLAB 函数完成三维绘图。

设置参数
开始仿真
停止仿真
编辑脚本...
名称 值 单位 备注
开始
助推段
发动机关机
末制导
命中目标
时间
步长0.1
弹道积分
三自由度
质量
m_dt默认模型
推力
自定义处理P和Is
P默认模型
目标
圆周运动
质量特性
Xc查表处理
制导律
自定义处理Axyz_cmd
气动配平
迭代求解delta_x,
学科变量
参数列表
设计页面
结果曲线
结果数据
生成报告

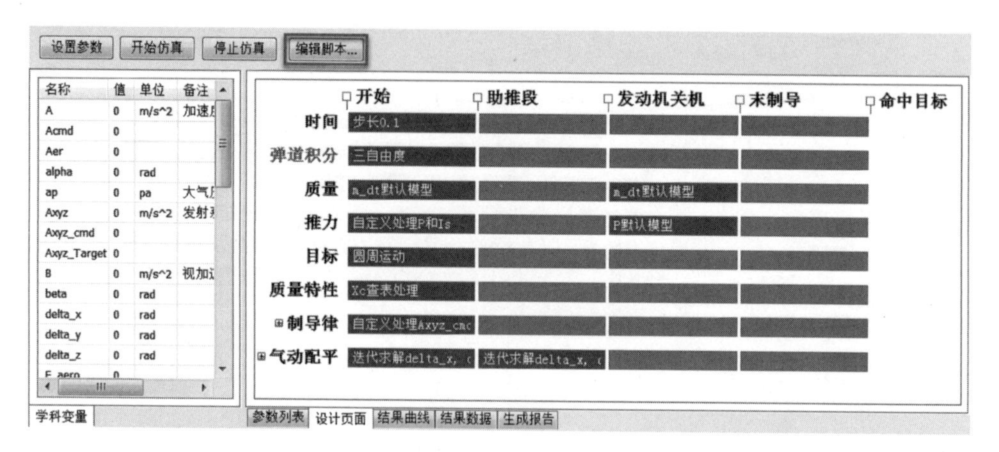

图 4-23

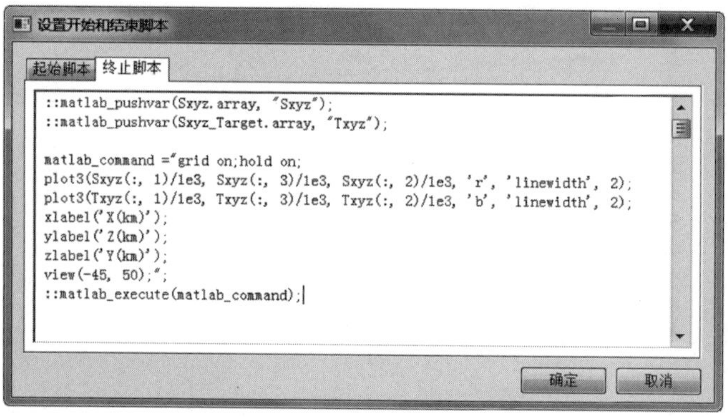

设置开始和结束脚本
起始脚本
终止脚本
::matlab_pushvar(Sxyz.array, "Sxyz");
::matlab_pushvar(Sxyz_Target.array, "Txyz");
matlab_command ="grid on;hold on;
plot3(Sxyz(:, 1)/1e3, Sxyz(:, 3)/1e3, Sxyz(:, 2)/1e3, 'r', 'linewidth', 2);
plot3(Txyz(:, 1)/1e3, Txyz(:, 3)/1e3, Txyz(:, 2)/1e3, 'b', 'linewidth', 2);
xlabel('X(km)');
ylabel('Z(km)');
zlabel('Y(km)');
view(-45, 50);";
::matlab_execute(matlab_command);
确定
取消

图 4-24

Figure 1
File Edit View Insert Tools Desktop Window Help
Note new toolbar buttons: data brushing & linked plots
Play video
Y(km)
Z(km)
X(km)

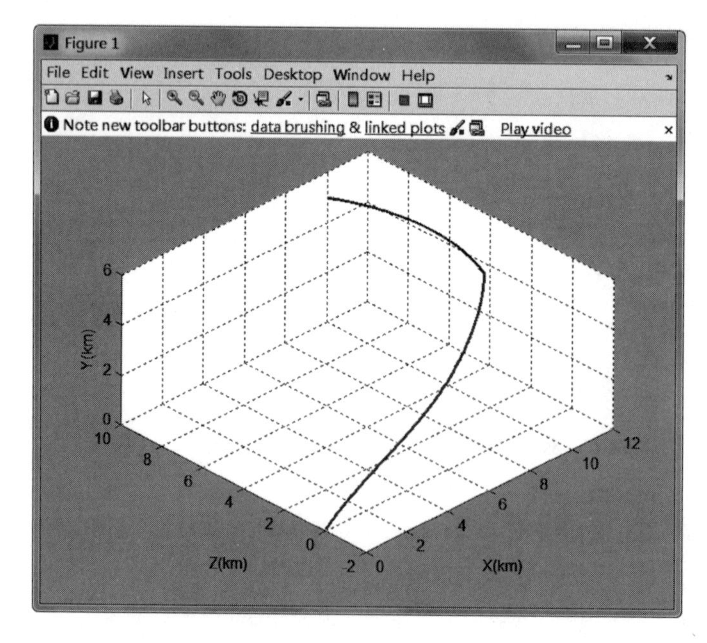

图 4-25

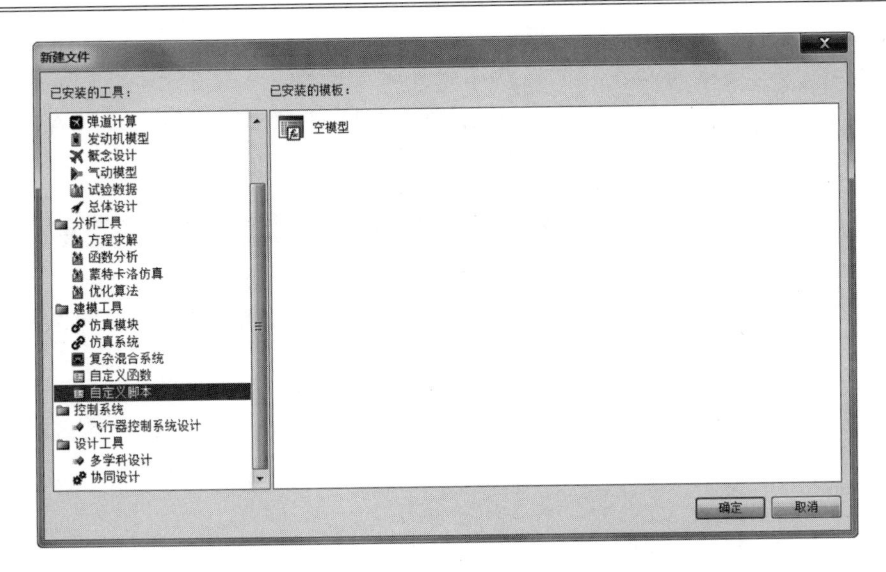

图 4-26

```
::matlab_pushvar(::弹道计算_地空.Sxyz.array, "Sxyz");
::matlab_pushvar(::弹道计算_地空.Sxyz_Target.array, "Txyz");


matlab_command ="grid on;hold on;
plot3(Sxyz(:, 1)/1e3, Sxyz(:, 3)/1e3, Sxyz(:, 2)/1e3, 'r', 'linewidth', 2);
plot3(Txyz(:, 1)/1e3, Txyz(:, 3)/1e3, Txyz(:, 2)/1e3, 'b', 'linewidth', 2);
xlabel('X(km)');
ylabel('Z(km)');
zlabel('Y(km)');
view(-45, 50);";
::matlab_execute(matlab_command);
```

图 4-27

提示 1：本技巧中利用 MATLAB 实现复杂曲线作图功能的两种方法本质没有区别，第一种方法绘图代码直接写在弹道计算模块中，两者绑定在一起，只有运行完弹道计算程序才能实现绘图功能；第二种方法绘图代码写在自定义脚本工具中，其与弹道计算工具是相对独立的，可以在不打开弹道计算工具的情况下实现绘图功能，另外还能方便进行调试。用户可根据需要选择一种合适的绘图方式。

提示 2：利用 MATLAB 实现绘图需要使用两个自定义函数，一个是 matlab_pushvar（array mx，string sname），其功能是将向量 mx 赋值给 matlab 中定义的名称为 sname 的变量；另一个是 matlab_execute（string scommand），其功能是在 matlab 计算引擎中运行 scommand 表示的一段代码，其中 scommand 应符合 MATLAB 语法规则。

提示 3：本例仅利用 MATLAB 软件中的 plot3 函数进行了示例说明，用户还可以使用 mesh、surf、stem3、ribbon 等函数实现更为复杂的三维作图功能，操作方法与此例类似。

提示 4：运行以上程序后，某些情况下可能会报错，一般在 FlightSim 软件的输出窗口中会出现如下错误提示“无法启动 MATLAB 引擎程序，请确定 MATLAB 的根目录在系统环境变量 PATH 中”，如图 4-28 所示。

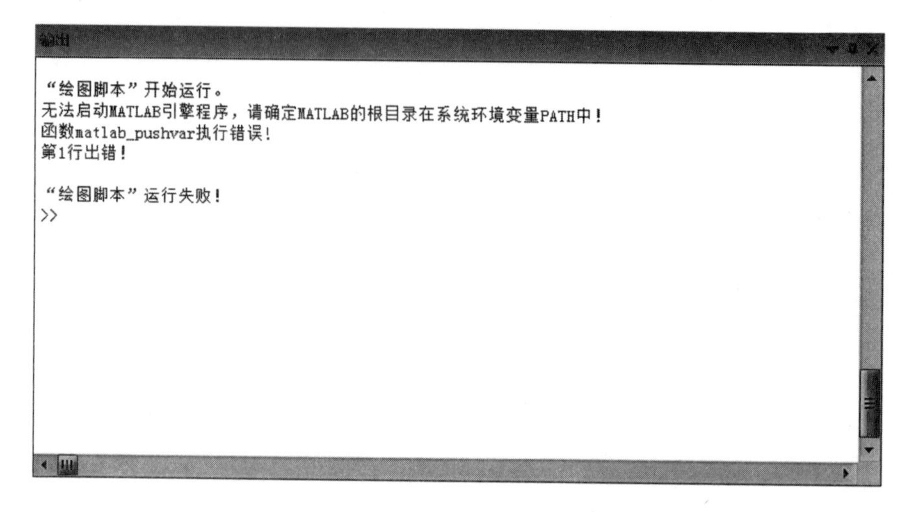

图 4-28

解决方法：将 MATLAB 的根目录添加到操作系统环境变量 PATH 中，具体操作步骤如下：

1）在我的电脑（或计算机）图标上单击右键，选择“属性”；

2）在图 4-29 中单击“高级系统设置”标签；

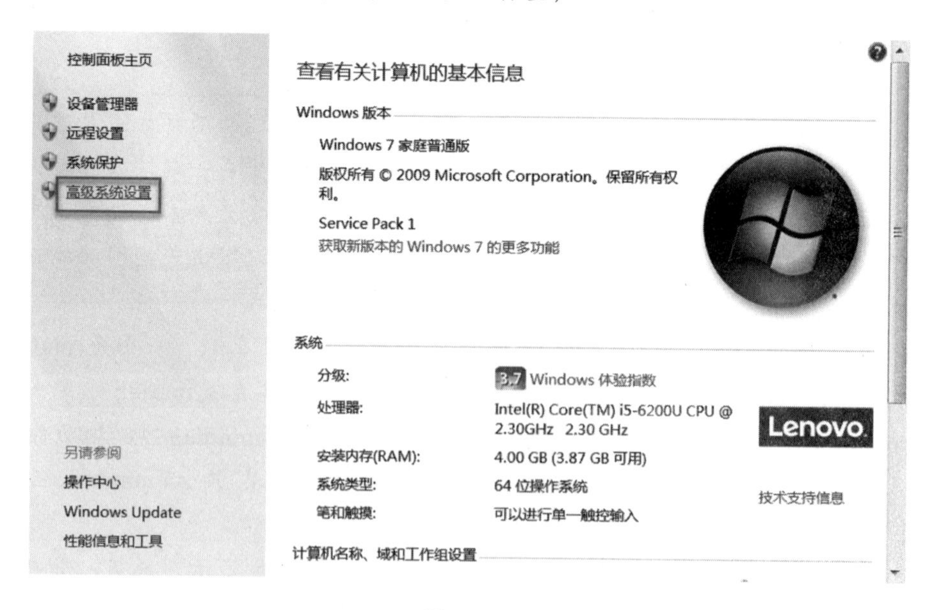

图 4-29

3）在弹出的系统属性“高级”标签页中，单击下方的“环境变量”按钮，如图 4－30 所示；

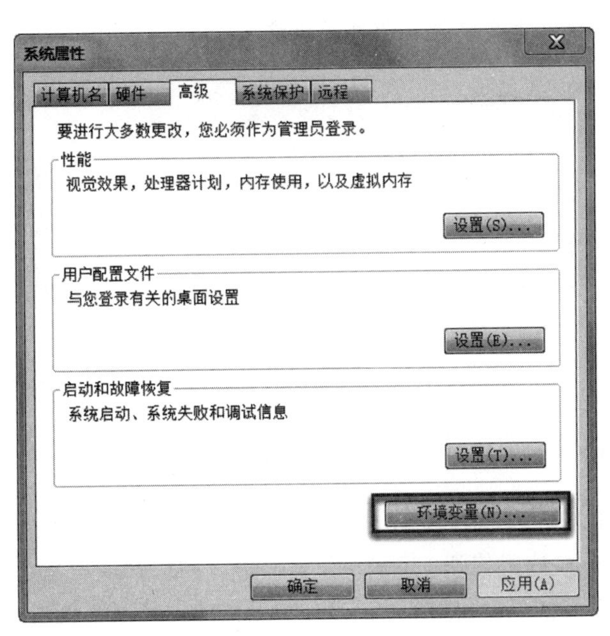

图 4－30

4）在弹出的环境变量对话框中，在系统变量处单击“新建”，如图 4－31 所示；

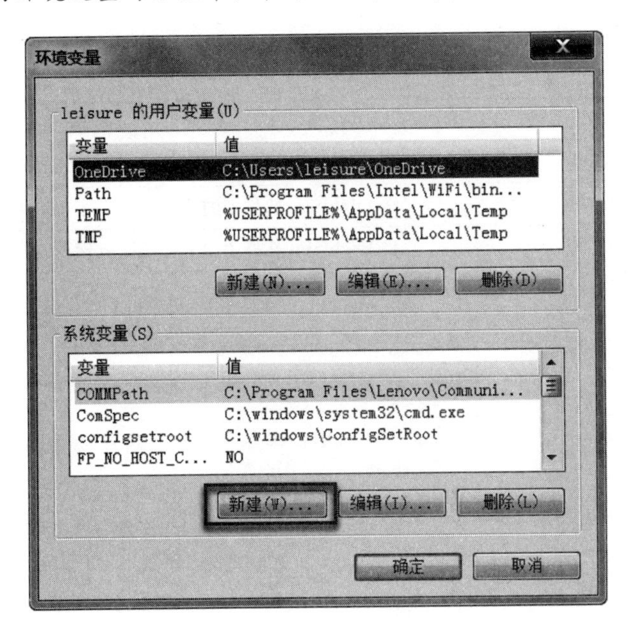

图 4－31

5）在弹出的图4-32“新建系统变量”对话框中，新建变量名为“Path”，变量值为matlab安装根目录（例如C:\Program Files（x86）\MATLAB\R2008a\bin\win32），单击确定后，重启电脑，即可完成设置。

图4-32

技巧38　如何在FlightSim软件中使用MATLAB软件中的参数

通过调用MATLAB接口函数，不仅可以将参数传入MATLAB工作空间，还能够把MATLAB工作空间的参数回传到FlightSim软件中。利用此项功能，可以在FlightSim软件中充分利用MATLAB软件强大的计算功能和函数库。下面举例进行说明。

【例】假设传递函数分子为num0，分母为den0，使用接口函数，利用MATLAB中的一阶保持器法对FlightSim软件中的传递函数进行离散化，并返回离散化后的分子和分母。

在FlightSim软件的脚本编辑框中输入表4-2中的左侧代码，每一条代码的解释见表4-2。

表4-2

序号	代码	解释
1	::matlab_pushvar(num0, "num0__");	将FlightSim软件中的传递函数分子num0赋值给变量num0__
2	::matlab_pushvar(den0, "den0__");	将FlightSim软件中的传递函数分母den0赋值给变量den0__
3	::matlab_pushvar(st, "st__");	将FlightSim软件中的采样周期st赋值给变量st__
4	::matlab_execute("sys__ = tf(num0__, den0__);");	在MATLAB软件中执行代码，求取传递函数
5	::matlab_execute("sysd__ = c2d(sys__, st__, 'foh');");	在MATLAB软件中执行代码，将传递函数离散化
6	::matlab_execute("num1__ = sysd__.num{1};");	在MATLAB软件中执行代码，将离散化后的分子赋值给变量num1__
7	::matlab_execute("den1__ = sysd__.den{1};");	在MATLAB软件中执行代码，将离散化后的分母赋值给变量den1__
8	num1 = ::matlab_popvar("num1__", 5000);	将MATLAB软件中的变量num1__赋值给FlightSim中的变量num1
9	den1 = ::matlab_popvar("den1__", 5000);	将MATLAB软件中的变量den1__赋值给FlightSim中的变量den1

通过在 FlightSim 软件中运行以上代码，即可在不打开 MATLAB 软件情况下，利用 MATLAB 软件中的函数实现传递函数的离散化功能。

> 提示 1：在表 4-2 第 8 条和第 9 条语句中，函数 matlab_popvar 后面的参数表示允许该函数花费的最长时间，单位为毫秒，该参数缺省为 1000，程序实际运行时间超过该数值将报错。
>
> 提示 2：函数 matlab_execute（string scommand），其功能是在 MATLAB 计算引擎中运行 scommand 表示的一段代码，其中 scommand 应符合 MATLAB 语法规则。

技巧 39 外部程序如何调用 FlightSim 软件

除能够调用其他软件外，FlightSim 软件还能被 MATLAB、Python、Visual C/C ++ 等软件或程序调用，本节以 Visual C/C ++ 软件为例，介绍利用外部程序调用 FlightSim 软件的方法和步骤：

1）搭建弹道仿真模型。根据任务需要，按照技巧 65～技巧 78 介绍的方法，搭建好弹道仿真模型，如图 4-33 所示。搭建好的弹道模型应可进行单次弹道计算且确保计算结果正确。

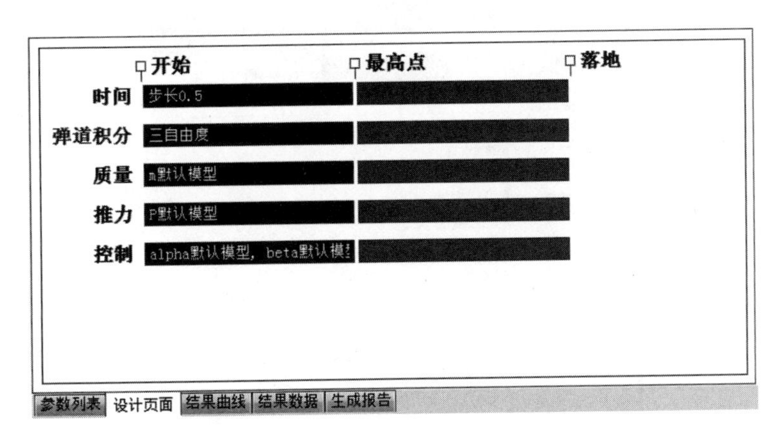

图 4-33

2）设置弹道模型的输入输出变量。按照技巧 107 介绍的方法，将外部程序需要使用的变量设置为弹道模型的输入或输出变量，如图 4-34 所示。

3）将弹道仿真模型保存为解决方案。将以上建立的弹道计算和仿真模型保存为名称为 test 的解决方案，保存路径为"C:\Users\leisure\Desktop\test"，如图 4-35 所示。

4）在 Visual Studio 软件"解决方案资源管理器"窗口的工程名称处单击右键，点击"属性"，如图 4-36 所示，将弹出图 4-37 所示的工程属性设置页。

5）将路径"FlightSim 软件安装根目录 \ interface"添加到图 4-38 所示"配置属性—C/C ++ —附加包含目录"和图 4-39 所示"配置属性—链接器—附加库目录"中，将路径“FlightSim软件安装根目录”添加到图4-40所示“配置属性—调试—工作目录”中。

图4-34

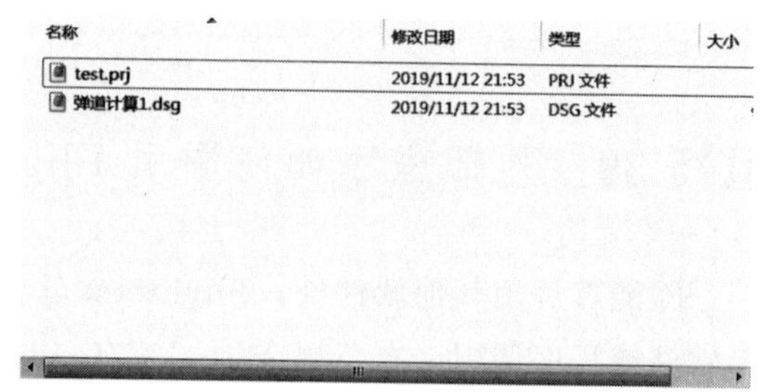

图4-35

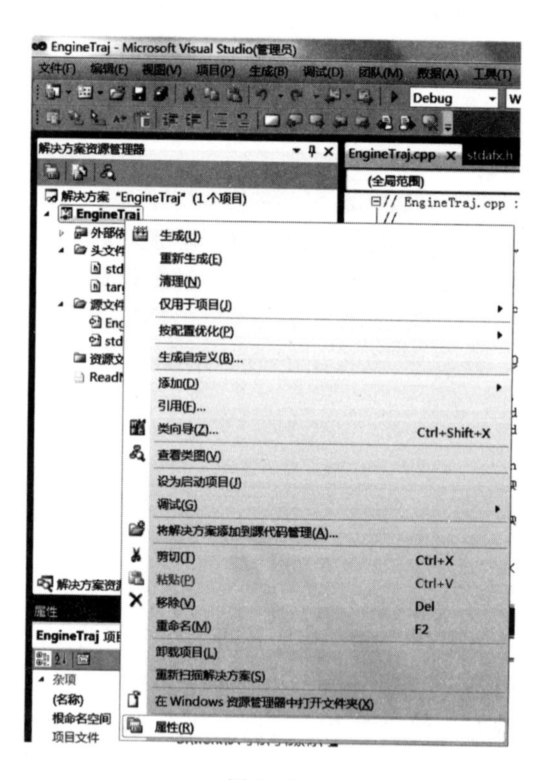

图4-36

6）在Visual Studio软件该工程的头文件“stdafx. h”中输入如图4-41所示代码。

7）在Visual Studio软件该工程的main函数中输入表4-3中的左侧代码，每一条代码的解释见表4-3。

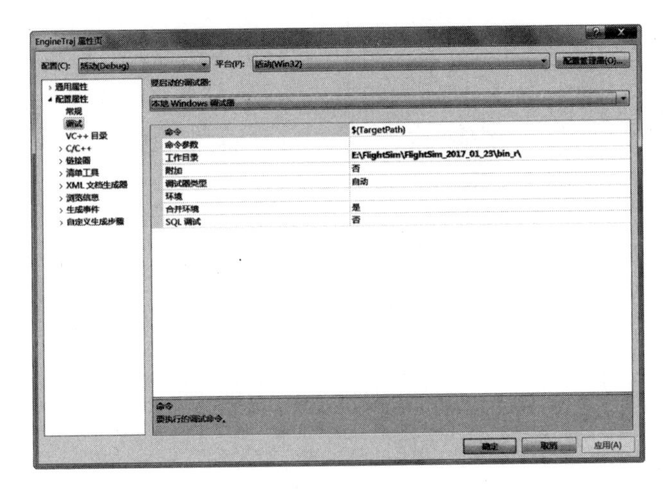

图 4 - 37

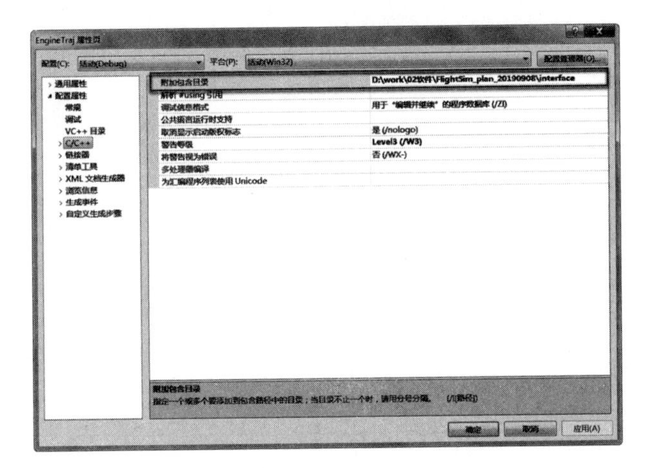

图 4 - 38

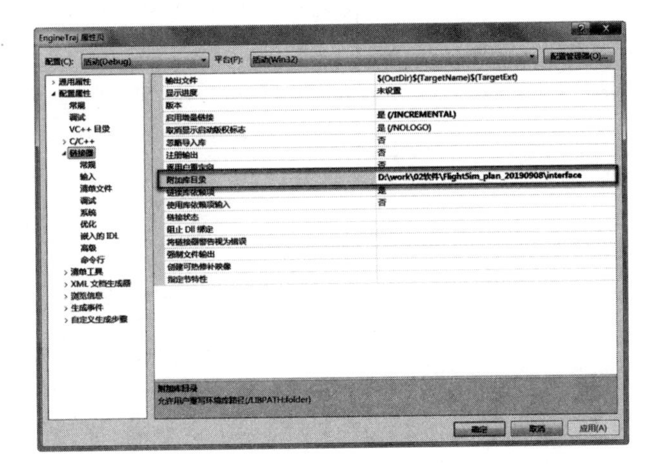

图 4 - 39

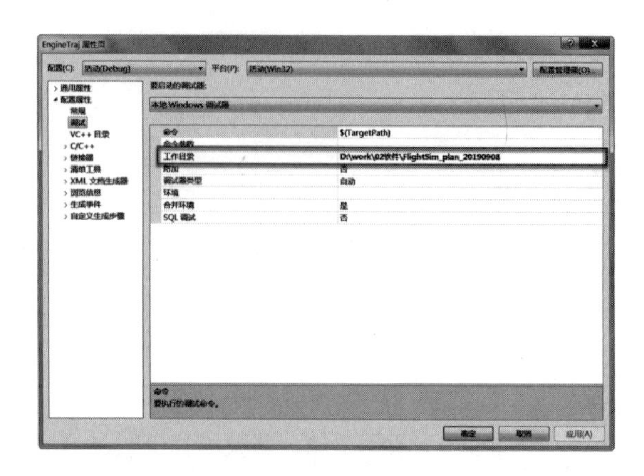

图 4 - 40

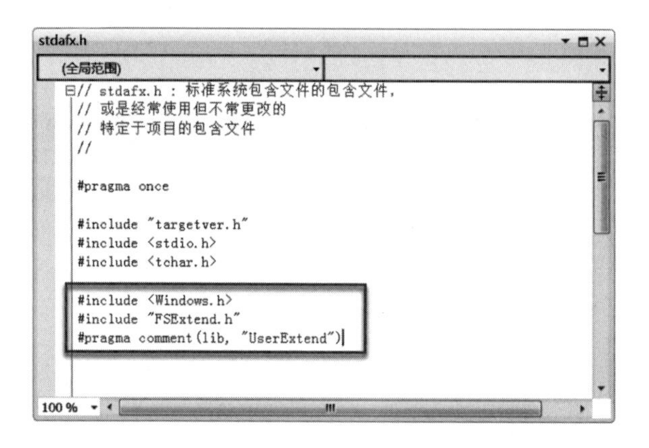

图 4 - 41

表 4 - 3

序号	代码	解释
1	HWND hWnd = egOpenFlightSimEngine("D:\\work\\02 软件\\FlightSim_plan_20190908\\FlightSim.exe", true)	打开 FlightSim 软件计算引擎，其中 egOpenFlightSimEngine 函数第一个参数为 FlightSim 软件的安装目录
2	egLoadPrj(hWnd, "C:\\Users\\leisure\\Desktop\\test\\test.prj")	在计算引擎中打开解决方案，其中 egLoadPrj 函数的第二个参数为后缀名为 prj 的弹道解决方案的保存路径
3	egRunModel(hWnd, "弹道计算 1")	运行解决方案中名为“弹道计算 1”的工具
4	int nRow = 0, nCol = 0	定义两个整型变量，用于存放弹道计算工具中的向量 t
5	egGetModelParamSize(hWnd, "弹道计算 1", "t.array", &nRow, &nCol)	将弹道计算模型中的向量 t 的维数分别赋值给以上定义的两个整型变量
6	double * pdData = new double[nRow * nCol]	在 C++ 中动态分配一段内存，用于存放向量 t
7	egPopModelParam_matrix(hWnd, "弹道计算 1", "t.array", pdData, &nRow, &nCol);	将弹道计算模型中的向量 t 赋值给新创建的变量 pdData

8）通过以上代码，即可将 FlightSim 软件 test 解决方案中名称为“弹道计算 1”计算工具中的向量 t 赋值给 C++ 中定义的变量 pdData。

第 5 章　气动建模

气动模型一般在对气动系数进行插值后求解气动力和力矩，供弹道计算过程使用。气动模型算法原理较为简单，但是当前计算气动系数的软件很多，气动系数也可通过风洞试验得到，这使得气动数据呈现出名称复杂、数据量大、格式不统一的特点，不同飞行器所定义和使用的气动数据格式不同，因此无法编写一个软件直接根据气动系数文件生成气动模型，同时这一特点也为气动建模工具的通用化和普适性设计带来了挑战。

FlightSim 软件提供了专门处理气动数据的气动建模工具，它提供可视化界面以方便构建多维、多段等复杂的数据结构，生成可供其他模块直接使用的气动计算模型，并且支持气动系数的可视化，便于检查气动模型的合理性和正确性。FlightSim 软件针对气动建模工具的解决思路是：提供一套内部默认的气动系数名称标识符及其对应的运算规则，用户按照软件规则定义好气动系数，软件可直接生成用户需要的气动力和气动力矩模型；对于软件内部没有定义的气动系数，用户可通过自定义的方式完成建模。

技巧 40　气动建模工具支持的气动系数名称

FlightSim 软件中气动建模工具内部默认支持的气动系数名称如表 5－1 所示。

表 5－1

气动系数	含义	说明
CA	轴向力系数	弹体坐标系
CA0	轴向力修正系数	弹体坐标系
CN	法向力系数	弹体坐标系
CZ	横向力系数	弹体坐标系
CD	阻力系数	速度坐标系
CD0	零升阻力系数	速度坐标系
CDi	诱导阻力系数	速度坐标系
CL	升力系数	速度坐标系
CY	侧向力系数	速度坐标系
CNA	法向力系数对攻角的偏导数	默认单位为 1/deg
CZB	横向力系数对攻角的偏导数	默认单位为 1/deg
CLA	升力系数对攻角的偏导数	默认单位为 1/deg
CYB	侧向力系数对攻角的偏导数	默认单位为 1/deg
CMX	滚转力矩系数	

续表

气动系数	含义	说明
CMY	偏航力矩系数	
CMZ	俯仰力矩系数	
CMX_Gamma	滚转力矩系数对滚转角的偏导数	默认单位为1/deg
CMY_Beta	偏航力矩系数对侧滑角的偏导数	默认单位为1/deg
CMZ_Alpha	俯仰力矩系数对攻角的偏导数	默认单位为1/deg
CMX_Delx	滚转力矩系数对滚转舵偏角的偏导数	默认单位为1/deg
CMY_Dely	偏航力矩系数对偏航舵偏角的偏导数	默认单位为1/deg
CMZ_Delz	俯仰力矩系数对俯仰舵偏角的偏导数	默认单位为1/deg
Xcp	纵向压心系数	没有设置的话默认为0
Ycp	法向压心系数	没有设置的话默认为0
Zcp	横向压心系数	没有设置的话默认为0
CNG	总法向力系数	
CLG	总升力系数	
CNGAG	总法向力对总攻角偏导数系数	默认单位为1/deg
CLGAG	总升力对总攻角偏导数系数	默认单位为1/deg

可以识别的的插值坐标如表5-2所示。

表5-2

气动系数	含义	说明
alpha	攻角	单位为deg
beta	侧滑角	单位为deg
alpha_g	总攻角	单位为deg
gamma	方位角	单位为deg
h	高度	
Ma	马赫数	
delta_x	滚转舵偏角	
delta_y	偏航舵偏角	
delta_z	俯仰舵偏角	

技巧41 气动建模工具基本计算原理

气动建模工具内部默认支持弹体坐标系和速度坐标系下的气动力和气动力矩计算，这两种坐标系下计算气动力的基本公式如下

$$
\begin{cases}
F'_b = QS_{\text{ref}}\begin{bmatrix} -\text{CA}-\text{CA0} \\ \text{CN}+\alpha\text{CNA}+\dfrac{\sin\alpha\cos\beta}{\sin\eta}(\text{CNG}+\eta\text{CNGAG}) \\ \text{CZ}+\beta\text{CZB}-\dfrac{\sin\beta}{\sin\eta}(\text{CNG}+\eta\text{CNGAG}) \end{bmatrix} \\
F'_v = QS_{\text{ref}}\begin{bmatrix} -\text{CD}-\text{CD0}-\text{CDi} \\ \text{CL}+\alpha\text{CLA}+\dfrac{\sin\alpha}{\sin\eta}(\text{CLG}+\eta\text{CLGAG}) \\ \text{CY}+\beta\text{CYB}-\dfrac{\cos\alpha\sin\beta}{\sin\eta}(\text{CLG}+\eta\text{CLGAG}) \end{bmatrix}
\end{cases}
$$

式中，Q 表示动压，S_{ref} 表示气动参考面积，$\boldsymbol{F}'_b$ 和 $\boldsymbol{F}'_v$ 分别表示通过气动系数直接计算得到的弹体坐标系和速度坐标系上的气动力，三角函数中的欧拉角单位为 rad，其余的欧拉角单位为 deg。当输入不同坐标系下的气动系数时，气动力计算公式有所不同，主要有以下三种情况：

1）若输入的是弹体坐标系下的气动系数，则气动建模工具计算得到的弹体坐标系或速度坐标系下的气动力为

$$
\begin{cases}
F_b = F'_b \\
F_v = \boldsymbol{M}_{bv}F'_b
\end{cases}
$$

2）若输入的是速度坐标系下的气动系数，则气动建模工具计算得到的弹体坐标系或速度坐标系下的气动力为

$$
\begin{cases}
F_b = \boldsymbol{M}_{vb}F'_v \\
F_v = F'_v
\end{cases}
$$

3）若输入的同时是弹体坐标系和速度坐标系下的气动系数，则气动建模工具计算得到的弹体坐标系或速度坐标系下的气动力为

$$
\begin{cases}
F_b = F'_b + \boldsymbol{M}_{vb}F'_v \\
F_v = F'_v + \boldsymbol{M}_{bv}F'_b
\end{cases}
$$

式中 F_b 和 F_v 分别为最终输出的弹体坐标系和速度坐标系下的气动力，$\boldsymbol{M}_{vb}$ 和 $\boldsymbol{M}_{bv}$ 分别为速度坐标系到弹体坐标系和弹体坐标系到速度坐标系的转换矩阵。

气动力矩的计算公式则因所给气动系数的不同而不同，主要分为两种情况：

1）若输入的气动系数不包含压心系数信息，可根据气动系数计算出气动力矩，即

$$
M'_b = QL_{\text{ref}}S_{\text{ref}}\begin{bmatrix} \text{CMX}+\gamma\text{CMX\_Gamma}+\delta_x\text{CMX\_Delx} \\ \text{CMY}+\beta\text{CMY\_Beta}+\delta_y\text{CMY\_Dely} \\ \text{CMZ}+\alpha\text{CMZ\_Alpha}+\delta_z\text{CMZ\_Delz} \end{bmatrix}
$$

其中 M'_b 表示通过气动系数直接计算得到的气动力矩。如果在气动建模工具中选择了输入质心信息，即能够得到质心在弹体坐标系中的向量，设为 $\boldsymbol{R}_g$，其在弹体坐标系中的分量为 $\boldsymbol{R}_{gx}$、$\boldsymbol{R}_{gy}$ 和 $\boldsymbol{R}_{gz}$，那么最终对质心输出的气动力矩为

$$M_b = M_b' + \begin{bmatrix} \boldsymbol{R}_{gx} \\ -\boldsymbol{R}_{gy} \\ -\boldsymbol{R}_{gz} \end{bmatrix} \times F_b$$

如果在气动建模工具中选择不输入质心信息，则

$$M_b = M_b'$$

2）若输入的气动系数中包含压心系数信息，设为 $\boldsymbol{R}_p$， 其在弹体坐标系内的分量为 $\boldsymbol{R}_{px}$、$\boldsymbol{R}_{py}$ 和 $\boldsymbol{R}_{pz}$，则 $\boldsymbol{R}_{px} = XcpL_{\text{ref}}$，$\boldsymbol{R}_{py} = YcpL_{\text{ref}}$，$\boldsymbol{R}_{pz} = ZcpL_{\text{ref}}$， 其中 L_{ref} 表示气动参考长度。若在气动建模工具中选择输入质心信息，此时对质心的气动力矩求法为

$$M_b = \begin{bmatrix} \boldsymbol{R}_{gx} \\ -\boldsymbol{R}_{gy} \\ -\boldsymbol{R}_{gz} \end{bmatrix} \times F_b + \begin{bmatrix} -\boldsymbol{R}_{px} \\ \boldsymbol{R}_{py} \\ \boldsymbol{R}_{pz} \end{bmatrix} \times F_b = \begin{bmatrix} \boldsymbol{R}_{gx} - \boldsymbol{R}_{px} \\ -\boldsymbol{R}_{gy} + \boldsymbol{R}_{py} \\ -\boldsymbol{R}_{gz} + \boldsymbol{R}_{pz} \end{bmatrix} \times F_b$$

若在气动建模工具中选择不输入质心信息，此时对质心的气动力矩求法为

$$M_b = \begin{bmatrix} -\boldsymbol{R}_{px} \\ \boldsymbol{R}_{py} \\ \boldsymbol{R}_{pz} \end{bmatrix} \times F_b$$

技巧 42　如何对二维气动数据建模

关于某些具有轴对称外形的飞行器，气动数据较为简单，见表 5－3 所示的一种二维插值表。

表 5－3

CA					
alpha\Ma	1	2	3	4	5
－20	0.704 733	0.837 397	0.103 885	0.728 355	0.830 653
－10	0.354 015	0.521 165	0.623 768	0.556 078	0.382 244
0	0.504 624	0.423 994	0.038 361 8	0.882 046	0.378 033
10	0.046 784 9	0.356 792	0.618 152	0.339 732	0.919 248
20	0.664 327	0.329 295	0.080 324 7	0.749 138	0.998 016
CN					
alpha\Ma	1	2	3	4	5
－20	0.622 303	0.999 481	0.869 228	0.689 474	0.140 812
－10	0.948 363	0.847 102	0.268 563	0.906 461	0.019 776
0	0.897 183	0.217 75	0.0828 883	0.451 399	0.619 526
10	0.297 8	0.204 84	0.688 772	0.029 541 9	0.906 43
20	0.2475 66	0.800 531	0.437 452	0.064 699 2	0.792 81

续表

CMZ					
alpha\Ma	1	2	3	4	5
-20	0.616 84	0.143 834	0.216 651	0.311 716	0.761 132
-10	0.683 248	0.183 599	0.149 541	0.549 333	0.860 897
0	0.682 15	0.584 887	0.374 432	0.220 923	0.410 413
10	0.031 495 1	0.970 031	0.137 364	0.022 217 5	0.700 613
20	0.685 69	0.112 644	0.856 532	0.536 607	0.303 659

对于这种二维气动数据表格，FlightSim 软件中的气动建模工具是默认支持的，具体操作方法和步骤如下：

1）双击软件图标，启动软件。

2）单击图 5－1 中左上角“新建”。

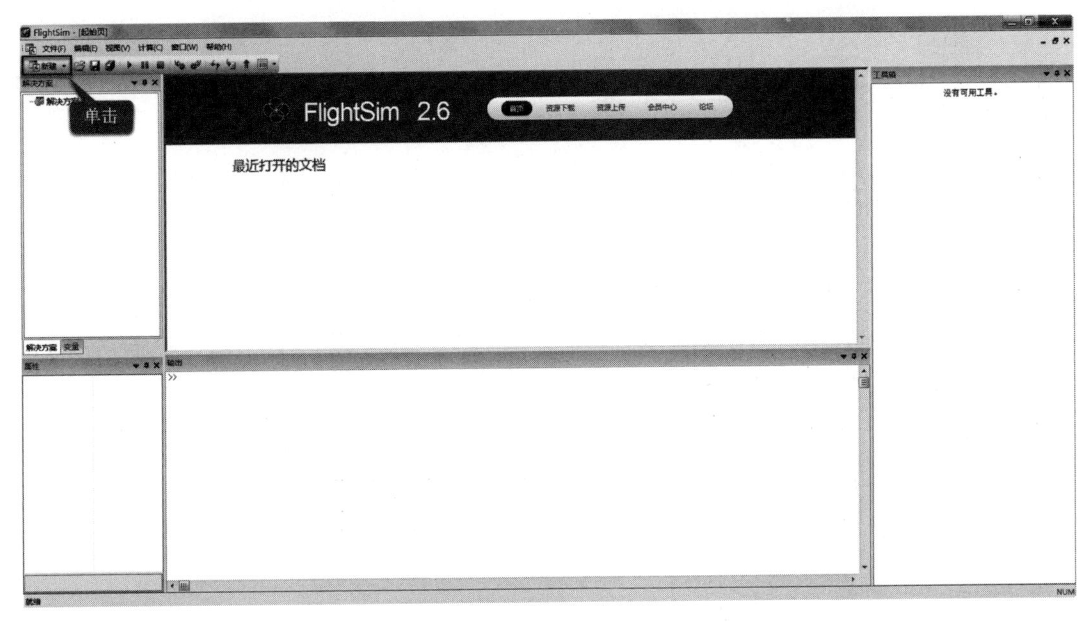

图 5－1

3）在弹出的图 5－2 所示对话框中首先选择“飞行力学”中的“气动模型”模块，然后单击右侧“空模型”，最后单击确定，即可弹出新建的气动模型。

4）添加气动系数 CA。在气动模型工具中，右键单击图 5－3 中“气动数据—部段 0—气动数据 0”选项，在弹出的下拉列表中选择“添加新项—添加块数据”，即可在气动数据 0 模块下生成新建的默认名为 CA 的气动系数，如图 5－4 所示。

5）输入二维数据表。在图 5－5 右侧的编辑框中，双击第一行，在弹出的对话框中，首先删除所有默认的数据，然后将表 5－3 中维数为 5＊5 的气动系数 CA 的数据表拷贝到对话框空白处，最后点击确定，如图 5－6 所示。

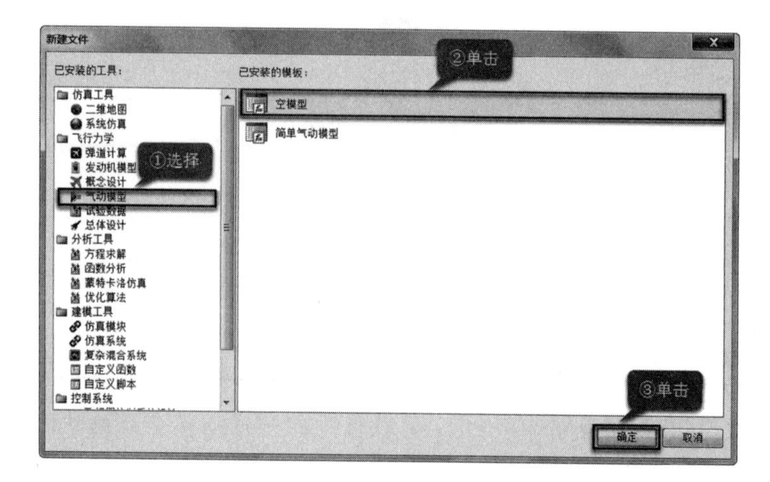
新建文件
已安装的工具：
已安装的模板：
仿真工具
二维地图
系统仿真
飞行力学
弹道计算
发动机模型
概念设计
气动模型
试验数据
总体设计
分析工具
方程求解
函数分析
蒙特卡洛仿真
优化算法
建模工具
仿真模块
仿真系统
复杂混合系统
自定义函数
自定义脚本
控制系统
①选择
②单击
空模型
简单气动模型
③单击
确定
取消

图 5-2

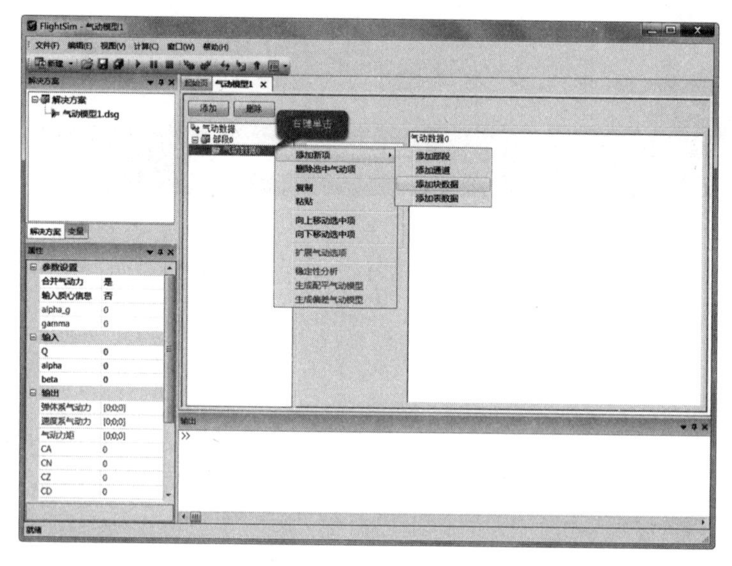
FlightSim - 气动模型1
解决方案
气动模型1.dsg
气动数据
部段0
右键单击
添加新项
删除选中气动项
复制
粘贴
向上移动选中项
向下移动选中项
扩展气动选项
稳定性分析
生成配平气动模型
生成偏差气动模型
添加部段
添加通道
添加块数据
添加表数据
参数设置
合并气动力 是
输入质心信息 否
alpha_g 0
gamma 0
输入
Q 0
alpha 0
beta 0
输出
CA 0
CN 0
CZ 0
CD 0

图 5-3

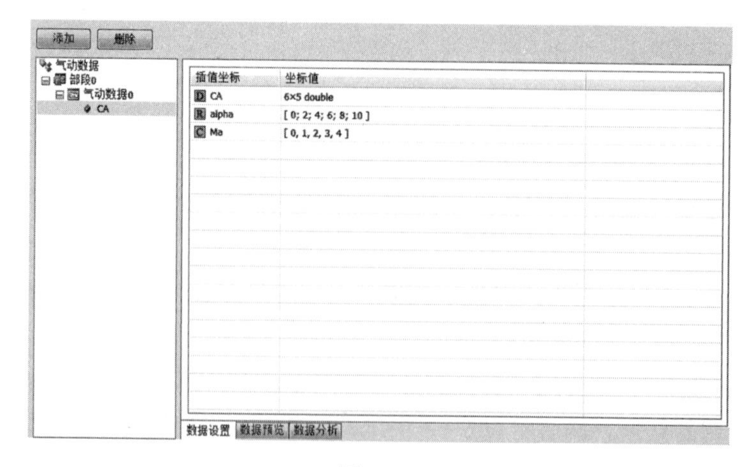
添加
删除
气动数据
部段0
气动数据0
CA
插值坐标
坐标值
CA 6×5 double
alpha [0; 2; 4; 6; 8; 10]
Ma [0, 1, 2, 3, 4]
数据设置
数据预览
数据分析

图 5-4

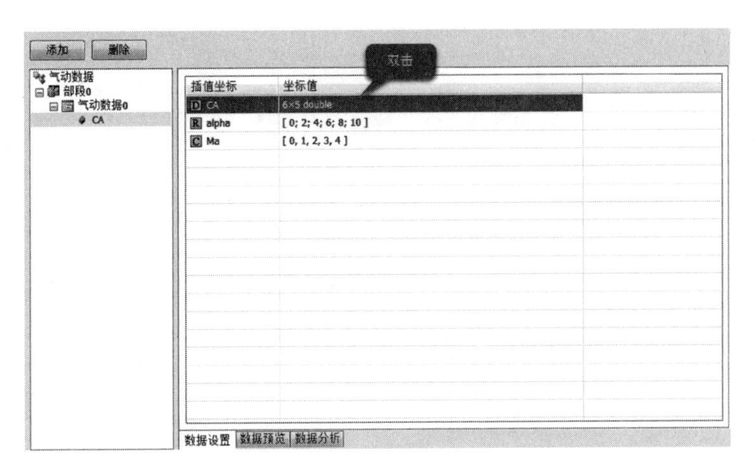

图 5 - 5

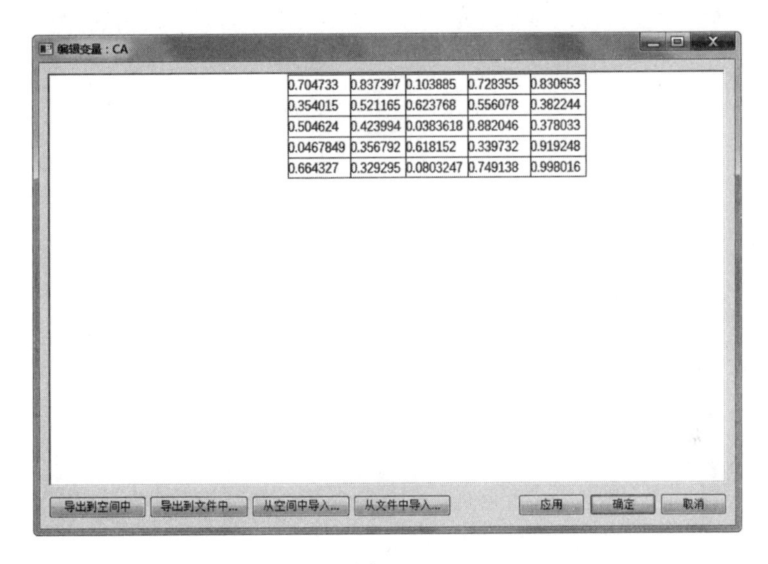

图 5 - 6

6）设置插值横坐标。在图 5 - 7 右侧的编辑框中，双击第二行，在弹出的对话框中，首先删除所有默认的数据，然后将表 5 - 3 中维数为 5 * 1 的横坐标 alpha 的向量拷贝到对话框空白处，最后点击确定，如图 5 - 8 所示。

7）设置插值纵坐标。在图 5 - 9 右侧的编辑框中，双击第三行，在弹出的对话框中，首先删除所有默认的数据，然后将表 5 - 3 中维数为 1 * 5 的横坐标 Ma 的向量拷贝到对话框空白处，最后点击确定，如图 5 - 10 所示。

8）采用相同的方法，通过重复以上步骤添加气动系数 CN 和 CMZ，即可完成二维气动数据的建模，设置完成后的界面如图 5 - 11 所示。

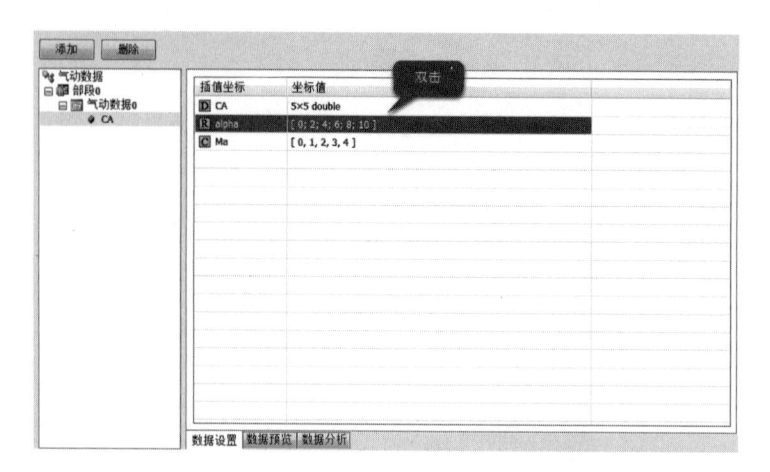
添加
删除
气动数据
部段0
气动数据0
CA
插值坐标
坐标值
双击
CA
5×5 double
alpha
[0; 2; 4; 6; 8; 10]
Ma
[0, 1, 2, 3, 4]
数据设置
数据预览
数据分析

图 5-7

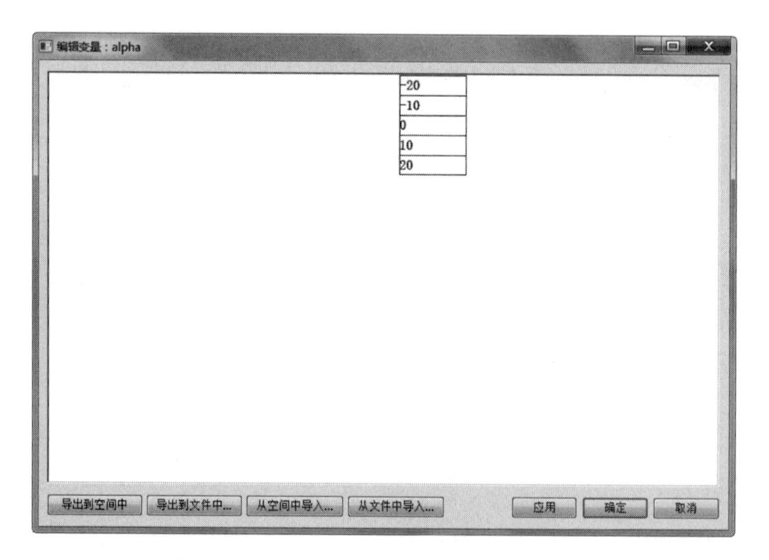
编辑变量：alpha
-20
-10
0
10
20
导出到空间中
导出到文件中...
从空间中导入...
从文件中导入...
应用
确定
取消

图 5-8

起始页
气动模型1*
添加
删除
气动数据
部段0
气动数据0
CA
插值坐标
坐标值
双击
CA
5×5 double
alpha
[-20; -10; 0; 10; 20]
Ma
[1, 2, 3, 4, 5]
数据设置
数据预览
数据分析

图 5-9

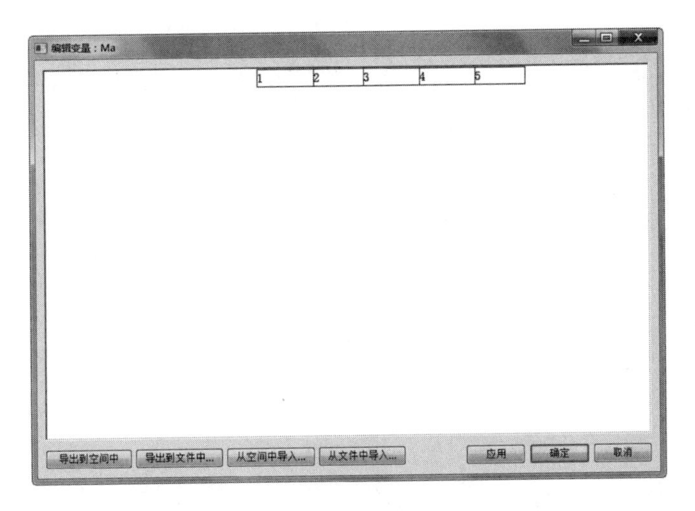

图 5 - 10

图 5 - 11

提示 1：若二维气动系数除 CA、CN 和 CMZ 外还有其他项目，可同样使用本技巧的方法完成气动系数的添加。

提示 2：块气动数据默认的插值横坐标在第二行，输入的横坐标维数是 n * 1 的列向量；插值纵坐标在第三行，输入的纵坐标维数是 1 * n 的行向量。

提示 3：以上介绍的方法是逐个气动系数输入，本软件还提供了一种更为便捷的二维气动数据导入方法。首先在图 5 - 12 “气动数据—部段 0—气动数据 0” 页面中单击 “载入数据” 按钮，然后在弹出的对话框中直接将所有的 CA、CN 和 CMZ 气动系数拷贝到空白处，最后点击确定即可一次性完成三种气动系数的导入，如图 5 - 13 所示。需要注意的是，采用这种方法导入数据且工具能够直接解析的前提是数据格式严格按照本例表中的格式，如果格式不一致，将可能导致导入错误。

提示 4：若待输入的二维气动数据横坐标、纵坐标与默认值不一致，用户可通过单击所在行 “插值坐标” 名称，在弹出的下拉列表中进行选择即可，如图 5 - 14 所示。

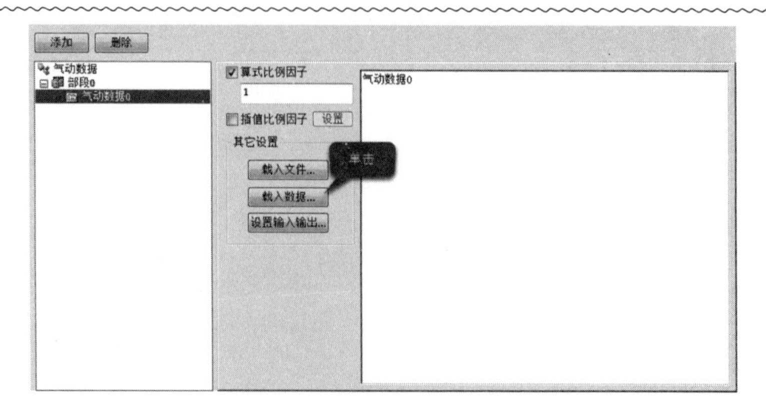

图 5－12

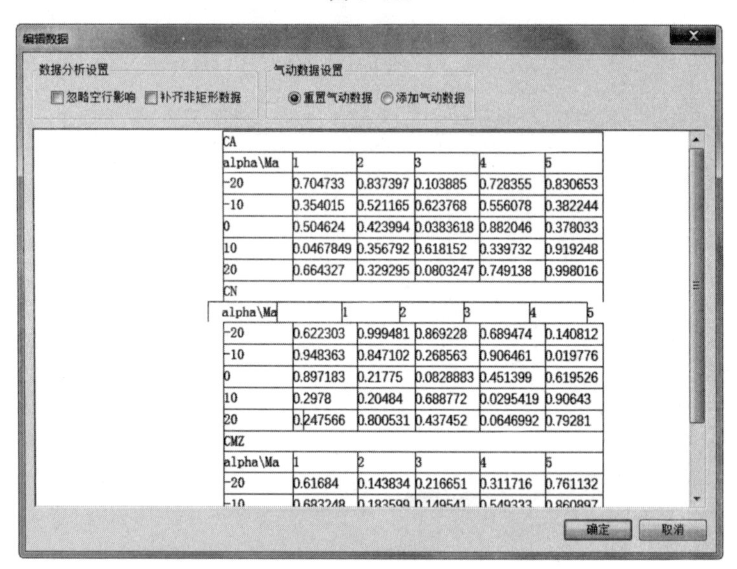

图 5－13

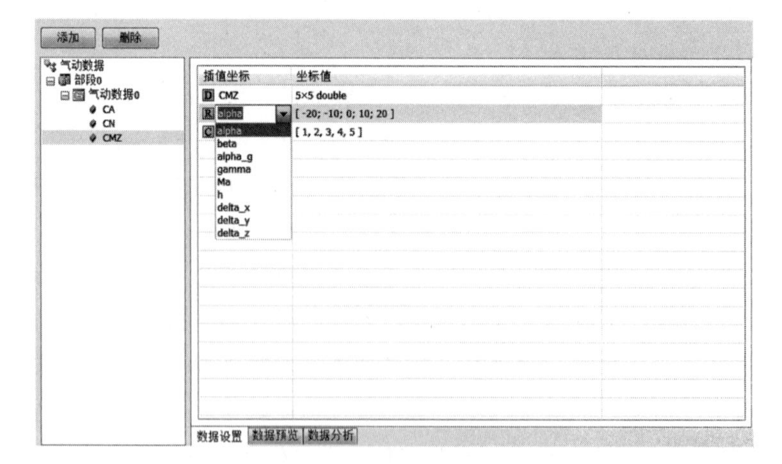

图 5－14

技巧43　如何对多维气动数据建模

关于某些利用空气舵作为执行机构的飞行器，气动数据插值变量较多、数据量较大，如表5-4所示。

表5-4

Ma=2，Beta=-5，delta=-10			
Alpha	CA	CN	CMZ
-20	0.488 144	0.765 221	0.543 565
-10	0.566 973	0.360 485	0.071 749
0	0.113 041	0.611 927	0.303 018
10	0.998 077	0.113 376	0.150 029
20	0.440 382	0.223 518	0.846 828
Ma=2，Beta=-5，delta=0			
Alpha	CA	CN	CMZ
-20	0.571 49	0.171 239	0.638 6
-10	0.498 703	0.446 059	0.578 997
0	0.0807 215	0.896 939	0.915 281
10	0.666 066	0.876 644	0.714 866
20	0.713 675	0.906 888	0.068 392
Ma=2，Beta=-5，delta=10			
Alpha	CA	CN	CMZ
-20	0.281 198	0.956 145	0.439 283
-10	0.938 231	0.679 922	0.988 83
0	0.211 493	0.340 709	0.324 473
10	0.469 436	0.614 46	0.333 811
20	0.530 473	0.922 666	0.160 588

对于这种多维气动数据，FlightSim软件中的气动建模工具也是默认支持的，具体操作方法和步骤如下：

1）在新建的气动模型工具中，单击图5-15“气动数据—部段0—气动数据0”页面的“载入数据”按钮，将弹出编辑数据对话框。

2）在弹出对话框中，直接将表5-4中所有的数据拷贝到空白处，如图5-16所示，即可在气动数据0条目下生成默认名为表数据0的气动模型，如图5-17所示。

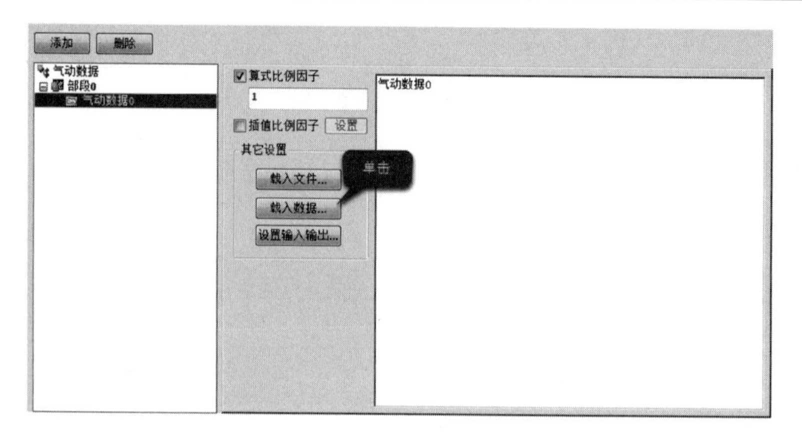

图 5-15

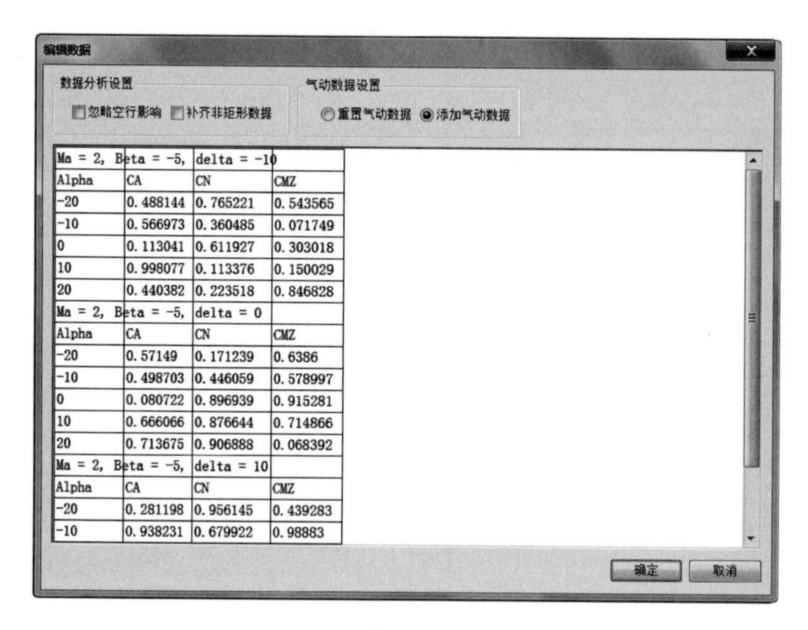

图 5-16

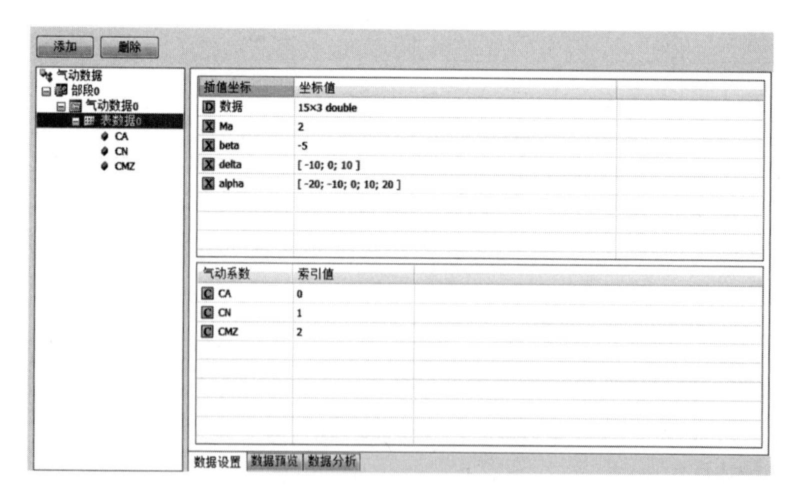

图 5-17

3）设置插值变量。气动建模工具可自动解析导入的变量名和数据表，经直接格式化显示在页面右侧。由于在导入的变量名中，Ma、beta、alpha 均为软件工具内部默认支持的变量名称，delta 为不支持的变量名称，因此需要对其进行设置。如图 5 - 18 所示，首先单击变量“delta”所在行的“插值坐标”名称，然后在弹出的下拉列表中任意选择 delta _ x、delta _ y、delta _ z 其中一项即可。

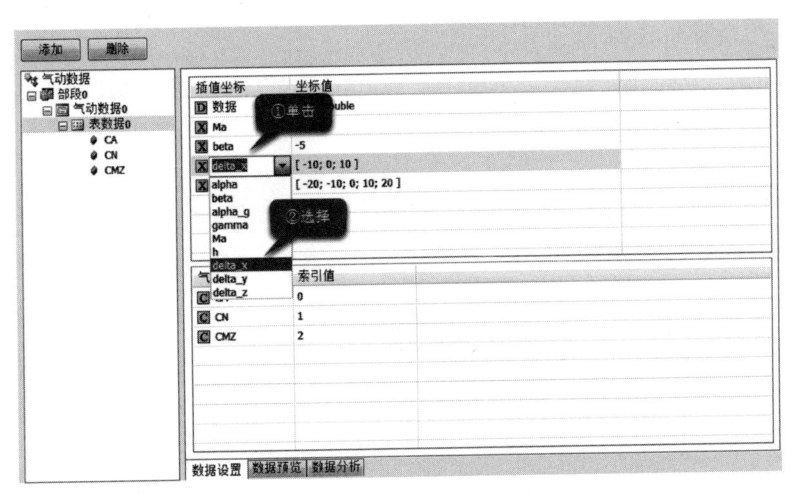

图 5 - 18

技巧 44　如何处理多个插值变量循环格式的气动插值表

某些飞行器的插值变量可能是多维的且气动数据格式可能按照插值变量循环表格的格式给出，如表 5 - 5 所示。

表 5 - 5

dp	Ma	alpha	beta	CA	CN	CZ	CMX	CMY	CMZ
- 20	0. 4	- 10	- 5	0. 910 6	- 1. 293	- 0. 561 9	0	0. 406	- 0. 981 9
- 20	0. 4	- 10	0	0. 906 6	- 1. 252 5	0	0	0	- 0. 943
- 20	0. 4	- 10	5	0. 910 6	- 1. 293	0. 561 9	0	- 0. 406	- 0. 981 9
- 20	0. 4	- 5	- 5	0. 899 5	- 0. 899 6	- 0. 552 6	0	0. 401 1	- 0. 745 9
- 20	0. 4	- 5	0	0. 878 1	- 0. 888 8	0	0	0	- 0. 735 6
- 20	0. 4	- 5	5	0. 899 5	- 0. 899 6	0. 552 6	0	- 0. 401 1	- 0. 745 9
- 20	0. 4	0	- 5	0. 870 8	- 0. 481 8	- 0. 546	0	0. 395 4	- 0. 478 2
- 20	0. 4	0	0	0. 880 7	- 0. 492 1	0	0	0	- 0. 488 6
- 20	0. 4	0	5	0. 870 8	- 0. 481 8	0. 546	0	- 0. 395 4	- 0. 478 2
- 20	0. 4	5	- 5	0. 834 7	- 0. 029 5	- 0. 567 7	0	0. 415 5	- 0. 179 8
- 20	0. 4	5	0	0. 812 9	- 0. 051 7	0	0	0	- 0. 197 6
- 20	0. 4	5	5	0. 834 7	- 0. 029 5	0. 567 7	0	- 0. 415 5	- 0. 179 8

续表

dp	Ma	alpha	beta	CA	CN	CZ	CMX	CMY	CMZ
-20	0.4	10	-5	0.779	0.407	-0.581	0	0.425	0.103
-20	0.4	10	0	0.774 8	0.365 2	0	0	0	0.062 8
-20	0.4	10	5	0.779	0.407	0.581	0	-0.425	0.103

具体操作方法和步骤如下：

1）在新建的气动模型工具中，单击图 5-19 所示“气动数据—部段 0—气动数据 0”页面的“载入数据”按钮，将弹出编辑数据对话框。

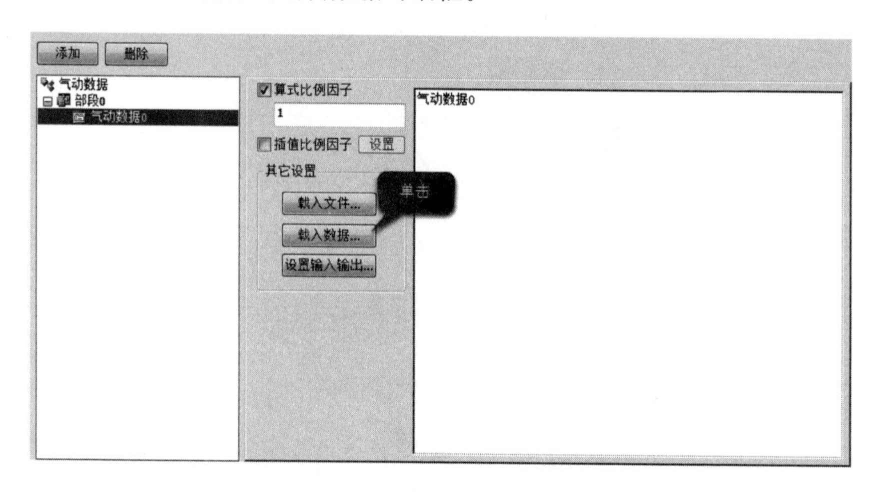

图 5-19

2）在弹出对话框中，直接将表 5-5 中所有的数据（含表头）拷贝到空白处，即可在气动数据 0 条目下生成默认名为表数据 0 的气动模型，如图 5-20 所示。

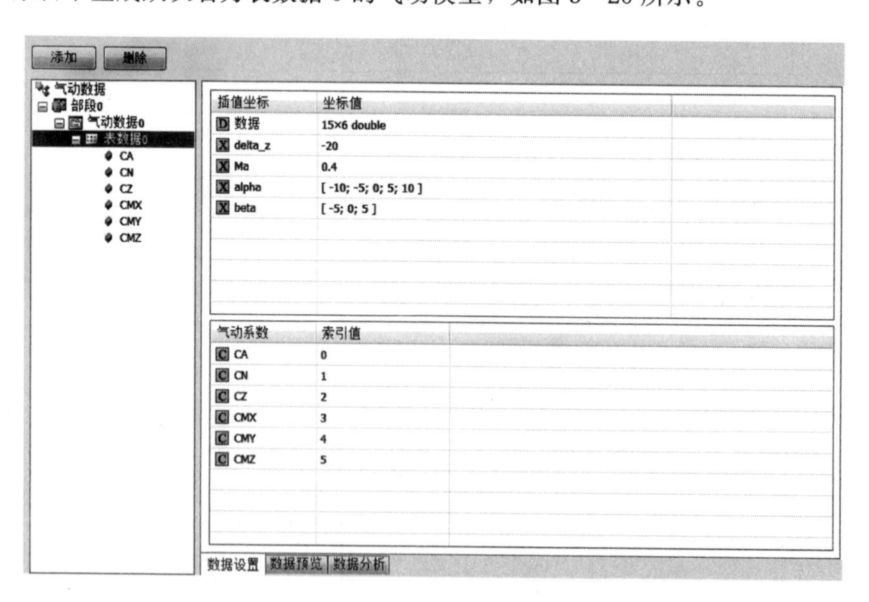

图 5-20

提示 1：当气动数据格式或插值变量名称与本例不一致时，可以将气动数据格式整理成本例中的表格样式，同时将表头插值变量名称更改为气动建模工具中默认支持的名称，这样在导入气动数据后，气动建模工具可以直接解析得到所有的插值变量及气动数据，这一点对于数据量较大的气动模型来说非常方便好用。

提示 2：表头中的名称仅支持文本格式，不支持公式编辑器格式或特殊符号。

技巧 45　如何对混合格式气动数据建模

混合格式是一种块格式和表格式的混合体。混合格式由多个块数据组成，每块数据格式与块格式中定义的格式相同，是一个二维插值表，但仅包含一个气动系数，其格式如表 5－6 所示。

表 5－6

CMX					
gamma = 0					
Ma\alpha	0	2	4	6	8
0. 4	0	0	0	0	0
0. 6	0	0	0	0	0
0. 8	0	0	0	0	0
1. 1	0	0	0	0	0
1. 2	0	0	0	0	0
gamma = 22. 5					
Ma\alpha	0	2	4	6	8
0. 4	0	0	0	0	0
0. 6	0	0	0	0	0
0. 8	0	0	0	0	0
1. 1	0	0	0	0	0
1. 2	0	0	0	0	0
gamma = 45					
Ma\alpha	0	2	4	6	8
0. 4	0	0	0	0	0
0. 6	0	0	0	0	0
0. 8	0	0	0	0	0
1. 1	0	0	0	0	0
1. 2	0	0	0	0	0

对于此类格式气动数据进行建模的具体操作方法和步骤如下：

1）整理气动数据格式。将气动数据格式整理为表 5－6 所示的格式，其中第一行为气动系数符号，下面的每一块数据均以二维插值表形式出现，每一块的表头为除二维插值变量以外的其他维插值变量。

2）在新建的气动模型工具中，单击图 5－21“气动数据—部段 0—气动数据 0”页面的“载入数据”按钮，将弹出编辑数据对话框。

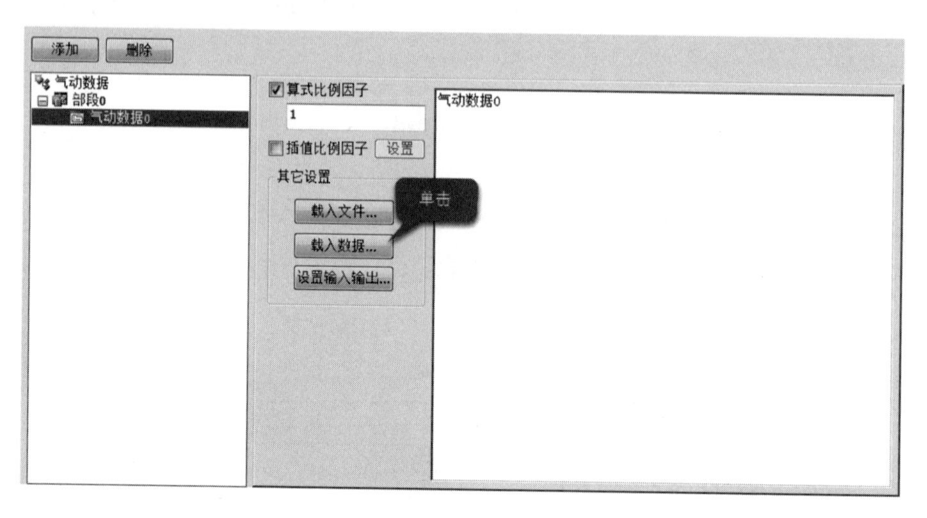

图 5－21

3）在弹出对话框中，直接将表 5－6 中所有的数据（含表头）拷贝到空白处，如图 5－22 所示，即可在气动数据 0 条目下生成默认名为表数据 0 的气动模型，如图 5－23 所示。

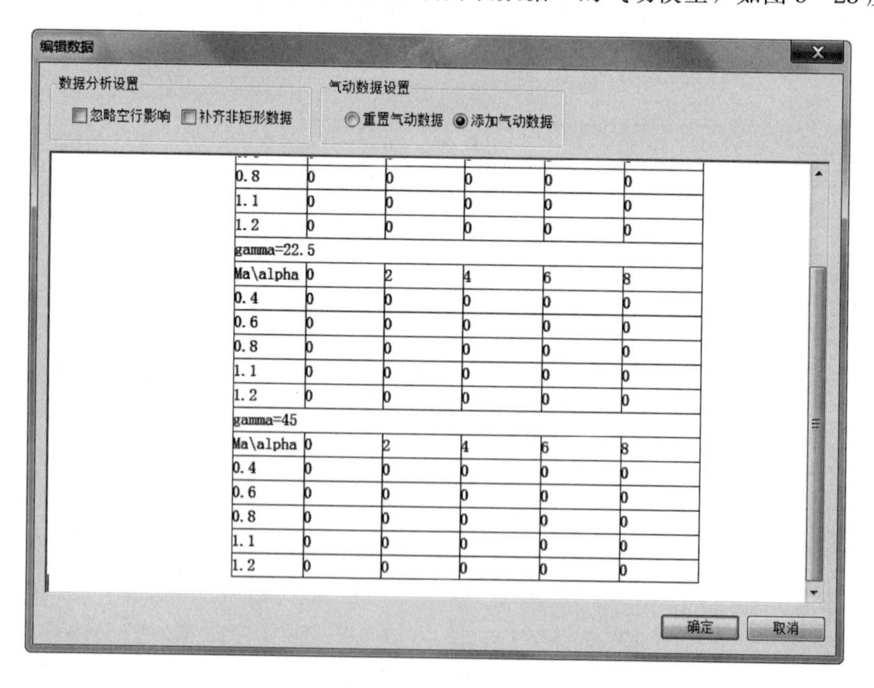

图 5－22

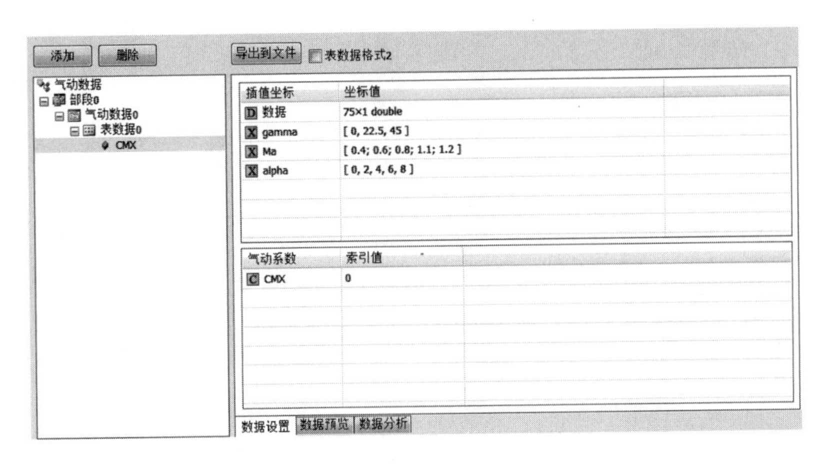

图 5－23

技巧 46　如何处理非方块格式气动数据建模

在某些情况下，不同马赫数下对应的侧滑角、攻角、高度等插值变量可能不完全一致，即气动数据插值变量在所有马赫数下呈非方块、不规则变化规律，关于此类问题，气动建模工具可以直接导入并自动解析。具体处理的方法如下：

1）在新建的气动模型工具中，单击图 5－24 所示“气动数据—部段 0—气动数据 0”页面的“载入数据”按钮，将弹出编辑数据对话框。

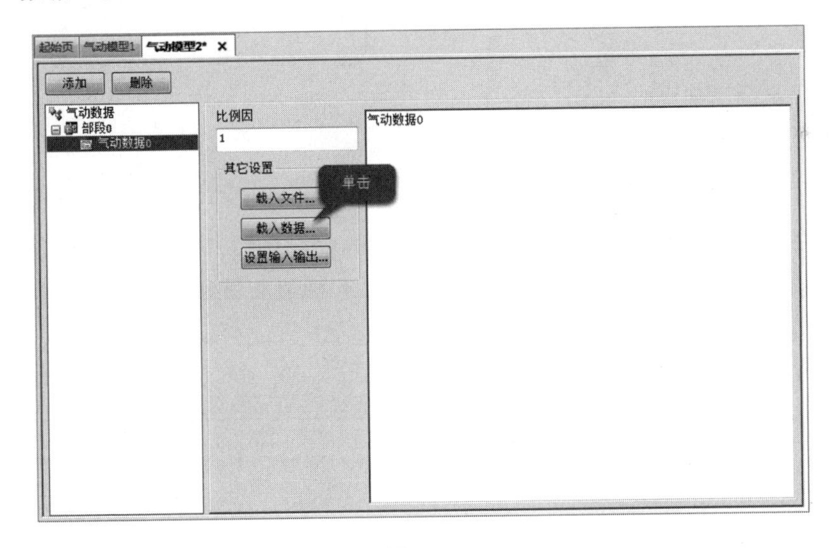

图 5－24

2）在弹出对话框中，直接将所有的气动数据（含表头）拷贝到空白处，如图 5－25 所示，点击确定后，软件即可自动解析出有多少个非方块格式的数据块并自动将其导入左侧树状列表中。本例中导入的数据含两个非方块格式气动数据，按此方法导入后即可在部段 0 条目下生成气动数据 0 和气动数据 1 两个气动模块，如图 5－26 所示。

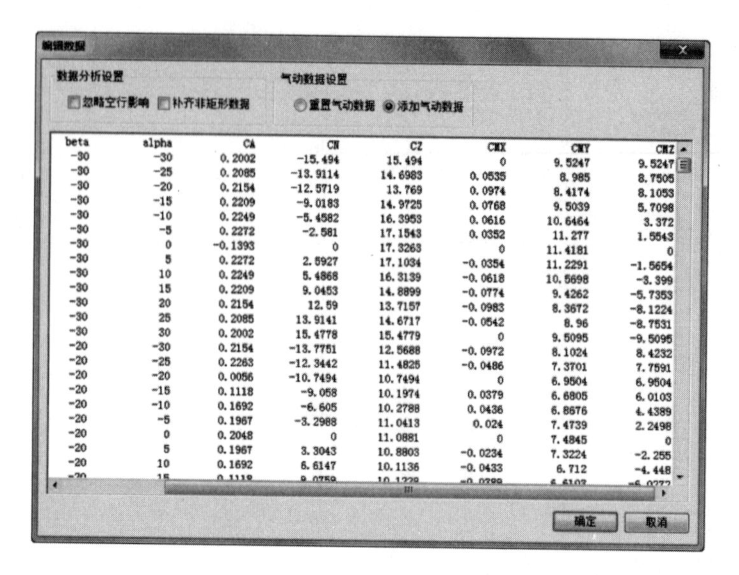

beta	alpha	CA	CN	CZ	CMX	CMY	CMZ
-30	-30	0.2002	-15.494	15.494	0	9.5247	9.5247
-30	-25	0.2085	-13.9114	14.6983	0.0535	8.985	8.7505
-30	-20	0.2154	-12.5719	13.769	0.0974	8.4174	8.1053
-30	-15	0.2209	-9.0183	14.9725	0.0768	9.5039	5.7098
-30	-10	0.2249	-5.4582	16.3953	0.0616	10.6464	3.372
-30	-5	0.2272	-2.581	17.1543	0.0352	11.277	1.5543
-30	0	-0.1393	0	17.3263	0	11.4181	0
-30	5	0.2272	2.5927	17.1034	-0.0354	11.2291	-1.5654
-30	10	0.2249	5.4868	16.3139	-0.0618	10.5698	-3.399
-30	15	0.2209	9.0453	14.8899	-0.0774	9.4262	-5.7353
-30	20	0.2154	12.59	13.7157	-0.0983	8.3672	-8.1224
-30	25	0.2085	13.9141	14.6717	-0.0542	8.96	-8.7531
-30	30	0.2002	15.4778	15.4779	0	9.5095	-9.5095
-20	-30	0.2154	-13.7751	12.5688	-0.0972	8.1024	8.4232
-20	-25	0.2263	-12.3442	11.4825	-0.0486	7.3701	7.7591
-20	-20	0.0056	-10.7494	10.7494	0	6.9504	6.9504
-20	-15	0.1118	-9.058	10.1974	0.0379	6.6805	6.0103
-20	-10	0.1692	-6.605	10.2788	0.0436	6.8676	4.4389
-20	-5	0.1967	-3.2988	11.0413	0.024	7.4739	2.2498
-20	0	0.2048	0	11.0881	0	7.4845	0
-20	5	0.1967	3.3043	10.8803	-0.0234	7.3224	-2.255
-20	10	0.1692	6.6147	10.1136	-0.0433	6.712	-4.448

图 5 - 25

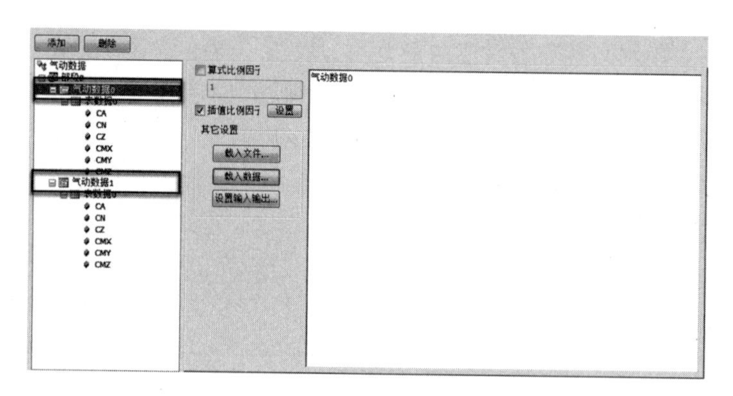

图 5 - 26

3）分别点击气动数据 0 和气动数据 1 条目下的表数据 0，可以查看自动解析出的每个数据块数据及插值变量，如图 5 - 27 和图 5 - 28 所示。若插值变量和气动系数名称与软件支持的变量不一致，需要对气动系数名称进行修改。

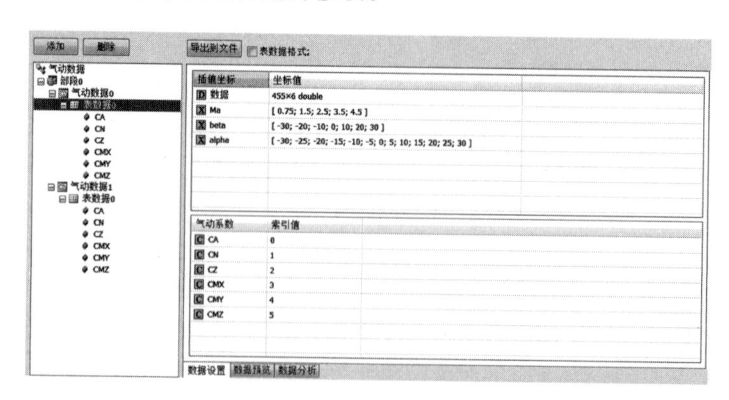

图 5 - 27

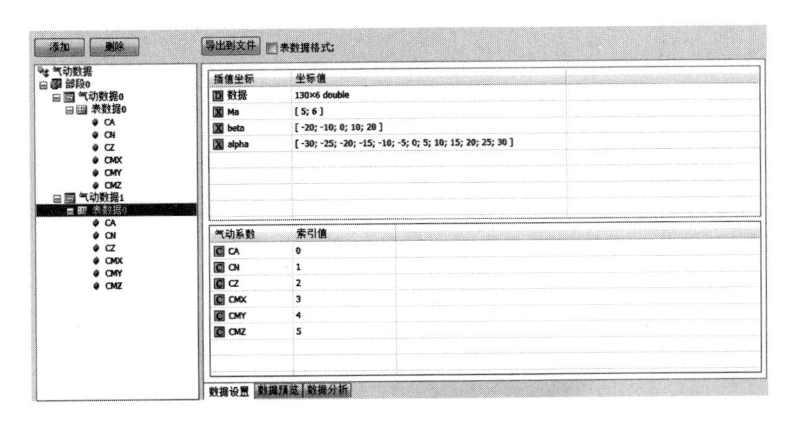

图 5－28

4）设置每个数据块的插值变量范围。如图 5－29 所示，首先单击“气动数据 0”条目，然后点击右侧的“设置”按钮，在弹出的图 5－30 对话框中，第一行是插值变量 Ma，第二行是 Ma 的所有向量，第三行和第四行是当前数据块对应的插值变量 Ma 的最小值和最大值。一般情况下，这些值都是软件自动解析并导入的，若自动解析出来的名称或数值与用户预期不一致，可以进行修改。

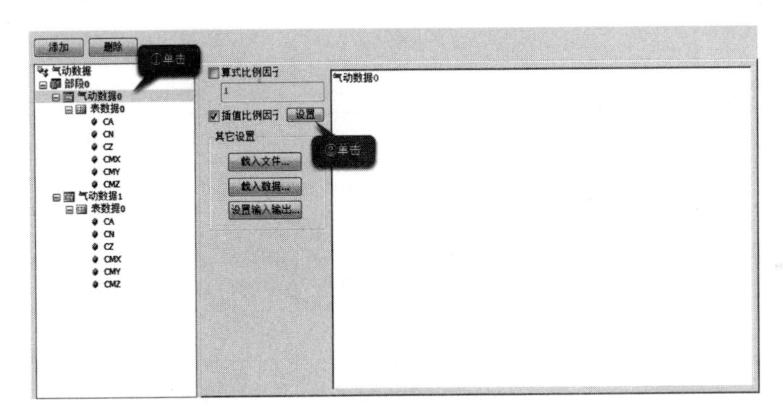

图 5－29

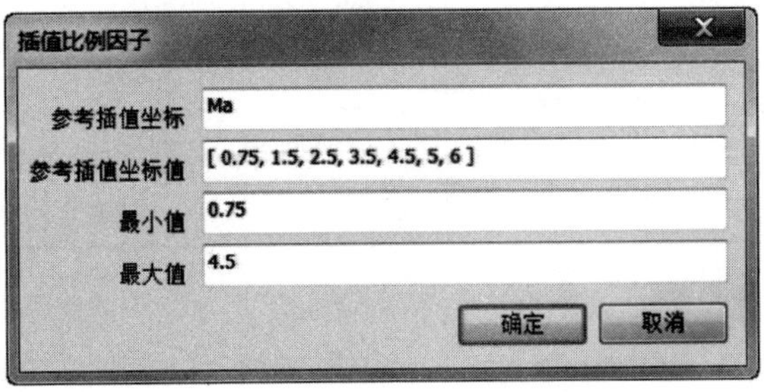

插值比例因子

参考插值坐标　Ma

参考插值坐标值　[0.75, 1.5, 2.5, 3.5, 4.5, 5, 6]

最小值　0.75

最大值　4.5

确定　取消

图 5－30

5）按照以上步骤进行其他数据块的设置，即可完成气动数据的建模。

技巧 47　如何处理总攻角和方位角格式的气动数据

一般情况下，使用攻角和侧滑角作为气动数据的插值变量。除了用攻角和侧滑角外，还可以用总攻角 Alpha 和方位角 Gama 来作为气动数据的插值变量，气动建模工具内部默认支持这两种格式的气动数据，例如表 5 - 7 所示的气动数据。

表 5 - 7

Ma = 2，Gama = 0						
Alpha	CA	CN	CZ	CMX	CMY	CMZ
0	0. 585 894	0. 243 812	0. 024 170 7	0. 180 029	0. 443 77	0. 292 184
5	0. 827 57	0. 480 972	0. 737 693	0. 829 951	0. 926 572	0. 135 228
10	0. 657 491	0. 213 813	0. 972 045	0. 526 658	0. 542 405	0. 453 993
15	0. 349 986	0. 747 673	0. 863 582	0. 391 4	0. 274 483	0. 445 662
20	0. 310 129	0. 564 531	0. 812 159	0. 874 447	0. 260 109	0. 922 025
Ma = 2，Gama = 45						
Alpha	CA	CN	CZ	CMX	CMY	CMZ
0	0. 348 277	0. 806 635	0. 874 325	0. 248 726	0. 175 695	0. 395 978
5	0. 776 147	0. 879 421	0. 238 289	0. 455 885	0. 519 425	0. 882 717
10	0. 523 148	0. 734 581	0. 230 964	0. 263 436	0. 360 21	0. 709 403
15	0. 576 861	0. 228 889	0. 010 864 6	0. 446 333	0. 309	0. 174 413
20	0. 836 543	0. 719 199	0. 032 166 5	0. 006 7140 7	0. 453 383	0. 169 897
Ma = 2，Gama = 90						
Alpha	CA	CN	CZ	CMX	CMY	CMZ
0	0. 654 286	0. 447 554	0. 343 516	0. 958 678	0. 312 967	0. 824 305
5	0. 547 594	0. 165 96	0. 765 862	0. 641 56	0. 366 863	0. 498 398
10	0. 587 054	0. 154 088	0. 605 976	0. 335 704	0. 756 951	0. 561 846
15	0. 741 691	0. 517 563	0. 446 486	0. 782 128	0. 231 697	0. 542 344
20	0. 045 716 7	0. 489 059	0. 020 691 5	0. 174 291	0. 967 528	0. 827 418

利用气动建模工具建模的具体操作方法和步骤如下：

1）在新建的气动模型工具中，单击图 5 - 31 所示“气动数据—部段 0—气动数据 0”页面的“载入数据”按钮，将弹出编辑数据对话框。

2）在弹出对话框中，直接将表 5 - 7 中所有的数据拷贝到空白处，如图 5 - 32 所示，即可在气动数据 0 条目下生成默认名为表数据 0 的气动模型，如图 5 - 33 所示。

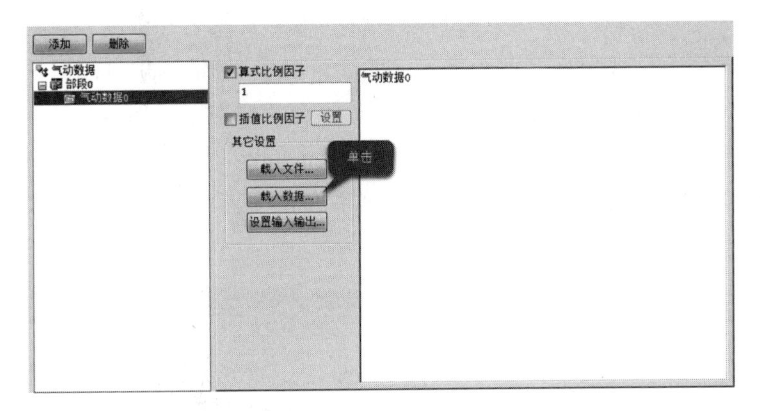

图 5 - 31

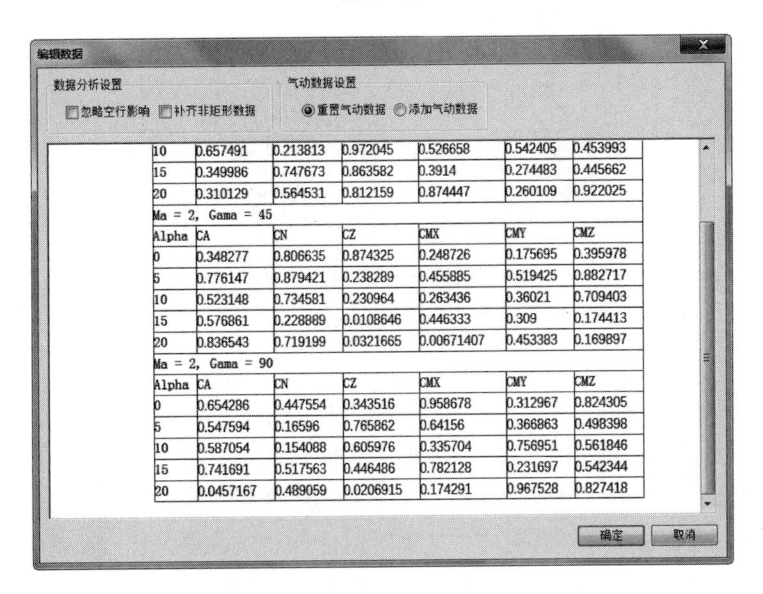

10	0.657491	0.213813	0.972045	0.526658	0.542405	0.453993
15	0.349986	0.747673	0.863582	0.3914	0.274483	0.445662
20	0.310129	0.564531	0.812159	0.874447	0.260109	0.922025
Ma = 2, Gama = 45						
Alpha	CA	CN	CZ	CMX	CMY	CMZ
0	0.348277	0.806635	0.874325	0.248726	0.175695	0.395978
5	0.776147	0.879421	0.238289	0.455885	0.519425	0.882717
10	0.523148	0.734581	0.230964	0.263436	0.36021	0.709403
15	0.576861	0.228889	0.0108646	0.446333	0.309	0.174413
20	0.836543	0.719199	0.0321665	0.00671407	0.453383	0.169897
Ma = 2, Gama = 90						
Alpha	CA	CN	CZ	CMX	CMY	CMZ
0	0.654286	0.447554	0.343516	0.958678	0.312967	0.824305
5	0.547594	0.16596	0.765862	0.64156	0.366863	0.498398
10	0.587054	0.154088	0.605976	0.335704	0.756951	0.561846
15	0.741691	0.517563	0.446486	0.782128	0.231697	0.542344
20	0.0457167	0.489059	0.0206915	0.174291	0.967528	0.827418

图 5 - 32

图 5 - 33

3）设置插值变量。气动建模工具可自动解析导入的变量名和数据表，经直接格式化显示在页面右侧，如图 5 - 34 所示。由于在导入的变量名中，Ma 为软件工具内部默认支持的变量名称，Alpha 和 Gama 为不支持的变量名称，因此需要对其进行设置。解析过程中，输入变量 Gama 被解析为与内部默认变量方位角变量 gamma 对应，可不对该变量进行设置，而 Alpha 被解析为 alpha，需要对其重新设置。首先单击变量“alpha”所在行的“插值坐标”名称，在弹出的下拉列表中选择“alpha _ g”即可。

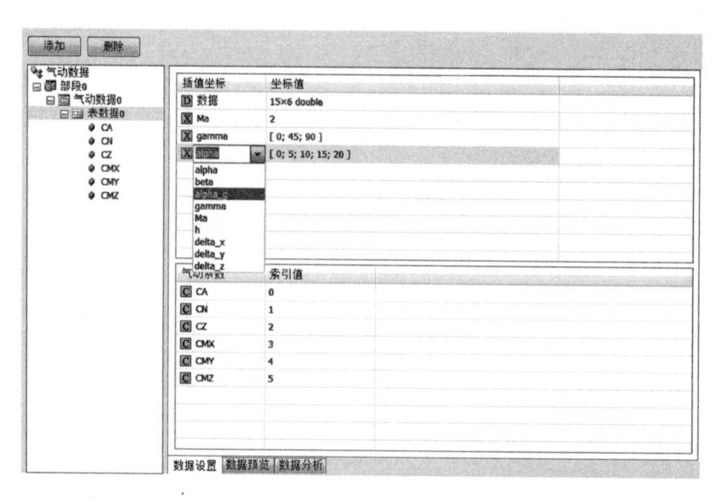

图 5 - 34

4）设置气动系数列向量。如图 5 - 35 所示，页面右下方的列表控件规定了该表格式中包含哪些气动系数，以及每个气动系数对应的索引值，该索引值表示气动系数在整个表的气动数据中是第几列，索引值从 0 开始。由于本例中的气动系数名均为工具内部默认变量，且自动解析出的索引值也与实际情况对应，这里不用进行额外设置。若自动解析出的气动系数名称或对应的列索引值与实际情况不符，则可通过单击选择的方式进行设置，如图 5 - 36 所示。

图 5 - 35

5）对设置的气动模型进行核对。设置完气动模型后，可点击页面下方“数据预览”标签，对设置好的气动模型进行预览检查，如图 5 - 37 所示。若图 5 - 38 所示“数据预览”页面显示的气动数据与实际情况不符，可返回“数据设置”标签页重新进行设置；若“数据预览”页面显示的气动数据与实际情况相符，则结束设置。

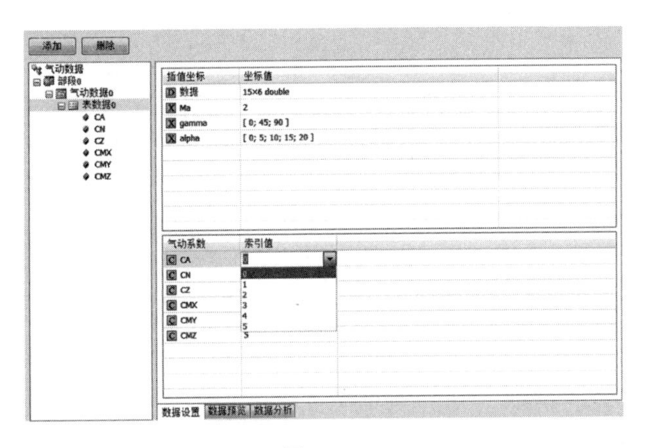

图 5 - 36

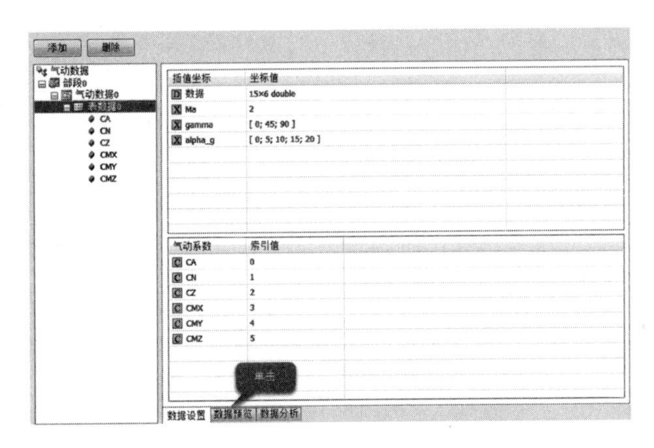

图 5 - 37

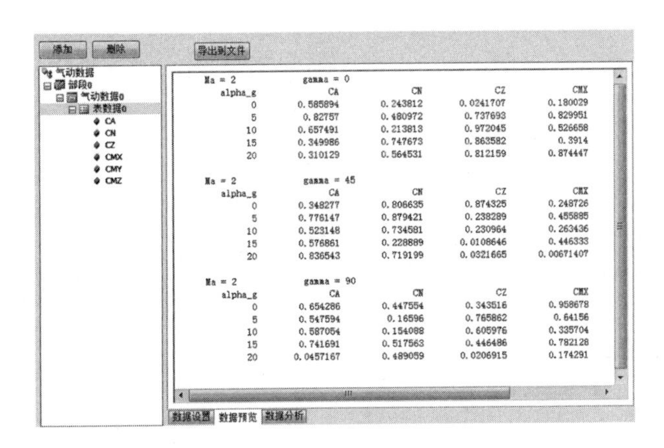

图 5 - 38

技巧 48　如何处理包含总攻角但不包含方位角格式的气动数据

关于轴对称外形的飞行器，有时气动数据插值变量包含总攻角但不包含方位角，如表 5 - 8 所示。

表 5 - 8

Xcp					
Ma\Alpha	0	2	4	6	8
0.4	0.187 4	0.187 4	0.215 5	0.245 6	0.273 3
0.8	0.211	0.211	0.240 3	0.272 4	0.301 5
1.1	0.239 1	0.239 1	0.27	0.303	0.332 4
1.2	0.202 1	0.202 1	0.238 7	0.276 1	0.309 2
1.8	0.194 3	0.194 3	0.244 8	0.291 4	0.335 7
2	0.184 6	0.184 6	0.235 7	0.284 2	0.330 8
3	0.183 6	0.183 6	0.245 6	0.307 7	0.360 5
4	0.181 2	0.181 2	0.255 1	0.324 7	0.382 8
5	0.180 7	0.180 7	0.262 4	0.338 7	0.384 2
CNG					
Ma\Alpha	0	2	4	6	8
0.4	0	0.113 1	0.222	0.350 6	0.498 3
0.8	0	0.125 6	0.25	0.396 9	0.567 1
1.1	0	0.143 6	0.294 6	0.478	0.695 2
1.2	0	0.140 9	0.290 2	0.472 8	0.690 9
1.8	0	0.125 2	0.260 7	0.433 4	0.659 6
2	0	0.127 2	0.265 4	0.442 9	0.68
3	0	0.112 4	0.238 9	0.423 8	0.685 9
4	0	0.107 1	0.235 4	0.435 5	0.744 5
5	0	0.108 2	0.244 4	0.474 4	0.766 1
CA					
Ma\Alpha	0	2	4	6	8
0.4	0.322 2	0.322 5	0.322 4	0.321 8	0.320 6
0.8	0.314 8	0.314 9	0.314 8	0.314 2	0.313
1.1	0.752	0.751 9	0.750 9	0.748 9	0.745 8
1.2	0.75	0.749 8	0.748 9	0.746 9	0.743 7
1.8	0.529 9	0.528 4	0.523 9	0.516 5	0.506 1
2	0.541 6	0.540 5	0.537 3	0.531 9	0.524 5
3	0.520 4	0.519 5	0.516 9	0.512 6	0.506 5
4	0.487 9	0.487 2	0.484 8	0.481	0.475 6
5	0.455 6	0.455 4	0.455	0.454 3	0.453 3

其中Ma表示马赫数，Alpha表示总攻角，Xcp表示压心系数，CNG表示总法向力系数，CA表示轴向力系数。弹体坐标系下气动系数与CNG之间的关系为

$$\begin{cases} \mathrm{Xcp}=\mathrm{Xcp} \\ \mathrm{CA}=\mathrm{CA} \\ \mathrm{CN}=\mathrm{CNG}\times\dfrac{\sin\alpha\cos\beta}{\sin(\mathrm{Alpha})} \\ \mathrm{CZ}=-\mathrm{CNG}\times\dfrac{\sin\beta}{\sin(\mathrm{Alpha})} \end{cases}$$

其中α、β分别为攻角和侧滑角。对于此类格式的气动数据，FlightSim软件中的气动建模工具也是默认支持的，具体操作方法和步骤如下：

1）在新建的气动模型工具中，单击图5-39所示“气动数据—部段0—气动数据0”页面的“载入数据”按钮，将弹出编辑数据对话框。

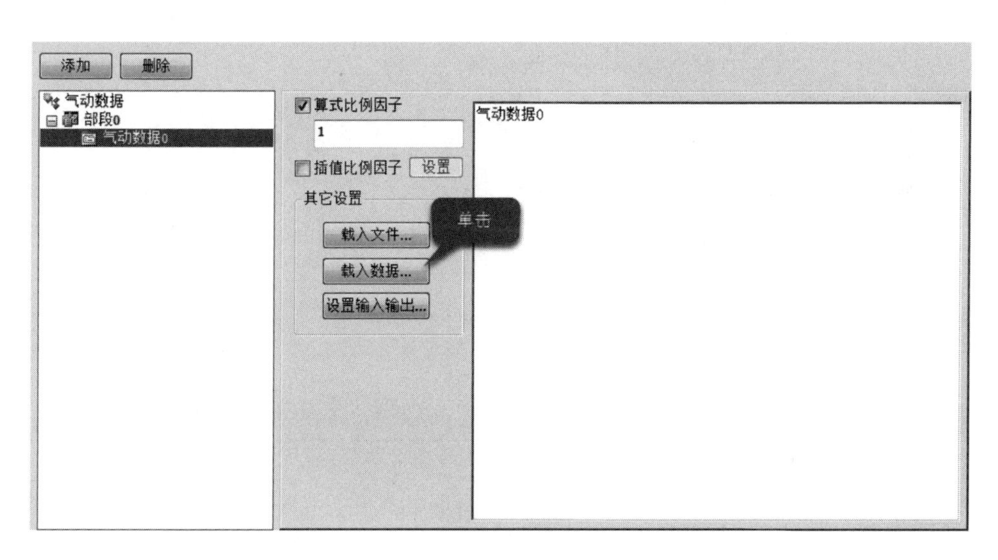

图5-39

2）在弹出对话框中，直接将表5-8中所有的数据拷贝到空白处，如图5-40所示，即可在气动数据0条目下生成默认名为表数据0的气动模型，如图5-41所示。

3）设置插值变量。气动建模工具可自动解析导入的变量名和数据表，经直接格式化显示在页面右侧。在导入的变量名中，Ma为软件工具内部默认支持的名称，而Alpha被解析为alpha，需要对其重新设置。首先在左侧树形控件中单击气动系数的名称，然后在页面右侧单击变量“alpha”所在行的“插值坐标”名称，在弹出的下拉列表中选择“alpha _ g”即可。Xcp、CNG和CA均需要设置，如图5-42～图5-44所示。

4）按照以上步骤设置后，即可完成气动数据的建模。

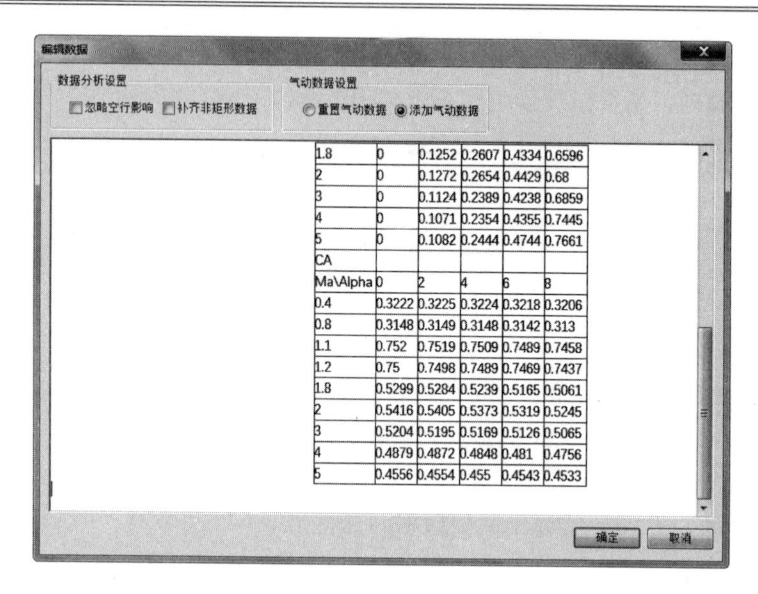

1.8	0	0.1252	0.2607	0.4334	0.6596
2	0	0.1272	0.2654	0.4429	0.68
3	0	0.1124	0.2389	0.4238	0.6859
4	0	0.1071	0.2354	0.4355	0.7445
5	0	0.1082	0.2444	0.4744	0.7661
CA					
Ma\Alpha	0	2	4	6	8
0.4	0.3222	0.3225	0.3224	0.3218	0.3206
0.8	0.3148	0.3149	0.3148	0.3142	0.313
1.1	0.752	0.7519	0.7509	0.7489	0.7458
1.2	0.75	0.7498	0.7489	0.7469	0.7437
1.8	0.5299	0.5284	0.5239	0.5165	0.5061
2	0.5416	0.5405	0.5373	0.5319	0.5245
3	0.5204	0.5195	0.5169	0.5126	0.5065
4	0.4879	0.4872	0.4848	0.481	0.4756
5	0.4556	0.4554	0.455	0.4543	0.4533

图 5 - 40

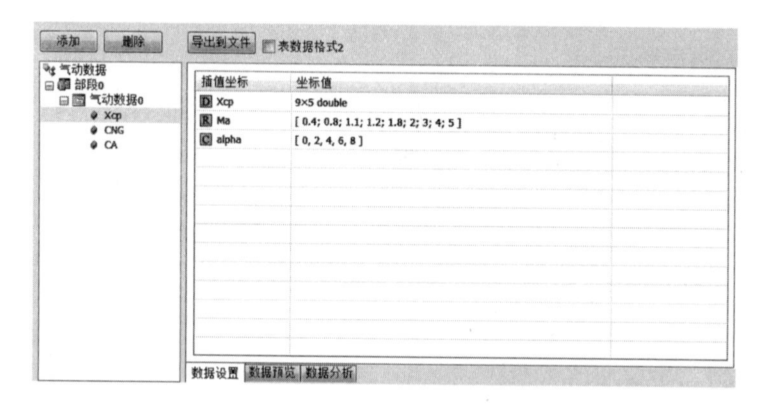

图 5 - 41

插值坐标	坐标值
D Xcp	9×5 double
R Ma	[0.4; 0.8; 1.1; 1.2; 1.8; 2; 3; 4; 5]
C alpha_g	[0, 2, 4, 6, 8]

数据设置 数据预览 数据分析

图 5 - 42

插值坐标	坐标值
D CNG	9×5 double
R Ma	[0.4; 0.8; 1.1; 1.2; 1.8; 2; 3; 4; 5]
C alpha_g	[0, 2, 4, 6, 8]

数据设置 数据预览 数据分析

图 5 - 43

插值坐标	坐标值
D CA	9×5 double
R Ma	[0.4; 0.8; 1.1; 1.2; 1.8; 2; 3; 4; 5]
C alpha_g	[0, 2, 4, 6, 8]

数据设置　数据预览　数据分析

图 5 - 44

提示：本例中，总法向力系数 CNG 转换为弹体坐标系法向力系数 CN 和横向力系数 CZ 的功能在软件内部自动实现，用户需要特别注意的是，在设置气动系数 CNG 时，需要在弹出的下拉框中选择“CNG”即可，如图 5 - 45 所示。

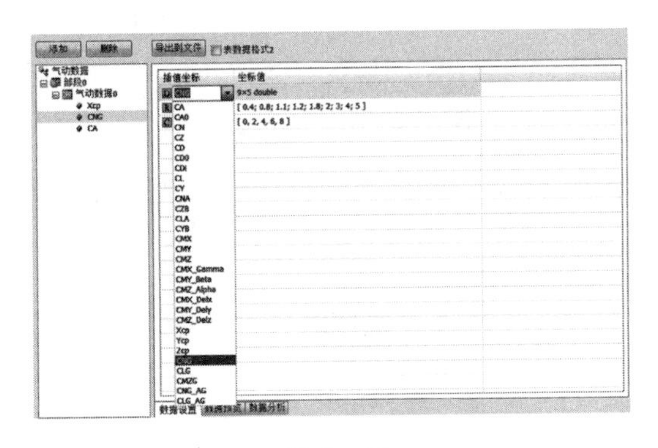

图 5 - 45

技巧 49　如何对气动数据进行静态扩展

一般情况下飞行器外形为对称的，这使得某些状态下的气动系数与另一些状态下的气动系数相等或符号正好相反，例如，改变轴对称飞行器攻角的正负号，升力系数大小不变符号相反，阻力系数则保持不变。对于这类飞行器，一般风洞试验或数值计算往往只处理正攻角情况，对于负攻角情况仅需要对气动数据进行处理即可，即气动数据的扩展。

FlightSim 软件中的气动建模工具，针对气动数据扩展提供了静态扩展和动态扩展两种方式。第一种是静态扩展，在原有气动数据基础上直接扩展生成的新的气动数据，与原有气动数据一起作为扩展后新的气动数据供其使用；第二种是动态扩展，原有气动数据并不直接增加数据，只是在进行插值计算时及计算后按照相应的扩展公式对其进行处理。

本技巧介绍如何进行气动数据的静态扩展。某飞行器的气动数据如表 5 - 9 所示。

表 5 - 9

CN					
Ma\alpha	0	2	4	6	8
0.4	0	0.040 1	0.099	0.127 6	0.275 3
0.8	0	0.052 6	0.127	0.173 9	0.344 1
1.1	0	0.070 6	0.171 6	0.255	0.472 2
1.2	0	0.067 9	0.167 2	0.249 8	0.467 9
1.8	0	0.052 2	0.137 7	0.210 4	0.436 6
2	0	0.054 2	0.142 4	0.219 9	0.457
3	0	0.039 4	0.115 9	0.200 8	0.462 9
4	0	0.034 1	0.112 4	0.212 5	0.521 5

其中 Ma 表示马赫数，alpha 表示攻角，CN 表示法向力系数。气动数据的扩展公式如下

$$\text{CN}(\text{Ma},\text{alpha}) = -\text{CN}(\text{Ma}, -\text{alpha}),\text{当 alpha}<0\text{ 时}$$

在气动建模工具中进行气动建模的具体操作方法和步骤如下：

1）在新建的气动模型工具中，单击图 5 - 46 所示“气动数据—部段 0—气动数据 0”页面的“载入数据”按钮，将弹出编辑数据对话框。

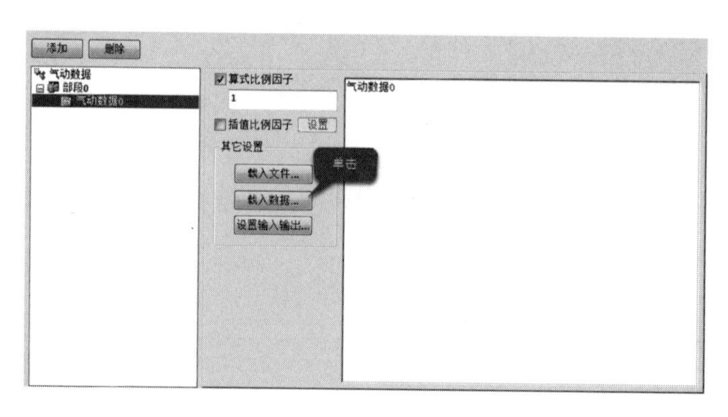

图 5 - 46

2）在弹出对话框中，直接将表 5 - 9 中所有的数据拷贝到空白处，即可在气动数据 0 条目下生成名为 CN 的气动模型，如图 5 - 47 所示。

3）进入气动数据静态扩展对话框。如图 5 - 48 所示，首先在页面左侧单击“气动数据 0—CN”条目，然后单击右键，在弹出的下拉框中选择“扩展气动选项”，将弹出“扩展气动选项”对话框，如图 5 - 49 所示。

4）在“扩展气动选项”对话框上方设置要扩展的插值坐标和需要扩展的结点，在图 5 - 50 下方的“插值坐标”标签页中将插值坐标“alpha”的符号设置为“—”，在图 5 - 51 所示“气动参数”标签页中将气动系数“CN”的符号设置为“—”，点击确定后即可完成设置。

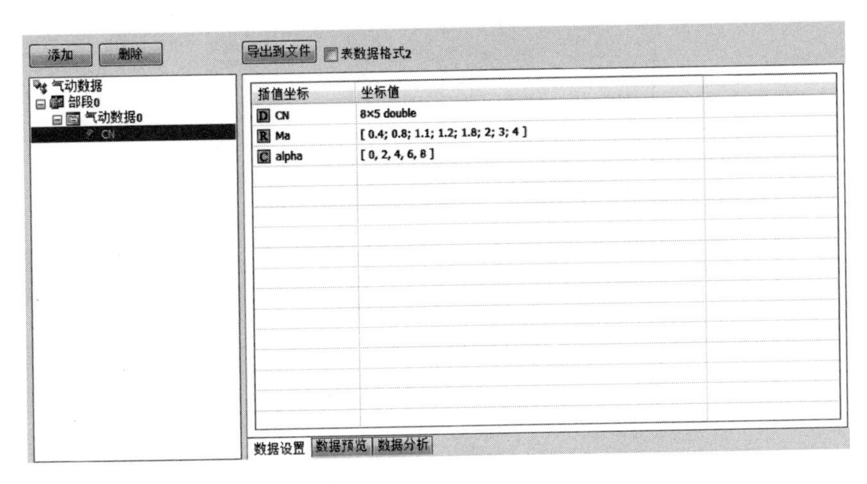

图 5-47

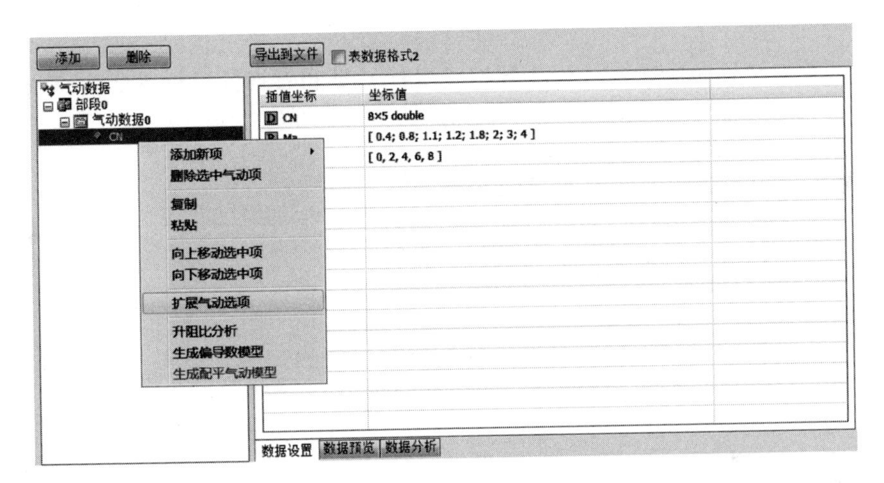

图 5-48

图 5-49

图 5-50

图 5－51

5）静态扩展设置完成后，在气动数据设置标签页和数据预览标签页中即可看到扩展后的新的气动数据，如图 5－52 和图 5－53 所示。

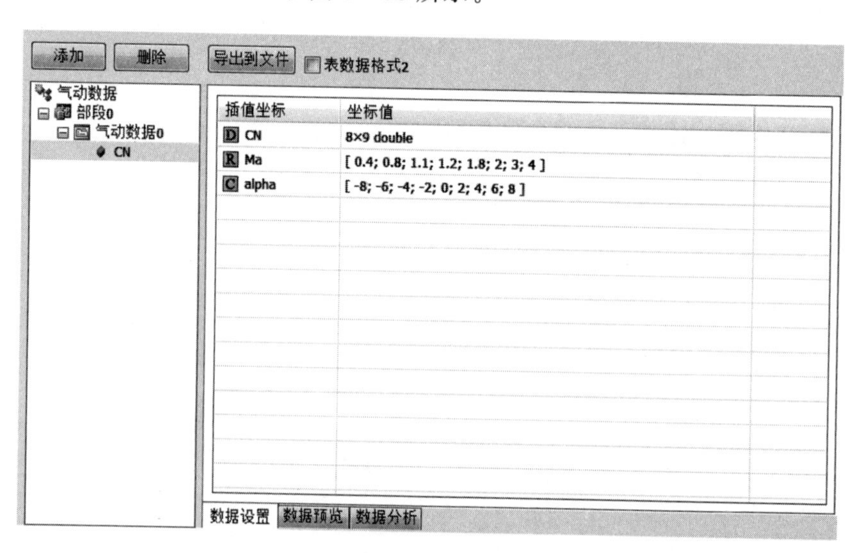

图 5－52

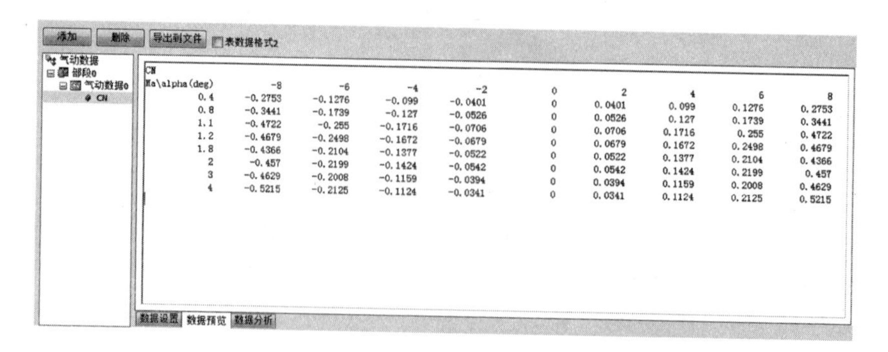

图 5－53

提示：在进行气动数据静态扩展的“扩展气动选项”对话框中，还可以对气动数据进行删除操作。对于以上已完成静态扩展的气动数据，再次打开“扩展气动选项”对话框，如图 5-54 所示，在对话框上方设置要删除的插值坐标和结点，并勾选“删除”选项后，点击“确定”按钮，即可删除所有负攻角气动数据，如图 5-55 和图 5-56 所示。

图 5-54

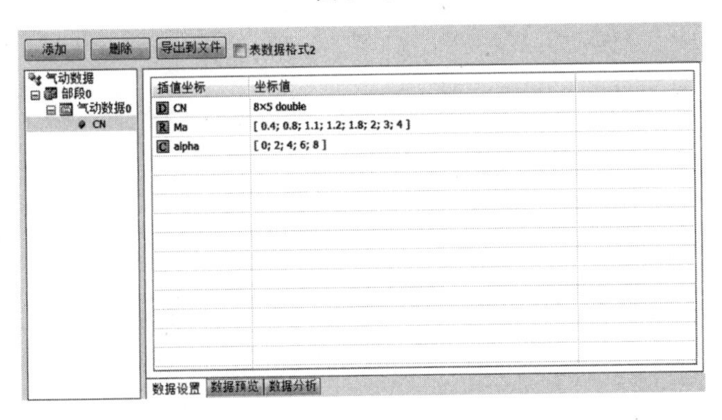

图 5-55

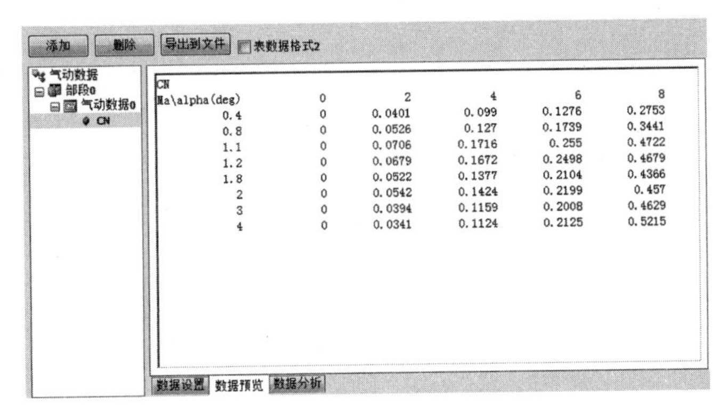

Ma\alpha(deg)	0	2	4	6	8
0.4	0	0.0401	0.099	0.1276	0.2753
0.8	0	0.0526	0.127	0.1739	0.3441
1.1	0	0.0706	0.1716	0.255	0.4722
1.2	0	0.0679	0.1672	0.2498	0.4679
1.8	0	0.0522	0.1377	0.2104	0.4366
2	0	0.0542	0.1424	0.2199	0.457
3	0	0.0394	0.1159	0.2008	0.4629
4	0	0.0341	0.1124	0.2125	0.5215

图 5-56

技巧 50　如何对气动数据进行动态扩展

一般来说，气动数据的动态扩展具有灵活、简便的特点，对于处理数据量很大的气动模型比较有优势，因此动态扩展在实际建模过程中使用也较多，本技巧介绍如何进行气动数据的动态扩展。某轴对称飞行器风洞试验获得的原始气动数据见表 5 - 10。

表 5 - 10

Ma = 2，Gama = 0，Dp = 5						
Alpha	CA	CN	CZ	CMX	CMY	CMZ
0	0.585 894	0.243 812	0.024 170 7	0.180 029	0.443 77	0.292 184
5	0.827 57	0.480 972	0.737 693	0.829 951	0.926 572	0.135 228
10	0.657 491	0.213 813	0.972 045	0.526 658	0.542 405	0.453 993
15	0.349 986	0.747 673	0.863 582	0.391 4	0.274 483	0.445 662
20	0.310 129	0.564 531	0.812 159	0.874 447	0.260 109	0.922 025
Ma = 2，Gama = 45，Dp = 5						
Alpha	CA	CN	CZ	CMX	CMY	CMZ
0	0.348 277	0.806 635	0.874 325	0.248 726	0.175 695	0.395 978
5	0.776 147	0.879 421	0.238 289	0.455 885	0.519 425	0.882 717
10	0.523 148	0.734 581	0.230 964	0.263 436	0.360 21	0.709 403
15	0.576 861	0.228 889	0.010 864 6	0.446 333	0.309	0.174 413
20	0.836 543	0.719 199	0.032 166 5	0.006 714 07	0.453 383	0.169 897
Ma = 2，Gama = 90，Dp = 5						
Alpha	CA	CN	CZ	CMX	CMY	CMZ
0	0.654 286	0.447 554	0.343 516	0.958 678	0.312 967	0.824 305
5	0.547 594	0.165 96	0.765 862	0.641 56	0.366 863	0.498 398
10	0.587 054	0.154 088	0.605 976	0.335 704	0.756 951	0.561 846
15	0.741 691	0.517 563	0.446 486	0.782 128	0.231 697	0.542 344
20	0.045 716 7	0.489 059	0.020 691 5	0.174 291	0.967 528	0.827 418

其中 Ma 表示马赫数，Alpha 表示总攻角，Gama 表示方位角，Dp 表示俯仰舵偏角，角度单位均为度。气动数据的扩展公式如下：

$$\begin{cases} CA'(Alpha,Gama,Dp) = CA(Alpha,180-Gama,-Dp) \\ CN(Alpha,Gama,Dp) = -CN(Alpha,180-Gama,-Dp) \\ CZ(Alpha,Gama,Dp) = CZ(Alpha,180-Gama,-Dp) \\ CMX'(Alpha,Gama,Dp) = -CMX(Alpha,180-Gama,-Dp) \\ CMY'(Alpha,Gama,Dp) = CMY(Alpha,180-Gama,-Dp) \\ CMZ'(Alpha,Gama,Dp) = -CMZ(Alpha,180-Gama,-Dp) \end{cases},\text{当 } 90<Gama\leqslant 180 \text{ 时}$$

$$\begin{cases} CA'(Alpha,Gama,Dp) = CA(Alpha,180+Gama,-Dp) \\ CN(Alpha,Gama,Dp) = -CN(Alpha,180+Gama,-Dp) \\ CZ(Alpha,Gama,Dp) = -CZ(Alpha,180+Gama,-Dp) \\ CMX'(Alpha,Gama,Dp) = CMX(Alpha,180+Gama,-Dp) \\ CMY'(Alpha,Gama,Dp) = -CMY(Alpha,180+Gama,-Dp) \\ CMZ'(Alpha,Gama,Dp) = -CMZ(Alpha,180+Gama,-Dp) \end{cases}, \text{当} -180 < Gama < -90 \text{时}$$

$$\begin{cases} CA'(Alpha,Gama,Dp) = CA(Alpha,-Gama,Dp) \\ CN(Alpha,Gama,Dp) = CN(Alpha,-Gama,-Dp) \\ CZ(Alpha,Gama,Dp) = -CZ(Alpha,-Gama,-Dp) \\ CMX'(Alpha,Gama,Dp) = -CMX(Alpha,-Gama,-Dp) \\ CMY'(Alpha,Gama,Dp) = -CMY(Alpha,-Gama,-Dp) \\ CMZ'(Alpha,Gama,Dp) = CMZ(Alpha,-Gama,-Dp) \end{cases}, \text{当} -90 \leqslant Gama < 0 \text{时}$$

在气动建模工具中进行气动建模的具体操作方法和步骤如下：

1）在新建的气动模型工具中，单击图 5－57 所示“气动数据—部段 0—气动数据 0”页面的“载入数据”按钮，将弹出编辑数据对话框。

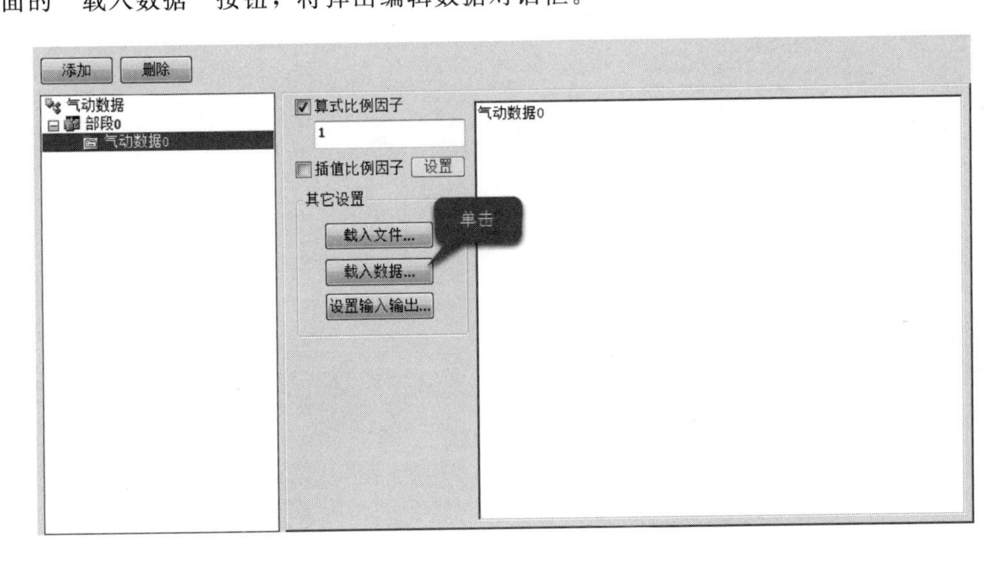

图 5－57

2）在弹出对话框中，直接将表 5－10 中所有的数据拷贝到空白处，如图 5－58 所示，即可在气动数据 0 条目下生成默认名为表数据 0 的气动模型。

3）设置插值变量和气动系数列向量，利用技巧 47 和技巧 48 的方法进行相关设置并进行模型核对，如图 5－59 所示。

4）进入气动数据动态扩展对话框。如图 5－60 所示，首先在页面左侧单击“部段 0”条目，然后单击右侧的“设置扩展”按钮，将弹出图 5－61 所示“设置气动系数扩展方式”对话框。该对话框分为两部分，左侧用于设置需要扩展的条件，右侧显示左侧选中条件对应的扩展规则。

10	0.657491	0.213813	0.972045	0.526658	0.542405	0.453993
15	0.349986	0.747673	0.863582	0.3914	0.274483	0.445662
20	0.310129	0.564531	0.812159	0.874447	0.260109	0.922025
Ma = 2, Gama = 45, Dp=5						
Alpha	CA	CN	CZ	CMX	CMY	CMZ
0	0.348277	0.806635	0.874325	0.248726	0.175695	0.395978
5	0.776147	0.879421	0.238289	0.455885	0.519425	0.882717
10	0.523148	0.734581	0.230964	0.263436	0.36021	0.709403
15	0.576861	0.228889	0.0108646	0.446333	0.309	0.174413
20	0.836543	0.719199	0.0321665	0.00671407	0.453383	0.169897
Ma = 2, Gama = 90, Dp=5						
Alpha	CA	CN	CZ	CMX	CMY	CMZ
0	0.654286	0.447554	0.343516	0.958678	0.312967	0.824305
5	0.547594	0.16596	0.765862	0.64156	0.366863	0.498398
10	0.587054	0.154088	0.605976	0.335704	0.756951	0.561846
15	0.741691	0.517563	0.446486	0.782128	0.231697	0.542344
20	0.0457167	0.489059	0.0206915	0.174291	0.967528	0.827418

图 5－58

图 5－59

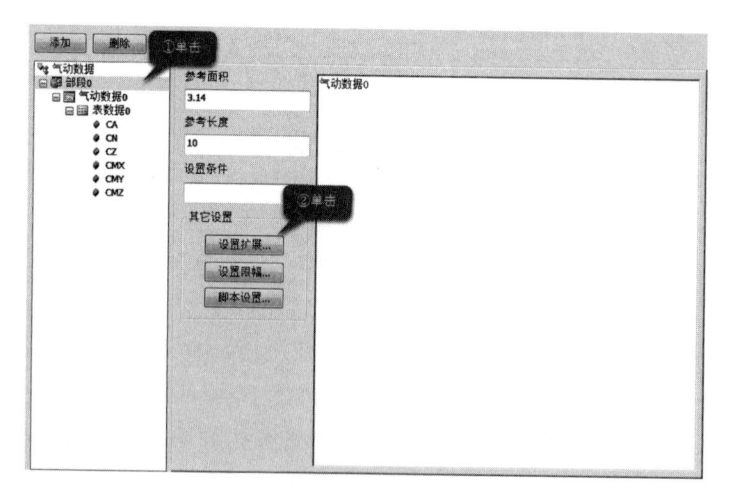

图 5－60

图 5 - 61

5）设置扩展条件。首先在图 5 - 62 左侧控件空白处单击右键，在弹出的下拉列表中选择“添加新项”；然后单击图 5 - 63 中“condition”条目，在其中输入逻辑表达式“gamma＞90 && gamma＜＝180”，如图 5 - 64 所示。

图 5 - 62

图 5 - 63

图 5 - 64

6）设置扩展条件对应的扩展规则。在选中上述设置条件情况下，在页面右侧设置扩展规则。首先设置插值坐标，如图 5 - 65 所示；其次设置气动参数，如图 5 - 66 所示。

图 5 - 65

图 5 - 66

7）重复以上步骤 5）～6），设置其他条件下的扩展条件及扩展规则。最后点击确定即可完成扩展气动数据的设置，如图 5－67 所示。

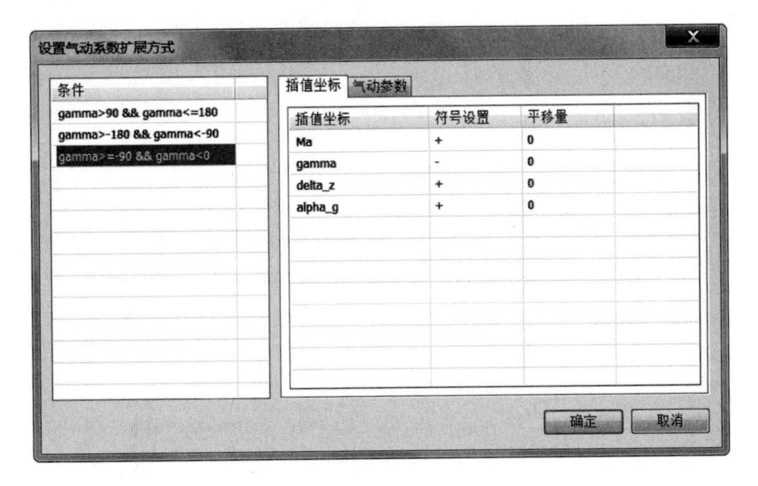

图 5－67

技巧 51　如何对气动数据插值变量进行限幅

在气动数据使用过程中，当输入的变量超出气动模型插值变量给定的范围时，一般都采用边界值和外插两种处理方式，FlightSim 软件的气动建模工具默认采用外插的处理方式。对于某些明确不能外插的情况，就需要对插值变量进行限幅处理。具体操作方法和步骤如下：

1）如图 5－68 所示，在气动建模页面左侧单击“部段 0”条目，然后单击右侧的“设置限幅”按钮，将弹出“设置限幅”对话框。

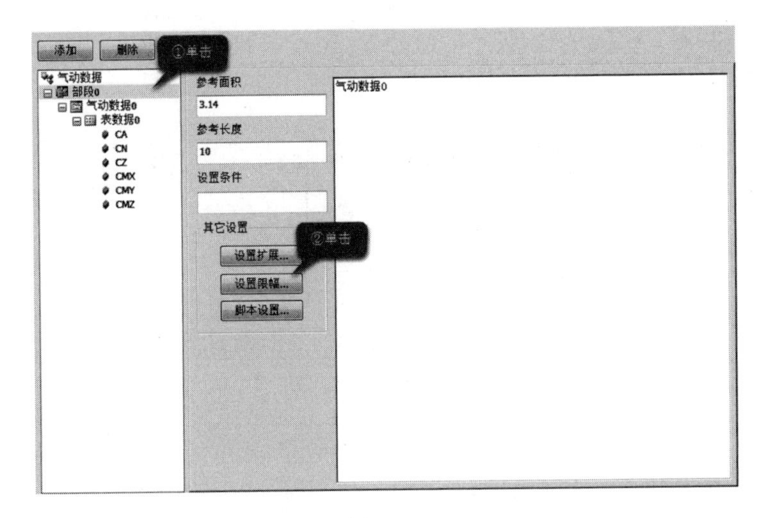

图 5－68

2）在弹出的图5-69“设置输出限幅”对话框中可以看到，对话框中已自动解析出已完成设置气动数据的所有插值变量，所有的插值变量都显示成三列，第一列为变量名，第二列为设置输出限幅的最小值，第三列为设置输出限幅的最大值。如果需要对某个插值变量进行限幅处理，在相应插值变量的第二列和第三列分别输入插值变量的最小值和最大值即可；对于无限幅要求的插值变量，不进行任何操作即可。

图5-69

技巧52　如何处理多个通道气动数据合成问题

对于利用空气舵作为执行机构的飞行器来说，气动模型一般由俯仰、偏航和滚转三个通道分别给出，然后再根据一定的规则实现三通道数据的合成。例如某飞行器三通道气动数据如表5-11所示。

表5-11

俯仰通道						
Ma = 0.75，beta = -30，delta_z = -10						
alpha	CA	CN	CZ	CMX	CMY	CMZ
-30	0.045 7	-14.919 5	15.831 7	0	9.842 6	8.983 9
-25	0.05	-13.375 2	15.080 8	0.055 8	9.345 2	8.245 7
-20	0.056 3	-12.004 5	14.140 2	0.098 9	8.766 9	7.571 1
-15	0.126 2	-8.393 2	15.313 7	0.074 7	9.825 1	5.121 4
-10	0.184 4	-4.871 6	16.686 8	0.054	10.920 9	2.819 8
-5	0.222 3	-2.072 5	17.260 2	0.021 2	11.376 8	1.075 6
0	-0.118 5	0.468	17.262 3	-0.015 9	11.357 8	-0.440 6

续表

5	0.278 9	3.121 2	16.859 7	-0.046	10.999 7	-2.062 9
10	0.319 5	6.088 6	15.941 9	-0.064 2	10.219 6	-3.965 6
15	0.370 5	9.626 3	14.530 3	-0.077 3	9.087 6	-6.282 2
20	0.425 4	13.151	13.340 5	-0.096	8.014	-8.650 5
25	0.415	14.461 3	14.293 3	-0.051 6	8.603 7	-9.268 2
30	0.405	16.061 8	15.149 6	0	9.200 5	-10.059 3

Ma = 0.75，beta = -30，delta_z = 0

alpha	CA	CN	CZ	CMX	CMY	CMZ
-30	0.200 2	-15.494	15.494	0	9.524 7	9.524 7
-25	0.208 5	-13.911 4	14.698 3	0.053 5	8.985	8.750 5
-20	0.215 4	-12.571 9	13.769	0.097 4	8.417 4	8.105 3
-15	0.220 9	-9.018 3	14.972 5	0.076 8	9.503 9	5.709 8
-10	0.224 9	-5.458 2	16.395 3	0.061 6	10.646 4	3.372
-5	0.227 2	-2.581	17.154 3	0.035 2	11.277	1.554 3
0	-0.139 3	0	17.326 3	0	11.418 1	0
5	0.227 2	2.592 7	17.103 4	-0.035 4	11.229 1	-1.565 4
10	0.224 9	5.486 8	16.313 9	-0.061 8	10.569 8	-3.399
15	0.220 9	9.045 3	14.889 9	-0.077 4	9.426 2	-5.735 3
20	0.215 4	12.59	13.715 7	-0.098 3	8.367 2	-8.122 4
25	0.208 5	13.914 1	14.671 7	-0.054 2	8.96	-8.753 1
30	0.200 2	15.477 8	15.477 9	0	9.509 5	-9.509 5

Ma = 0.75，beta = -30，delta_z = 10

alpha	CA	CN	CZ	CMX	CMY	CMZ
-30	0.405 8	-16.079 2	15.167	0	9.216 9	10.075 7
-25	0.415 1	-14.462 4	14.324 5	0.051 1	8.633 1	9.269 3
-20	0.424 6	-13.133	13.394 9	0.095 1	8.065 2	8.633 6
-15	0.368 9	-9.591 9	14.601 6	0.076 1	9.154 8	6.249 9
-10	0.317 7	-6.049 1	16.014 4	0.063 4	10.287 9	3.928 4
-5	0.278	-3.101 2	16.905 5	0.045 7	11.042 8	2.044 1
0	-0.118 5	-0.468	17.262 3	0.015 9	11.357 8	0.440 6
5	0.222 4	2.071 6	17.209 4	-0.021 1	11.328 9	-1.074 8
10	0.183 7	4.888 3	16.598 1	-0.053 8	10.837 4	-2.835 6

续表

15	0. 125 5	8. 408	15. 216 2	− 0. 074 5	9. 733 3	− 5. 135 3
20	0. 055 7	12. 018 7	14. 084 2	− 0. 099 6	8. 714 2	− 7. 584 5
25	0. 049 8	13. 379 2	15. 055 9	− 0. 056 4	9. 321 7	− 8. 249 5
30	0. 046 3	14. 907	15. 819 2	0	9. 830 9	− 8. 972 1

偏航通道

Ma = 0. 75，beta = − 30，delta_y = − 10

alpha	CA	CN	CZ	CMX	CMY	CMZ
− 30	0. 045 7	− 15. 831 7	14. 919 5	0	8. 983 9	9. 842 6
− 25	0. 063 1	− 14. 297	14. 159 1	0. 055 5	8. 477 4	9. 113 5
− 20	0. 077 9	− 12. 941 4	13. 203 3	0. 098 5	7. 884 8	8. 453 2
− 15	0. 035	− 9. 348 6	14. 358 3	0. 075 1	8. 925 7	6. 020 8
− 10	− 0. 004 3	− 5. 796 6	15. 761 9	0. 056	10. 0501	3. 690 6
− 5	− 0. 029 9	− 2. 764 2	16. 568 5	0. 033 5	10. 725 5	1. 726 9
0	− 0. 404 7	0	16. 794 2	0	10. 917 2	0
5	− 0. 027 3	2. 771 2	16. 509 8	− 0. 033 3	10. 670 2	− 1. 733 4
10	− 0. 000 1	5. 816 6	15. 669 9	− 0. 055 5	9. 963 5	− 3. 709 5
15	0. 039 2	9. 360 1	14. 264 1	− 0. 074 8	8. 837	− 6. 031 7
20	0. 080 4	12. 956 7	13. 146 2	− 0. 099 1	7. 831 1	− 8. 467 6
25	0. 064 2	14. 301 5	14. 133 6	− 0. 056 1	8. 453 3	− 9. 117 8
30	0. 046 3	15. 819 2	14. 907	0	8. 972 1	− 9. 830 9

Ma = 0. 75，beta = − 30，delta_y = 0

alpha	CA	CN	CZ	CMX	CMY	CMZ
− 30	0. 200 2	− 15. 494	15. 494	0	9. 524 7	9. 524 7
− 25	0. 208 5	− 13. 911 4	14. 698 3	0. 053 5	8. 985	8. 750 5
− 20	0. 215 4	− 12. 571 9	13. 769	0. 097 4	8. 417 4	8. 105 3
− 15	0. 220 9	− 9. 018 3	14. 972 5	0. 076 8	9. 503 9	5. 709 8
− 10	0. 224 9	− 5. 458 2	16. 395 3	0. 061 6	10. 646 4	3. 37 2
− 5	0. 227 2	− 2. 581	17. 154 3	0. 035 2	11. 277	1. 554 3
0	− 0. 139 3	0	17. 326 3	0	11. 418 1	0
5	0. 227 2	2. 592 7	17. 103 4	− 0. 035 4	11. 229 1	− 1. 565 4
10	0. 224 9	5. 486 8	16. 313 9	− 0. 061 8	10. 569 8	− 3. 399
15	0. 220 9	9. 045 3	14. 889 9	− 0. 077 4	9. 426 2	− 5. 735 3
20	0. 215 4	12. 59	13. 715 7	− 0. 098 3	8. 367 2	− 8. 122 4

续表

25	0. 208 5	13. 914 1	14. 671 7	−0. 054 2	8. 96	−8. 753 1
30	0. 200 2	15. 477 8	15. 477 9	0	9. 509 5	−9. 509 5
Ma = 0. 75，beta = −30，delta_y = 10						
alpha	CA	CN	CZ	CMX	CMY	CMZ
−30	0. 405 8	−15. 167	16. 079 2	0	10. 075 7	9. 216 9
−25	0. 402	−13. 540 6	15. 246 3	0. 051 4	9. 500 9	8. 401 5
−20	0. 403	−12. 196 1	14. 331 8	0. 095 6	8. 947 3	7. 751 5
−15	0. 460 1	−8. 636 6	15. 557	0. 075 7	10. 054 2	5. 350 5
−10	0. 506 4	−5. 124 2	16. 939 4	0. 061 5	11. 158 7	3. 057 6
−5	0. 530 2	−2. 409 5	17. 597 2	0. 033 4	11. 694 1	1. 392 9
0	0. 167 7	0	17. 730 3	0	11. 798 4	0
5	0. 528 6	2. 421 6	17. 559 3	−0. 033 8	11. 658 4	−1. 404 2
10	0. 503 3	5. 160 4	16. 870 2	−0. 062 5	11. 093 5	−3. 091 7
15	0. 456 8	8. 674 2	15. 482 3	−0. 076 9	9. 983 9	−5. 385 9
20	0. 400 7	12. 213	14. 278 5	−0. 096 5	8. 897 1	−7. 767 5
25	0. 400 6	13. 538 9	15. 215 6	−0. 051 9	9. 472	−8. 399 9
30	0. 405	15. 149 6	16. 061 8	0	10. 059 3	−9. 200 5
滚转通道						
Ma = 0. 75，beta = −30，delta_x = −10						
alpha	CA	CN	CZ	CMX	CMY	CMZ
−30	0. 214	−15. 492 8	15. 492 8	0. 015 9	9. 523 6	9. 523 6
−25	0. 231	−13. 887	14. 667 4	0. 068	8. 956	8. 727 5
−20	0. 247 8	−12. 552 7	13. 741 9	0. 112	8. 392	8. 087 3
−15	0. 242 1	−9. 007 1	14. 973 7	0. 091 6	9. 505	5. 699 3
−10	0. 254 1	−5. 515 8	16. 406 6	0. 075 6	10. 657 1	3. 426 3
−5	0. 252	−2. 730 7	17. 121 7	0. 048 1	11. 246 3	1. 695 3
0	−0. 128 1	−0. 188 2	17. 302 5	0. 011 9	11. 395 7	0. 177 2
5	0. 227 7	2. 443 3	17. 082 9	−0. 021 3	11. 209 9	−1. 424 8
10	0. 224 2	5. 423 9	16. 257 9	−0. 045 7	10. 517	−3. 339 8
15	0. 228 4	9. 027 7	14. 862 8	−0. 061 4	9. 400 6	−5. 718 7
20	0. 209 3	12. 600 3	13. 737 8	−0. 083 5	8. 388	−8. 132
25	0. 211 3	13. 937 8	14. 700 7	−0. 039 7	8. 987 3	−8. 775 4
30	0. 214	15. 477 1	15. 477 1	0. 015 8	9. 508 8	−9. 508 8

续表

Ma＝0.75，beta＝－30，delta_x＝0						
alpha	CA	CN	CZ	CMX	CMY	CMZ
－30	0.200 2	－15.494	15.494	0	9.524 7	9.524 7
－25	0.208 5	－13.911 4	14.698 3	0.053 5	8.985	8.750 5
－20	0.215 4	－12.571 9	13.769	0.097 4	8.417 4	8.105 3
－15	0.220 9	－9.018 3	14.972 5	0.076 8	9.503 9	5.709 8
－10	0.224 9	－5.458 2	16.395 3	0.061 6	10.646 4	3.372
－5	0.227 2	－2.581	17.154 3	0.035 2	11.277	1.554 3
0	－0.139 3	0	17.326 3	0	11.418 1	0
5	0.227 2	2.592 7	17.103 4	－0.035 4	11.229 1	－1.565 4
10	0.224 9	5.486 8	16.313 9	－0.061 8	10.569 8	－3.399
15	0.220 9	9.045 3	14.889 9	－0.077 4	9.426 2	－5.735 3
20	0.215 4	12.59	13.715 7	－0.098 3	8.367 2	－8.122 4
25	0.208 5	13.914 1	14.671 7	－0.054 2	8.96	－8.753 1
30	0.200 2	15.477 8	15.477 9	0	9.509 5	－9.509 5
Ma＝0.75，beta＝－30，delta_x＝10						
alpha	CA	CN	CZ	CMX	CMY	CMZ
－30	0.214	－15.492 8	15.492 8	－0.015 9	9.523 6	9.523 6
－25	0.211 9	－13.935 2	14.726 9	0.039	9.011 9	8.772 9
－20	0.210 2	－12.584 3	13.792	0.082 6	8.439 1	8.117
－15	0.228 6	－9.01	14.955 4	0.061 1	9.487 8	5.702
－10	0.224 2	－5.401 3	16.348 6	0.045 8	10.602 5	3.318 5
－5	0.227 7	－2.434 4	17.135 6	0.021 4	11.259 5	1.416 4
0	－0.128 1	0.188 2	17.302 5	－0.011 9	11.395 7	－0.177 2
5	0.252 4	2.743 8	17.074 8	－0.048 5	11.202 2	－1.707 6
10	0.254 6	5.549 8	16.335 4	－0.076 1	10.59	－3.458 3
15	0.242 8	9.041 7	14.900 4	－0.092 5	9.436	－5.731 9
20	0.248 7	12.571 4	13.688	－0.112 9	8.341 2	－8.104 8
25	0.231 5	13.888 8	14.639 3	－0.068 5	8.929 5	－8.729 2
30	0.214	15.477 1	15.477 1	－0.015 8	9.508 8	－9.508 8

对于任意状态下的六分量数据，需要对各个通道的数据进行合成才能使用，气动合成公式为

$$
\begin{cases}
CA(Ma,alpha,beta,dp,dy,dr)=CA(Ma,alpha,beta,dp,0,0)+\\
\qquad CA(Ma,alpha,beta,0,dy,0)+\\
\qquad CA(Ma,alpha,beta,0,0,dr)-\\
\qquad 2*CA(Ma,alpha,beta,0,0,0)\\
CN(Ma,alpha,beta,dp,dy,dr)=CN(Ma,alpha,beta,dp,0,0)+\\
\qquad CN(Ma,alpha,beta,0,dy,0)+\\
\qquad CN(Ma,alpha,beta,0,0,dr)-\\
\qquad 2*CN(Ma,alpha,beta,0,0,0)\\
CZ(Ma,alpha,beta,dp,dy,dr)=CZ(Ma,alpha,beta,dp,0,0)+\\
\qquad CZ(Ma,alpha,beta,0,dy,0)+\\
\qquad CZ(Ma,alpha,beta,0,0,dr)-\\
\qquad 2*CZ(Ma,alpha,beta,0,0,0)\\
CMX(Ma,alpha,beta,dp,dy,dr)=CMX(Ma,alpha,beta,dp,0,0)+\\
\qquad CMX(Ma,alpha,beta,0,dy,0)+\\
\qquad CMX(Ma,alpha,beta,0,0,dr)-\\
\qquad 2*CMX(Ma,alpha,beta,0,0,0)\\
CMY(Ma,alpha,beta,dp,dy,dr)=CMY(Ma,alpha,beta,dp,0,0)+\\
\qquad CMY(Ma,alpha,beta,0,dy,0)+\\
\qquad CMY(Ma,alpha,beta,0,0,dr)-\\
\qquad 2*CMY(Ma,alpha,beta,0,0,0)\\
CMZ(Ma,alpha,beta,dp,dy,dr)=CMZ(Ma,alpha,beta,dp,0,0)+\\
\qquad CMZ(Ma,alpha,beta,0,dy,0)+\\
\qquad CMZ(Ma,alpha,beta,0,0,dr)-\\
\qquad 2*CMZ(Ma,alpha,beta,0,0,0)
\end{cases}
$$

处理这类由不同通道合成气动数据建模问题的具体操作方法和步骤如下：

1）俯仰通道气动数据建模。在新建的气动模型工具中，单击图 5-70“气动数据—部段 0—气动数据 0”页面的“载入数据”按钮，在弹出的编辑数据对话框中将俯仰通道数据表拷贝到空白处，点击确定后对插值变量数据和输出数据进行相关设置，即可完成俯仰通道气动数据建模。

2）偏航通道和滚转通道气动数据建模。单击图 5-71 气动模型工具左上角的“添加”按钮，在弹出的下拉框中选择“添加通道”，在工具左侧树形列表中将生成新的“气动数据 1”条目。利用与上述步骤相同的方法可完成偏航通道和滚转通道气动数据建模，如图 5-72 所示。

3）基准通道气动数据建模。基准通道指的是三通道舵偏角均为零情况下的气动数据，一般情况下任意使用俯仰、偏航或滚转通道其中一个通道的气动数据，然后将舵偏角设置为零即可，这里选择俯仰通道气动数据来建模。数据输入过程与前面步骤一样，这里不再赘述。如图 5－73 所示，俯仰通道气动数据输入完成后，首先单击“气动数据 3”条目，然后单击“设置输入输出”按钮，在弹出的图 5－74 所示对话框中，将“delta _ z”输入变量的值设置为 0 即可。

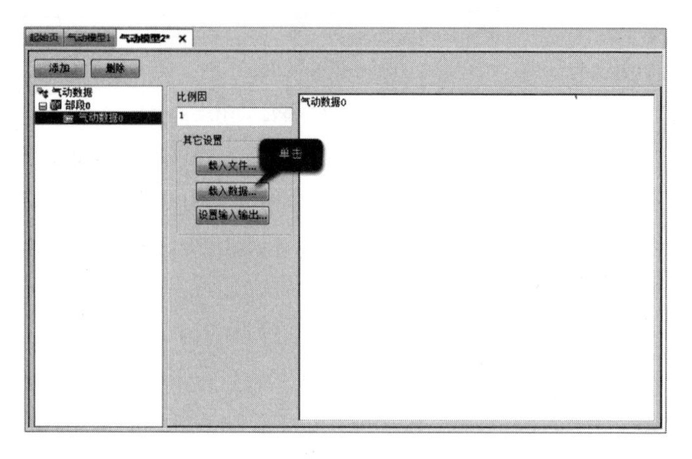

图 5－70

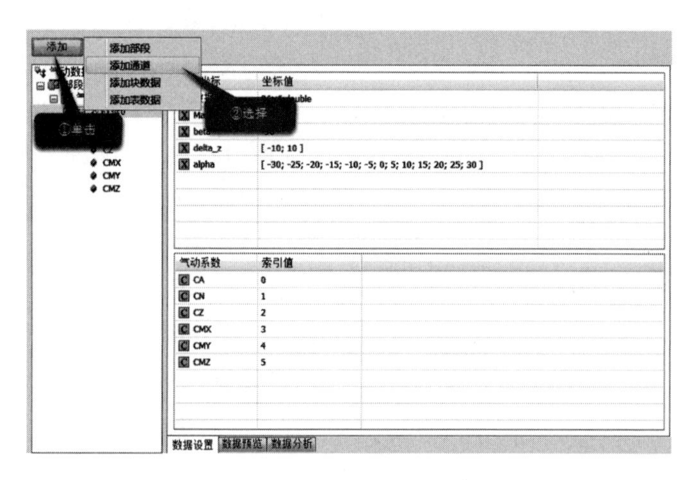

图 5－71

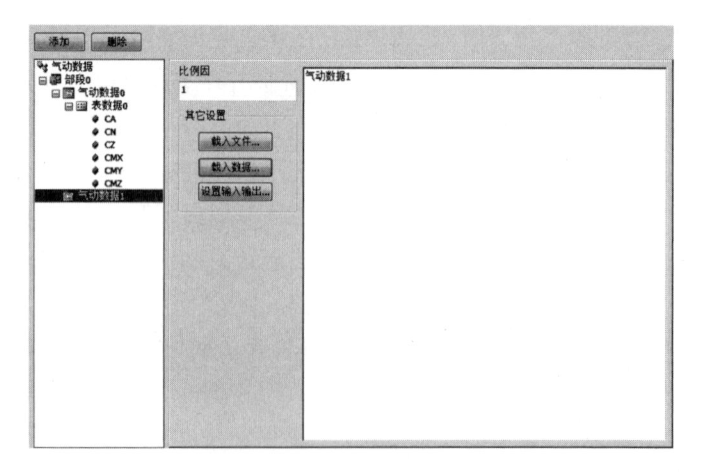

图 5－72

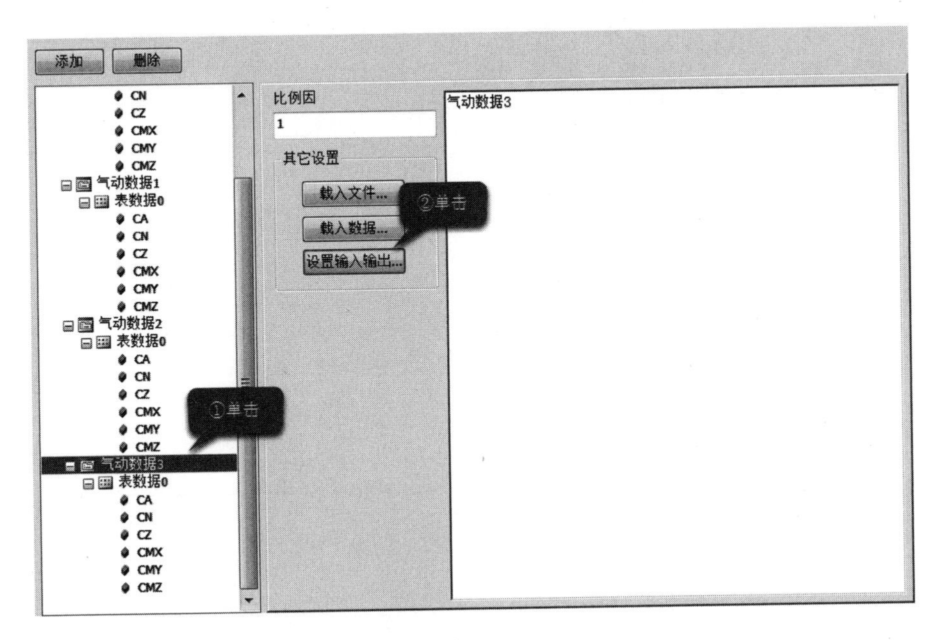

图 5－73

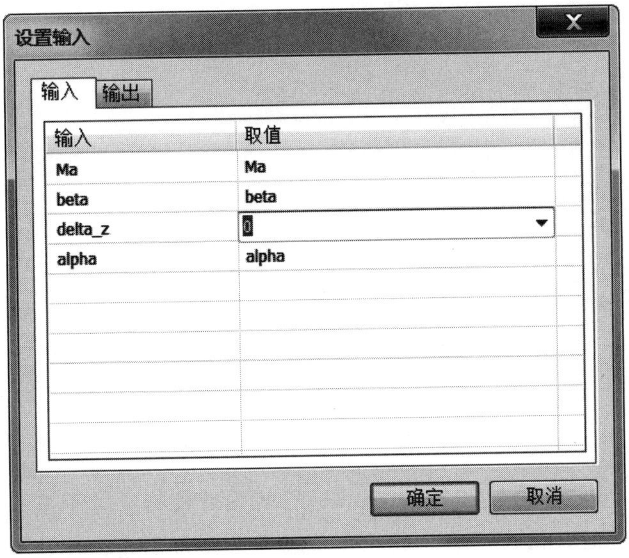

设置输入

输入　输出

输入	取值
Ma	Ma
beta	beta
delta_z	0
alpha	alpha

确定　取消

图 5－74

4）设置各个通道的名称和比例因子。首先单击图 5－75 所示“气动数据 0”条目，再次单击使该条目处于编辑状态，输入该通道的名称，例如“俯仰通道”，然后在该页面右侧“比例因子”编辑框中输入数值“1”。利用相同的方法，可以设置偏航通道、滚转通道和基准通道的名称和比例因子，偏航通道和滚转通道的比例因子均设置为 1，基准通道的比例因子设置为－2，设置完成后的界面如图 5－76 所示。

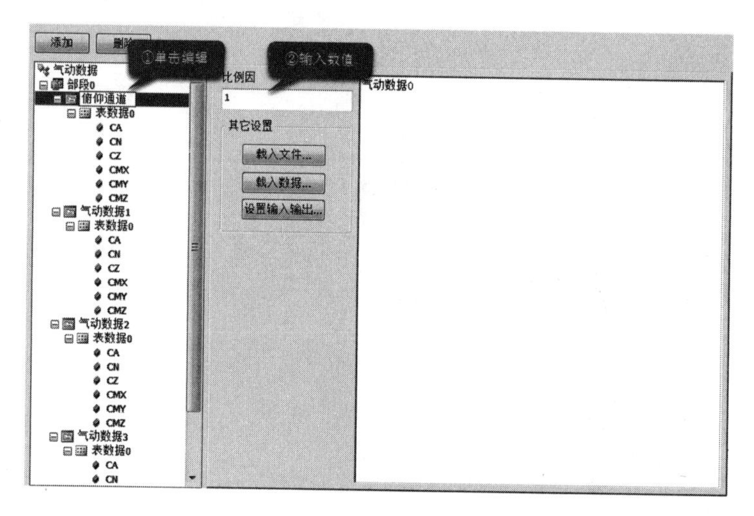

图 5-75

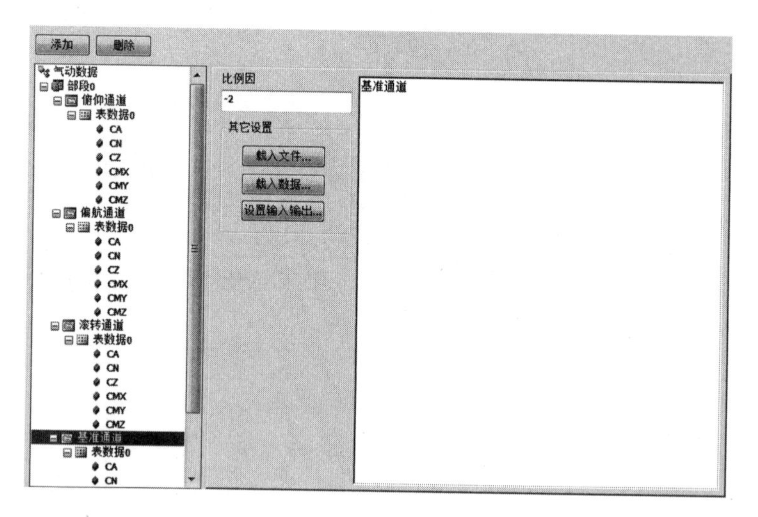

图 5-76

提示：本例中，气动模型未给出基准通道的气动数据，对于基准通道的数据可以通过选择任意通道的数据，然后将其舵偏角设置为零的方式处理；某些情况下，当气动模型给出了基准通道气动数据时，可以直接输入基准通道的气动数据而不必对舵偏角进行处理。

技巧 53　如何处理不同马赫数下气动数据格式不同的情况

对于某个飞行段气动数据来说，若气动数据格式均相同，可以按照以上介绍的方法进行气动数据的批量导入。但是对于工程实际中的问题，可能在不同马赫数下给出的气动数据格式不同，例如在低速大攻角状态气动数据为二维插值表，而在高超声速条件下气动数据为多维插值表，对于此类问题，气动建模工具处理的方法如下：

1）添加多个不同部段。在新建的气动模型工具中，单击图 5－77 页面左上角的“添加”按钮，在弹出的下拉框中选择“添加部段”选项，重复多次，可添加多个部段，如图 5－78 所示。

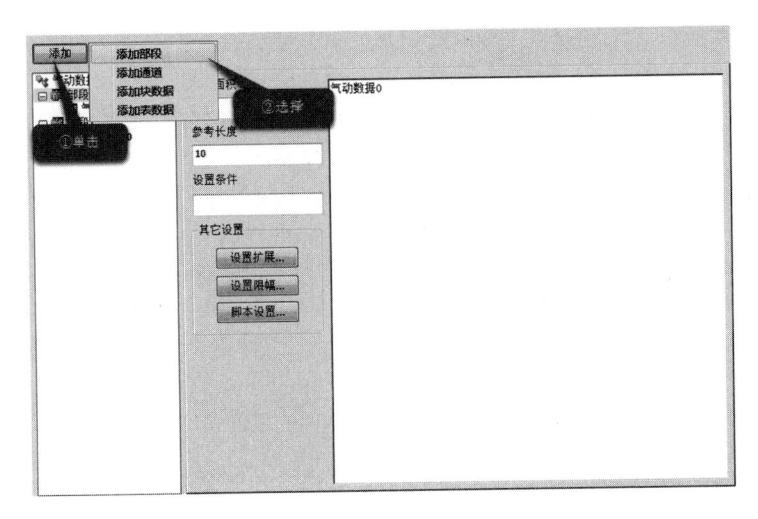

图 5－77

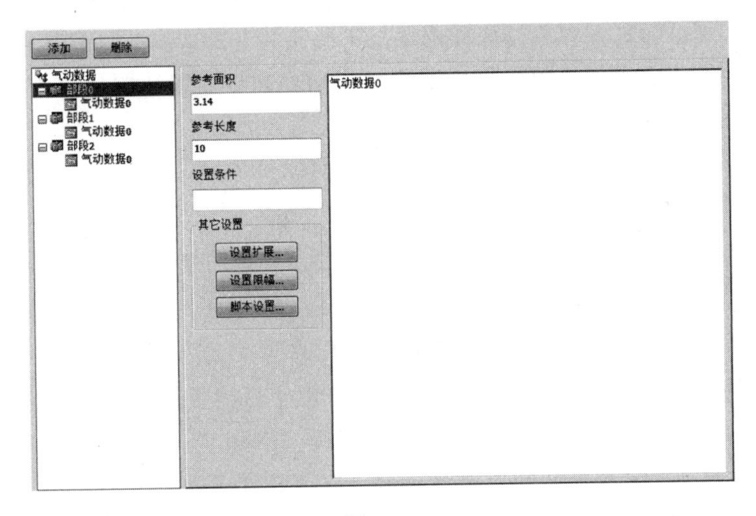

图 5－78

2）设置各个部段的激活条件。不同格式的气动数据一般是通过马赫数来区分的，因此可以利用马赫数这个变量作为不同部段的激活条件。如图 5－79 所示，首先单击部段名，在页面右侧的“设置条件”处输入该部段被激活的条件，例如“Ma＞0.4 && Ma＜4”。利用相同的方法，可设置各个部段的激活条件。

3）设置各个部段的气动数据。各个部段气动数据的输入方法可参照技巧 42～技巧 48 中介绍的方法，这里不再赘述。

图 5-79

技巧 54　如何设置不同飞行段使用不同气动模型

对于多级串联的飞行器来说，每一级的气动外形是不同的，因此每个飞行段的气动模型也有所差别。气动建模工具不仅能处理单个飞行段的气动建模问题，还能够处理多个飞行段气动建模问题。对于多个飞行段气动建模问题，同样需要使用技巧 53 中的不同部段及其激活条件的方法解决，具体操作方法如下：

1）首先添加部段。飞行器具有几个飞行段即需要添加几个部段，添加部段的方法见技巧 53。

2）其次新建飞行段激活标志变量。如图 5-80 所示，第一步单击左侧“气动数据”条目；第二步在页面右侧空白处单击右键；第三步在弹出的下拉列表中选择“添加新项”；第四步更改添加变量的名称，例如将新建变量名称改为“stage”，如图 5-81 所示。

3）设置不同飞行段的名称及激活条件。为了便于后续更改，同时增强气动模型的可读性，首先需要将不同部段名称更改为不同飞行段，例如“一级飞行段”“二级飞行段”等；其次需要在各飞行段页面设置其激活条件，在“设置条件”处输入相应的激活条件表达式，例如在一级飞行段激活条件处输入“stage == 1”，二级飞行段激活条件处输入“stage == 2”，如图 5-82 所示。

4）单击软件工具栏的“刷新”按钮，在气动建模工具的属性对话框中看到新建的变量“stage”，如图 5-83 所示。

5）当“弹道计算”等其他工具使用气动模型时，即可以利用飞行段激活标志变量“stage”来控制使用不同飞行段的气动模型。

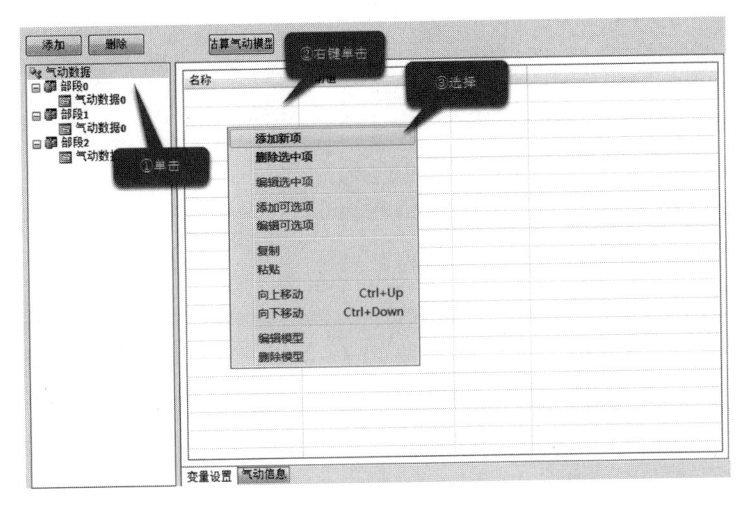

图 5 - 80

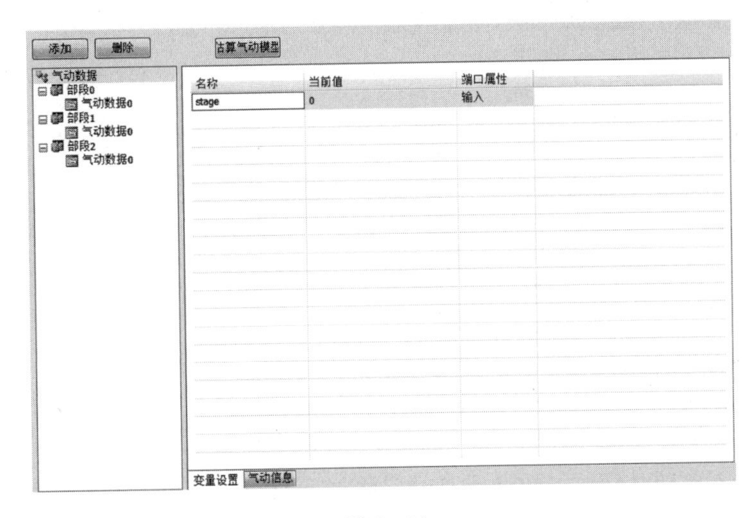

图 5 - 81

图 5 - 82

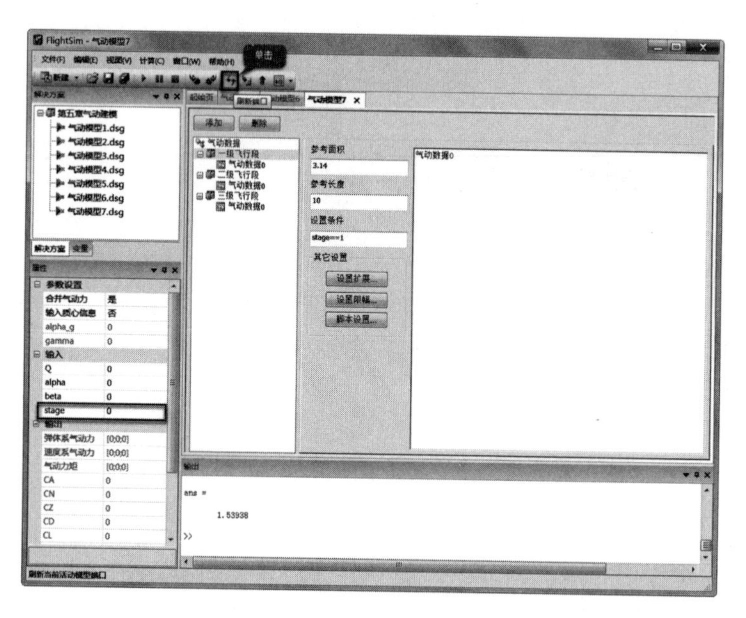

图 5 - 83

> 提示：对于不同飞行段相同马赫数，以及相同飞行段不同马赫数下气动数据格式不同的两种气动建模问题均需要使用部段的“设置条件”工具。因此，可以通过在“设置条件”输入框中输入复杂的逻辑表达式来实现。例如对于一级飞行段马赫数小于 4 情况下的气动建模，在“设置条件”处可输入“stage = =1 && Ma<4”。

技巧 55　如何处理轴向力系数修正问题

轴向力系数不仅随马赫数、攻角等变化，而且可能随高度变化。在实际工程应用中，轴向力系数除给出插值表外，还包含随马赫数和高度变化的修正量插值表，如表 5 - 12 所示。

表 5 - 12

CA					
alpha\Ma	1	2	3	4	5
- 20	0.704 733	0.837 397	0.103 885	0.728 355	0.830 653
- 10	0.354 015	0.521 165	0.623 768	0.556 078	0.382 244
0	0.504 624	0.423 994	0.038 361 8	0.882 046	0.378 033
10	0.046 784 9	0.356 792	0.618 152	0.339 732	0.919 248
20	0.664 327	0.329 295	0.080 324 7	0.749 138	0.998 016

续表

dCA					
H\Ma	1	2	3	4	5
10	0.622 303	0.999 481	0.869 228	0.689 474	0.140 812
20	0.948 363	0.847 102	0.268 563	0.906 461	0.019 776
30	0.897 183	0.217 75	0.082 888 3	0.451 399	0.619 526
40	0.297 8	0.204 84	0.688 772	0.029 541 9	0.906 43
50	0.247 566	0.800 531	0.437 452	0.064 699 2	0.792 81

在任意状态下的轴向力系数的计算公式如下

$$Ca = CA + dCA$$

对于这类含轴向力修正的问题，在气动建模工具中处理的具体方法和步骤如下：

1）在新建的气动模型工具中，单击图 5－84 所示“气动数据—部段 0—气动数据 0”页面的“载入数据”按钮，将弹出编辑数据对话框。

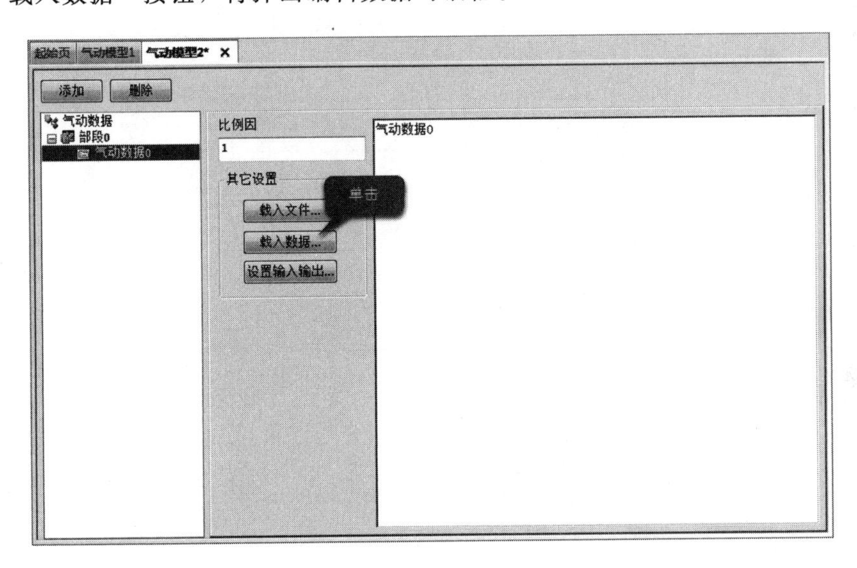

图 5－84

2）在弹出对话框中，直接将表 5－12 中所有的数据拷贝到空白处，如图 5－85 所示，即可在气动数据 0 条目下生成默认名为表数据 0 的气动模型，如图 5－86 所示。

3）设置气动数据名称。本例中轴向力系数 CA 为软件内部默认支持变量名称，因此可以不进行名称设置，而 dCA 不是内部默认支持的变量名称，需要进行设置。如图 5－87 所示，首先单击气动数据 0 条目下的 dCA 项目，然后单击页面右侧下面的标签“数据设置”，最后单击页面第一行的插值坐标名称处，在弹出的下拉列表中选择“CA0”，即可完成轴向力系数修正的气动建模，如图 5－88 所示。

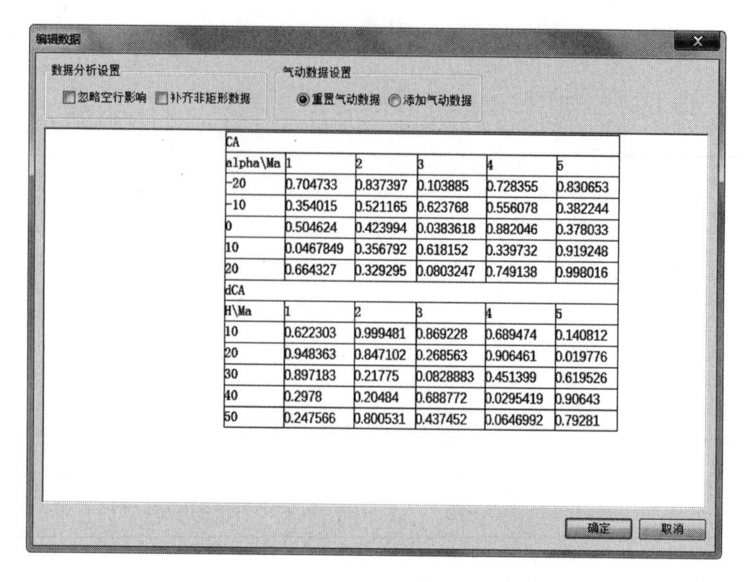

CA					
alpha\Ma	1	2	3	4	5
-20	0.704733	0.837397	0.103885	0.728355	0.830653
-10	0.354015	0.521165	0.623768	0.556078	0.382244
0	0.504624	0.423994	0.0383618	0.882046	0.378033
10	0.0467849	0.356792	0.618152	0.339732	0.919248
20	0.664327	0.329295	0.0803247	0.749138	0.998016
dCA					
H\Ma	1	2	3	4	5
10	0.622303	0.999481	0.869228	0.689474	0.140812
20	0.948363	0.847102	0.268563	0.906461	0.019776
30	0.897183	0.21775	0.0828883	0.451399	0.619526
40	0.2978	0.20484	0.688772	0.0295419	0.90643
50	0.247566	0.800531	0.437452	0.0646992	0.79281

图 5-85

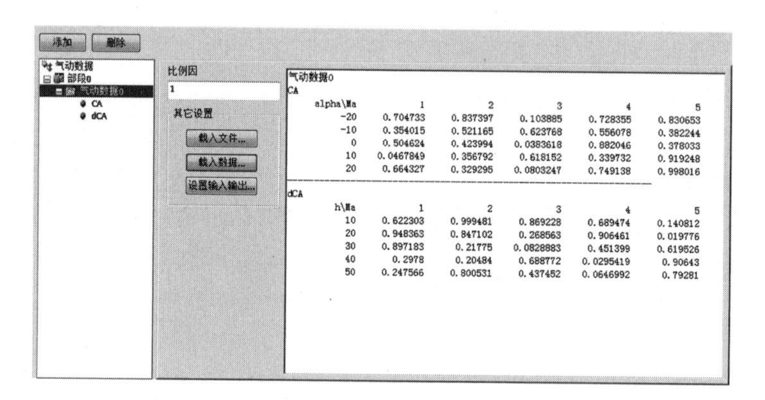

图 5-86

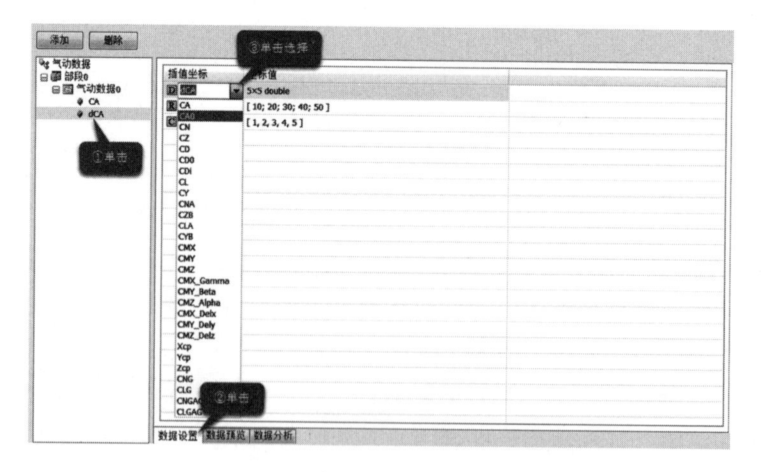

图 5-87

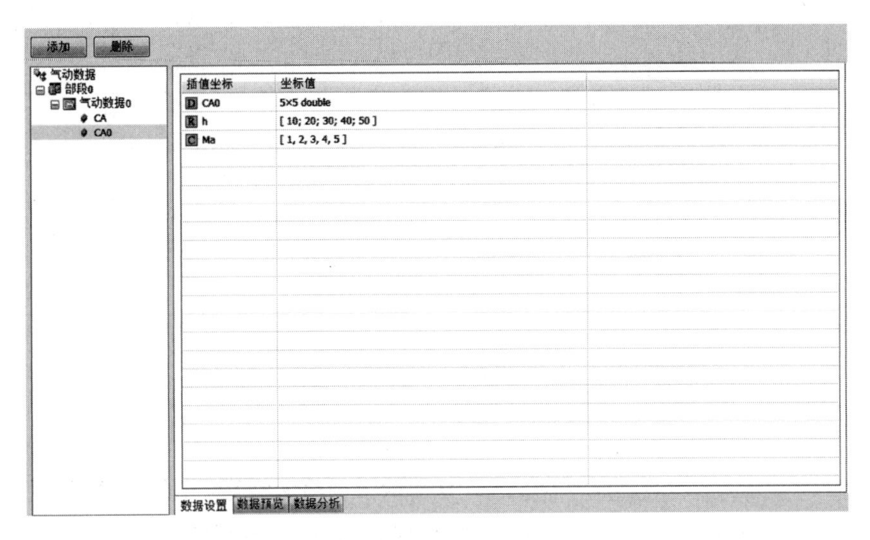

图 5 - 88

技巧 56　如何查看原始气动数据及其变化规律曲线

完成气动数据模型建模后，为了检查气动系数的合理性，需要通过画图功能查看气动模型中各个气动系数参数随插值变量的变化规律。软件工具提供了查看原始气动数据和画图功能，具体操作方法和步骤如下：

1）查看原始输入气动数据。如图 5 - 89 所示，在已完成气动建模的工具页面左侧树形列表中，首先单击需要查看的某个部段、某个通道的气动系数名称，然后在右侧页面下部单击“数据预览”标签，即可打开气动数据预览页面，见图 5 - 90，此页面显示了该气动系数所有的原始数据，但需要注意的是，该页面仅可读但可对原始数据进行任何更改。

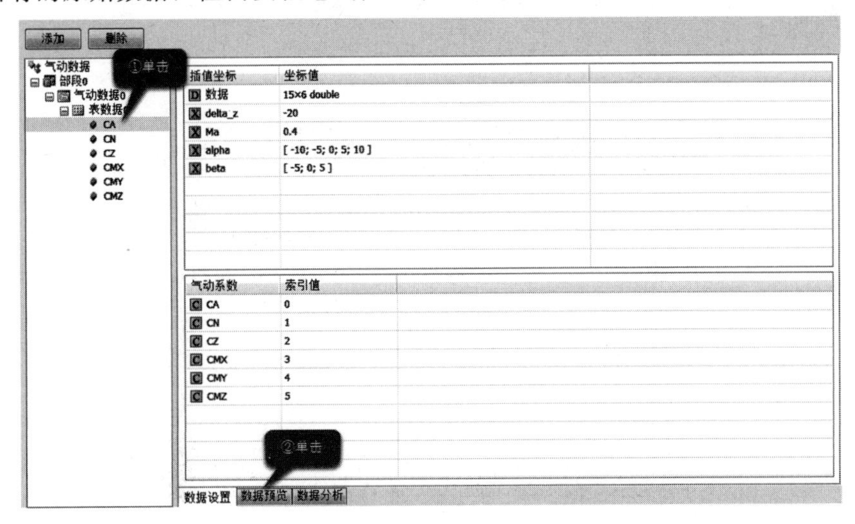

图 5 - 89

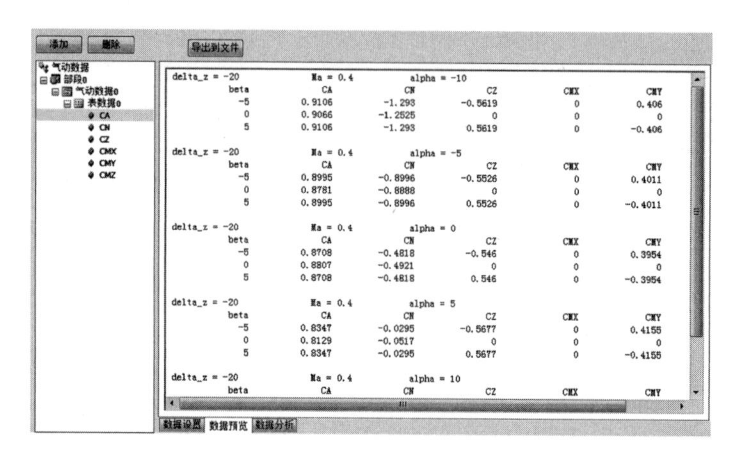

图 5-90

2）查看气动系数变化规律。单击图 5-91 所示页面下部“数据分析”标签，即可打开气动系数画图显示页面。该页面纵坐标即为用户选择的气动系数，横坐标及其他维度插值变量均可在图形控件上方进行选择，如图 5-92 所示。

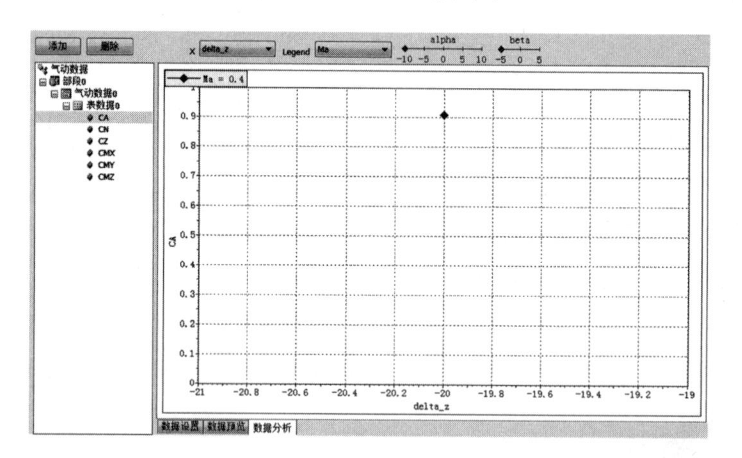

图 5-91

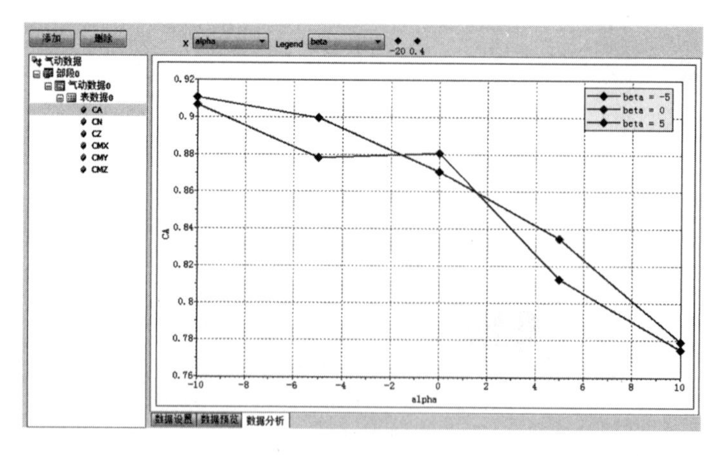

图 5-92

3）查看其他气动系数变化规律。在上述“数据分析”页面，可以通过单击左侧树形列表中其他系数名称来查看其气动系数变化规律，如图 5－93 所示。

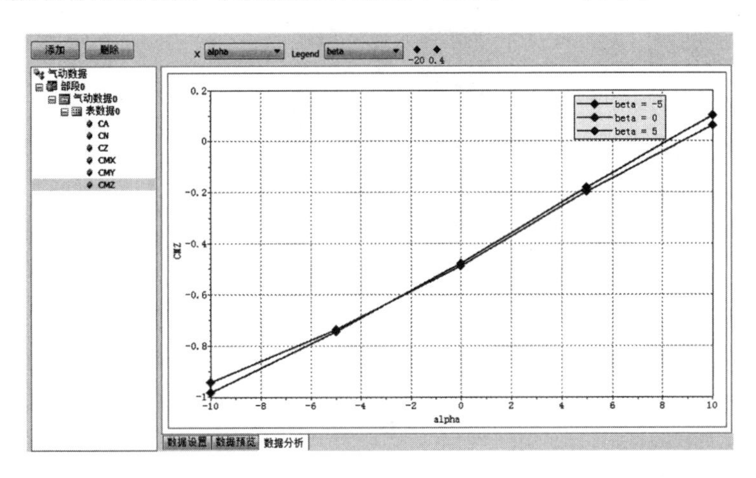

图 5－93

技巧 57　如何测试已经建好气动模型的正确性

技巧 56 中的数据预览功能仅能对原始气动数据进行查看，对于气动数据维数较少或单通道数据情况还能检查气动模型的正确性。但是对于多个通道合成或维数较多的气动数据，通过数据预览功能很难检查其建模的正确性。利用气动建模工具完成气动数据的建模后，工具本身就变成了一个具有输入、输出和相关属性的模型，可以通过在建模工具中进行相关的设置和运行来测试模型的正确性。具体操作方法和步骤如下：

1）首先在解决方案中选中“气动模型 1”项目，使其处于激活状态，在页面左下侧会显示其属性面板，如图 5－94 所示。

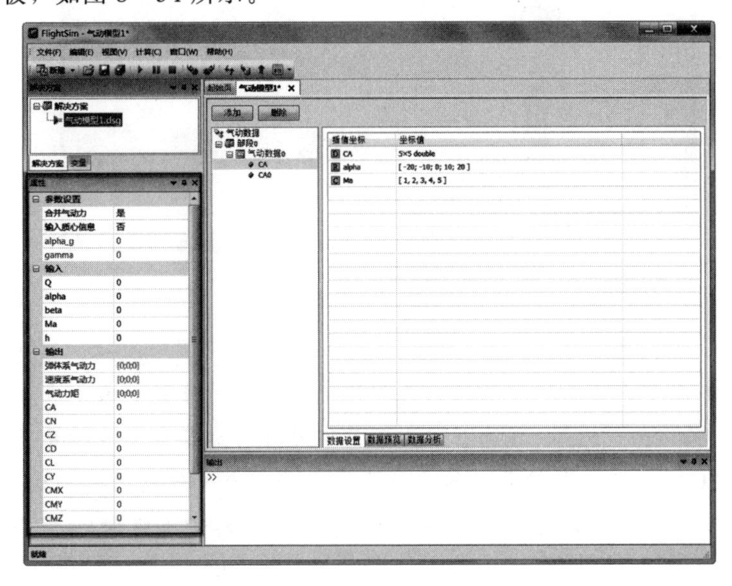

图 5－94

2）在图 5－95 属性面板的输入变量中输入测试插值变量值。输入参数项目中包含了已建模气动数据中所有插值变量，在每个插值变量名称后面逐个输入变量值。

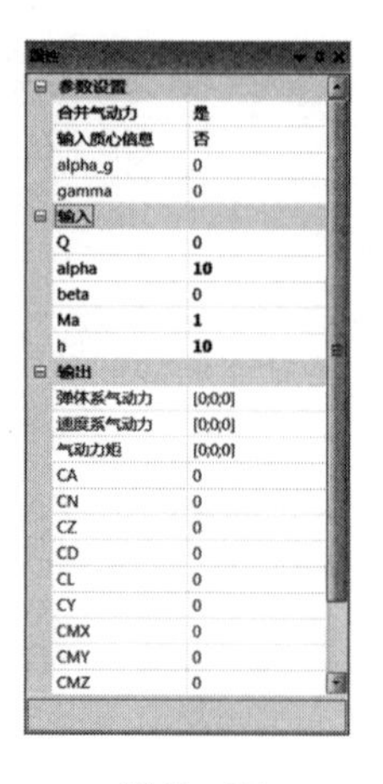

图 5－95

3）点击工具栏的运行按钮对气动模型进行插值计算，并在属性面板中查看计算结果。如图 5－96 所示，点击气动建模工具上部工具栏中的运行按钮，则开始根据用户输入的插值变量进行气动模型插值计算，计算完成后的结果显示在属性面板的输出变量中，用户可将其与预期插值结果进行比对来判断气动模型建模的正确性。

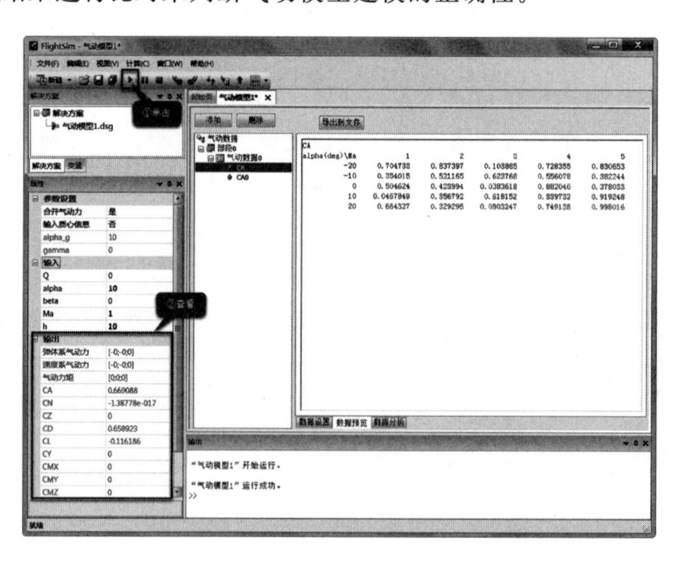

图 5－96

提示：在本例中，输入的气动阻力为弹体坐标系下的系数，由于在参数设置中将“合并气动力”项选为“是”，因此在输出变量中同时输出了速度坐标系下的气动力系数“CD”和“CL”。若在属性面板的参数设置中将“合并气动力”项选为“否”，则在气动插值计算中将不会计算“CD”和“CL”的值，其输出将均为“0”。

技巧 58　如何将多维气动数据进行降维处理

对于多维气动数据，在某些情况下可能不需要使用其中一个维度的插值变量，或者其中一个维度的插值变量为恒定值，例如在处理多通道气动数据合成时，需要使用舵偏角为零时的基准通道气动数据，就可以通过将俯仰、偏航或滚转某一个通道的气动数据进行降维处理来实现。对于图 5-97 所示的多维气动数据，若需要对插值变量 beta 进行降维处理，无论 beta 取何值都使用 beta = 5 时的数据，具体操作方法和步骤如下：

图 5-97

1）如图 5-98 所示，在已完成气动建模的工具页面左侧树形列表中，首先单击“气动数据 0”条目，然后单击“设置输入输出”按钮，将弹出图 5-99 所示的“设置输入”对话框。

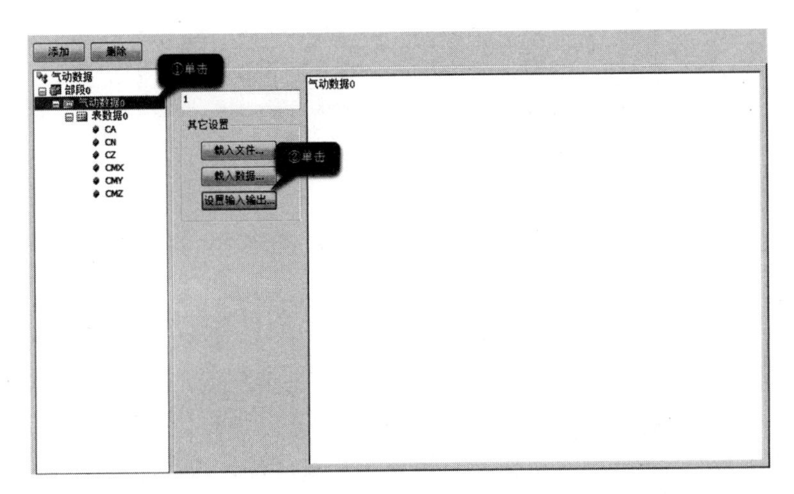

图 5-98

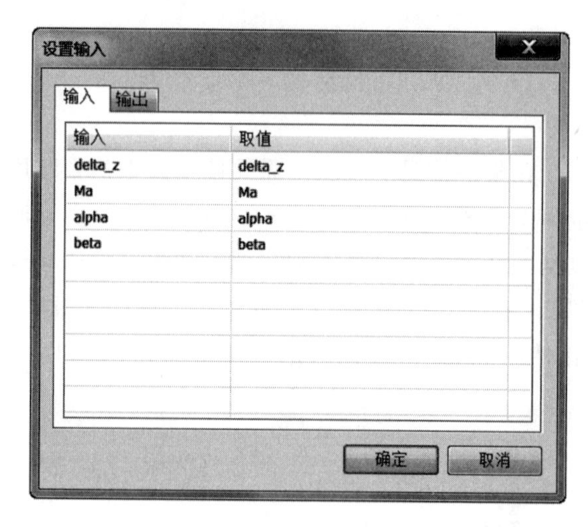

图 5-99

2）如图 5-100 所示，在弹出的对话框中，将输入变量“beta”的值设置为 5。这样，在使用该气动模型时，无论对插值变量 beta 输入任何值，均使用 beta=5 时的数据，即完成了对于插值变量 beta 的降维处理。

图 5-100

技巧 59　如何在不改变原始气动数据情况下使输出气动系数反号

软件中对弹体坐标系下的轴向力系数 CA 进行处理时，默认 CA 符号为正，通过软件计算输出的弹体坐标系轴向气动力系数符号为负。某些情况下，因建立坐标系不同而使得原始气动数据中的 CA 符号为负时，在气动建模时如果不进行任何处理，则会导致气动模型输出错误的结果。一种处理方式是对原始气动数据进行处理，即改变所有的 CA 符号，这种处理方式较为烦琐且耗时耗力，另一种处理方式是不改变原始气动数据，直接将原始气动数据导入软件中，在软件中进行相关设置。具体操作方法和步骤如下：

1）首先将原始气动数据导入软件，具体过程这里不再赘述。

2）如图 5－101 所示，在已完成气动建模的工具页面左侧树形列表中，首先单击“气动数据 0”条目，然后单击“设置输入输出”按钮，将弹出图 5－102 所示的“设置输入”对话框。

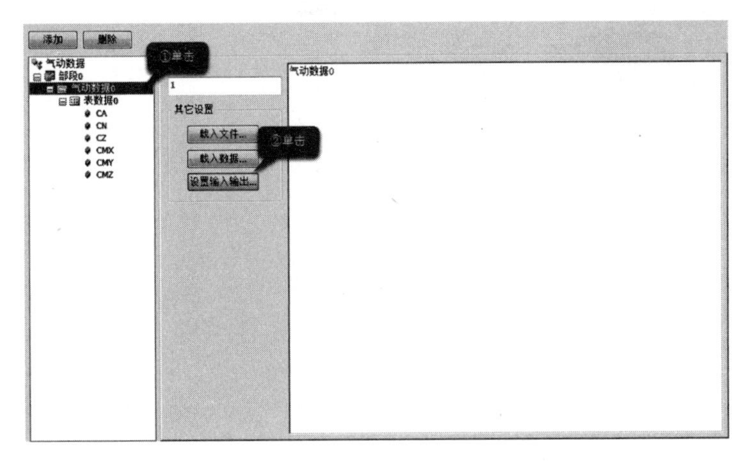

图 5－101

3）在图 5－103 所示的对话框中，首先单击“输出”标签，然后将气动系数 CA 后的比例因子设置为“－1”，点击确定即可完成设置。

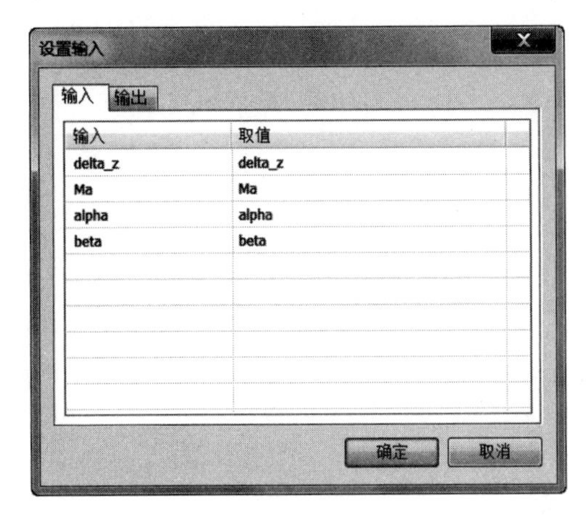

图 5－102

图 5－103

技巧 60 如何设置气动数据偏差

在实际工程使用中，气动模型一般都需要考虑一定的偏差，例如在偏差弹道计算中，需要考虑轴向力偏差，如何在气动模型中设置偏差呢？具体操作方法和步骤如下：

1）首先将原始气动数据导入软件，具体过程这里不再赘述。

2）其次添加气动系数偏差变量。如图 5－104 所示，第一步单击左侧“气动数据”条目；第二步在页面右侧空白处单击右键；第三步在弹出的下拉列表中选择“添加新项”；第四步更改添加变量的名称，例如将新建变量名称改为“delta _ CA”，如图 5－105 所示。

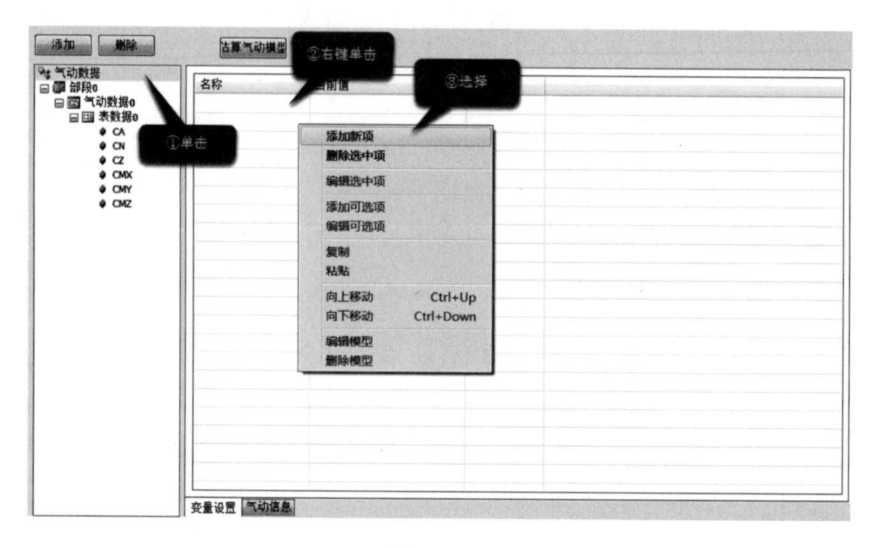

图 5－104

图 5－105

3）然后将气动偏差变量添加到相应气动系数输出中。如图 5－106 所示，第一步单击左侧“部段 0”条目；第二步单击右边“脚本设置”按钮；第三步在弹出的对话框中输入气动系数偏差计算表达式，例如输入“CA＝CA＊(1＋delta_CA)；”，如图 5－107 所示。

4）在图 5－108 中，单击软件工具栏的“刷新”按钮，在气动建模工具的属性对话框中即出现新建的变量“delta_CA”。

5）在“弹道计算”等其他工具使用气动模型时，即可以利用气动系数偏差变量“delta_CA”来控制轴向力系数的偏差。

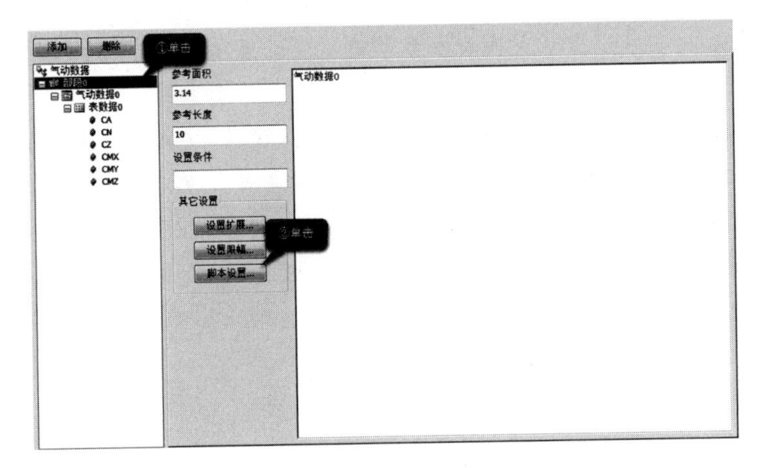

图 5-106

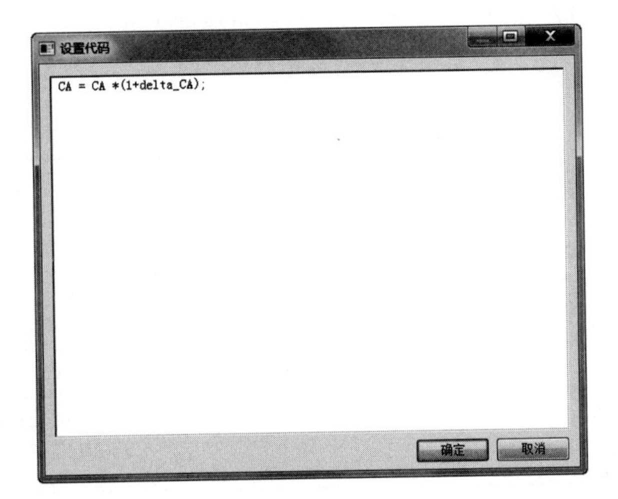

图 5-107

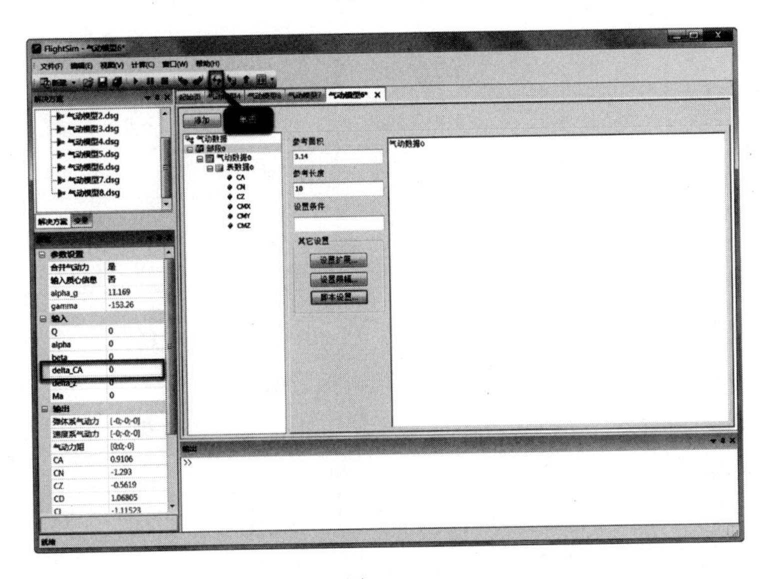

图 5-108

提示 1：本技巧中给出了在轴向力系数 CA 中设置偏差的示例，对于其他气动系数偏差设置可以采用类似的方法，且可以同时设置多个偏差。

提示 2：本技巧中，脚本设置中输入的表达式“CA = CA * (1 + delta_CA);”表示的是在原始轴向力系数 CA 基础上设置了相对偏差量，也可以在脚本设置中将表达式改为“CA = CA + delta_CA;”以此来表示在原始轴向力系数 CA 基础上设置绝对偏差量。在脚本设置中，用户可以根据自己的需要进行偏差量计算公式的设置。

技巧 61　如何处理含有动导数的气动模型

某飞行器俯仰通道气动力矩系数是静系数和动导数之和，静系数即 CMZ，动导数与俯仰角速度有关，假设动导数为 CMZ _ D，俯仰角速度为 omega _ z，则俯仰力矩系数为 CMZ + CMZ _ D × omega _ z。静系数和动导数格式如表 5 - 13 所示。

表 5 - 13

CMZ					
alpha\Ma	1	2	3	4	5
- 20	0. 616 84	0. 143 834	0. 216 651	0. 311 716	0. 761 132
- 10	0. 683 248	0. 183 599	0. 149 541	0. 549 333	0. 860 897
0	0. 682 15	0. 584 887	0. 374 432	0. 220 923	0. 410 413
10	0. 031 495 1	0. 970 031	0. 137 364	0. 022 217 5	0. 700 613
20	0. 685 69	0. 112 644	0. 856 532	0. 536 607	0. 303 659
CMZ_D					
alpha\Ma	1	2	3	4	5
- 20	0. 622 303	0. 999 481	0. 869 228	0. 689 474	0. 140 812
- 10	0. 948 363	0. 847 102	0. 268 563	0. 906 461	0. 019 776
0	0. 897 183	0. 217 75	0. 082 888 3	0. 451 399	0. 619 526
10	0. 297 8	0. 204 84	0. 688 772	0. 029 541 9	0. 906 43
20	0. 247 566	0. 800 531	0. 437 452	0. 064 699 2	0. 792 81

对于这种含有动导数的气动模型，可利用 FlightSim 软件中的气动建模工具建立包含 CMZ 和 CMZ _ D 的气动模型，具体操作方法和步骤如下：

1）在新建的气动模型工具中，单击图 5 - 109 所示“气动数据—部段 0—气动数据 0”页面的“载入数据”按钮，将弹出编辑数据对话框。

2）在弹出对话框中，直接将表 5 - 13 中所有的数据（含表头）拷贝到空白处，如图 5 - 110 所示，即可在“气动数据 0”条目下生成气动模型。

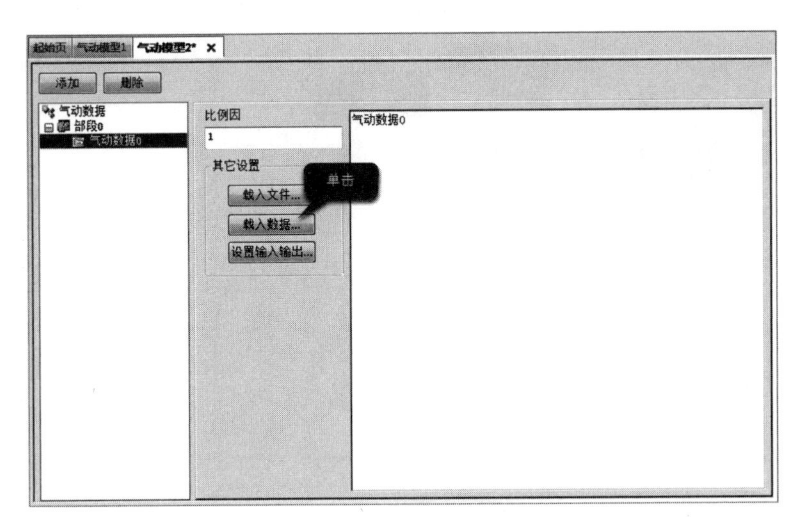

图 5 - 109

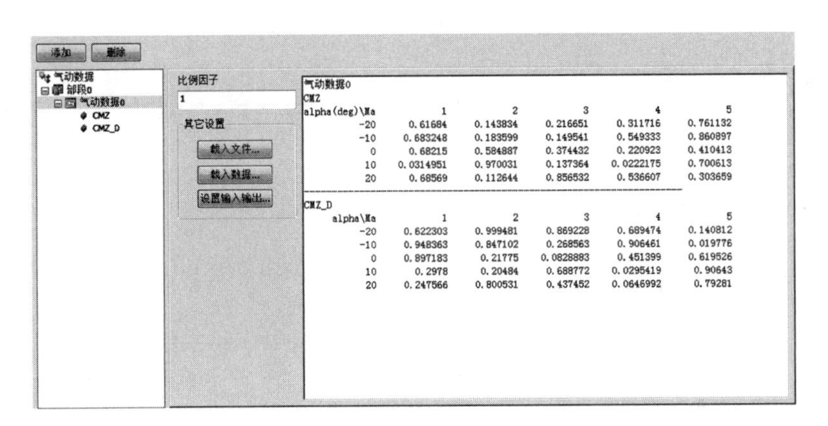

图 5 - 110

3）为气动建模工具新建角速度变量 omega _ z。如图 5 - 111 所示，第一步单击左侧“气动数据”条目；第二步在页面右侧空白处单击右键；第三步在弹出的下拉列表中选择“添加新项”；第四步更改添加变量的名称，例如将新建变量名称改为“omega _ z”，如图 5 - 112 所示。

4）设置气动系数 CMZ 的输出表达式。如图 5 - 113 所示，第一步单击左侧“部段 0”条目；第二步单击右边“脚本设置”按钮；第三步在弹出的对话框中输入 CMZ 的计算表达式“CMZ = CMZ + omega _ z * 气动数据 0. CMZ _ D;”，如图 5 - 114 所示。

5）在图 5 - 115 中，单击软件工具栏的“刷新”按钮，在气动建模工具的属性对话框中即出现新建的变量“omega _ z”。

6）在“弹道计算”等其他工具使用气动模型时，即可以通过向气动模型传递参数“omega _ z”来计算含动导数的气动力矩。

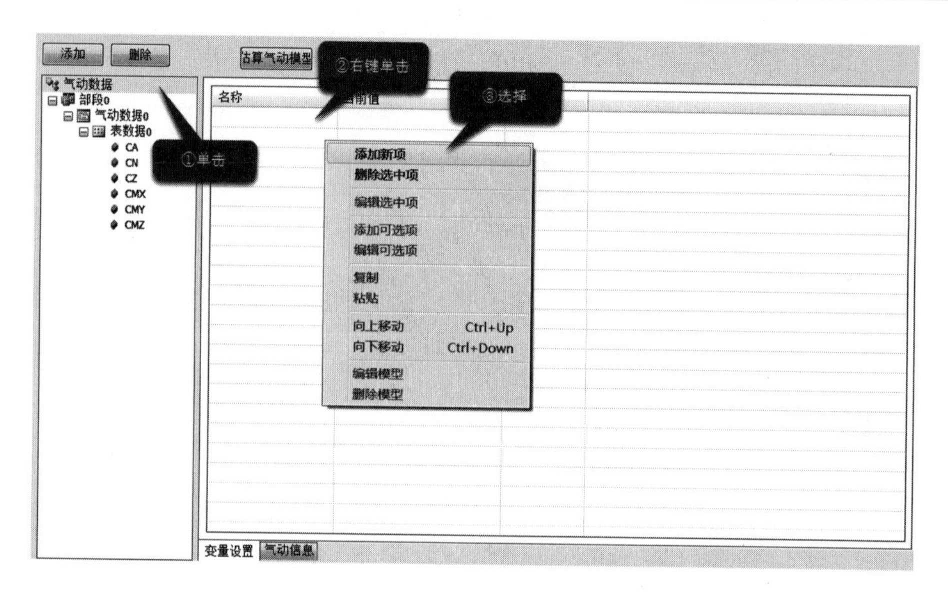

图 5-111

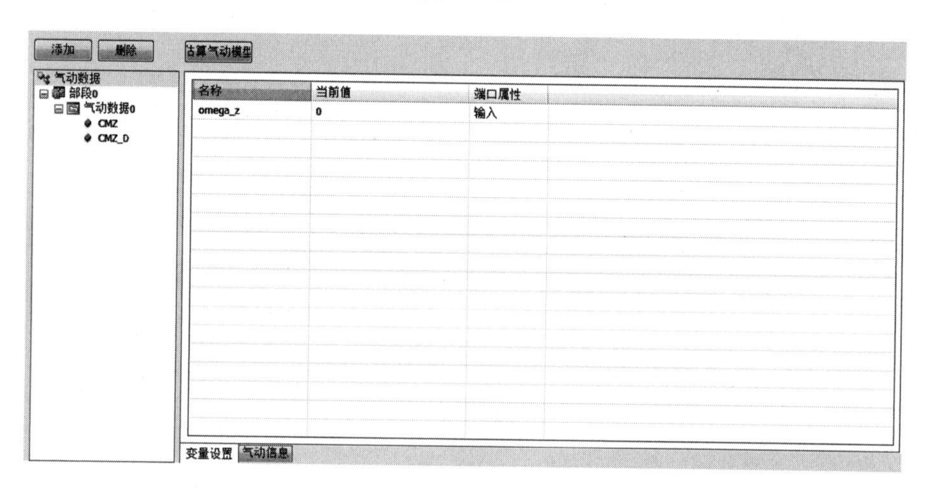

图 5-112

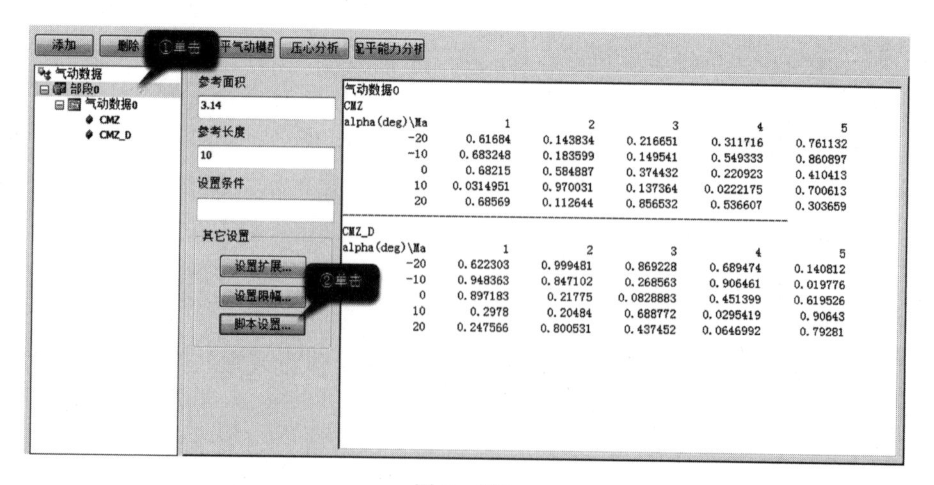

图 5-113

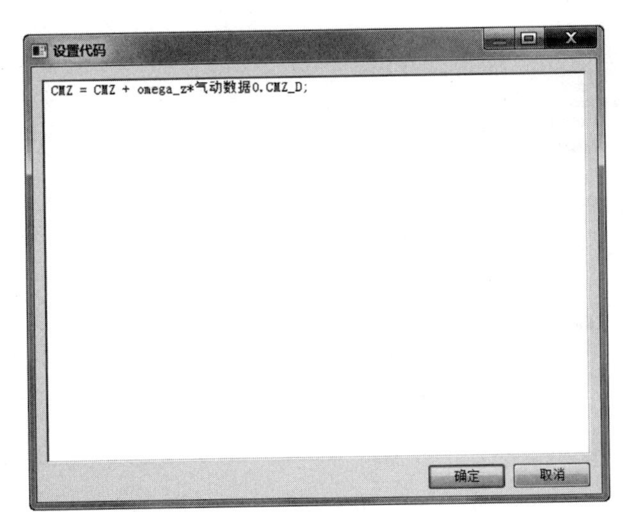

图 5 - 114

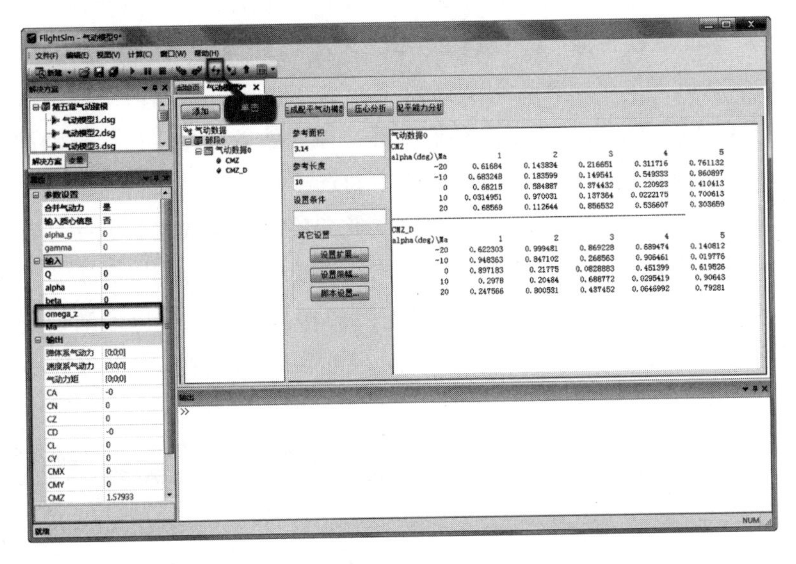

图 5 - 115

技巧 62　如何生成配平的气动数据

对于利用空气舵作为执行机构的飞行器来说，在进行三自由度弹道计算时需要使用配平的气动数据，气动建模软件支持利用已有气动模型直接生成配平气动数据的功能。例如，对于技巧 44 中的气动模型，生成配平气动数据的具体操作方法和步骤如下：

1）如图 5 - 116 所示，在已完成气动建模的工具页面左侧树形列表中，右键单击“部段 0”条目，在弹出的下拉列表中选择“生成配平气动模型”选项，将弹出“气动数据分析”对话框。在“气动数据分析”对话框中，软件会根据当前部段中的气动数据，自动提取出插值坐标，并显示在左侧几何空间定义控件中。

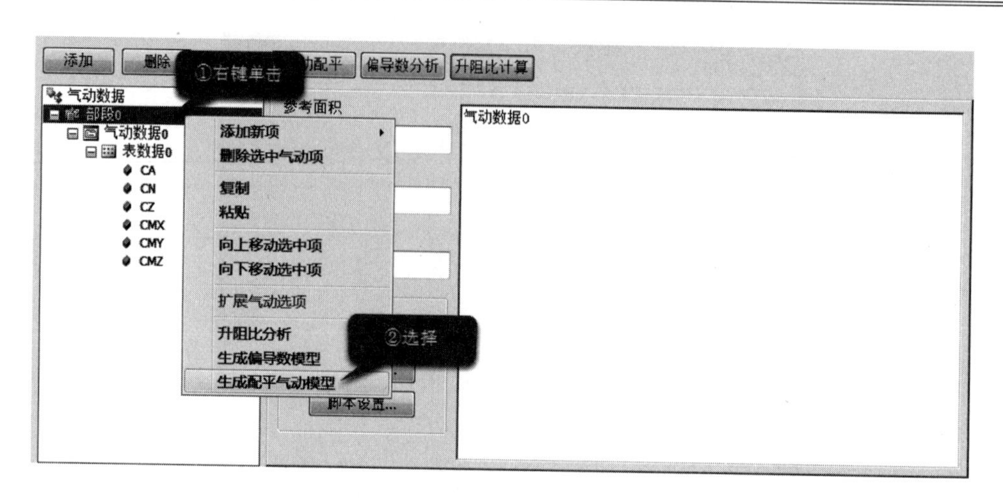

图 5 - 116

2）设置配平通道的气动参数和配平参数。如图 5 - 117 所示，在对话框右上方列出了可供用户配平的气动参数 CMX、CMY、CMZ，用户通过勾选配平气动参数（CMX、CMY、CMZ）和点击下拉三角指定配平参数后，软件将在指定几何空间下，自动解算气动参数（CMX、CMY、CMZ）为 0 的插值坐标。需要注意的是，由于气动配平的原理是根据方程求解未知数，因此在指定配平参数栏中勾选项目的同时还需要在其下方指定其相对配平的插值坐标，可以选择勾选一项、两项或者三项气动参数进行配平，在下拉列表中选择相对配平的插值坐标后，在几何空间定义控件中的对应坐标即会消失，本例中选择勾选一项，如图 5 - 118 所示。若需要重新设置配平的相对坐标，可以取消勾选，然后点击左下角的“重置空间”按钮，这时几何空间定义控件中的所有插值坐标即会恢复成初始状态。

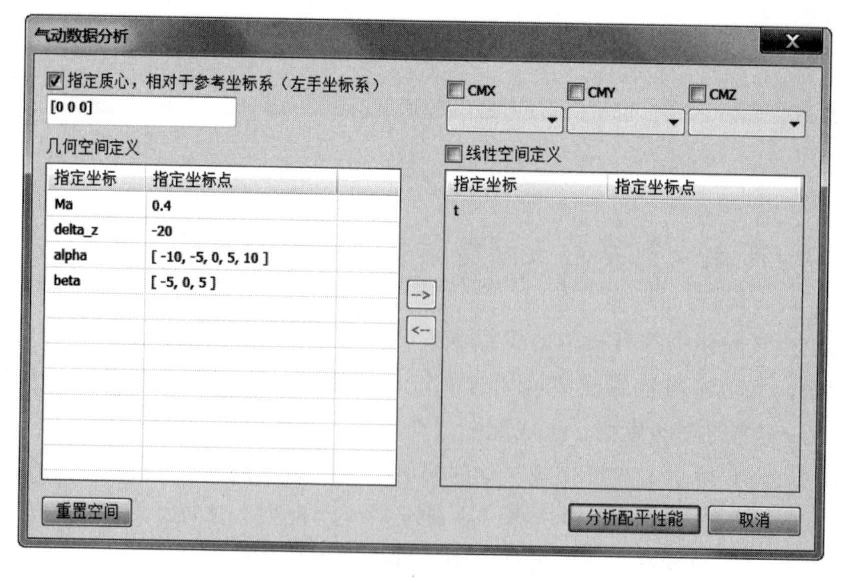

图 5 - 117

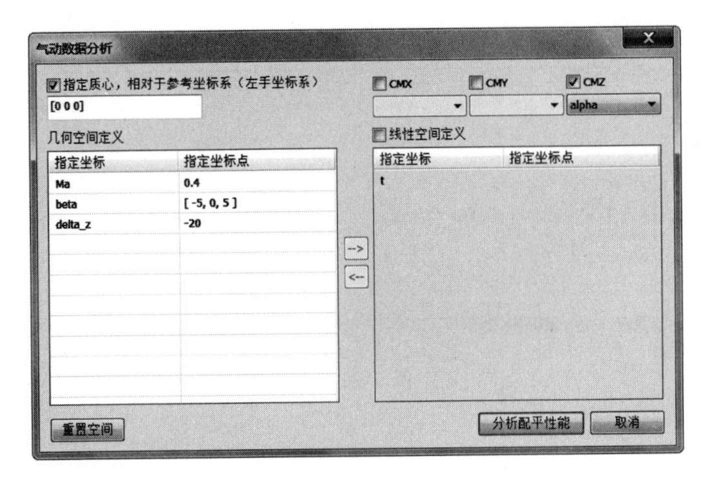

图 5-118

3）设置三通道气动力矩参数计算相对的质心位置。默认情况下，气动参数 CMX、CMY、CMZ 是相对于飞行器理论顶点的，即参考坐标为[0,0,0]，若需要生成相对质心位置的配平数据，则需要在对话框左上角“指定质心”下方的框中输入质心的位置信息，如图 5-119 所示。需要注意的是，这里的质心是一个矢量，其相对的参考坐标系为一个左手坐标系，原点位于飞行器顶点，x 轴以指向飞行器尾部为正，y 轴与弹体坐标系的 Oyb 轴定义一致，z 轴与 x 轴和 y 轴构成左手坐标系。

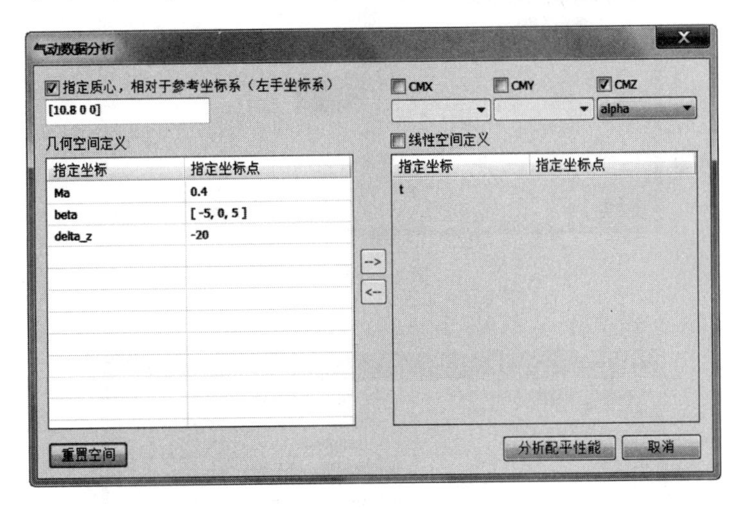

图 5-119

4）点击图 5-119 中“分析配平性能”按钮，即可以在气动模型中看到生成的配平气动模型，如图 5-120 所示。

以上介绍的气动数据配平是在气动模型给定的插值坐标下进行的，如果需要在标准弹道对应的参数规律下配平，例如需要对俯仰通道 CMZ 系数和偏航通道 CMY 系数在一级飞行段不同马赫数下进行配平，则需要利用对话框右侧的“线性空间定义”选项。具体操

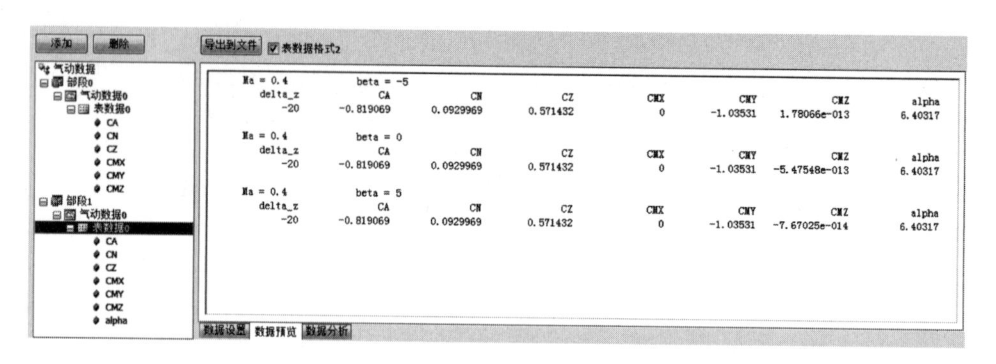

图 5-120

作方法和步骤如下：

1）在图 5-121 中，首先勾选对话框右侧“线性空间定义”选项，然后选择左侧几何空间定义控件中的指定插值变量，再单击中间的向右箭头，这样就可以将插值变量从左侧几何空间定义控件中转移到右侧线性空间定义控件中，如图 5-122 所示。如果想将线性空间定义控件中的插值变量转移到几何空间定义控件中，则执行以上步骤的逆操作即可。

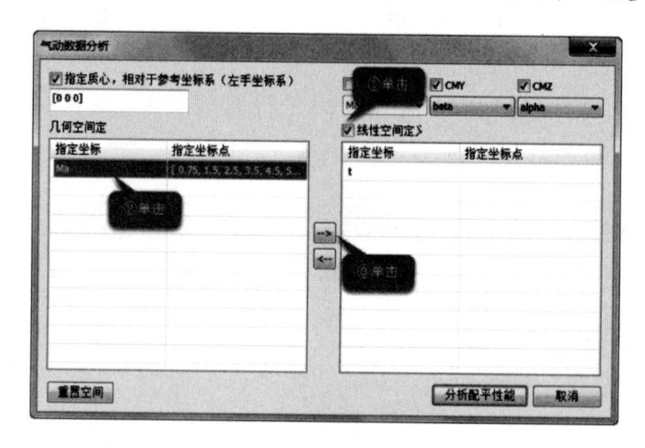

图 5-121

图 5-122

2）线性空间指定坐标选好后，需要设置标准弹道对应的时间及相关参数插值坐标点。可以直接在插值坐标点中输入向量，格式为［数据 1，数据 2，…，数据 n］，如图5-123所示。需要注意的是，线性空间定义均以时间 t 为插值坐标，因此第一行默认指定坐标为 t，其他指定坐标可以选择若干个，但指定坐标点维数需与时间 t 的维数相同。

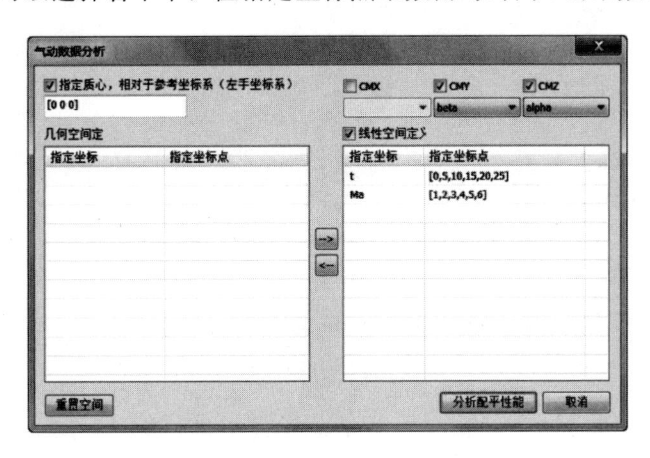

图 5-123

3）以上设置完成后，直接点击图 5-123 中“分析配平性能”按钮，即可生成相对线性空间指定坐标定义的配平气动数据，如图 5-124 所示。

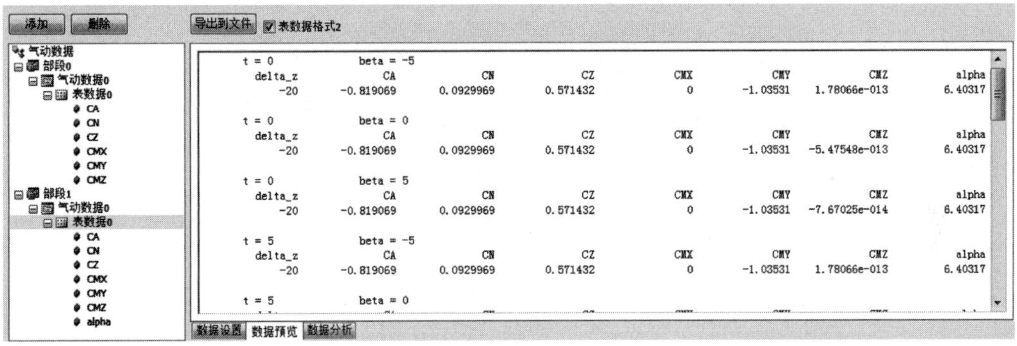

图 5-124

提示：以上处理线性空间的方式比较直观，由于实际标准弹道中时间、马赫数等相关参数向量维数较大，若线性空间插值坐标较多，采用以上处理方式则较为烦琐。一般情况下可以按照以下步骤进行处理：

1）如图 5-125 所示，首先在主设计页面中左侧点击变量属性对话框标签。

2）其次点击属性对话框左上角的“新建变量”按钮，在下方控件中将生成名称为“item0”的变量。

3）单击变量名称栏可修改该变量的名称。

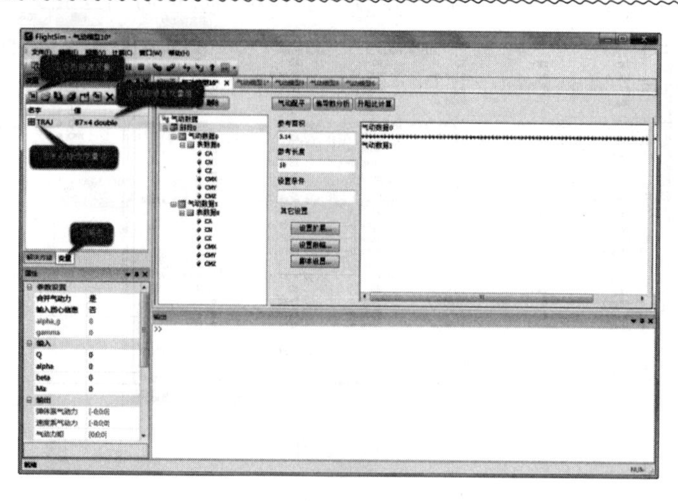

图 5 - 125

4）双击变量值栏，在弹出的对话框中输入该变量的值，可以输入单个数值、向量、数组等。当变量用于线性空间定义使用时，用户在这里可输入标准弹道数组。

5）如图 5 - 126 所示，在气动数据分析对话框右侧线性空间定义中，在指定坐标点栏中输入标准弹道数组名称表示的插值坐标向量，点击“分析配平性能”按钮即可生成图 5 - 127 所示的配平气动模型。

图 5 - 126

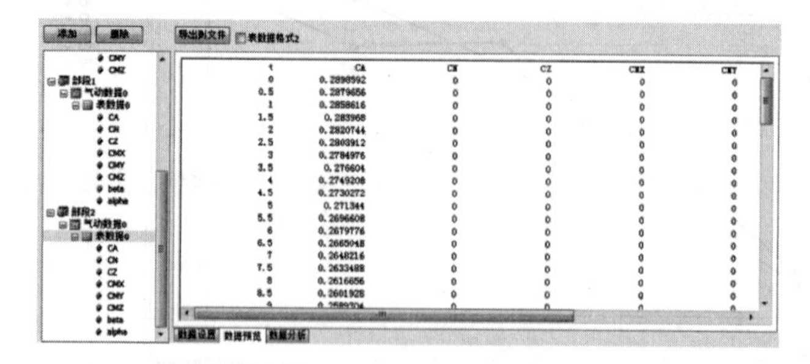

图 5 - 127

6）以上介绍的是当质心位置为固定值时的配平方法，如图 5－128 所示。若需要计算力矩系数相对于标准弹道中变化质心位置的配平数据，则可以在对话框上方取消勾选指定质心，然后采用前面介绍的方法将几何空间定义中的质心位置变量（Xg、Yg、Zg）转移到右侧线性空间定义控件中并在指定坐标点栏中输入标准弹道数组名称表示的质心位置向量，如图 5－129 所示。具体方法这里不再赘述。

图 5－128

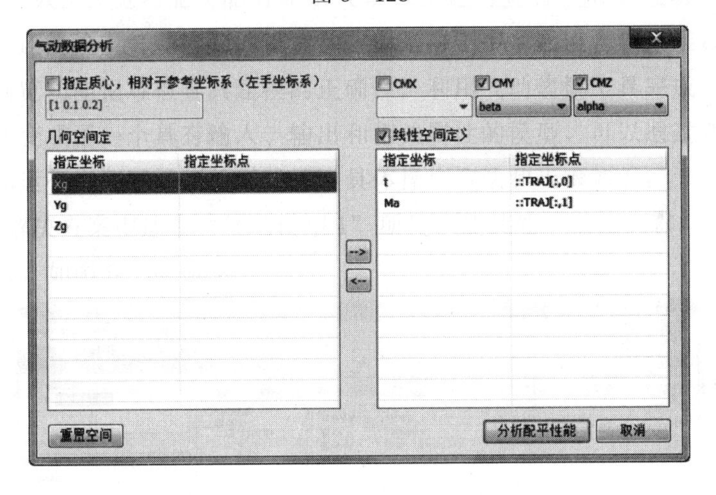

图 5－129

技巧 63　如何分析气动偏导数

在气动数据建模完成后，经常需要进行偏导数计算与分析，气动建模工具支持利用已有气动模型直接计算并生成气动偏导数数据的功能。例如，对于技巧 52 中的气动模型，生成气动偏导数的具体操作方法和步骤如下：

1）在已完成气动建模的工具页面左侧树形列表中，右键单击图 5－130 所示“部段 0”条目，在弹出的下拉列表中选择“生成偏导数模型”选项，将弹出如图 5－131 所示的“气动数据分析”对话框。

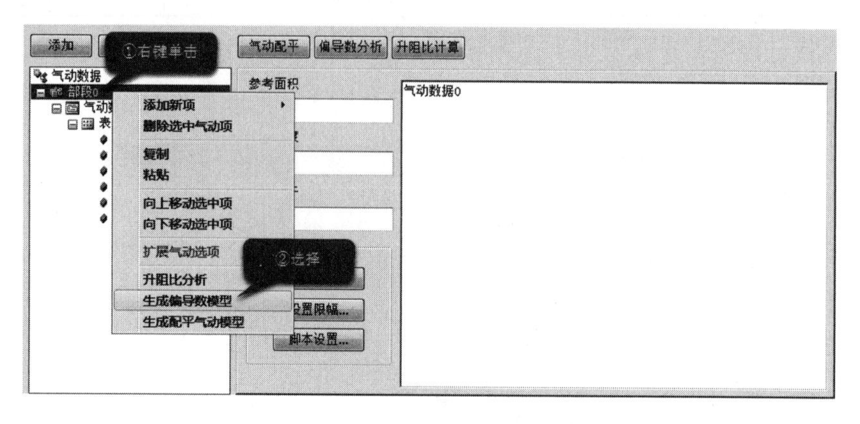

图 5－130

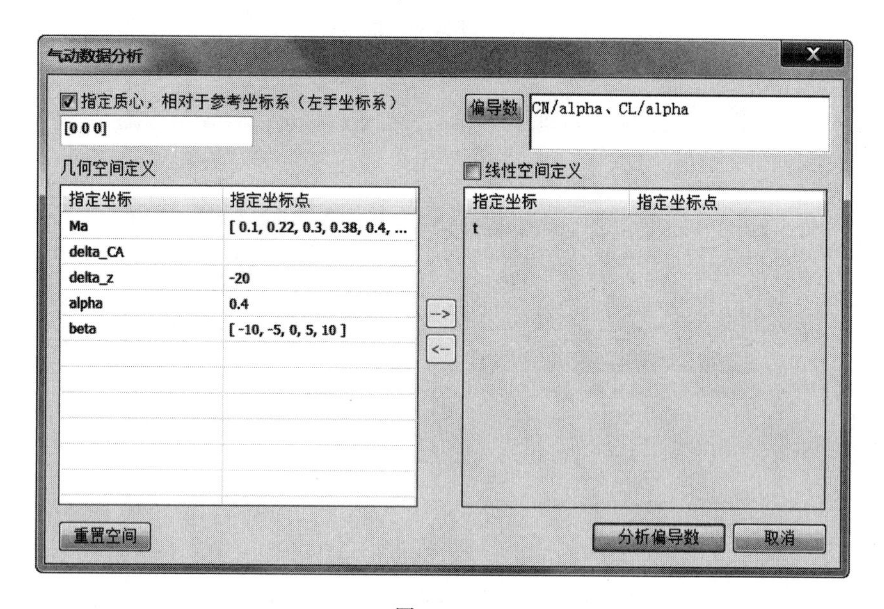

图 5－131

2）在“气动数据分析”对话框中进行偏导数分析设置。在图 5－131 对话框右上方设置了一个“偏导数”定义按钮和一个显示框，点击“偏导数”按钮，将弹出图 5－132 所示的偏导数定义对话框。在这个对话框中，可以通过右键选择添加或删除项目。对于每个偏导数项目，需要定义函数及自变量，函数下拉框中可供选择的函数包含气动系数（CA、CN、CZ、CMX、CMY、CMZ），自变量下拉框中可供选择的变量包含插值变量(alpha、beta、alpha _ g、gamma、Ma)，用户可以在此处定义多个需要求解偏导数的项目，如图 5－133 和图 5－134 所示。定义完成后，点击对话框的其他位置，即可在偏导数显示框中显示已定义的偏导数项目，如图 5－135 所示。

图 5-132

图 5-133

图 5-134

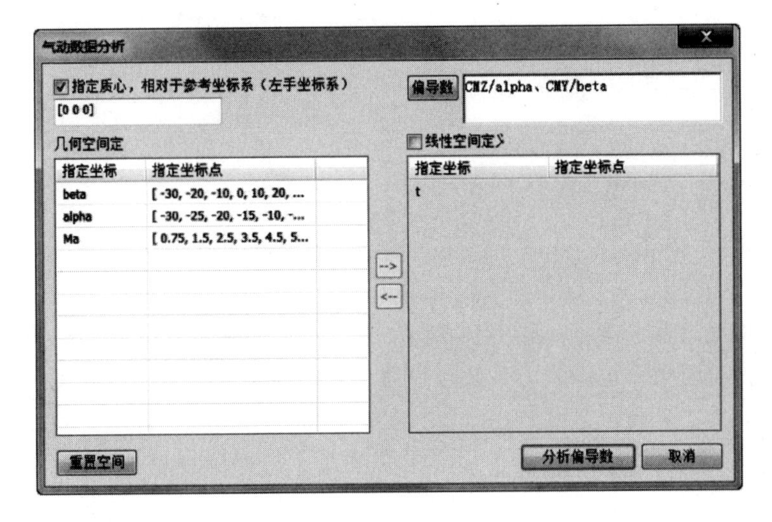

图 5-135

3）在偏导数分析对话框中，同样需要对质心、几何空间定义和线性空间定义进行设置，设置方法与技巧 62 中介绍的生成气动配平数据的方法一样，这里不再赘述。设置完成后，点击“分析偏导数”按钮，将可以看到气动模型中生成的偏导数分析气动模型，如图 5－136 所示。

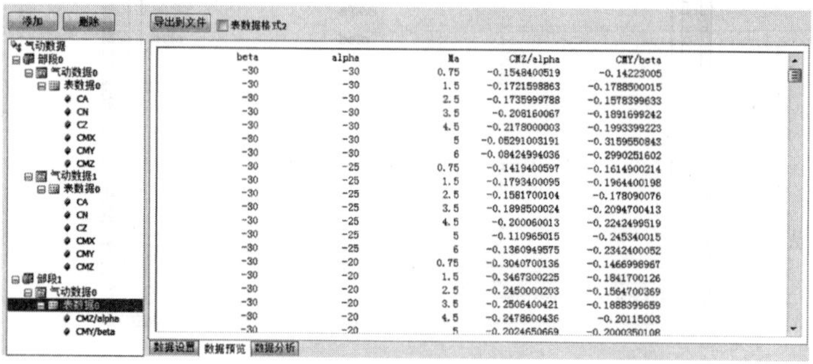

beta	alpha	Ma	CMZ/alpha	CMY/beta
-30	-30	0.75	-0.1548400519	-0.14223005
-30	-30	1.5	-0.1721598863	-0.1788500015
-30	-30	2.5	-0.1735999788	-0.1578399633
-30	-30	3.5	-0.208160067	-0.1891699242
-30	-30	4.5	-0.2178000003	-0.1993399223
-30	-30	5	-0.05291003191	-0.3159550843
-30	-30	6	-0.08424994036	-0.2990251602
-30	-25	0.75	-0.1419400597	-0.1614900214
-30	-25	1.5	-0.1793400095	-0.1964400198
-30	-25	2.5	-0.1581700104	-0.178090076
-30	-25	3.5	-0.1898500024	-0.2094700413
-30	-25	4.5	-0.200060013	-0.2242499519
-30	-25	5	-0.110965015	-0.245340015
-30	-25	6	-0.1360949575	-0.2342400052
-30	-20	0.75	-0.3040700136	-0.1466998967
-30	-20	1.5	-0.3467300225	-0.1841700126
-30	-20	2.5	-0.2450000203	-0.1564700369
-30	-20	3.5	-0.2506400421	-0.1888399659
-30	-20	4.5	-0.2478600436	-0.20115003
-30	-20	5	-0.2024650669	-0.2000350108

图 5－136

需要注意的是，当质心信息为默认勾选值［0 0 0］时，偏导数分析结果是相对原始气动系数（CMX、CMY、CMZ）的结果；当质心信息栏为用户输入值或在几何空间或线性空间中定义时，偏导数分析是相对质心的气动系数（CMXg、CMYg、CMZg）的结果，在生成的偏导数分析模型中，偏导数也将显示为类似于 CMZg/alpha、CMYg/beta、CMXg/beta 形式，如图 5－137 所示。

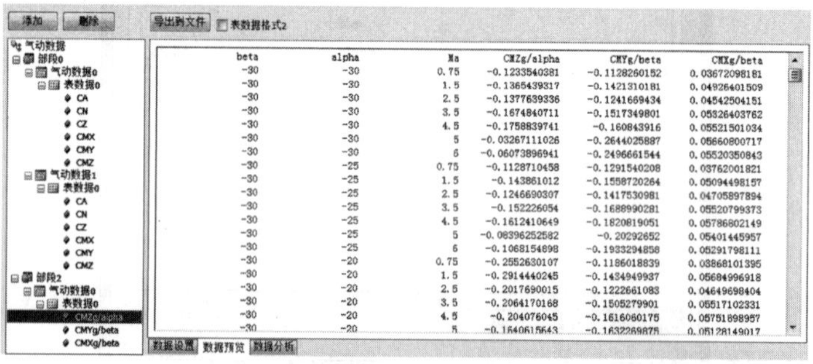

beta	alpha	Ma	CMZg/alpha	CMYg/beta	CMXg/beta
-30	-30	0.75	-0.1233540381	-0.1128260152	0.03672098181
-30	-30	1.5	-0.1365439317	-0.1421310181	0.04926401509
-30	-30	2.5	-0.1377639336	-0.1241669434	0.04542504151
-30	-30	3.5	-0.1674840711	-0.1517349801	0.05326403762
-30	-30	4.5	-0.1758839741	-0.160843916	0.05521501034
-30	-30	5	-0.03267111026	-0.2644025887	0.05660800717
-30	-30	6	-0.06073896941	-0.2496661544	0.05520350843
-30	-25	0.75	-0.1128710458	-0.1291540208	0.03762001821
-30	-25	1.5	-0.143861012	-0.1558720264	0.05094498157
-30	-25	2.5	-0.1246690307	-0.1417530981	0.04705897894
-30	-25	3.5	-0.152226054	-0.1688990281	0.05520799373
-30	-25	4.5	-0.1612410649	-0.1820819051	0.05786802149
-30	-25	5	-0.08396252582	-0.20292652	0.05401445957
-30	-25	6	-0.1068154898	-0.1933294858	0.05291798111
-30	-20	0.75	-0.2552630107	-0.1186018839	0.03868101395
-30	-20	1.5	-0.2914440245	-0.1434949937	0.05684996918
-30	-20	2.5	-0.2017690015	-0.1222661083	0.04649698404
-30	-20	3.5	-0.2064170168	-0.1505279901	0.05517102331
-30	-20	4.5	-0.204076045	-0.1616060175	0.05751898957
-30	-20	5	-0.1640615643	-0.1632269875	0.05128149017

图 5－137

技巧 64　如何分析气动数据的升阻比

升阻比是指飞行器在飞行过程中、在同一状态下（马赫数、攻角、侧滑角、舵偏角等均相等）的升力与阻力（也即升力系数与阻力系数）的比值，该比值与飞行器攻角、飞行马赫数等参数有关。升阻比是评定飞行器空气动力特性、表征飞行器气动效率的一个重要参数，但飞行器气动数据中一般不直接给出升阻比，需要用户自行计算。FlightSim 软件中的气动建模工具提供了升阻比计算工具，利用气动建模工具进行气动数据升阻比分析的具体操作方法和步骤如下：

1）在图 5－138 已完成气动建模的工具页面左侧树形列表中，右键单击“部段 0”条目，在弹出的下拉列表中选择“升阻比分析”选项，将弹出图 5－139 所示的“气动数据分析”对话框。

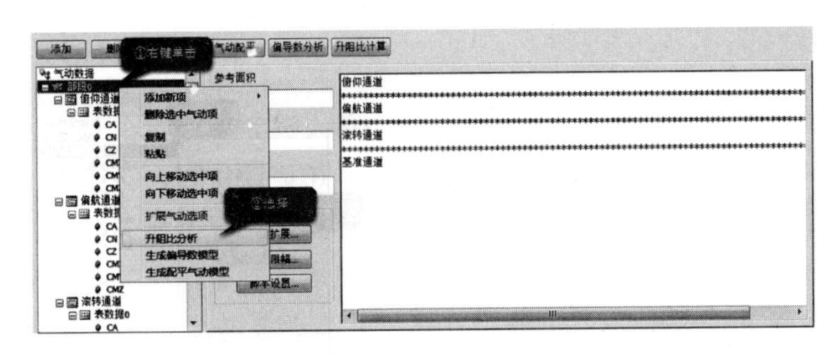

图 5－138

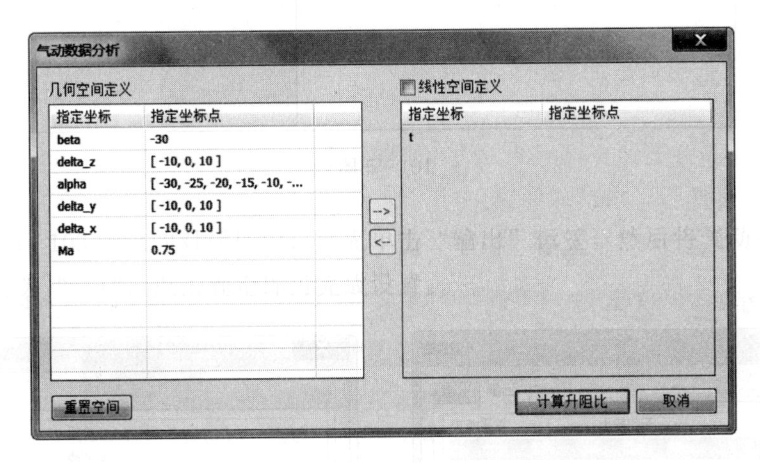

图 5－139

2）在“气动数据分析”对话框中进行升阻比分析设置。在进行升阻比分析设置时，仅需要设置几何空间定义和线性空间定义，设置方法与技巧 62 中介绍生成气动配平数据的方法一样，这里不再赘述。设置完成后，点击“计算升阻比”按钮，将可以看到气动模型中生成的升阻比分析气动模型，如图 5－140 所示。

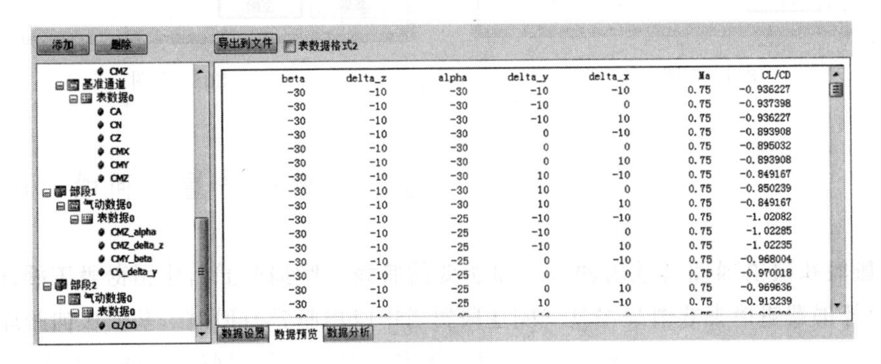

图 5－140

第6章　弹道计算

弹道计算工具适合计算火箭、导弹、飞机、无人机等飞行器在大气层内飞行时的轨迹。利用该工具，不仅可以计算简单的质点弹道，还可以计算包括舵机、校正网络、测量设备、制导系统等在内的精确弹道；不仅可以计算单段简单弹道，还可以计算包含若干离散事件的复杂弹道；不仅可以设置适合飞机的地球模型，还可以设置适合火箭的旋转椭球模型。借助 FlightSim 软件的弹道计算工具几乎可以完成在大气层内所有飞行器飞行轨迹的计算。

技巧65　如何创建弹道计算模型

创建一个全新弹道计算模型的方法和步骤如下：

1）双击软件图标，启动软件。

2）单击图6-1所示左上角“新建”按钮。

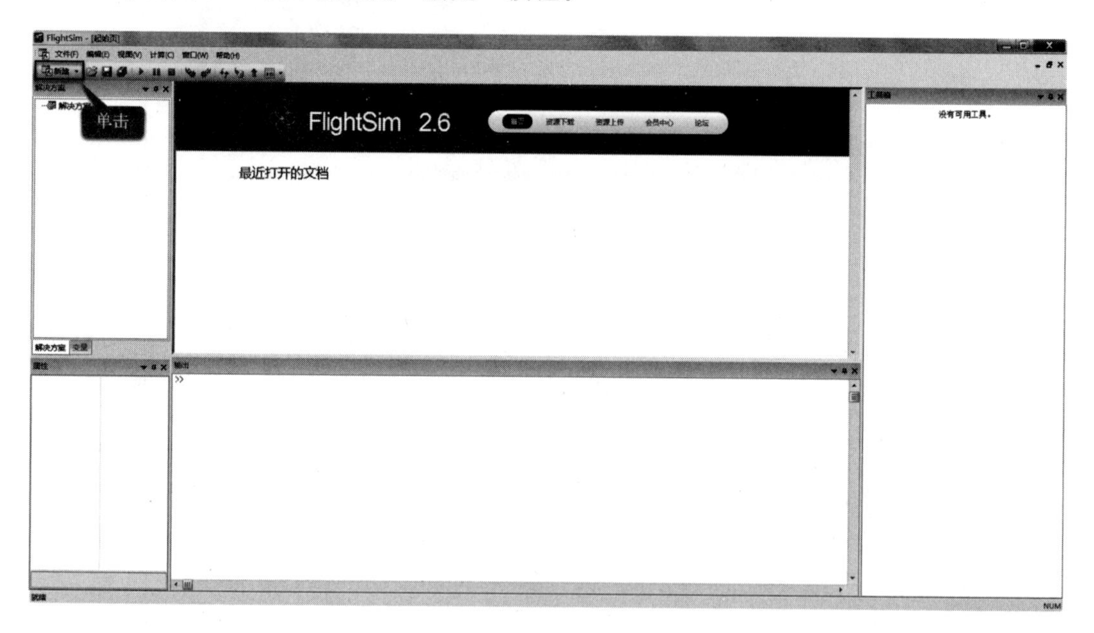

图6-1

3）如图6-2所示，在弹出的对话框中首先选择“飞行力学”中的“弹道计算”模块，然后单击右侧“空模型”，最后单击确定，即可得到新建的弹道计算模型，如图6-3所示。

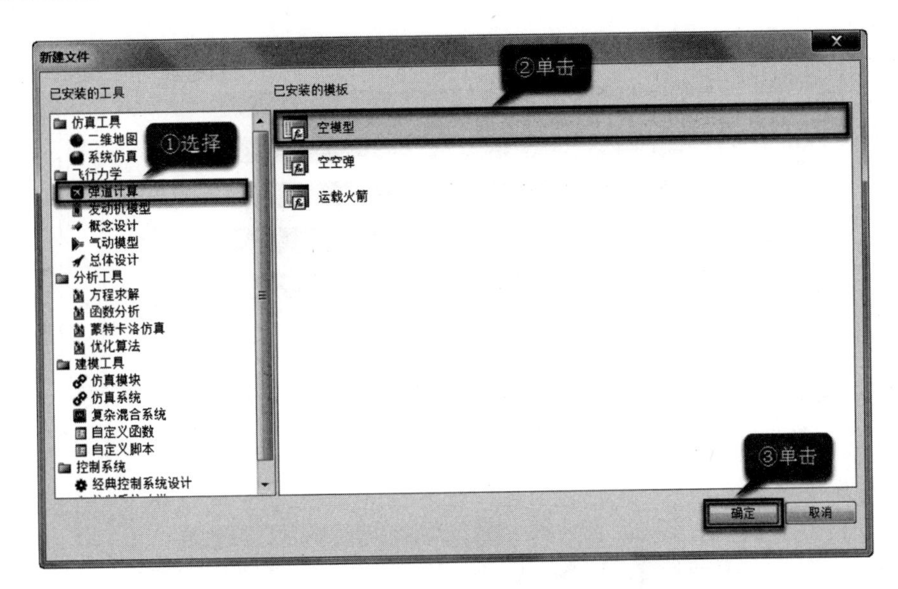

图 6 - 2

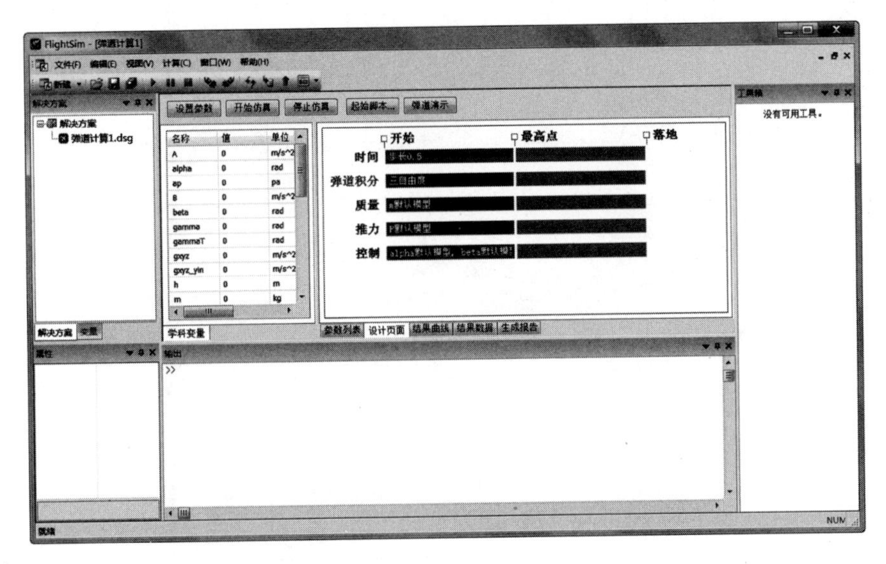

图 6 - 3

技巧 66　如何设置飞行器初始条件

将弹道计算模型创建好后，首先需要设置飞行器的各项初始条件。具体方法如下：

1）在弹道设计页面双击“弹道积分”，如图 6 - 4 所示。

2）在弹出的“飞行环境设置”窗口中，单击“初始条件”标签，即可进行仿真自由度、坐标系变换模式、起飞初始位置信息、初始时刻、初始速度信息、初始姿态信息、初始角速度信息等条件设置，如图 6 - 5 所示。

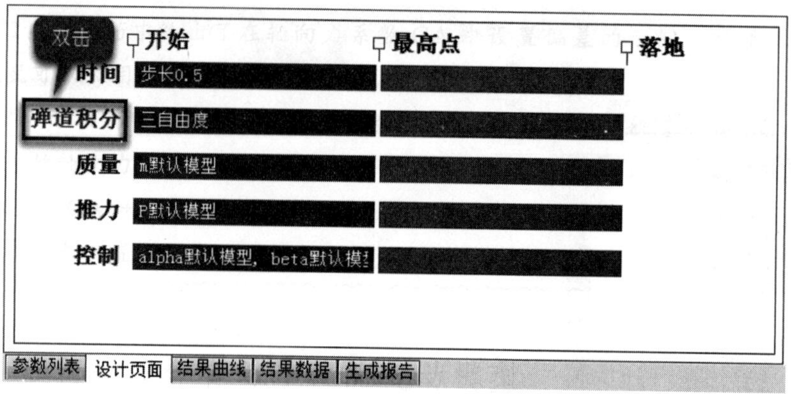

图 6-4

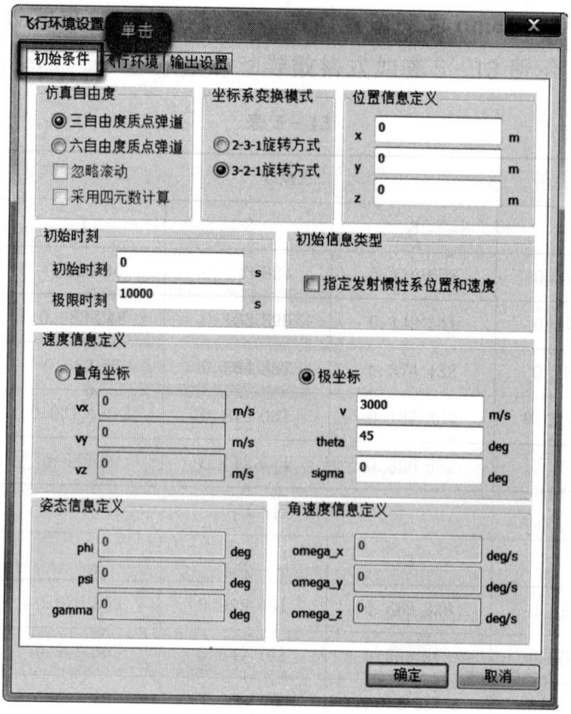

图 6-5

提示：在初始条件设置中选择“三自由度质点弹道”时，“初始条件”标签下的姿态信息定义和角速度信息定义两项处于灰色不可编辑状态，如图 6-6 所示，只有在仿真自由度中选择“六自由度质点弹道”时，姿态信息定义和角速度信息定义两项才是可编辑的，如图 6-7 所示。

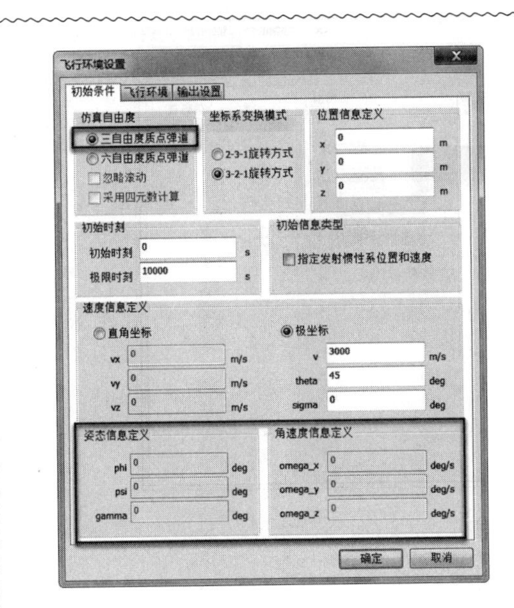

图 6-6

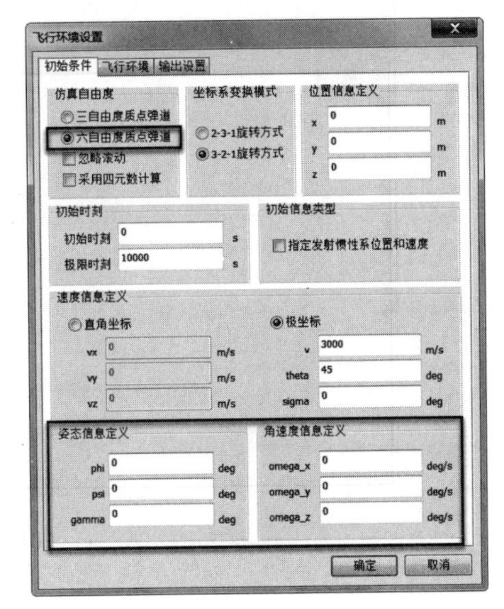

图 6-7

技巧 67　如何选用用户自定义的大气模型

大气模型的输入为高度，输出为指定高度的大气密度 rho、大气压强 ap 和声速 sonic。弹道计算模型中默认使用的大气模型为美国标准大气模型。用户可根据使用需要选用自定义的大气模型，具体方法和步骤如下：

1）在弹道设计页面双击“弹道积分”，如图 6-8 所示。

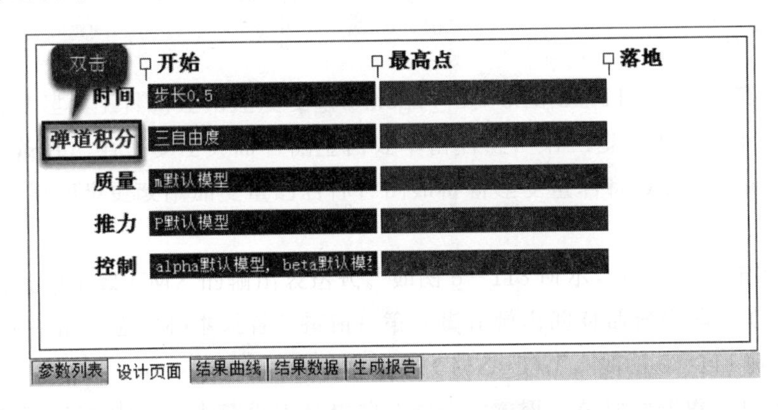

图 6-8

2）在弹出的“飞行环境设置”界面中，单击“飞行环境”标签，如图 6-9 所示。

3）在图 6-10 中大气模型处首先点击“默认大气模型”后的倒三角，然后在下拉框中单击选择“自定义大气模型”。

4）在“自定义大气模型”下单击“编辑”按钮，如图 6－11 所示。

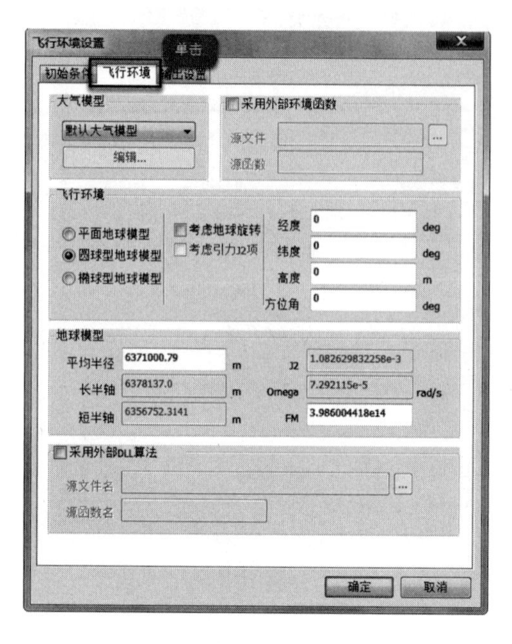

图 6－9

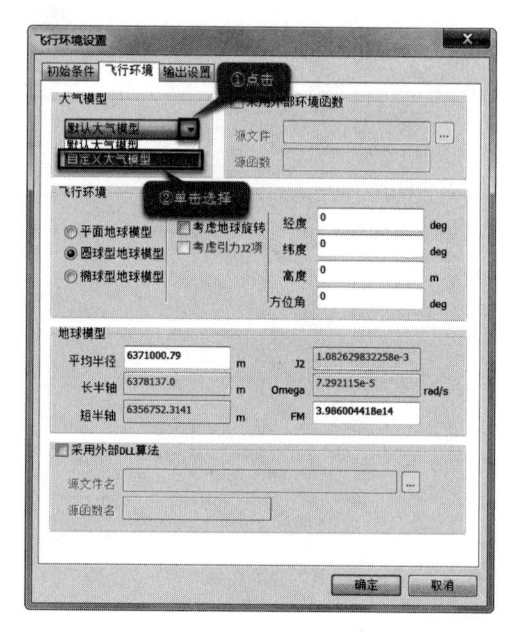

图 6－10

5）如图 6－12 所示，在弹出的“模块设置”对话框中，首先在模型类型中单击选择“插值表”，然后在模型定义中单击“编辑”。

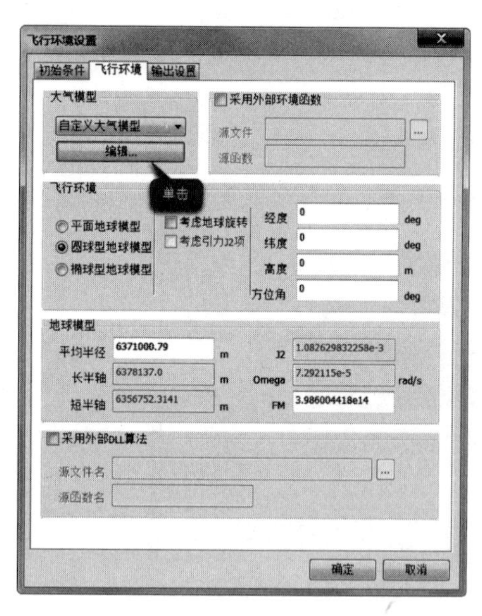

图 6－11

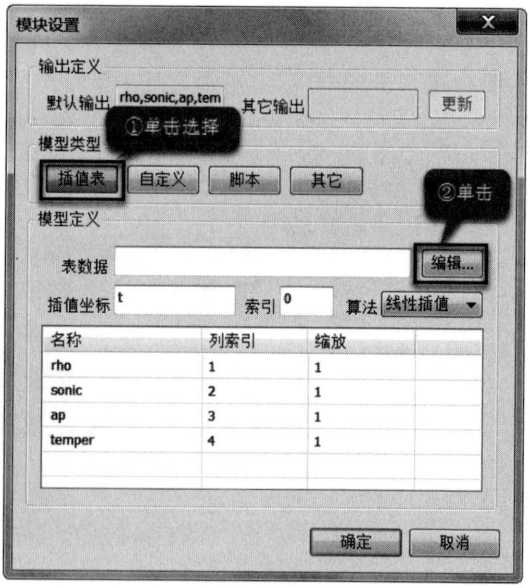

图 6－12

6）在弹出的对话框中，将用户自定义的大气插值表数据拷贝到空白处，然后点击确定，如图 6－13 所示。

7）在插值坐标空白处，将默认变量“t”更改为变量“h”，点击确定即完成了自定义模型的设置，如图 6－14 所示。

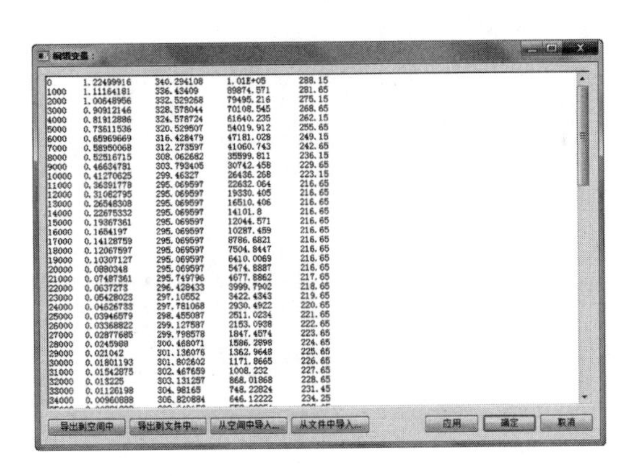

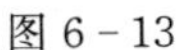
图 6－13

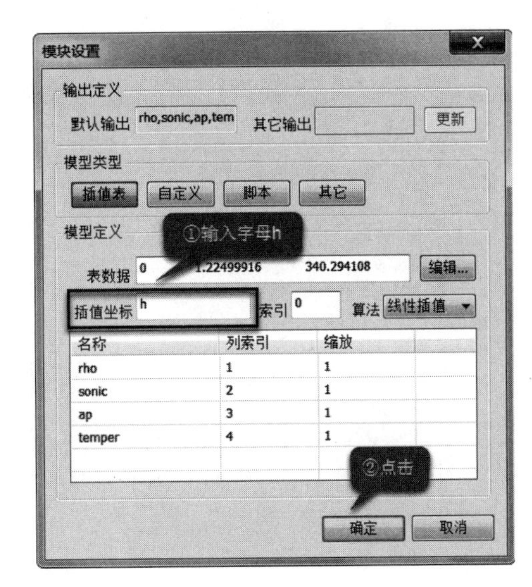

图 6－14

> 提示：本技巧中，在步骤 6）中拷贝的用户自定义大气插值表数据的第 1 列至第 5 列数据分别是高度、大气密度、声速、大气压强、大气温度数据，在拷贝时，若用户自定义大气插值表各列的数据顺序有所不同，则需要在步骤 7）中设置输出参数对应列索引值。另外，若用户使用的大气模型为拟合表达式形式，则可在步骤 5）模型类型设置中单击选择“其他”后，键入各输出变量表达式完成自定义模型的设置。

技巧 68　如何选用不同的地球模型

在不同的弹道计算过程中需要使用不同的地球模型，在弹道建模之前需要进行地球模型设置。具体设置方法和步骤如下：

1）在弹道设计页面双击“弹道积分”，如图 6－15 所示。

2）在弹出的“飞行环境设置”界面中，单击“飞行环境”标签，如图 6－16 所示。

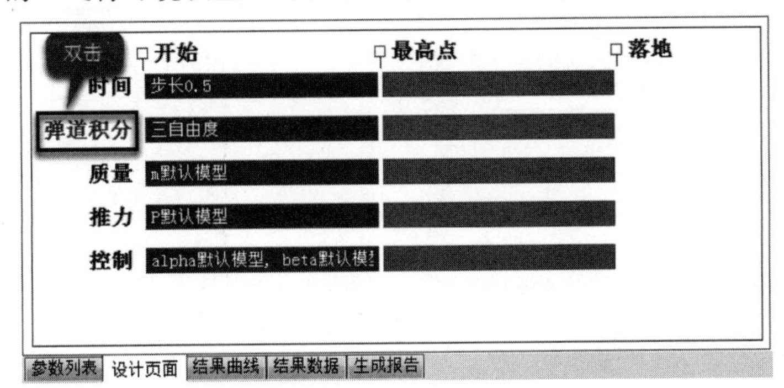

图 6－15

3）在“飞行环境”标签页中的“飞行环境”和“地球模型”模块中即可进行地球模型设置，如图 6－17 所示。

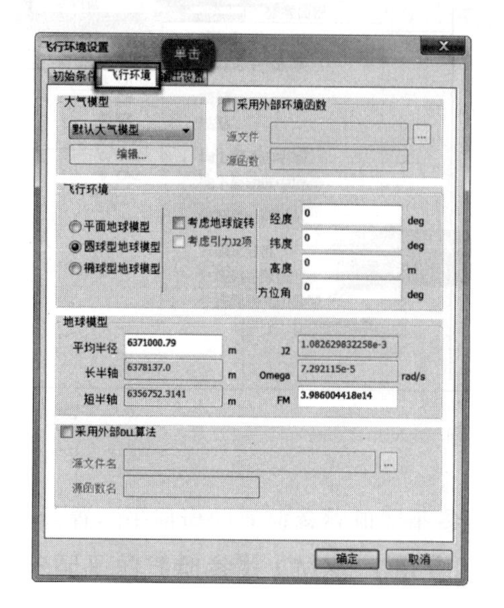

图 6－16

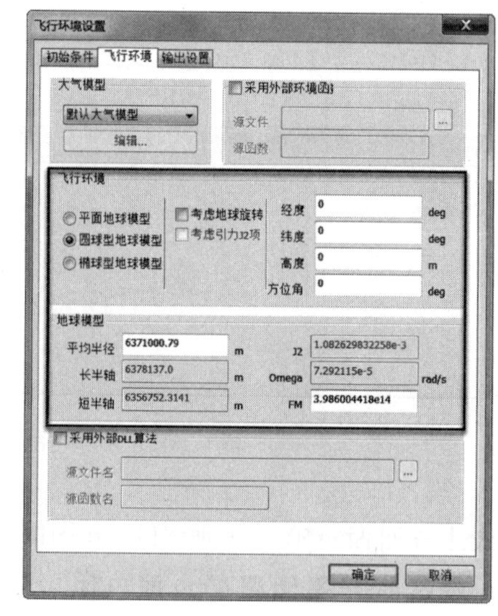

图 6－17

4）在“飞行环境”模块中可供选择的地球模型有平面地球模型、圆球型地球模型和椭球型地球模型三种，单击前面的单选按钮即可进行选择。需要注意的是，在选择平面地球模型情况下，仅能对地心引力常数 FM 进行设置，如图 6－18 所示；在选择圆球型地球模型情况下，可勾选“考虑地球旋转”复选框，可对发射点经度、纬度、高度和方位角进行设置，还能够设置地球自转角速度，如图 6－19 所示；在选择椭球型地球模型情况下，除上述设置外，还能对地球长半轴、短半轴、引力 J_2 项等进行设置和更改，如图 6－20 所示。

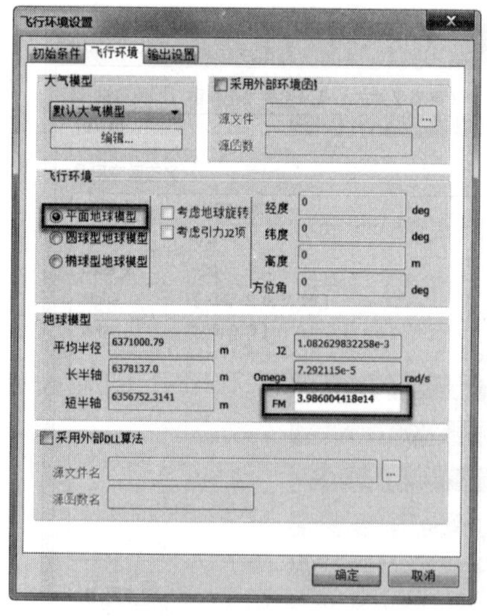

图 6－18

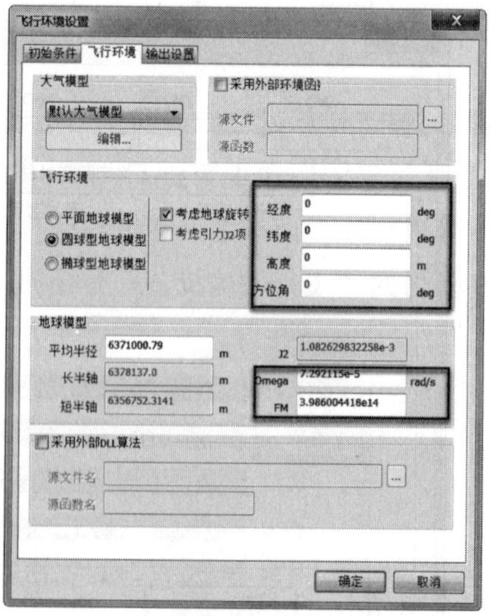

图 6－19

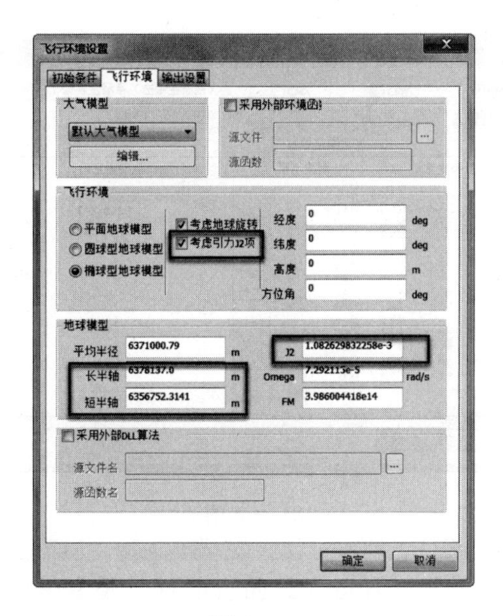

图 6－20

技巧 69　弹道计算需要用到的参数应该写在哪里

弹道计算过程中可能需要使用一些常量、设计变量、中间变量、数据表等参数，可在弹道计算工具的参数列表页面进行设置。具体设置方法和步骤如下：

1）在弹道设计页面下方单击“参数列表”标签，如图 6－21 所示。

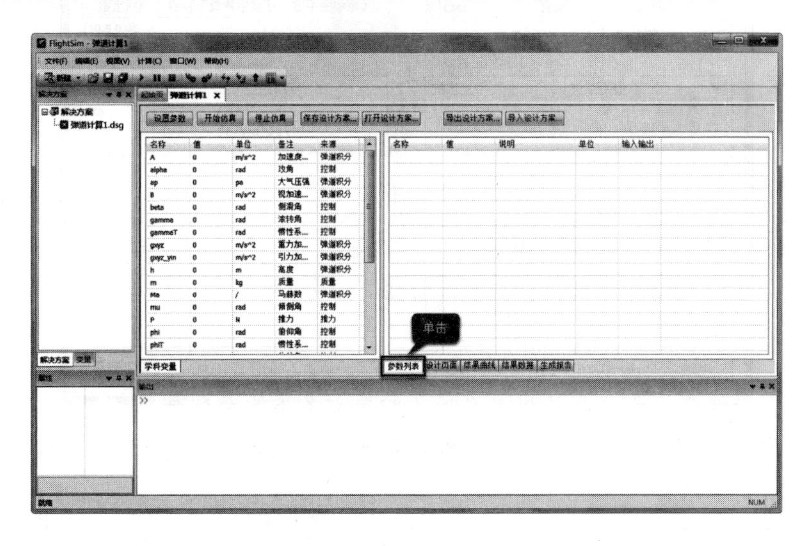

图 6－21

2）在图 6－22 空白处单击右键，在弹出的下拉列表中选择“添加新项”。

3）单击“名称”列可以输入变量名，单击“值”列可以输入变量值，如图 6－23 所示。

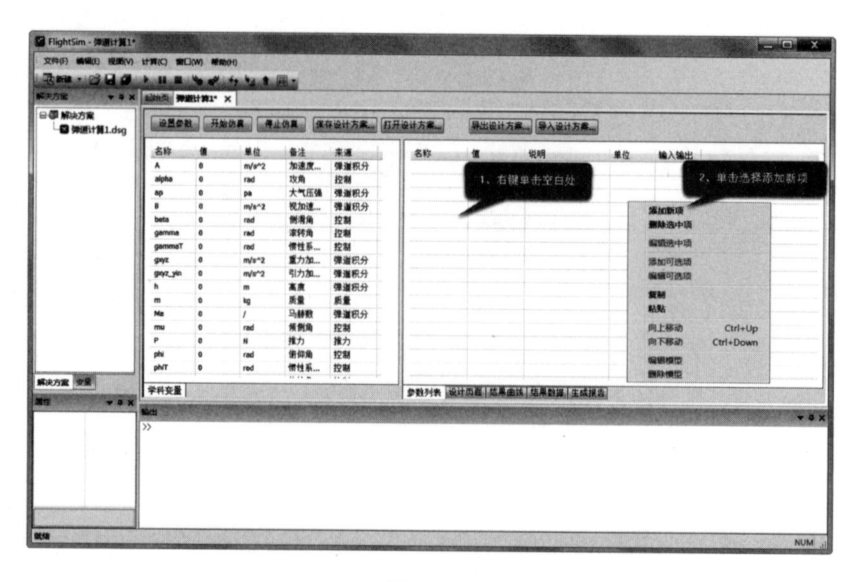

图 6-22

名称	值	说明	单位	输入输出
untitle	0			保护

输入变量名　输入变量值

参数列表　设计页面　结果曲线　结果数据　生成报告

图 6-23

提示：需要注意的是，此处用户自定义的变量名不能与软件内部默认变量或是其他已有变量重名，否则系统会报错。另外，输入变量值的方式有两种，一种是直接单击“值”那一列单元格对其进行编辑，可以输入单个数字、数组等，也可以输入简单的表达式，软件将直接计算并显示出表达式的值，例如输入 pi * 3^2 后，相应的值变为 28.274 3；另一种是双击数据项可打开图 6-24 所示的变量编辑对话框，通过该对话框可以方便地对数组数据进行处理和编辑。

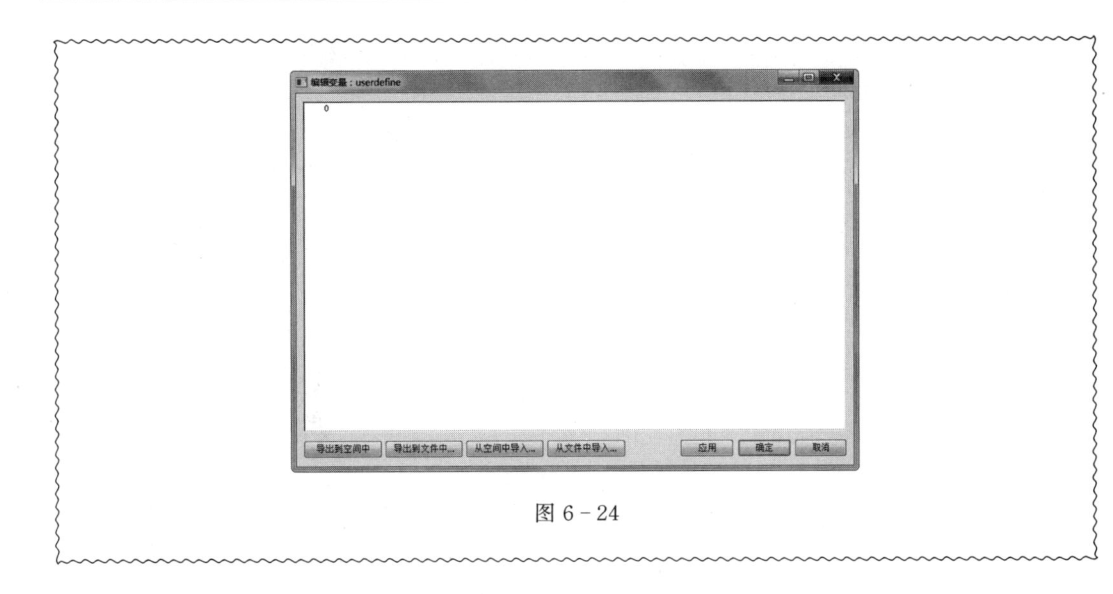

图 6 - 24

技巧 70　如何设置弹道计算过程中的输出变量

弹道计算过程中将产生很多变量，但并非每个变量都是用户关心的，用户可自由选择关心的物理量，勾选后对应的变量将被计算并出现在学科变量面板中。具体设置方法和步骤如下：

1）在弹道设计页面双击“弹道积分”，如图 6 - 25 所示。

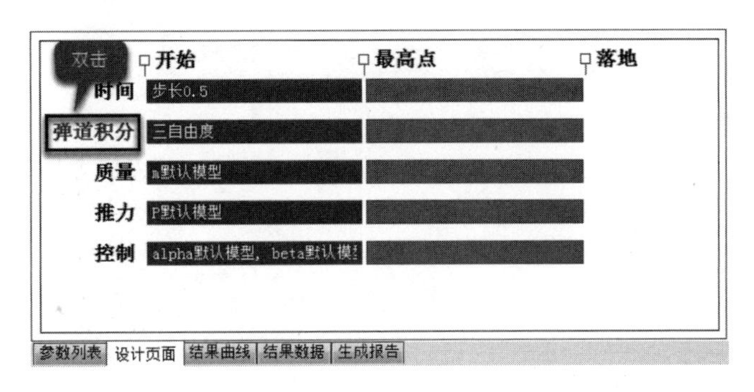

图 6 - 25

2）在弹出的“飞行环境设置”界面中，单击“输出设置”标签，如图 6 - 26 所示。

3）在图 6 - 27 对话框右侧单击选择相应的变量类型后，即可通过单击变量名称前勾选框的方式选择是否输出该变量。

4）设置完成后，勾选的输出变量即会出现在学科变量面板中，如图 6 - 28 所示。

提示：在技巧 66 中选择不同的仿真自由度，在“输出设置”中出现的可供选择的输出变量个数不完全相同，主要是“姿态”和“姿态角速度”两类变量有所区别。

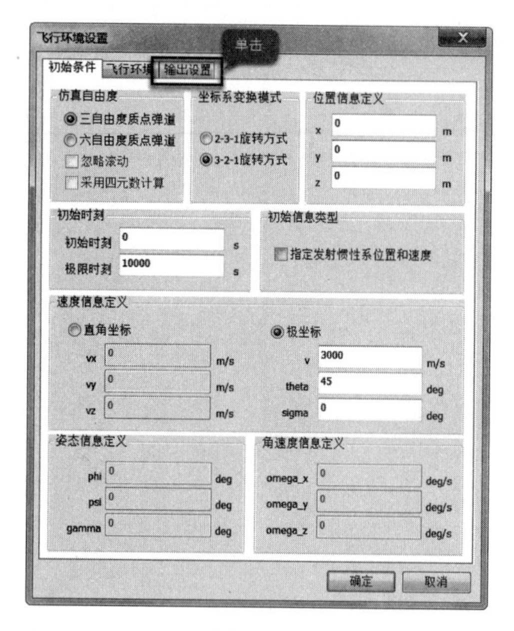

图 6 - 26

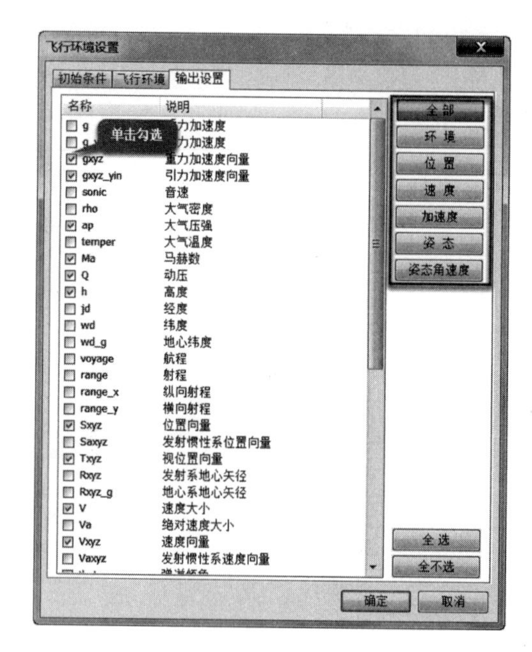

图 6 - 27

名称	值	单位	备注	来源
A	0	m/s^2	加速度...	弹道积分
alpha	0	rad	攻角	控制
ap	0	pa	大气压强	弹道积分
B	0	m/s^2	视加速...	弹道积分
beta	0	rad	侧滑角	控制
gamma	0	rad	滚转角	控制
gammaT	0	rad	惯性系...	控制
gxyz	0	m/s^2	重力加...	弹道积分
gxyz_yin	0	m/s^2	引力加...	弹道积分
h	0	m	高度	弹道积分
m	0	kg	质量	质量
Ma	0	/	马赫数	弹道积分
mu	0	rad	倾侧角	控制
P	0	N	推力	推力
phi	0	rad	俯仰角	控制
phiT	0	rad	惯性系...	控制

学科变量

图 6 - 28

技巧 71　如何控制弹道计算的过程

在弹道各个学科建模或者调试过程中，有时候需要在弹道计算的任意时间暂停仿真或者在自定义条件下结束仿真，这就涉及对弹道计算过程进行控制。具体实现方法和步骤如下：

1）在弹道仿真过程中，可以随时暂停或恢复仿真过程。如图 6 - 29 所示，在弹道计算开始后，可直接单击工具栏“暂停”按钮，弹道计算过程随即暂定，如果要恢复，再单击“运行”按钮即可。

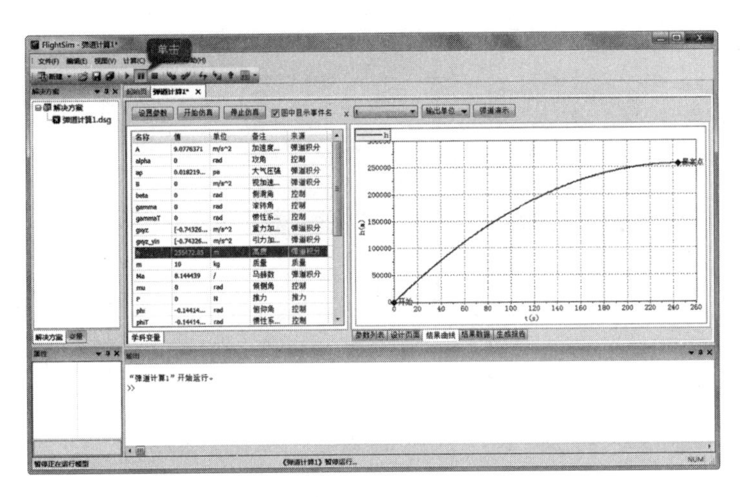

图 6 - 29

2）在弹道建模过程中，可以设置任意事件或时序作为仿真终止点。如图 6 - 30 所示，首先在任意事件名称处双击；其次在弹出的事件设置对话框中，单击勾选“仿真结束”选项，即可实现在弹道仿真中以此事件作为仿真终止点。

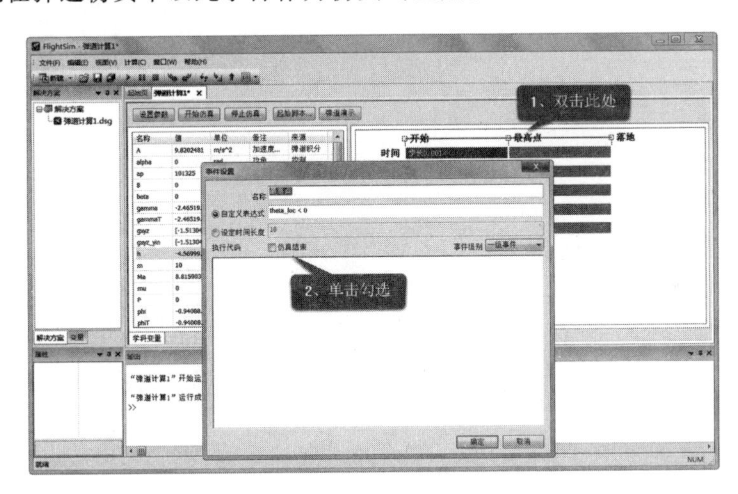

图 6 - 30

技巧 72　如何在弹道计算过程中添加事件

在弹道建模过程中，不同学科在不同的时间段或事件下使用的模型可能不一样，这就需要添加事件。具体设置方法和步骤如下：

1）在弹道设计页面，右键单击上部空白处，弹出下拉列表，其中包含“添加事件”和“插入事件”，如图 6 - 31 所示；

2）选择“插入事件”，弹出图 6 - 32 所示对话框。在对话框中分别输入事件名称、自定义表达式或时间长度等信息后点击“确定”即完成添加事件，如图 6 - 33 所示。

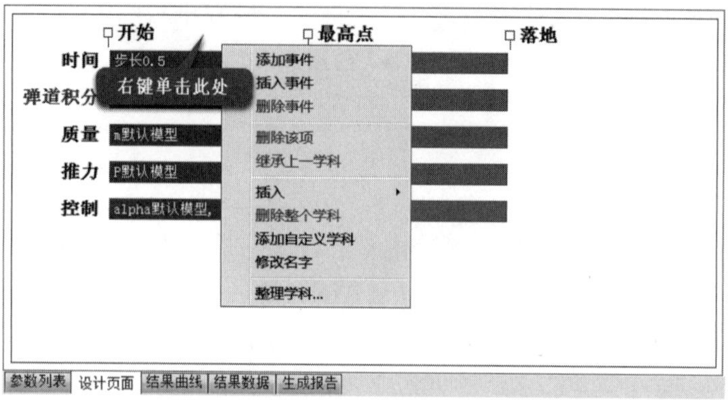

图 6-31

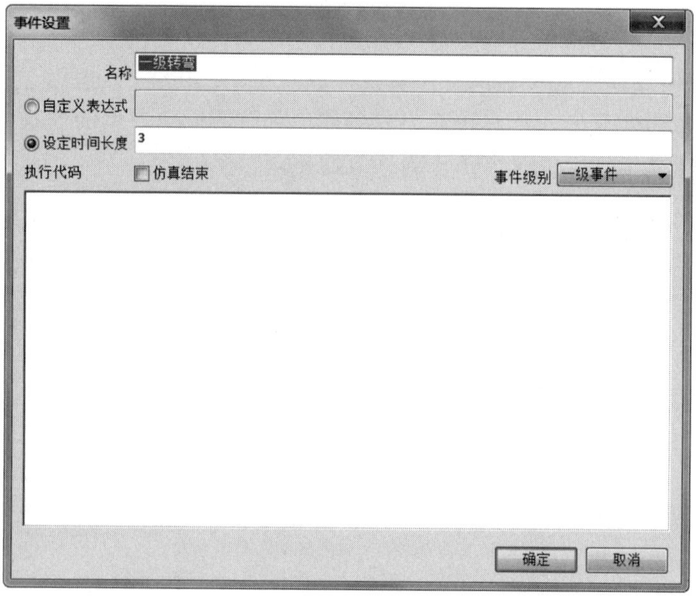

图 6-32

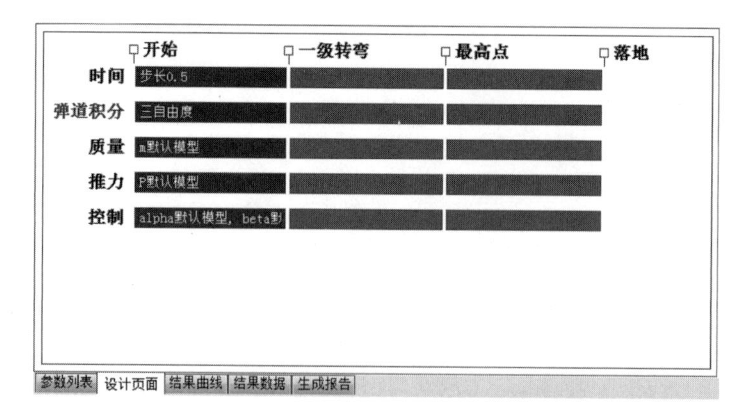

图 6-33

3）在添加事件过程中，还可以设置所添加事件的级别，如图 6－34 所示。事件级别包括“一级事件”和“二级事件”，两者区别在于设计页面中的显示方式，如图 6－35 所示，“二级事件”的字体相对于“一级事件”的较小。另外，分段时间 ts 会在一级事件发生处归零，而“二级事件”则不归零，如图 6－36 所示，其中的“一级转弯”定义为二级事件。

图 6－34

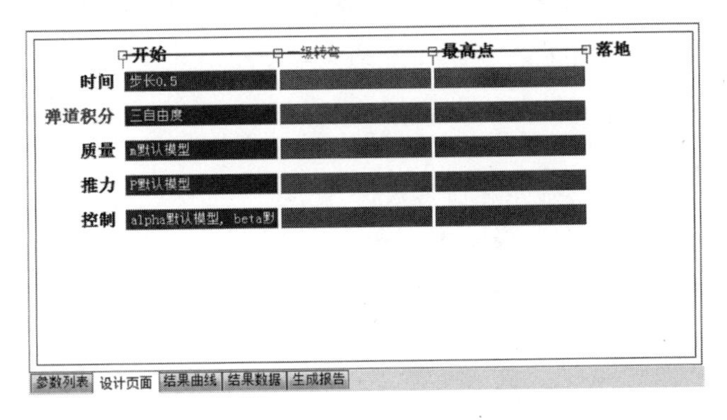

图 6－35

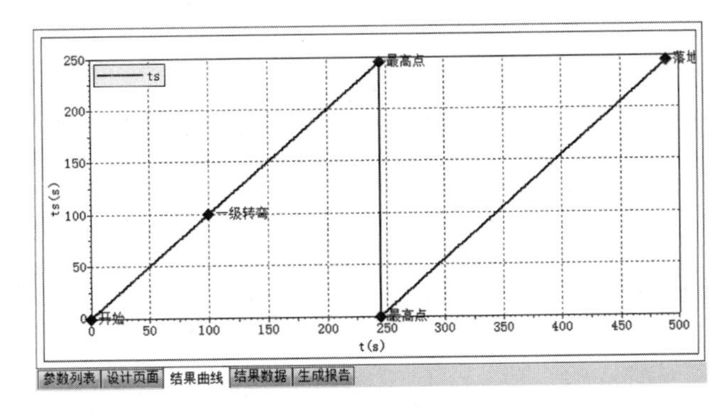

图 6－36

提示：选择“添加事件”和“插入事件”均可实现在弹道建模过程中添加新的事件，两者区别在于：“添加事件”选项使得所添加的新事件显示在所有已有事件最后；“插入事件”选项使得所添加的新事件显示在用户右键单击处前后两个事件中间。

技巧 73　如何设置积分算法和计算步长

针对不同的弹道计算和仿真过程，可能需要设置不同的积分模型和积分步长。具体实现方法和步骤如下：

1）在图 6-37 弹道设计页面双击“时间”学科的第一个矩阵块，弹出“积分设置”对话框，如图 6-38 所示。

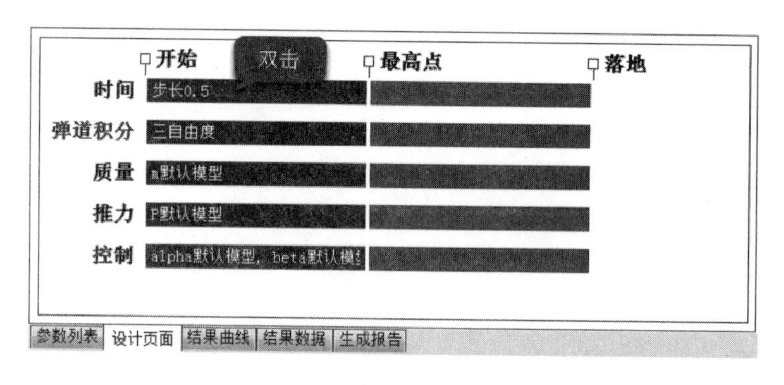

图 6-37

2）在积分设置对话框中，可以勾选“输出积分步长”和“输出分段时间”，勾选后，在“学科变量”控件中就能够显示相应参数。

3）单击图 6-39 所示“积分算法”对应下拉框，可以选择不同的积分算法，软件提供了欧拉法、梯形法、龙格库塔三阶算法和龙格库塔四阶算法四种不同算法，默认积分算法为龙格库塔四阶算法。

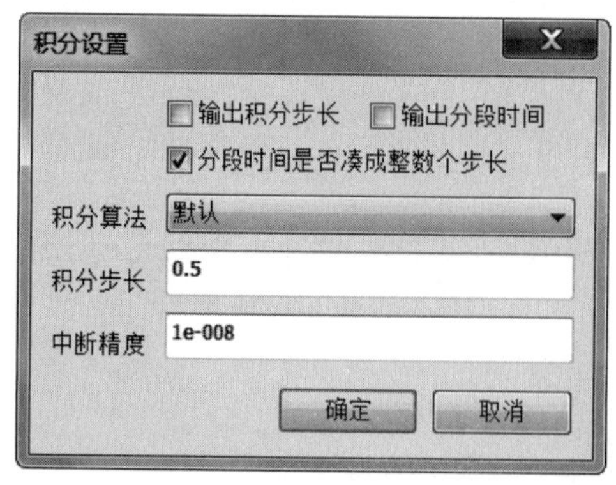

图 6-38

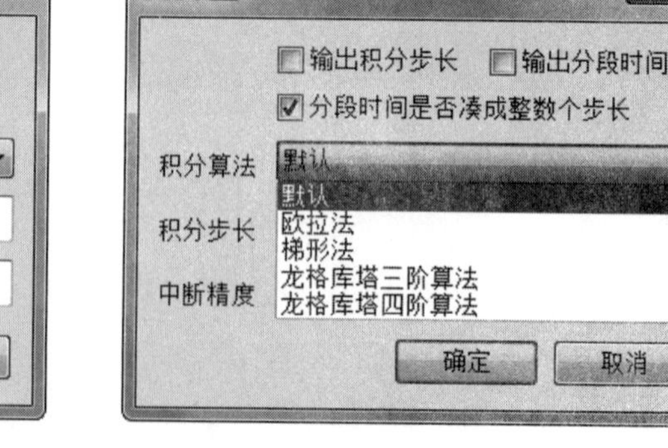

图 6-39

4）在图 6－40 所示积分步长编辑框中直接输入数字即可完成积分步长设置。

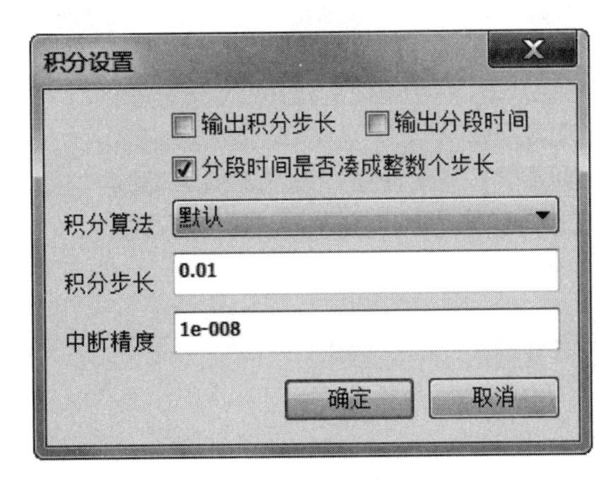

图 6－40

技巧 74　如何创建推力模型

软件定制了专门的推力模型，可针对每个时序或飞行段设置不同的推力模型。具体创建方法和步骤如下：

1）在图 6－41 所示弹道设计页面空白处单击右键，选择“插入—推力”后，即可创建推力学科。需要注意的是，对于 d 弹道设计页面中推力学科已有的情况，可以跳过这一步。

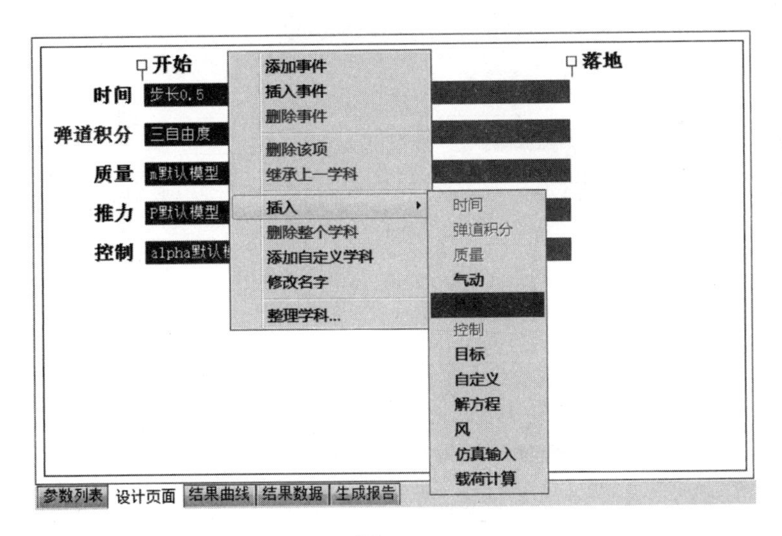

图 6－41

2）在弹道设计页面“推力”学科行，双击需要设置推力模型的矩阵块，如图 6－42 所示，将弹出“推力设置”对话框。

3）在弹出的图 6－43 所示“推力设置”对话框中，设置输出变量类型。“输出变量类型”下拉框中有三个选项：推力 P；推力 P 和秒流量 Is；推力 P、秒流量 Is 和发动机内部

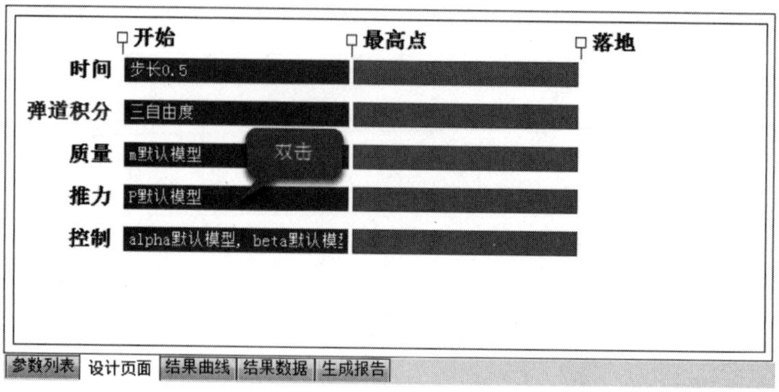

图 6－42

压强 Pa _ thrust。对于发动机推力，在“指定的推力类型”中可以指定当前推力、海平面推力、真空推力三种类型，如果指定了海平面推力或真空推力，需要在“喷口面积”处输入此发动机喷口面积（单位为 m^2），该学科会自动将其转换为当地推力。

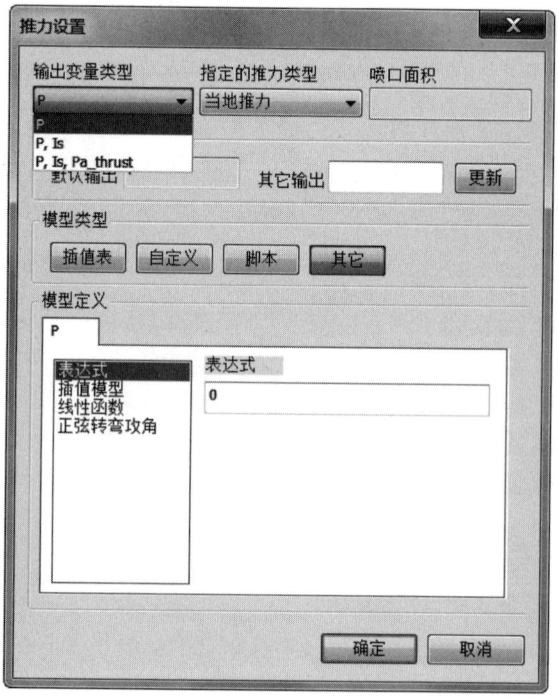

图 6－43

4）选择输出变量类型后，可根据推力的类型，在软件提供的四种建模方式中选择合适的建模方式完成建模。对于恒定推力模型，一般选择“其他”建模方式，直接输入推力值；对于拟合表达式推力模型，一般选择“脚本”或“其他”建模方式，直接输入推力表达式；对于二维数据表推力模型，一般选择“插值表”建模方式，输入推力二维插值表并选择相应的插值坐标、推力对应的数据表索引值等。

技巧 75　如何构建控制模型

软件定制了专门的控制模型，可针对每个时序或飞行段设置不同的控制模型，控制模型主要用于三自由度弹道建模过程。具体创建方法和步骤如下：

1）在图 6-44 所示弹道设计页面空白处单击右键，选择“插入—控制”后，即可创建控制学科。需要注意的是，对于在弹道设计页面中控制学科已有的情况，可以跳过这一步。

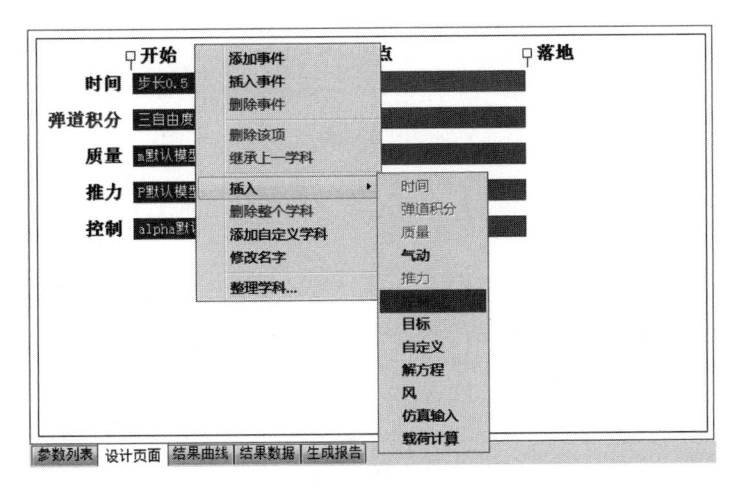

图 6-44

2）在弹道设计页面“控制”学科行，双击需要设置控制模型的矩阵块，如图 6-45 所示，将弹出“设置控制模型”对话框。

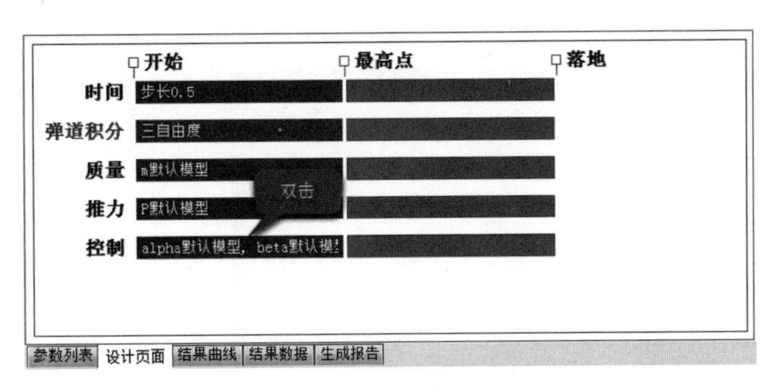

图 6-45

3）在弹出图 6-46 所示“设置控制模型”对话框中，进行控制模型的相关设置。“输出变量设置”下拉框中有四个选择：alpha，beta，mu；phi，psi，gamma；phiT，psiT，gammaT；alpha，psiT，gammaT。在下方还可设置其他输出变量，在勾选相应变量名后，在弹道计算过程中这些变量将同时被计算。

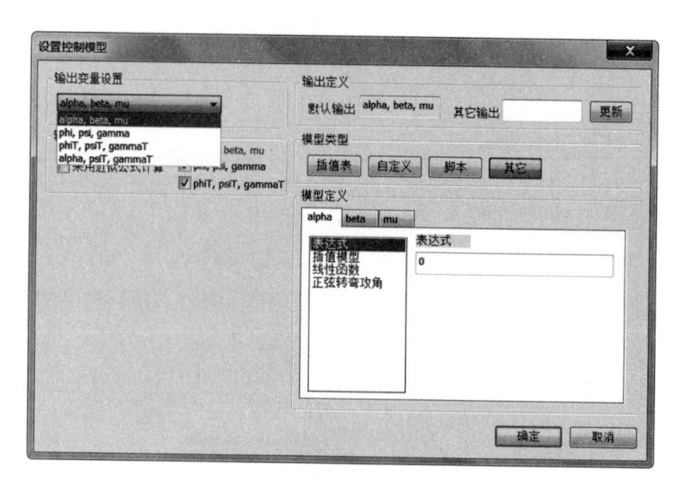

图 6-46

4）选择好控制模型输出变量后，可根据变量模型的类型，在软件提供的四种建模方式中选择合适的建模方式完成建模。

技巧 76 如何引入气动模型

针对在大气层内飞行的飞行器，在弹道计算过程中必须考虑气动力的影响，因此需要在弹道建模中引入气动模型。具体实现方法和步骤如下：

1）如图 6-47 所示，首先单击软件左上角的“新建”图标，在弹出的对话框中选择“飞行力学—气动模型”模块，然后单击右侧“空模型”，最后单击确定，在页面左侧解决方案中即可生成“气动模型 1”，如图 6-48 所示。关于气动模型的具体建模方式，详见第 5 章 。

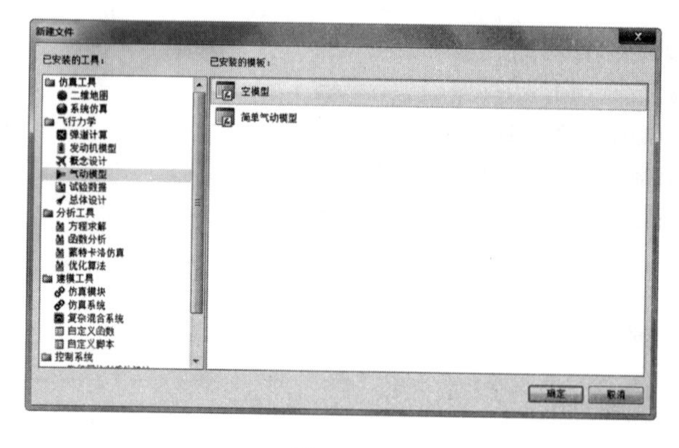

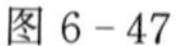
图 6-47

图 6-48

2）在图 6-49 所示弹道设计页面空白处单击右键，选择“插入—气动”后，即可创建气动学科。需要注意的是，对于在弹道设计页面中气动学科已有的情况，可以跳过这一步。

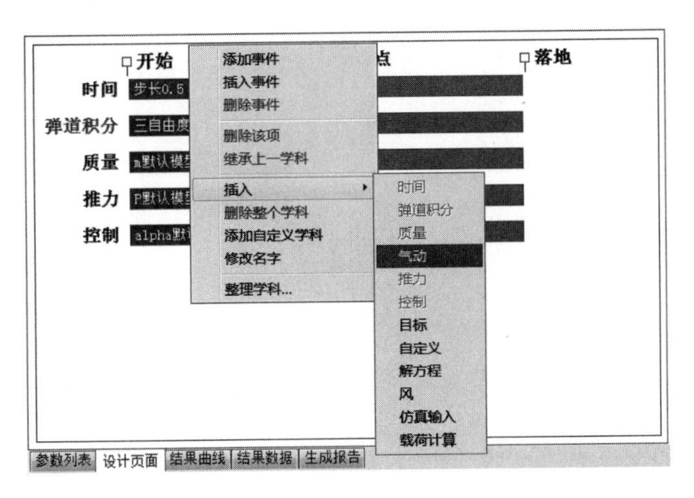

图 6-49

3）在弹道设计页面“气动”学科行，双击需要设置气动模型的矩阵块，如图 6-50 所示，将弹出“气动模型设置”对话框。

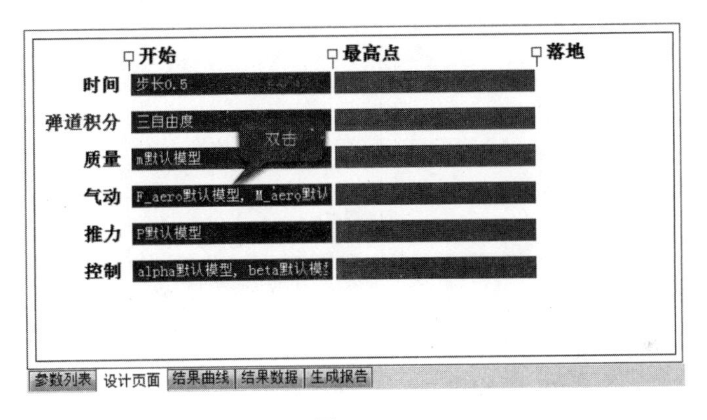

图 6-50

4）在弹出的图 6-51 所示“气动模型设置”对话框中，首先根据弹道仿真的需要，选择“三自由度气动模型”或“六自由度气动模型”；其次单击模型类型处的自定义，在模型定义中“设计模块 0”后单击倒三角符号，在弹出的下拉框中选择“引用模型”，如图 6-52 所示；最后在弹出的“选择模型”对话框中选择“气动模型 1”，然后点击“确认”即可完成气动模型的引用，如图 6-53 所示。

5）在软件自动解析出的气动模型中分别进行输入和输出设置。首先设置气动模型的动压、攻角、侧滑角等输入，设置方法有两种：一种是直接点击输入框后面的三角，在弹出的下拉框中选择相应的变量，另一种是手动输入，可以输入常值、变量、表达式等，如图 6-54 所示；其次设置气动模型的输出气动力/气动力矩。根据用户定义气动力的坐标系，在“弹体系气动力”或“速度系气动力”框中选择或输入 F _ aero，在“气动力矩”框中选择或输入 M _ aero，即可完成气动学科的设置，如图 6-55 所示。

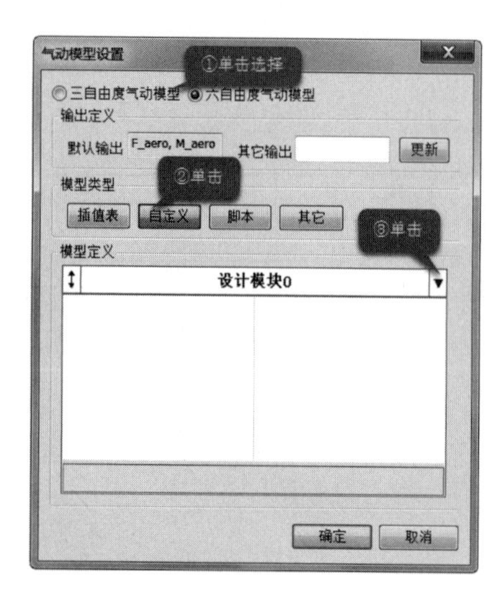

图 6-51

图 6-52

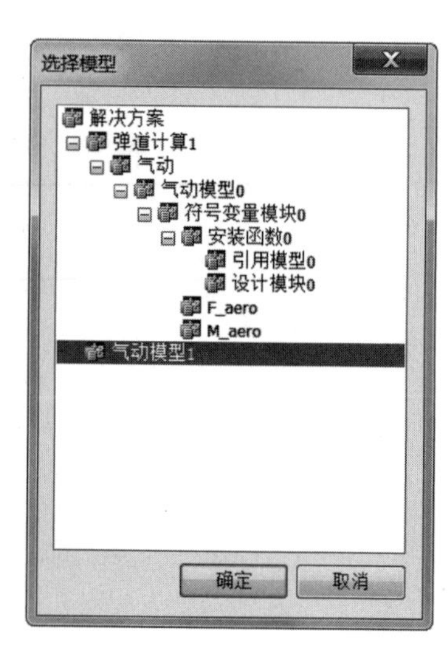

图 6-53

图 6-54

图 6-55

技巧 77　如何创建质量模型

FlightSim 软件定制了专门的质量模型，可针对每个时序或飞行段设置不同的质量模型。具体创建方法和步骤如下：

1）在图 6－56 所示弹道设计页面空白处单击右键，选择“插入—质量”后，即可创建质量学科。需要注意的是，对于在弹道设计页面中质量学科已有的情况，可以跳过这一步。

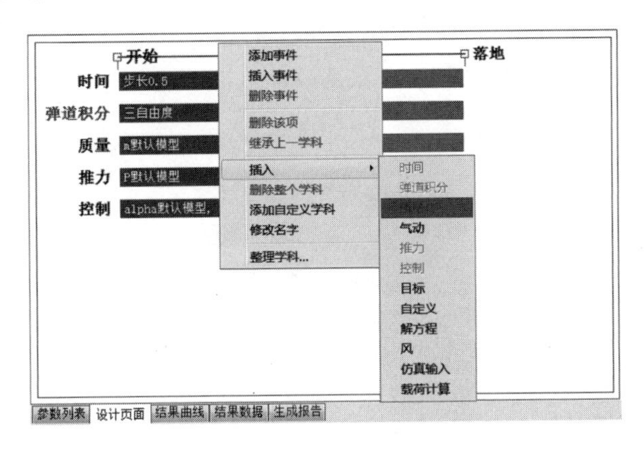

图 6－56

2）在弹道设计页面“质量”学科行，双击需要设置质量模型的矩阵块，弹出图6－57所示的“质量设置”对话框。

3）质量学科支持两种质量模型：直接给定质量 m 和给出质量的导数 m _ dt，如图 6－57 所示。如果选择指定质量的导数，需要指定初值，初值类型有三种：保持不变，即质量的初值为当前质量的值；指定初值，即直接给定质量的初值；指定偏移量，即初值为当前质量的值与给定偏移量的值的和，如图 6－58 所示。

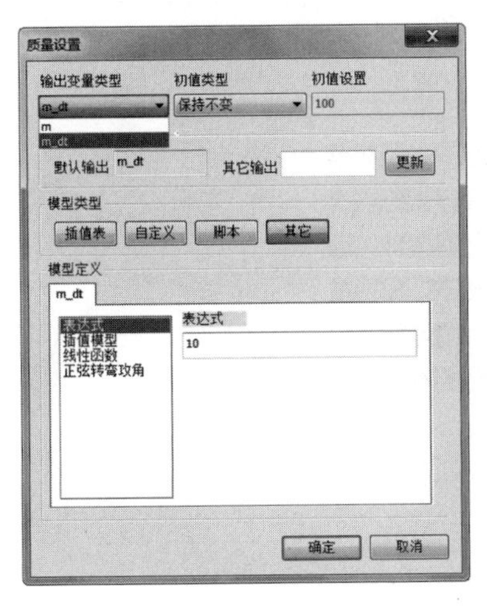

图 6－57

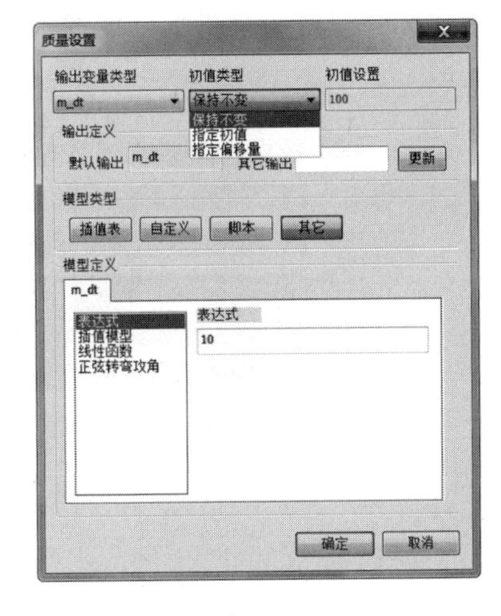

图 6－58

4）选择输出变量类型、初值类型和初值设置后，在软件提供的四种建模方式中选择合适的建模方式完成质量模型建模。

技巧 78 如何设置目标模型

软件定制了专门的目标运动模型，可针对每个时序或飞行段设置不同的目标模型。具体创建方法和步骤如下：

1）在图 6-59 所示弹道设计页面空白处单击右键，选择“插入—目标”后，即可创建目标模型学科。需要注意的是，对于在弹道设计页面中目标学科已有的情况，可以跳过这一步。

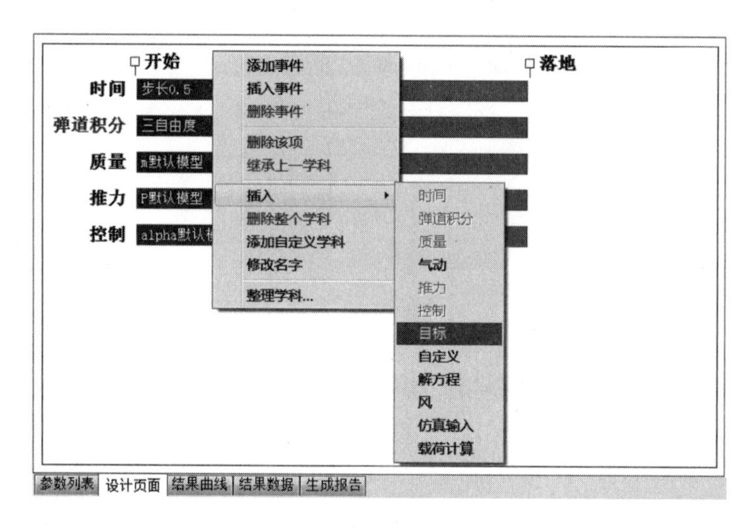

图 6-59

2）在弹道设计页面“目标”学科行，双击需要设置目标模型的矩阵块，如图 6-60 所示，将弹出“目标设置”对话框，如图 6-61 所示。

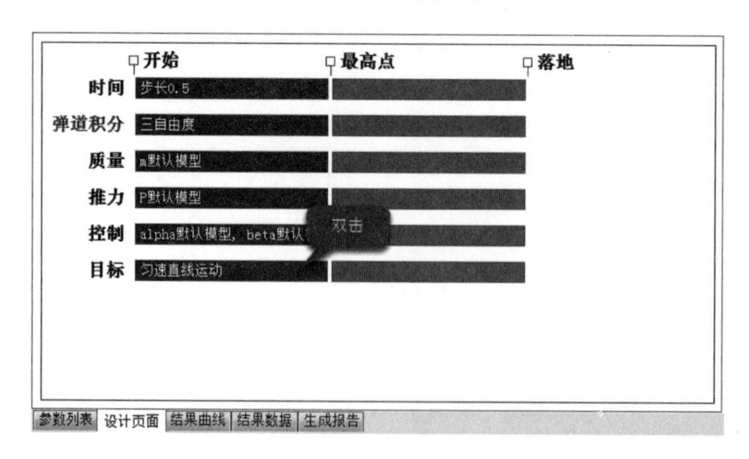

图 6-60

3）在弹出的“目标设置”对话框中，对目标模型进行相关设置。“目标运动模型”下拉框中有五个选择，包括匀速直线运动、圆周运动、螺旋运动、8 字运动（圆）、8 字运动（双纽线），如图 6 - 62 所示。选择好目标运动模型后，在下方还可设置目标的初始位置、速度等相关运动参数，在右侧的输出设置处可根据需要对目标的位置、速度、加速度进行勾选输出。

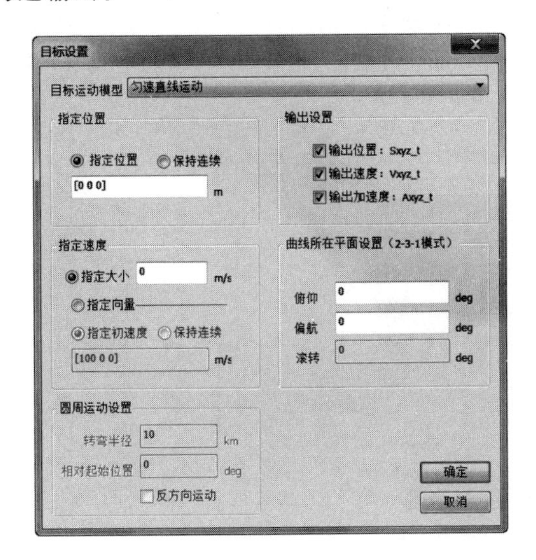

图 6 - 61

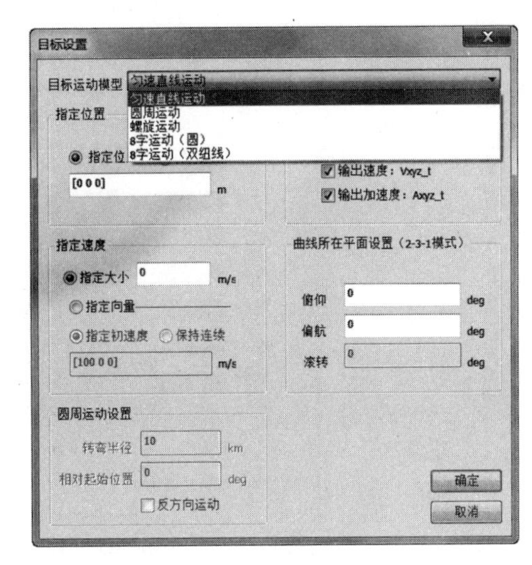

图 6 - 62

4）设置目标运动模型后，在弹道设计页面左侧的学科变量中就会出现 Axyz _ Target、Sxyz _ Target 和 Vxyz _ Target 三个目标运动参数变量，分别表示目标运动的加速度向量、位置向量和速度向量，如图 6 - 63 所示。在其他学科建模中，即可直接使用目标模型输出的这三个变量。

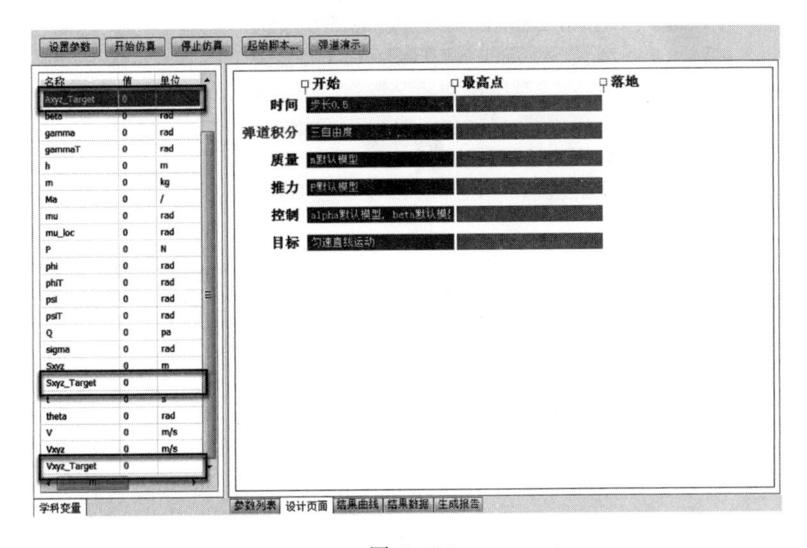

图 6 - 63

技巧 79　如何考虑风对飞行弹道的影响

在弹道仿真过程中，有时候需要考虑风对飞行弹道的影响。在考虑风的影响后，在其他学科中使用的速度、马赫数、攻角等参数均是相对于风速的值。风作为矢量，需要考虑风速和风向两个因素，为此 FlightSim 软件专门定制了风学科。具体实现方法和步骤如下：

1）在图 6-64 所示弹道设计页面空白处单击右键，选择“插入—风”后，即可创建风学科。

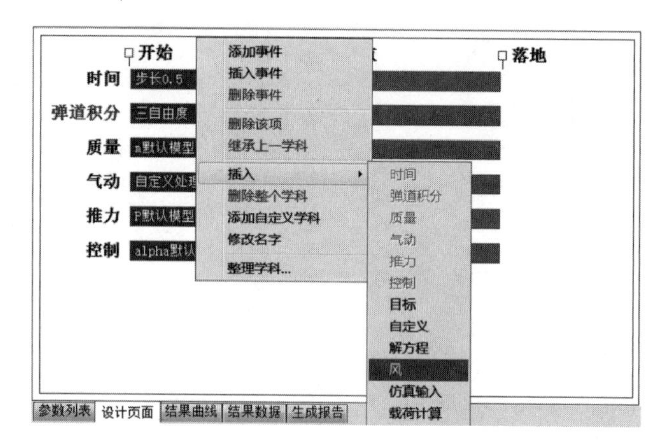

图 6-64

2）在弹道设计页面“风”学科行，双击需要设置风模型的矩阵块，如图 6-65 所示，将弹出风模型设置对话框。

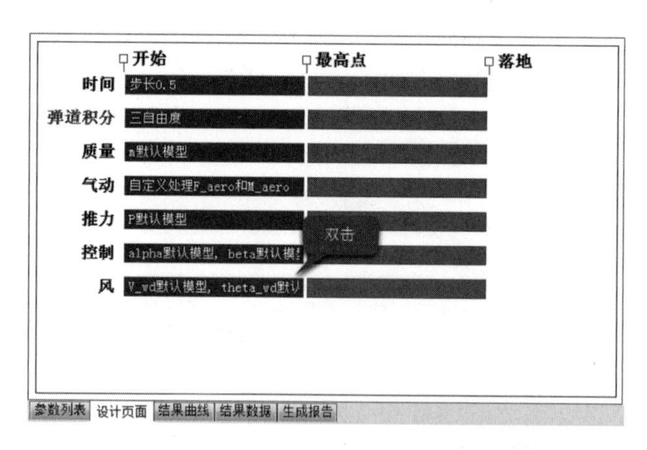

图 6-65

3）风学科的设置对话框分为左右两部分，左侧用于设置给定风速的模型类型，右侧用于给定具体风速模型。首先在左侧选择风速定义的方式，有极坐标系和直角坐标系两个选项，选择不同定义坐标系后，在对话框右侧模型定义部分就会显示相应的模型输出变量名，其中极坐标系下需要输入的风速信息是风速大小 V_wd 和指定坐标系下的风速方向

Theta_wd、Sigma_wd，如图 6－66 所示；直角坐标系下需要输入的风速信息是指定坐标系三个方向的速度分量 Vx_wd、Vy_wd 和 Vz_wd，如图 6－67 所示；然后选择风速定义的坐标系类型，有发射坐标系和当地北天东两个选项，如图 6－68 所示。

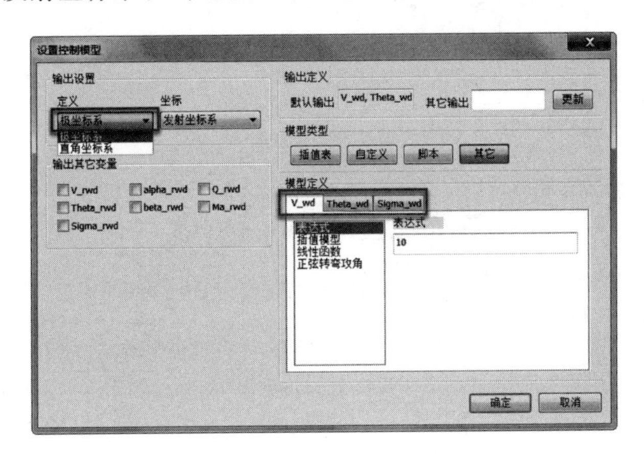

图 6－66

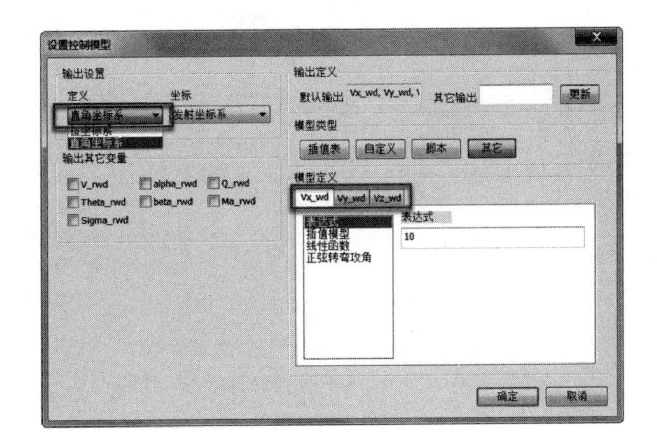

图 6－67

4）在对话框右侧进行风速模型的定义设置。在图 6－69 中，首先根据实际风模型的类型，在软件提供的四种建模方式中单击合适的建模方式；然后在模型定义处输入风速大小、风向或者三方向的风速等信息；最后在对话框左侧通过勾选的方式设置风学科的其他输出变量，这些变量包括：飞行器相对风的速度（V_rwd）、攻角（alpha_rwd）、动压（Q_rwd）、速度倾角（Theta_rwd）、侧滑角（beta_rwd）、马赫数（Ma_rwd）、速度偏角（Sigma_rwd）等。

5）完成以上所有操作后点击“确定”按钮即可完成风学科的设置。完成风学科设置后，在弹道设计界面列表的学科变量控件中就会显示在风学科模型中设置为输出的所有变量，如图 6－70 所示。在其他学科的建模过程中，可直接使用这些变量来代替原有相对于静止大气的变量，例如马赫数（Ma）、动压（Q）、攻角（alpha）等。

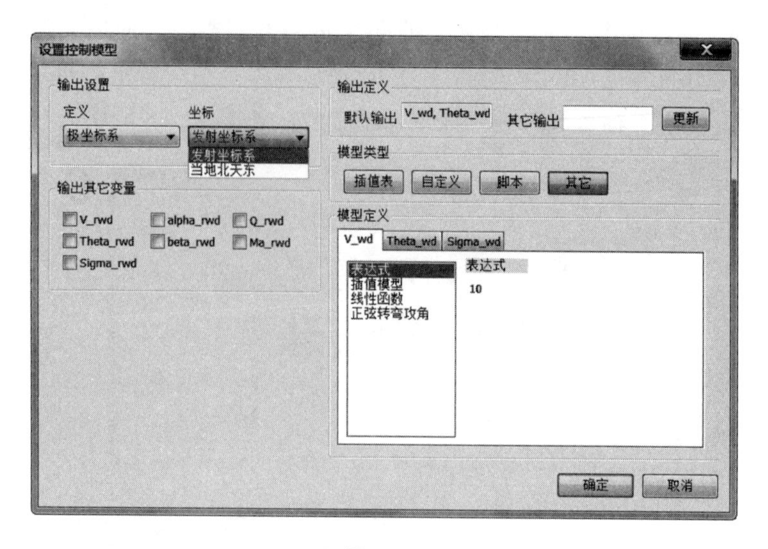

图 6-68

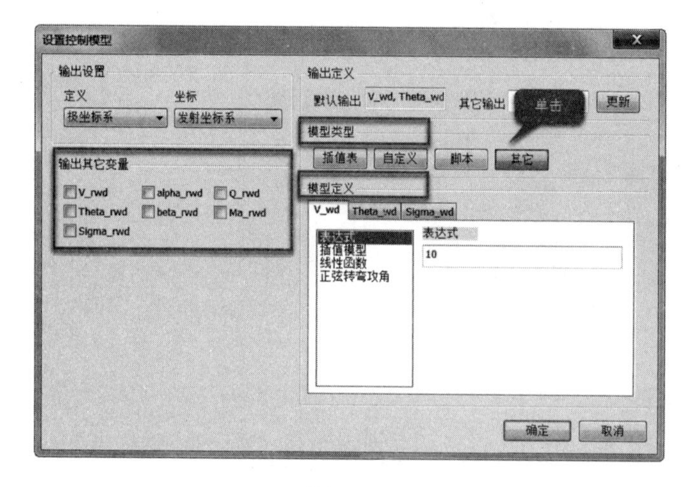

图 6-69

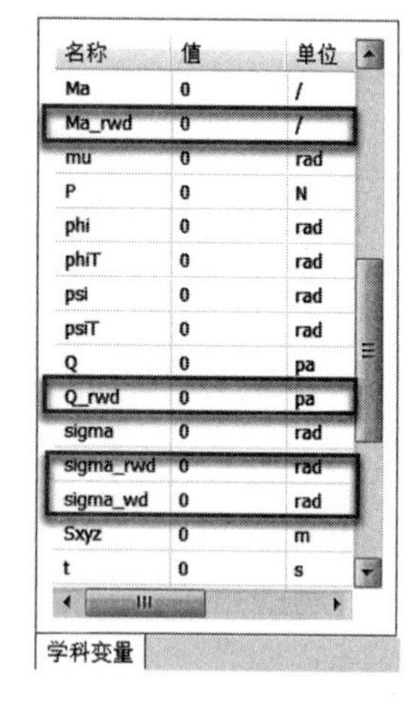

图 6-70

技巧 80 如何构建带有积分环节的学科模型

在控制系统自动驾驶仪等学科模型中，经常需要使用积分环节进行建模。FlightSim 软件中针对带有积分环节学科的具体创建方法和步骤如下：

1）在弹道设计界面插入自定义学科，如图 6-71 所示。

2）在弹道设计页面“自定义”学科行，双击需要设置模型的矩阵块，如图 6-72 所示，将弹出“自定义学科设置”对话框。

3）在“自定义学科设置”对话框的模型类型处选择自定义，在右边倒三角处选择“建模工具—仿真模块”，如图 6-73 所示。

4）双击如图 6-74 所示区域即可弹出仿真模块编辑框，点击该自定义学科设置对话框的确定按钮后即可在前台显示仿真模块编辑框，如图 6-75 所示。

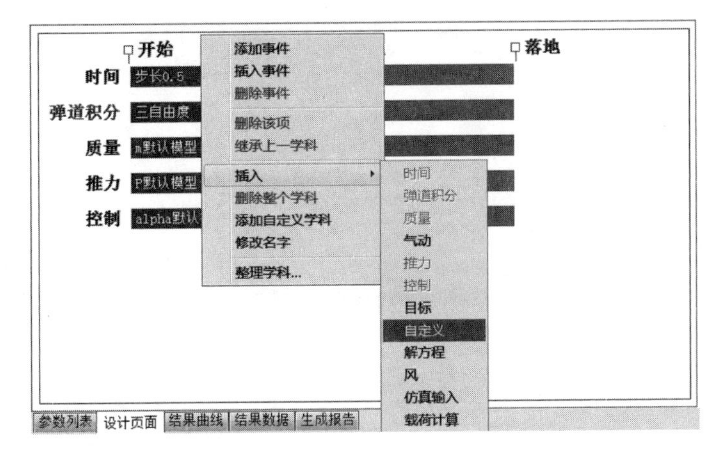

图 6-71

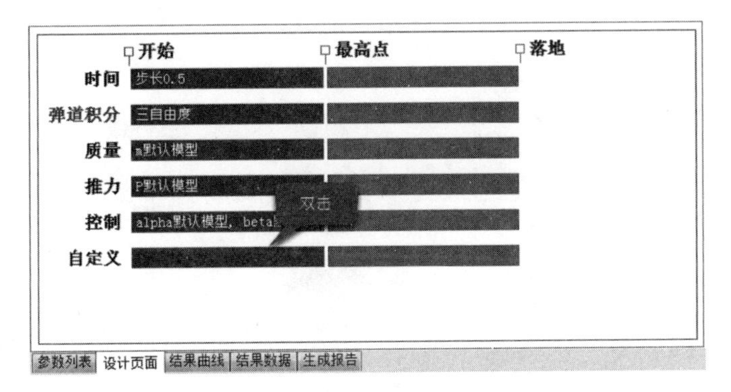

图 6-72

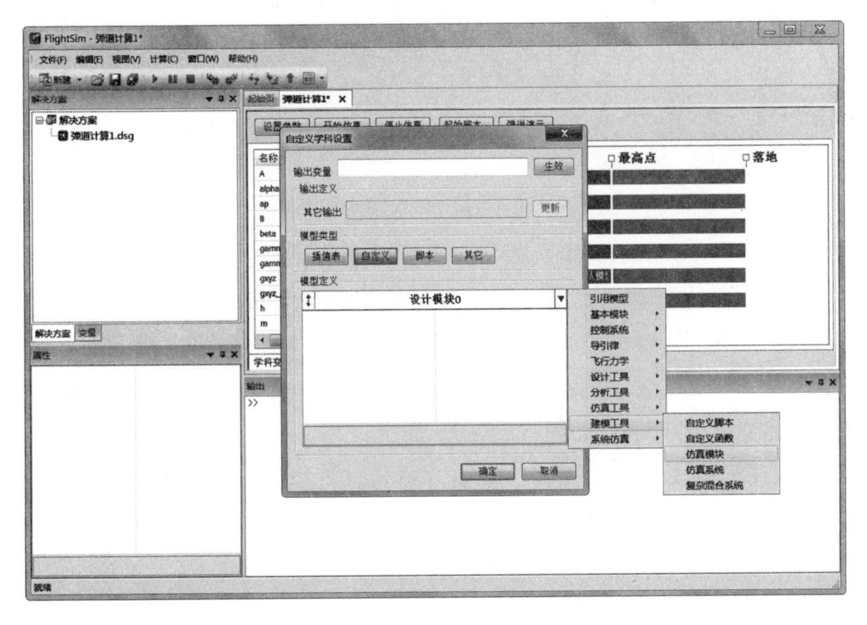

图 6-73

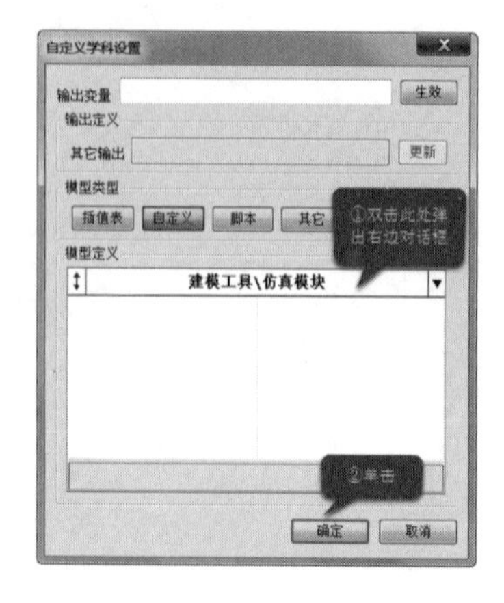

图 6－74

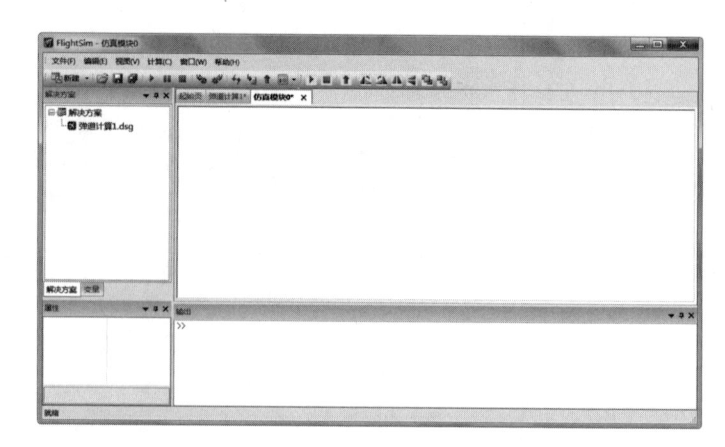

图 6－75

5）在图 6－76 中，右键单击工具栏空白处，在弹出的下拉框中单击勾选“工具箱”，即可在右侧弹出工具箱页面。

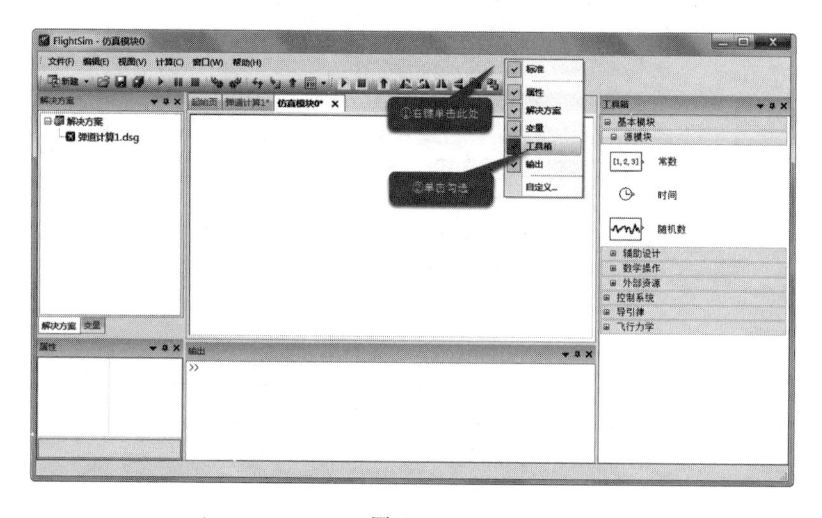

图 6－76

6）如图 6－77 所示，在工具箱页面中，首先单击“数学操作”标签前的“+”，在展开的工具中，利用鼠标左键将“积分变量”工具拖拽到仿真模块空白处；其次单击“辅助设计”标签前的“+”，在展开的工具中，采用同样的方法分别将“输入”和“输出”工具拖拽到仿真模块空白处；最后采用类似于 Simulink 中连线的方式，依次将“输入”“积分变量”和“输出”连接起来，如图 6－78 所示。

7）返回弹道计算模块的设计页面，双击“自定义”学科行中需要设置模型的矩阵块，在弹出的自定义学科设置对话框中，模型定义处已自动解析出上一步中定义的仿真模型的输入和输出端口，如图 6－79 所示。

8）定义该自定义学科的输入和输出变量。首先在页面上方“输出变量”栏输入变量名后点击“生效”；然后单击“输入 0”端口后的下拉三角，在弹出的下拉框中选择需要积

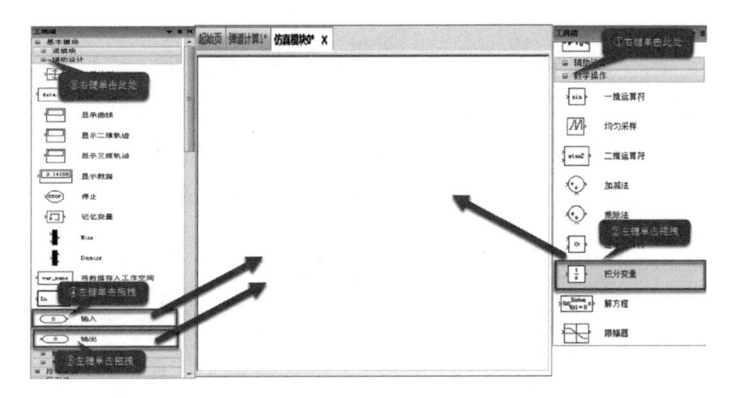

图 6 - 77

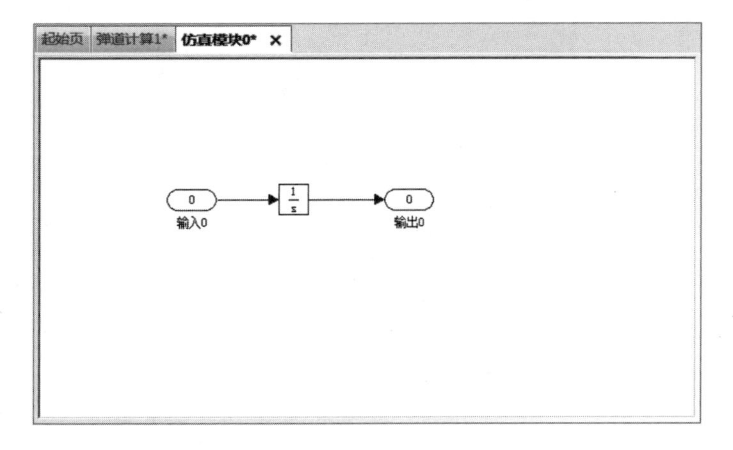

图 6 - 78

分的变量，如图 6 - 80 所示；最后单击“输出 0”端口后的下拉三角中选择定义的输出变量名称，如图 6 - 81 所示，即可完成该积分学科设置。

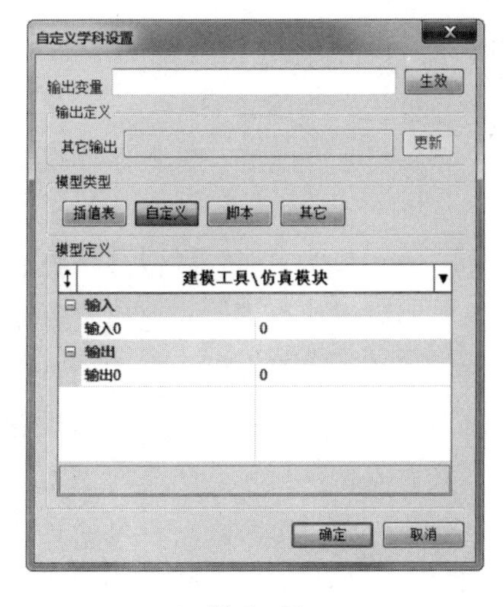

图 6 - 79

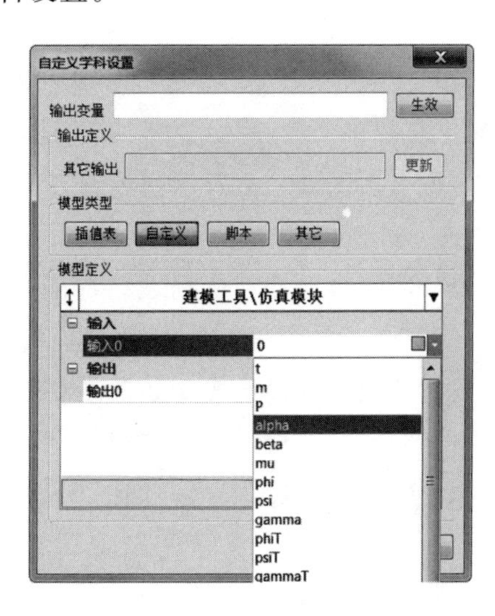

图 6 - 80

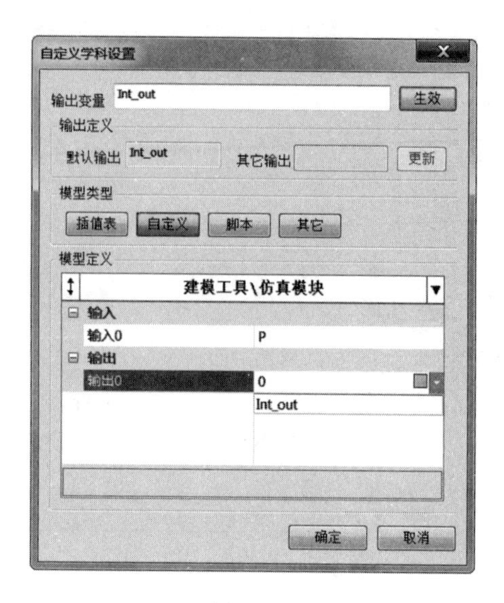

图 6-81

9）通过以上设置，用户自定义的输出变量即可定义为指定输入值的积分。

提示 1：本技巧自定义学科中显示的名称“输入 0”和“输出 0”，均可在“仿真模块 0”中通过双击相应工具的方式进行设置。

提示 2：本技巧中介绍的建模方式同样适用于多输入多输出学科。

提示 3：按照本技巧中类似的方法，可实现更为复杂的控制系统、制导系统的建模，仅需要在步骤 6）中按照类似于 Simulink 中的拖拽式建模方式进行建模即可。

技巧 81　弹道设计结果如何保存

弹道设计和仿真完成后，设计结果一般需要以文本格式保存，然后供其他专业使用。弹道计算工具提供了方便的结果保存功能。具体操作方法和步骤如下：

1）首先点击图 6-82 所示弹道设计页面的“结果数据”标签，进入保存格式设置页面，如图 6-83 所示。

2）设计结果可保存为数据表和特征点两种情形。单击“添加”按钮可选择添加数据表或添加特征点，如图 6-84 所示，选择添加后可在左侧树型控件中新建相应条目。

3）设置输出数据表格式。如图 6-85 所示，首先点击“载入模板”按钮，在弹出的对话框中可选择默认模板；然后在右侧控件中可利用右键添加或删除项目，可设置数据来源、索引、格式、单位等参数，如图 6-86 所示；其次点击“间隔设置”标签页，可设置数据表输出的时间间隔，默认间隔是 0.1 s，可设置统一的时间间隔，也可通过在下方控件中右键添加新项的方式，设置弹道某些时序事件前后的特殊时间间隔，如图 6-87 所示；最后点击左侧树型控件中的“表数据 0”条目，进行输出文件设置，如图 6-88 所示。

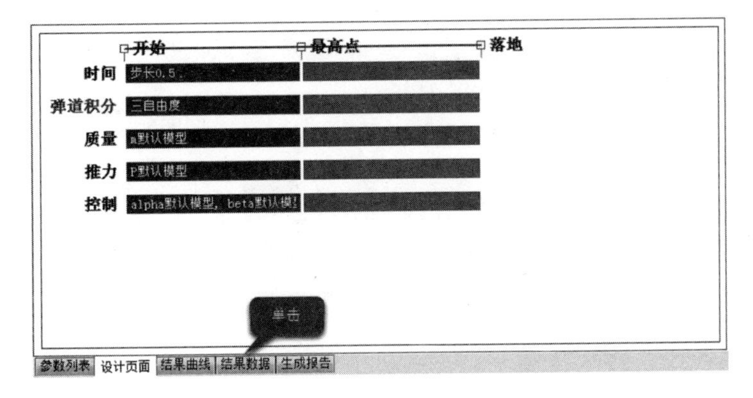

图 6 - 82

图 6 - 83

图 6 - 84

在保存项目控件中可设置需要输出的项目名，项目名之间用空格间隔；点击“预览数据”按钮可在弹出的文本文件中预览拟输出的文件信息；在存入文件控件中可设置弹道结果文件输出路径。

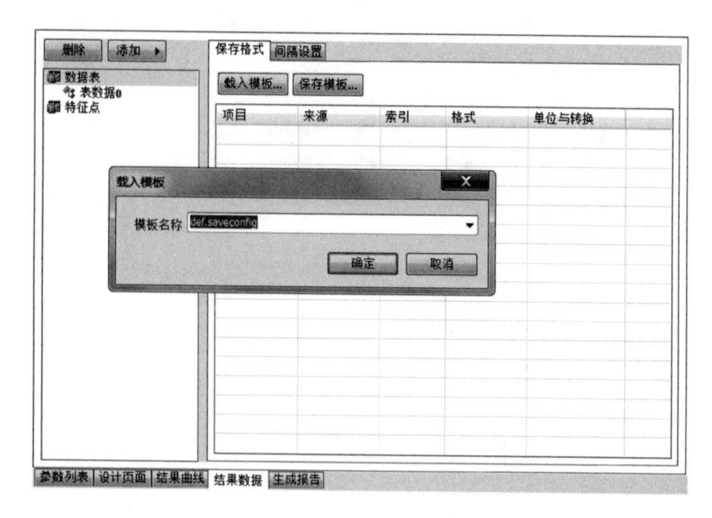

图 6-85

图 6-86

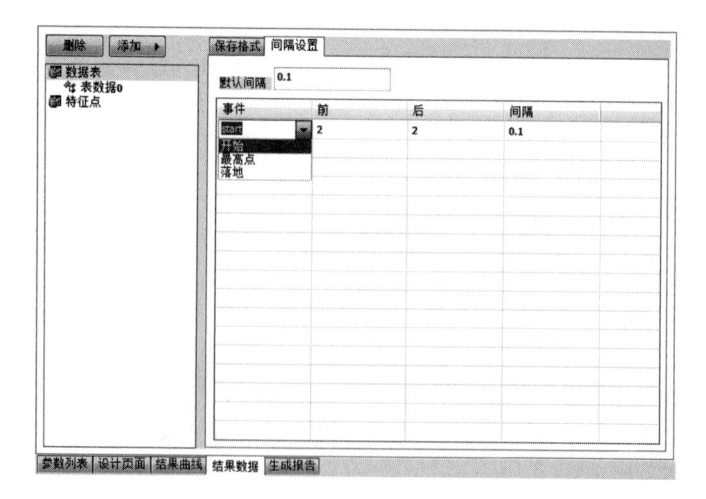

图 6-87

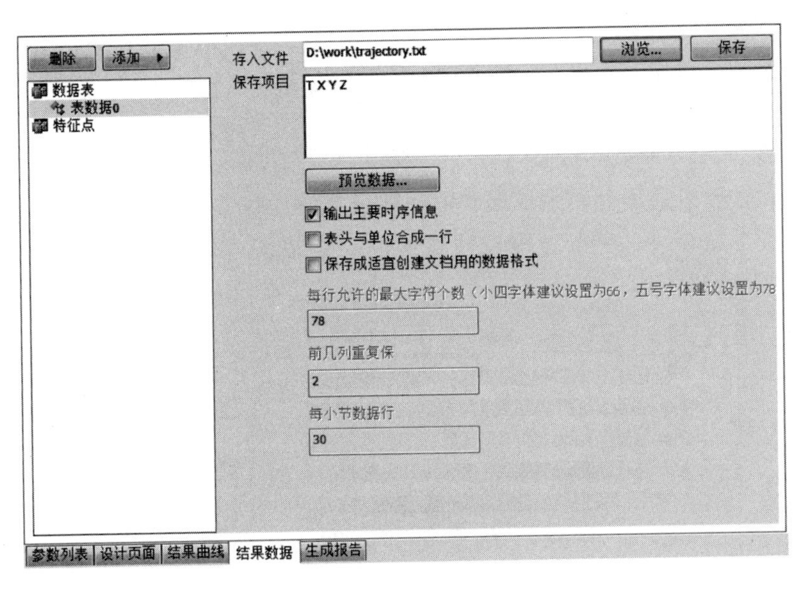

图 6－88

4）设置输出特征点格式。首先设置输出模板和输出项目，这一点与设置输出数据表相同，如果在设置数据表中已进行相关设置，则该步骤可以省略；然后点击左侧树型控件中的“特征数据 0”条目，进行输出特征点相关设置，如图 6－89 所示。在此页面中，存入文件路径、保存项目、预览数据等设置与数据表中的设置相同，不同的是在下方控件中需要设置特征点定义。通过单击右键可新建或删除特征点，在特征点类型中可选择“指定事件”和“指定变量”，若选择指定事件，则需要设置事件名；若选择指定变量，则需要设置变量名、变量值类型（有 min、max、abs_min、abs_max 等）、起始事件、终止事件等；最后可点击“预览数据”对设置好的输出结果进行查看，或点击保存将输出结果保存在设置好的路径下。

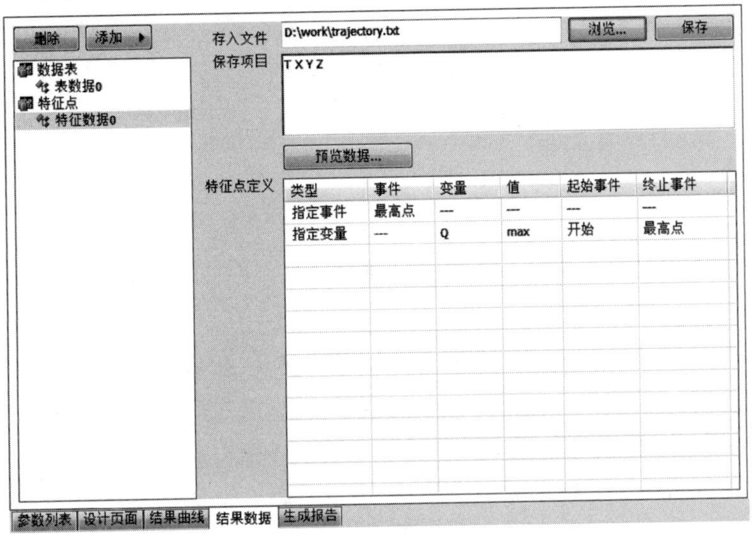

删除　添加　存入文件　D:\work\trajectory.txt　浏览...　保存
数据表
表数据0
特征点
特征数据0
保存项目　T X Y Z
预览数据...
特征点定义

类型	事件	变量	值	起始事件	终止事件
指定事件	最高点	---	---	---	---
指定变量	---	Q	max	开始	最高点

参数列表　设计页面　结果曲线　结果数据　生成报告

图 6－89

技巧 82　如何将弹道设计结果自动生成报告

弹道设计完成后，有时需要撰写报告，其中包括数据表、特征点、典型弹道曲线等内容，FlightSim 软件提供了自动生成报告的功能。具体操作方法和步骤如下：

1）首先点击图 6－90 所示弹道设计页面的“生成报告”标签，进入报告设置页面，如图6－91 所示。

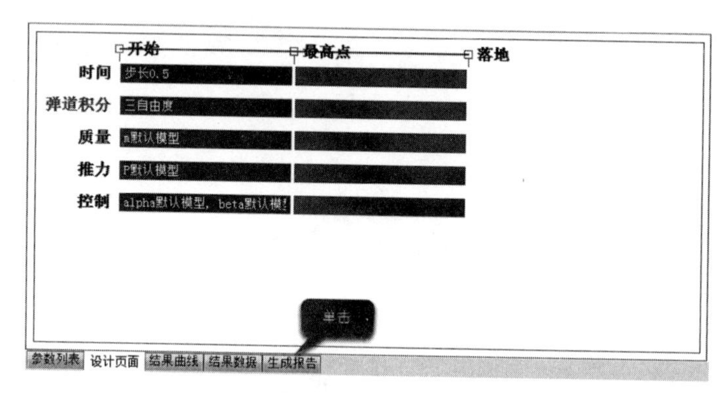

图 6－90

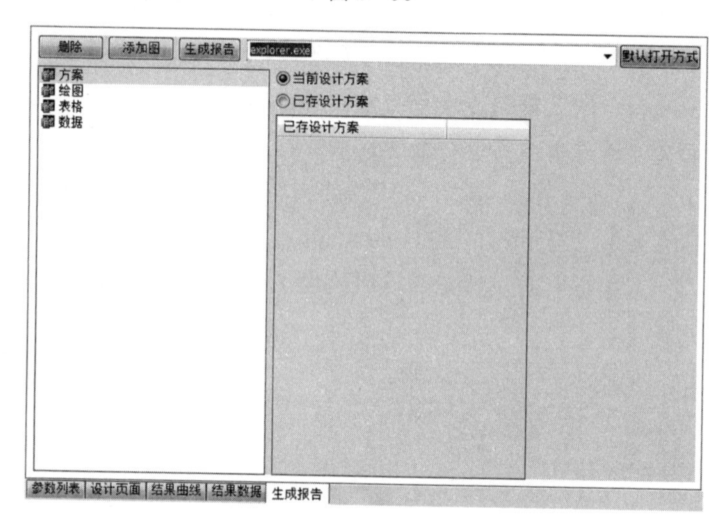

图 6－91

2）点击图 6－92 所示左侧树型控件中“方案”栏，在右侧可以选择需要生成报告的方案，默认为当前设计方案，还可以勾选已存设计方案后，在下方选择已保存的设计方案。

3）点击图 6－93 所示左侧树型控件中“绘图”栏，在右侧可以设置报告中图形的宽和高。

4）点击图 6－94 所示上方的“添加图”按钮，将在绘图控件下方增加一个条目，选中该条目，可在右侧控件中设置该图形的 X 轴、Y 轴、标题、标示框位置等信息。多次点击“添加图”按钮可在报告中添加多个图。

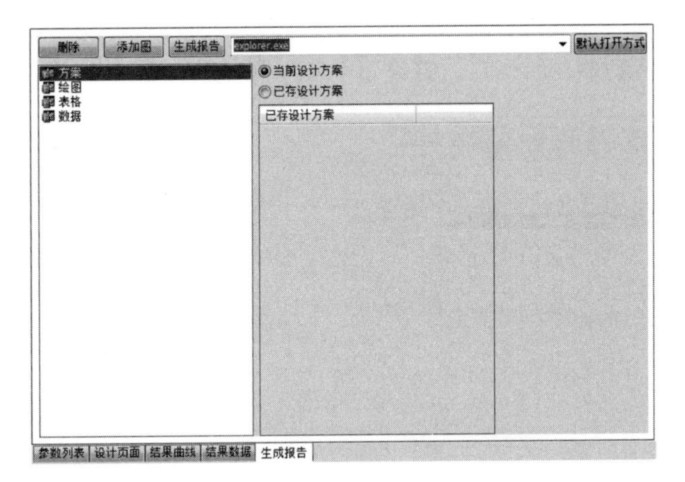

图 6－92

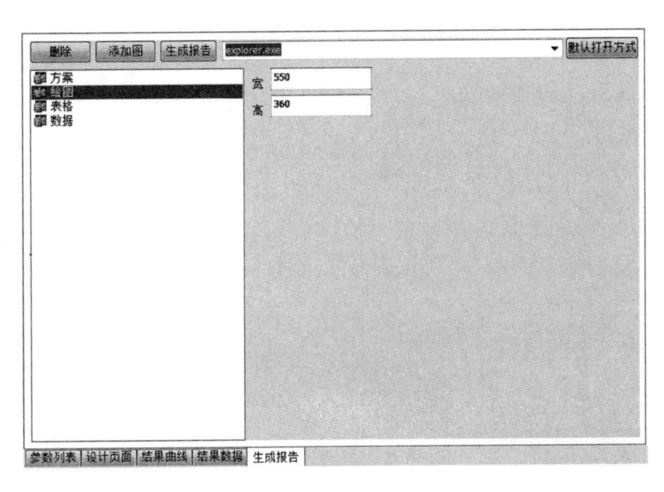

图 6－93

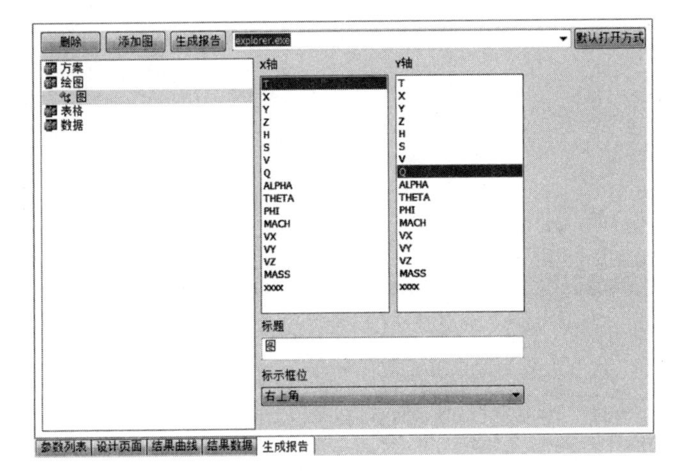

图 6－94

5）点击图 6－95 所示左侧树型控件中“表格”栏，在右侧控件中可以勾选在“结果数据”标签页中设置的输出特征点。若设置了多个特征点表格，可以勾选一个或多个。

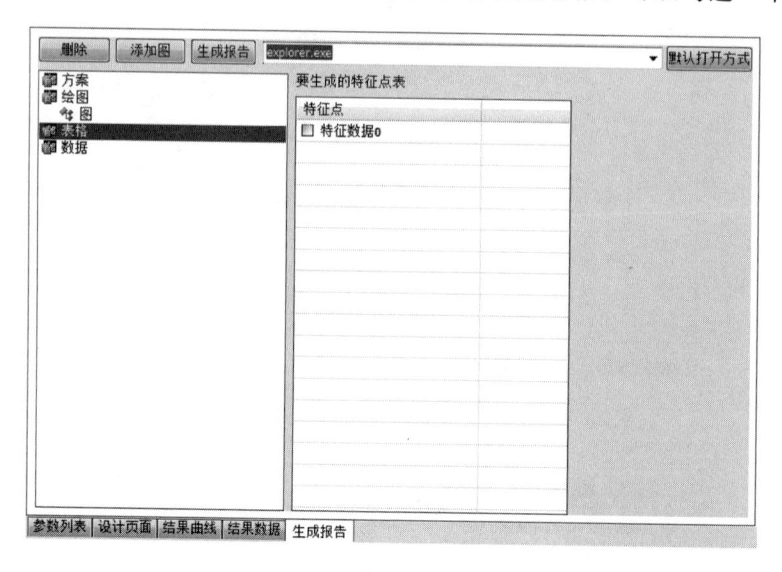

图 6－95

6）点击图 6－96 所示左侧树型控件中“数据”栏，在右侧控件中可以勾选在“结果数据”标签页中设置的输出数据表。若设置了多个数据表，可以勾选一个或多个。

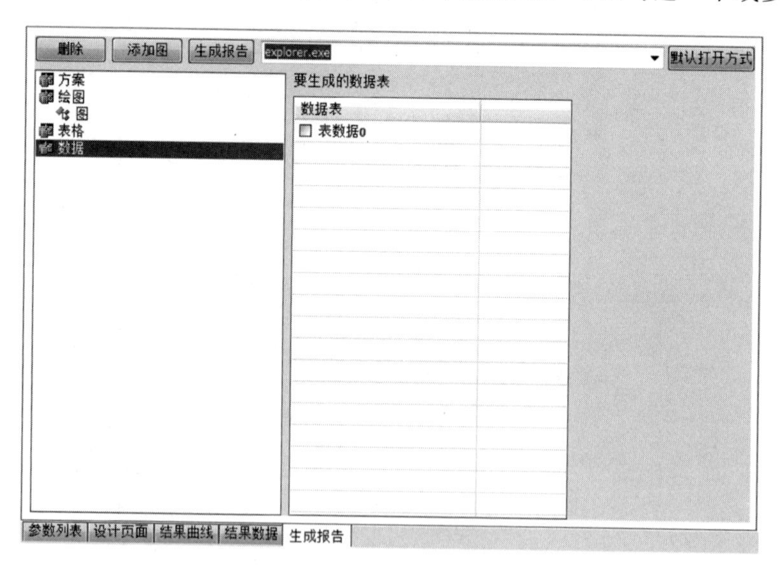

图 6－96

7）点击页面上方的“生成报告”按钮，将自动生成包含用户自定义图、特征点、数据表等信息的报告。

技巧 83　如何进行多轮弹道方案的版本管理

在实际工程研制过程中，弹道专业经常需要在输入模型不变的情况下论证多轮不同弹道方案，FlightSim 软件中的弹道计算工具提供了版本管理的功能。具体操作方法和步骤如下：

1）保存设计方案。如图 6－97 所示，在完成弹道建模和设计后，首先在弹道设计页面下方单击“参数列表”标签，然后单击上方的“保存设计方案”按钮，其次在弹出的图 6－98 所示对话框中输入保存方案的名称，最后单击确定完成一个弹道方案的保存。在每轮弹道方案设计完成后，重复此步骤可完成多轮不同方案的保存。

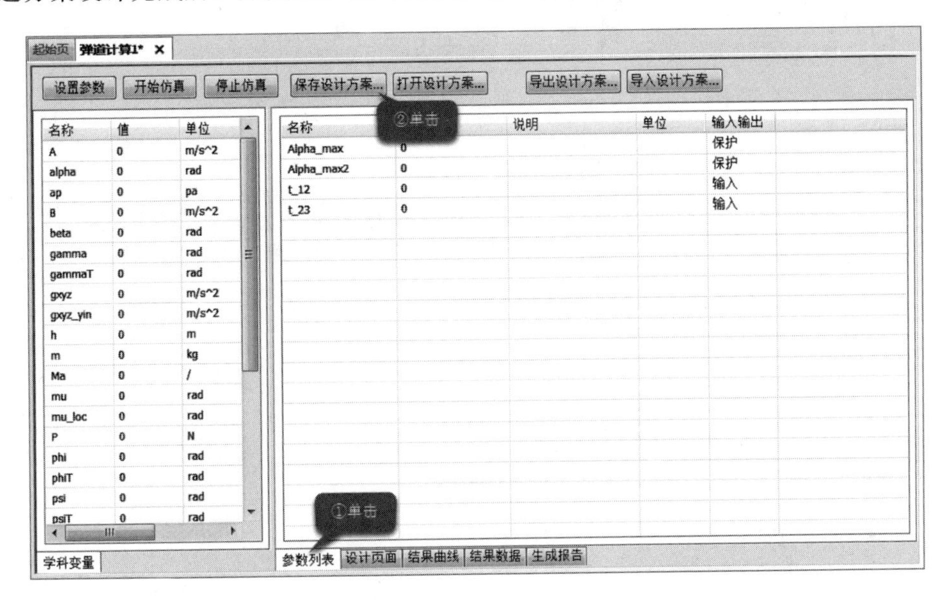

图 6－97

保存参数列表

说明　方案1

确定　取消

图 6－98

2）打开已保存的设计方案。如图 6－99 所示，在该解决方案下，首先在弹道设计页面下方单击“参数列表”标签，然后单击上方的“打开设计方案”按钮，其次在弹出的图 6－100 所示对话框中选择需要打开的方案名称，点击“查看”按钮可以查看该方案下的参数列表名称及其数值，点击“删除”按钮可以删除该方案，选择方案后点击确定即可打开已保存的设计方案。

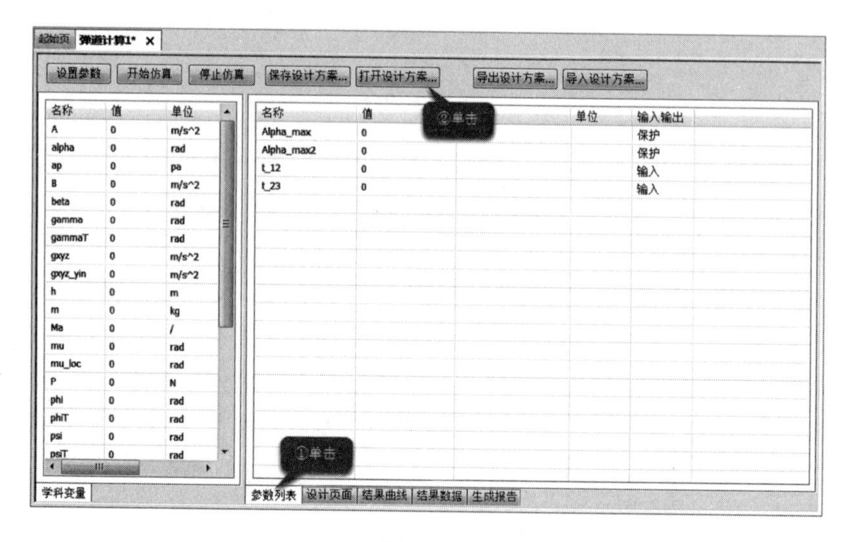

图 6－99

图 6－100

提示：本技巧中关于不同弹道方案的保存，仅适用于不同轮次下弹道设计页面中弹道模型完全相同且参数列表中数据项目完全相同的情况，若弹道模型不同或参数列表中数据项目有变化，则不适合利用本技巧进行版本管理，可以采用保存不同的解决方案或者在同一个解决方案下添加副本的方式解决。

技巧 84　如何生成弹道对比报告

对多轮弹道方案进行版本管理后，还可对不同版本的弹道进行数据比对、批量输出和生成报告等。具体操作方法和步骤如下：

1）首先按照技巧 81 中介绍的方法在“结果数据”中设置需要输出的特征点格式。

2）然后点击页面下方的“生成报告”标签页，如图 6 - 101 所示，单击页面左侧树型控件中的方案后，在页面右侧单击“已存设计方案”单选框，下方控件中将显示已保存的多个版本方案名称，单击勾选需要进行弹道方案对比版本名称前面的复选框。

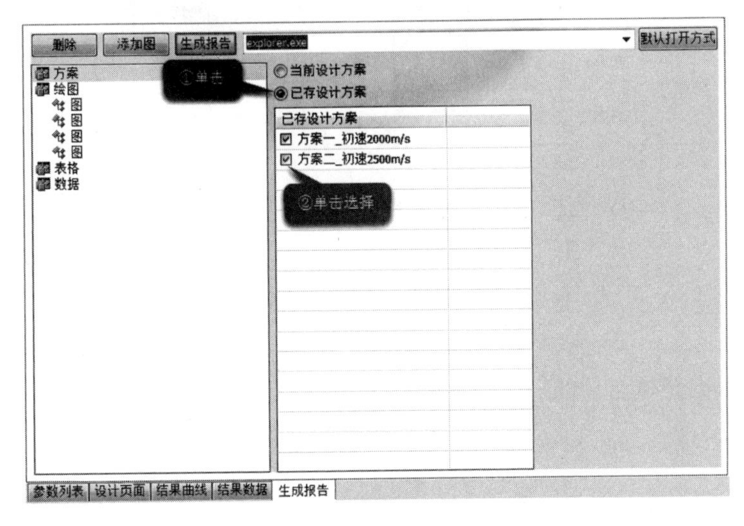

图 6 - 101

3）利用技巧 82 中介绍的方法设置报告中需要对比的图形和特征点。

4）点击页面上方的“生成报告”按钮，即可直接弹出弹道对比报告，如图 6 - 102 和图 6 - 103 所示。需要注意的是，对比报告中仅对比不同版本的图形和特征点参数，对于数据表不进行对比，也不显示数据表；若在方案中仅选择一个版本的方案，则报告中将显示输出设置的数据表。

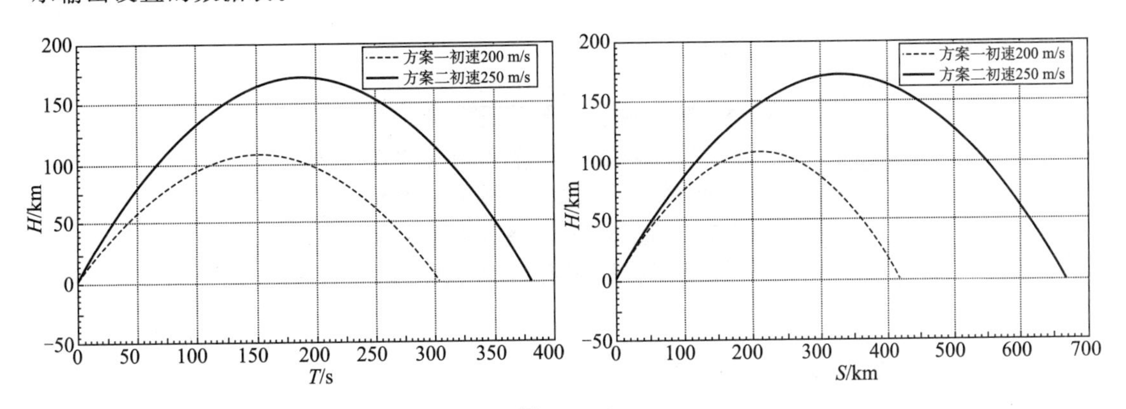

图 6 - 102

特征数据 0

		T(s)	MACH(/)	Q(pa)	S(km)	H(km)
开始	方案一_初速 2000m/s	0.000	5.877	2449998.0	0.000	0.000
	方案二_初速 2500m/s	0.000	7.347	3828121.9	0.000	0.000
Ma == max	方案一_初速 2000m/s	8.000	6.593	687495.2	11.294	11.010
	方案二_初速 2500m/s	8.000	8.287	694745.2	14.111	13.844
最高点	方案一_初速 2000m/s	152.050	5.543	0.4	210.310	106.930
	方案二_初速 2500m/s	196.148	6.860	0.6	334.642	171.875
落地	方案一_初速 2000m/s	304.101	5.877	2449998.0	420.620	-0.000
	方案二_初速 2500m/s	392.295	7.347	3828121.9	669.284	-0.000

图 6－103

技巧 85　如何设置具有惯量积的六自由度模型

弹/箭体三通道转动惯量的一般表示形式为

$$I=\begin{bmatrix} I_{xx} & I_{xy} & I_{xz} \\ I_{yx} & I_{yy} & I_{yz} \\ I_{zx} & I_{zy} & I_{zz} \end{bmatrix}$$

其中，矩阵的对角元素 I_{xx}、I_{yy}、I_{zz} 分别为弹/箭体相对于 x 轴、y 轴、z 轴的转动惯量，矩阵的非对角元素，称为惯量积。对于质量分布特性轴对称的飞行器来说，惯量积一般均为零，而对于质量分布特性不完全对称的飞行器来说，惯量积一般不为零。

在进行弹道六自由度仿真时，弹道模型设置中需要输入弹/箭体转动惯量。对惯量积不为零的飞行器设置转动惯量的步骤如下：

1）在弹道设计页面双击“弹道积分”，如图 6－104 所示。

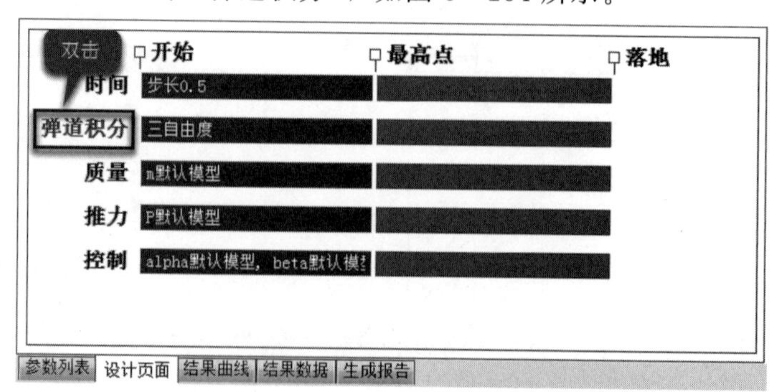

图 6－104

2）在弹出的“飞行环境设置”窗口中，在“仿真自由度”处勾选“六自由度质点弹道”选项，如图 6-105 所示。

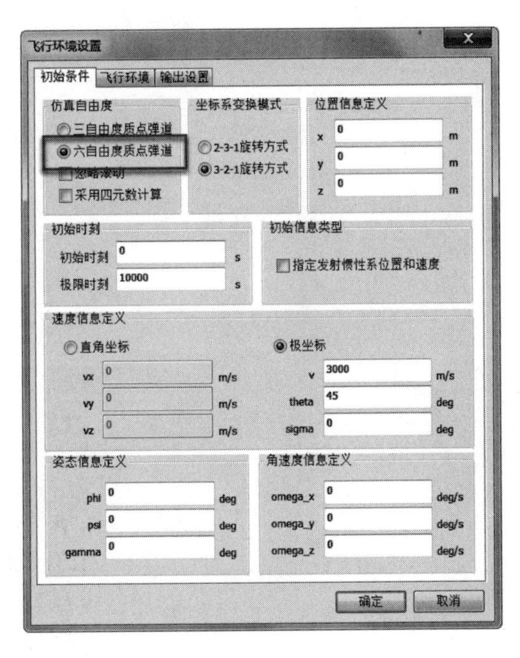

图 6-105

3）在弹道设计页面“弹道积分”学科行，双击第一个矩阵块，如图 6-106 所示，将弹出“弹道积分设置”对话框，如图 6-107 所示。

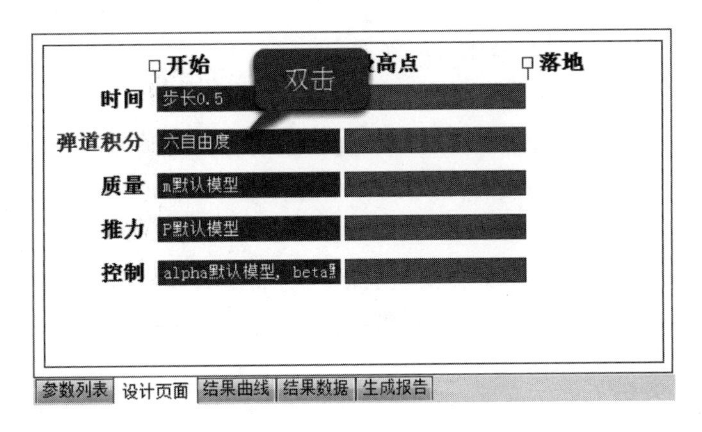

图 6-106

4）在“弹道积分设置”对话框中，在转动惯量一栏中输入“［Ixx Ixy Ixz；Iyx Iyy Iyz；Izx Izy Izz］”，如图 6-108 所示，其中上述变量可以是一个固定的值，也可以是通过自定义学科插值得到的变量。

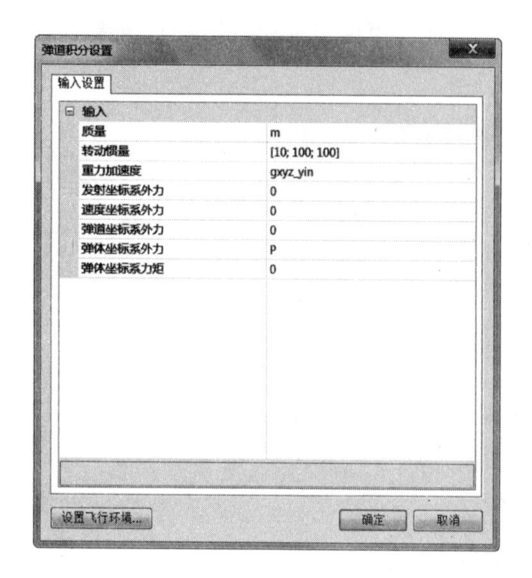

图 6-107

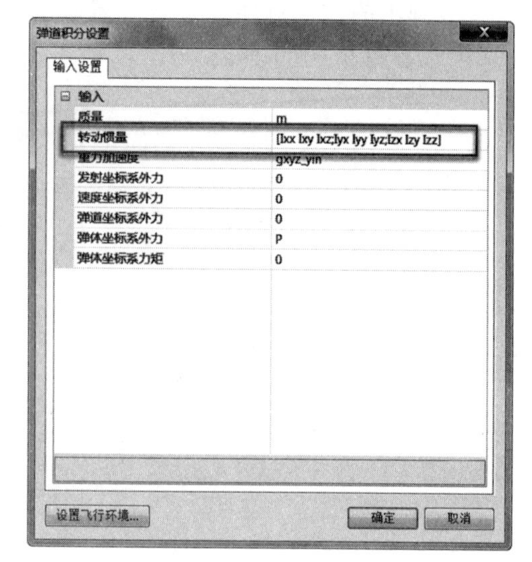

图 6-108

提示 1：不管惯量积是否为零，本技巧中介绍的转动惯量设置方法是通用的。

提示 2：对于惯量积为零的情况，在转动惯量一栏中可以不必输入 3 * 3 矩阵，可仅输入由主对角线上的元素组成的 3 * 1 或 1 * 3 向量，即 [Jx,Jy,Jz] 或 [Jx Jy Jz] 或 [Jx;Jy;Jz]。

技巧 86　如何查看弹道仿真结果曲线

FlightSim 软件中的弹道计算工具提供了查看弹道仿真曲线的功能，利用此功能可以在仿真过程中或仿真结束后查看学科变量的变化曲线。具体操作方法和步骤如下：

1）在弹道设计页面下方单击“结果曲线”标签，如图 6-109 所示。

2）在左侧学科变量控件中选择需要查看曲线的变量名称，即可在右侧控件中实时查看该变量随时间变化的曲线。当按住 Ctrl 键时，可以同时选择查看多个变量曲线，如图 6-110 所示。

3）进行曲线显示设置。通过点击该页面上方设置，可以在曲线显示中采用不同 x 轴，以及可以设置变量曲线显示的单位变换，如图 6-111 所示。

4）曲线的缩放、移动、编辑和保存等功能设置。在曲线图上单击右键，可以弹出快捷菜单，其中包括指针、缩放、移动、恢复、属性、复制图片、图像保存、数据保存等快捷选项，用户可通过此项功能完成对图像的编辑、保存、缩放查看等，如图 6-112 所示。

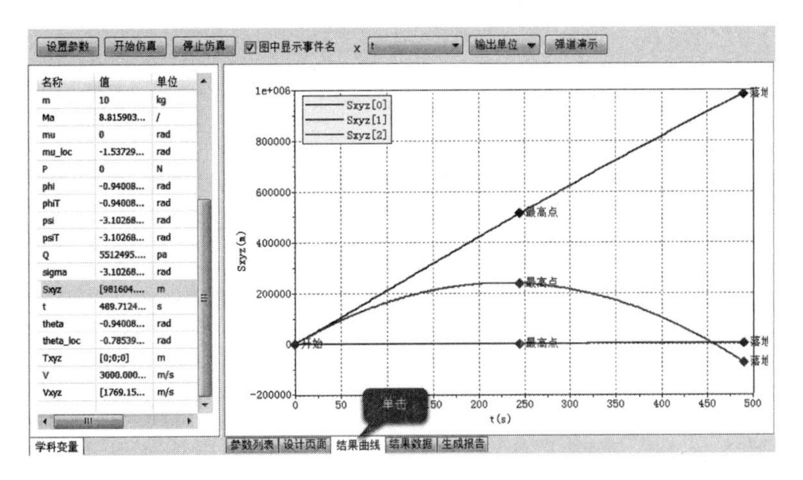

图 6-109

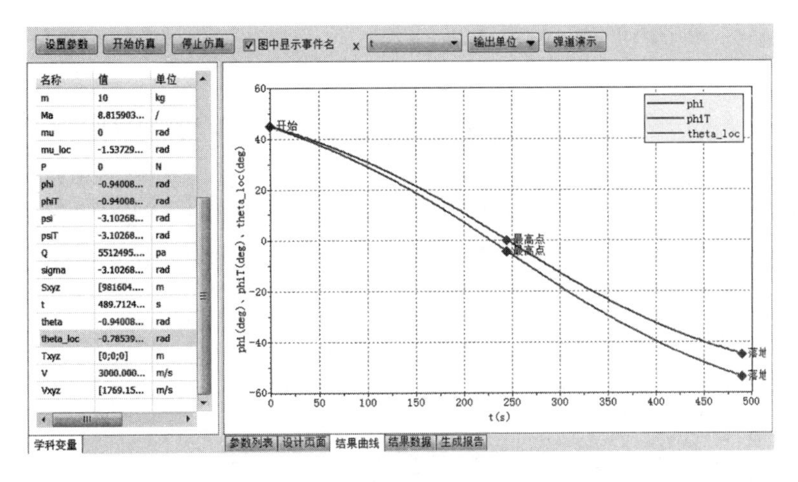

图 6-110

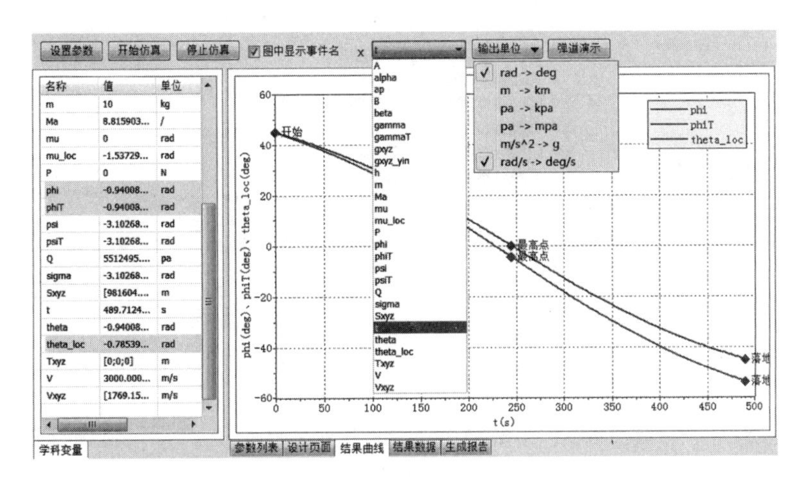

图 6-111

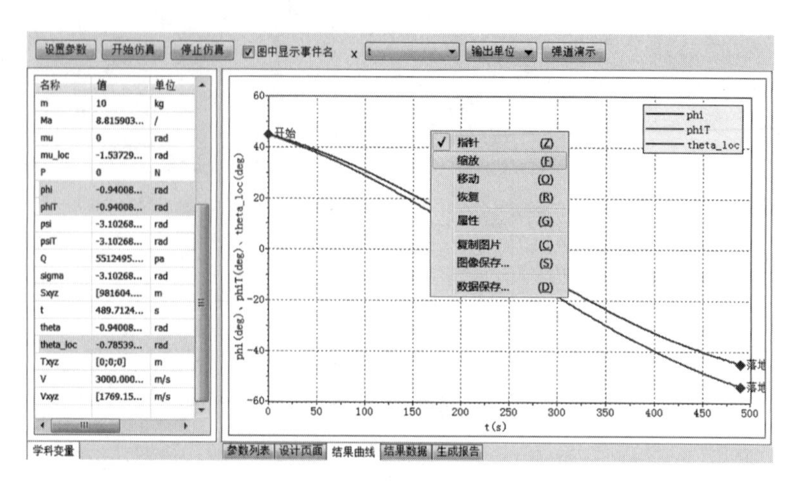

图 6 - 112

技巧 87　如何创建弹道计算模型模板

用户在使用弹道计算工具时，可能经常需要以某个弹道模型为基础进行弹道仿真，这时可以将该弹道模型创建为模板。模板是弹道计算工具创建新文件时的默认设置，在新建弹道计算工具时，可以直接选用。创建弹道计算模型模板的操作方法和步骤如下：

1）创建弹道计算模型。利用前面技巧介绍的方法，创建需要保存为模板的弹道计算模型，如图 6 - 113 所示。

2）将弹道计算模型保存到本地。如图 6 - 114 所示，在软件的菜单栏中点击“文件—另存为”将扩展名为 . dsg 的弹道计算模型保存到本地计算机。

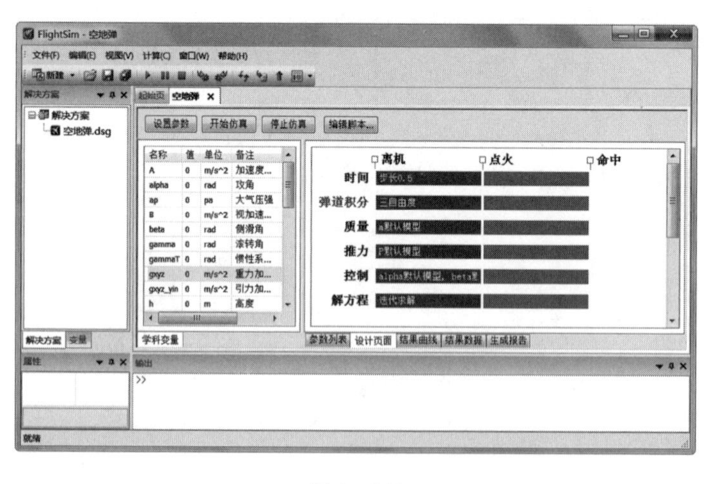

图 6 - 113

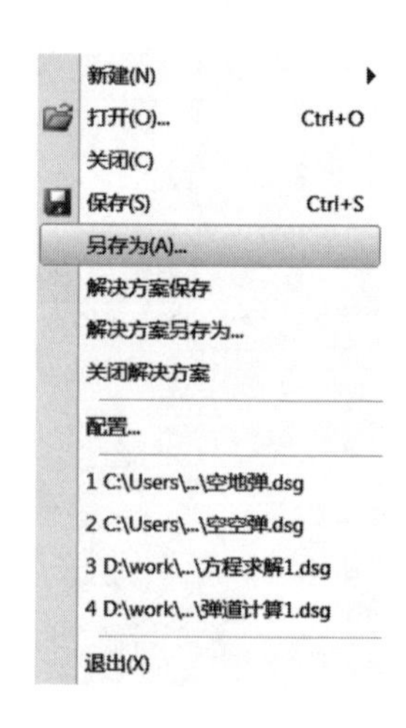

图 6 - 114

3）将保存的计算模型复制到 FlightSim 软件相应文件夹下。首先将保存的文件名称更改为模板中需要显示的名称，然后将保存在本地的模型文件复制到路径为“FlightSim 软件安装根目录\template\弹道计算\”对应的目标文件夹下即可，如图 6 - 115 所示。

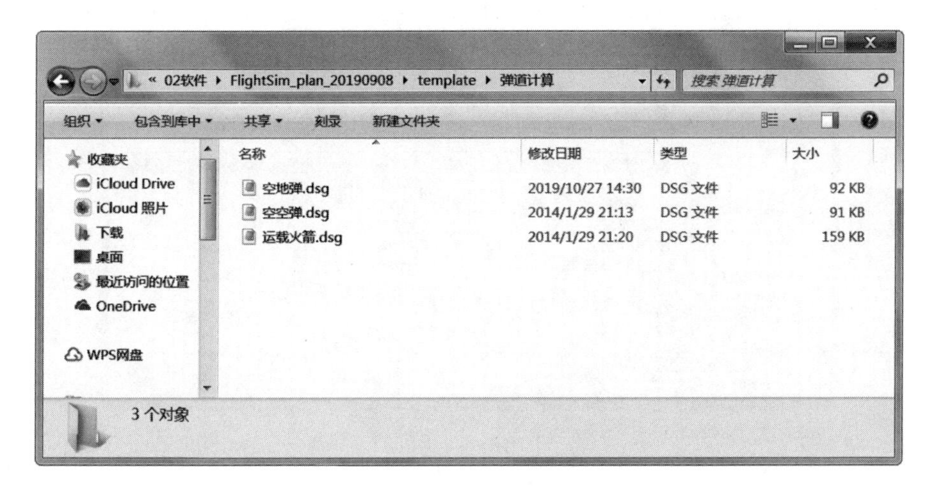

图 6 - 115

4）打开 FlightSim 软件，按照技巧 65 中介绍的方法新建弹道计算工具时，即会在右侧模板库中显示用户创建的模板，双击或选择后点击确定即可直接打开该模板。

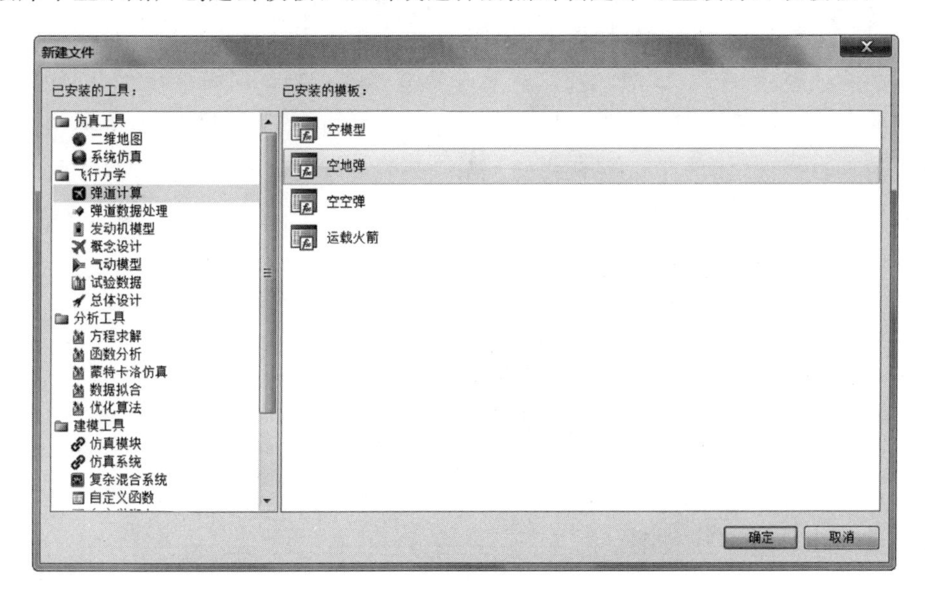

图 6 - 116

> 提示：本技巧中介绍的是创建弹道计算工具模板的方法，事实上，FlightSim 软件新建对话框中所有工具均可以按照类似的方法创建模板，直接将扩展名为 dsg 的设计文件复制到要创建模板的工具对应的目标文件夹下即可，区别在于不同的模板需要复制到软件安装根目录\template 下不同的文件夹中。例如气动模型 .dsg 文件需要复制到图 6 - 117 所示的名称为“气动模型”的文件夹中。

图 6 - 117

技巧 88　如何消除弹道计算模型中的代数环

在数字计算机仿真中，当输入信号直接取决于输出信号、同时输出信号也直接取决于输入信号时，因数字计算的时序性而出现的由于没有输入无法计算输出、没有输出也无法得到输入的“死锁环”，称为“代数环”。对于弹道计算模型，同样也存在类似的代数环。由技巧 9 介绍的弹道模型中不同学科的运算次序可以知道，如果弹道学科中某两个或两个以上学科的输出变量之间存在相互依赖的关系，则说明所构建的弹道模型各学科之间存在代数环，不能求解，软件将给出错误信息，例如图 6 - 118 所示的弹道模型。

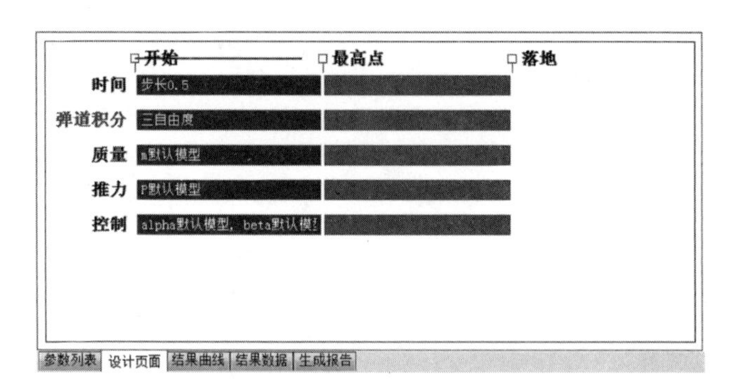

图 6 - 118

假设质量、推力、控制三个学科模型分别如图 6 - 119～图 6 - 121 所示，即质量 m 与推力 P 相关，推力 P 与攻角 alpha 相关，攻角 alpha 又与质量 m 相关。

在这种情况下运行弹道模型，在输出窗口中将弹出如图 6 - 122 所示的提示信息。

软件提示弹道计算模型中存在无法求解的代数环，无法求解。在 FlightSim 软件弹道计算工具中消除代数环的一般方法如下：

1）在输出窗口提示代数环错误的所有变量中，选择其中一个变量作为消除代数环的变量，假设该变量名为 a；

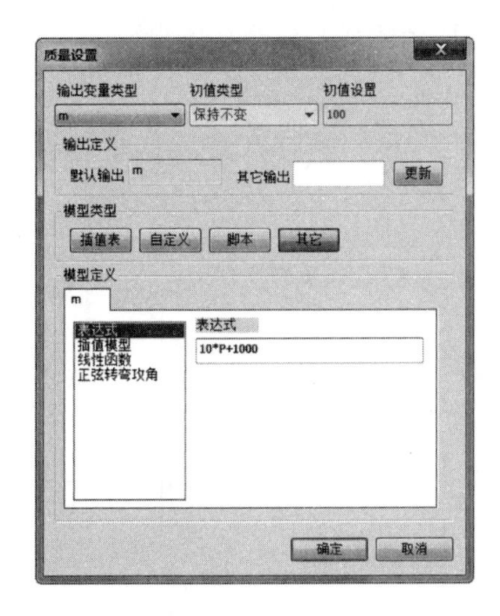

图 6-119

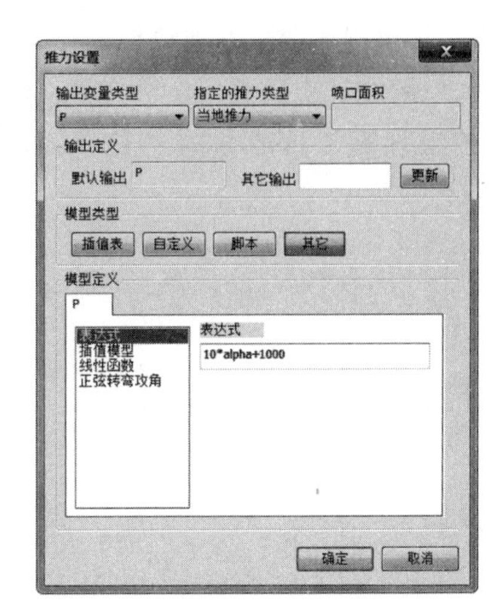

图 6-120

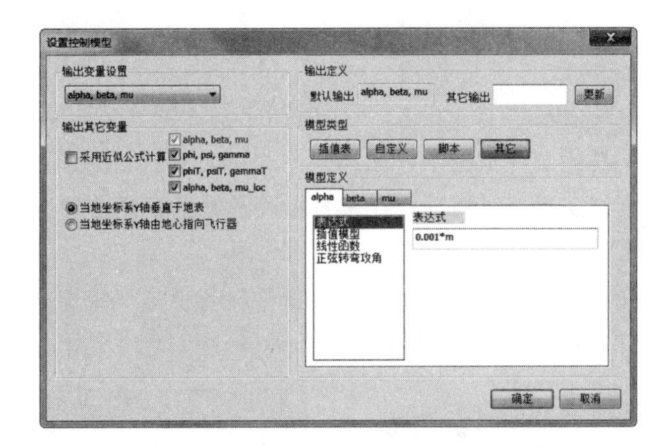

图 6-121

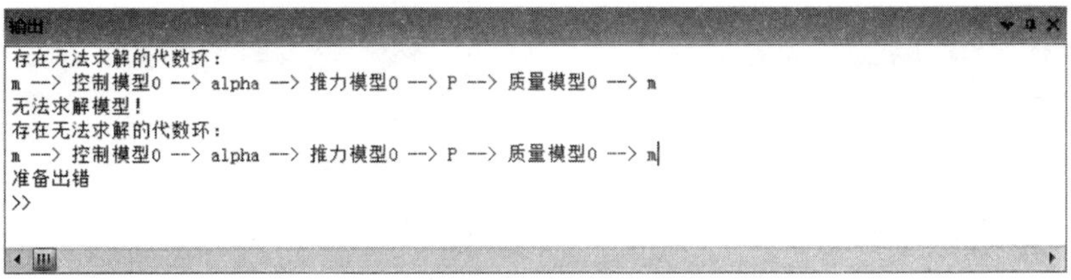

```
输出
存在无法求解的代数环：
m --> 控制模型0 --> alpha --> 推力模型0 --> P --> 质量模型0 --> m
无法求解模型！
存在无法求解的代数环：
m --> 控制模型0 --> alpha --> 推力模型0 --> P --> 质量模型0 --> m
准备出错
>>
```

图 6-122

2）在弹道计算工具的参数列表里新建一个变量，将该变量命名为 b 并赋初值（初值任意赋或不赋）；

3）在弹道计算工具的设计界面中，添加一个自定义学科，该自定义学科采用脚本建模方式，脚本编辑处输入“b = a;”，在自定义学科的输出变量处不写任何变量；

4）在其他学科建模过程中，需要使用变量 a 的地方均用变量名 b 代替。

下面以上述出现代数环的弹道模型为例，说明消除代数环的具体步骤：

1）不失一般性，选择推力学科变量 P 作为消除代数环的变量；

2）在弹道计算工具的参数列表中新建一个变量，命名为 fp（代替变量 P），如图 6－123 所示。

图 6－123

3）在弹道计算工具的设计页面中，添加一个自定义学科，采用脚本建模方式，学科模型如图 6－124 所示。需要注意的是，在该自定义学科的输出变量框中不要输入任何变量名。

4）设置与推力变量 P 相关的学科。由于质量学科与推力变量 P 相关，因此，打开质量设置对话框，将其中的变量 P 替换为变量 fp，如图 6－125 所示。

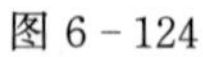
图 6－124

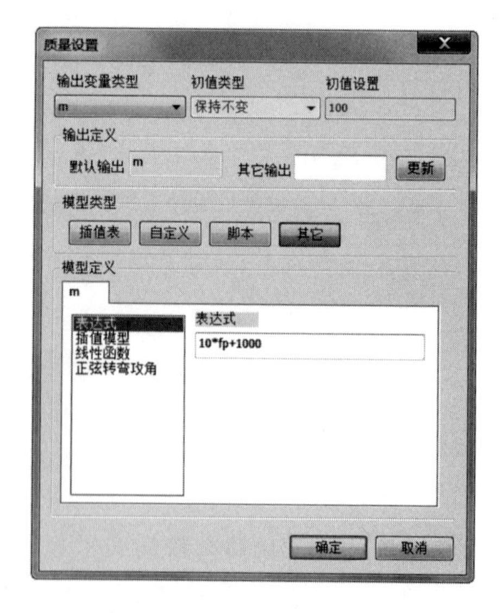

图 6－125

5）点击图 6－126 所示“开始仿真”按钮，即可正常运行弹道计算模型。

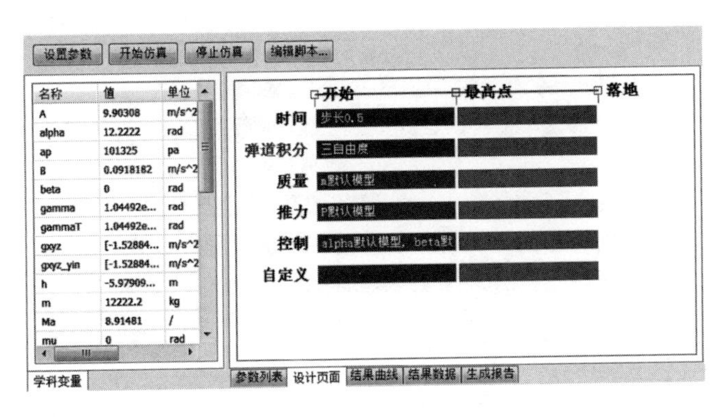

图 6－126

技巧 89　如何利用用户扩展函数进行建模

FlightSim 软件仅为常见的弹道学科定制了模型，在弹道建模过程中，由于用户使用场景和具体问题的不同，可能需要使用用户自定义函数或模型进行建模。FlightSim 软件对于用户使用扩展函数或模型进行建模提供了较好的支持。具体创建方法和步骤如下：

1）用户自定义扩展函数。利用 FlightSim 软件自带的模板封装扩展函数，详见技巧 33。

2）在弹道设计界面插入自定义学科，如图 6－127 所示。

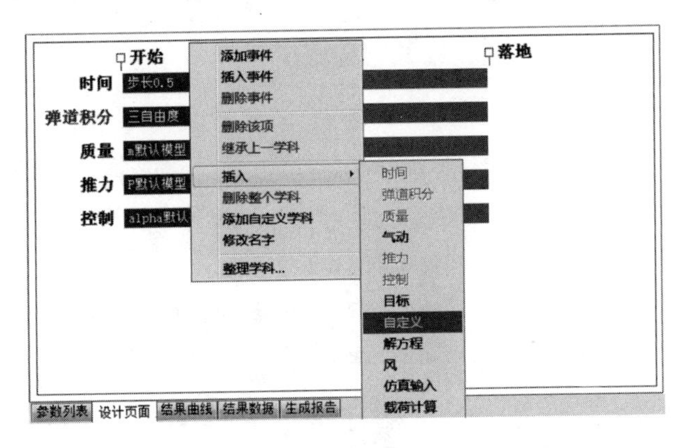

图 6－127

3）在弹道设计页面“自定义”学科行，双击需要设置模型的矩阵块，如图 6－128 所示，将弹出“自定义学科设置”对话框。

4）在“自定义学科设置”对话框的模型类型处选择自定义，在右边倒三角处选择“基本模块—外部资源—DLL 函数”，如图 6－129 所示。

5）双击图 6－130 所示区域即可弹出函数选择框，找到自定义的函数名双击，软件将自动解析出函数的输入输出，对输入输出分别进行相关设置即可使用此函数。

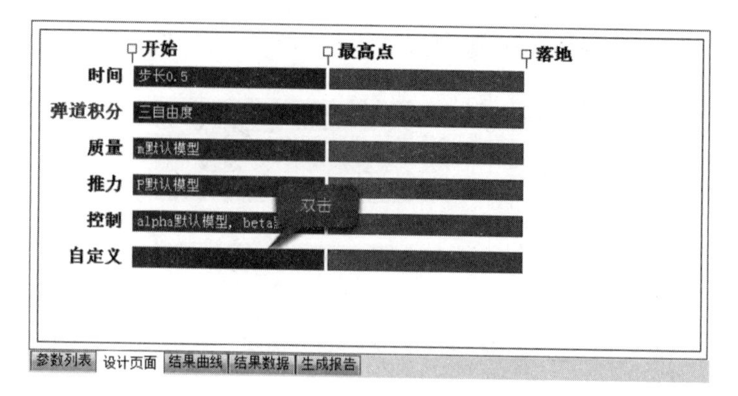

图 6-128

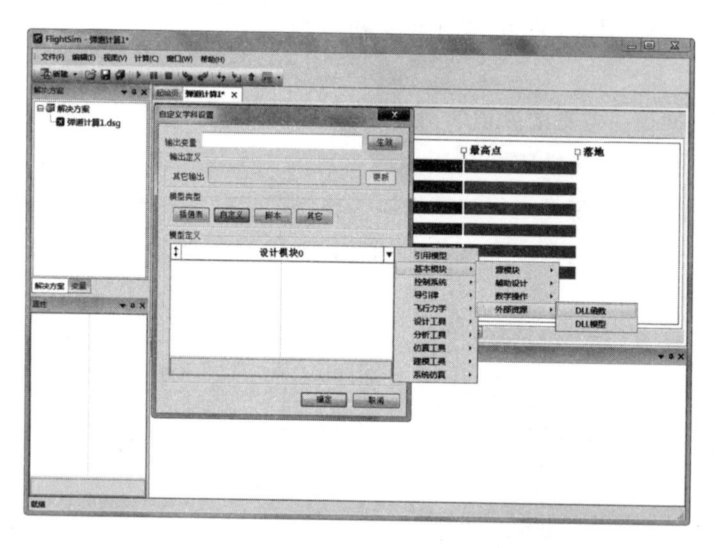

图 6-129

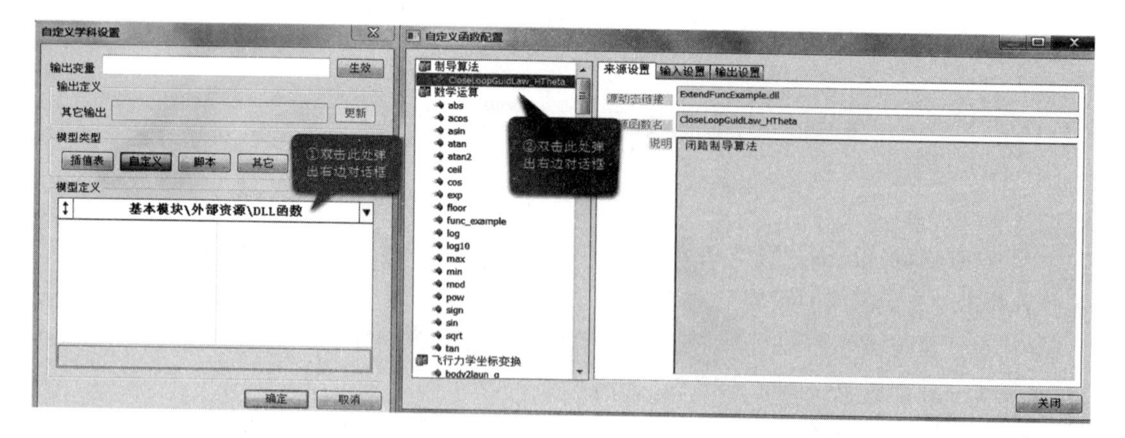

图 6-130

技巧 90　如何使用弹道计算过程中的参数

弹道建模过程中可能需要使用软件内部默认学科变量或用户自定义学科的输出变量，一般通过直接引用变量名的方式即可使用这些参数，如何引用学科变量某一个时刻的值呢？下面通过一个简单的例子进行说明。

对于软件默认的图 6－131 所示的弹道模型，要想获取第 10s 的马赫数，首先添加一个时间，名称可以自定义为“第 10s”，事件长度设定为 10，如图 6－132 所示。可以通过以下两种方法实现。

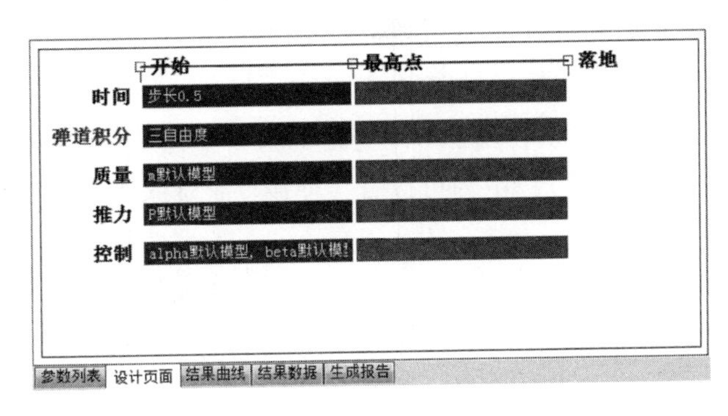

图 6－131

方法一：通过引用“变量名．事件名称”的方式实现。直接在需要使用第 10s 马赫数这个值的地方输入“Ma. 第 10s”即可。例如在事件“最高点”执行代码框中输入“Ma. 第 10s”，如图 6－133 所示，点击运行后，在输出命令行中将显示此变量的值，如图 6－134 所示。

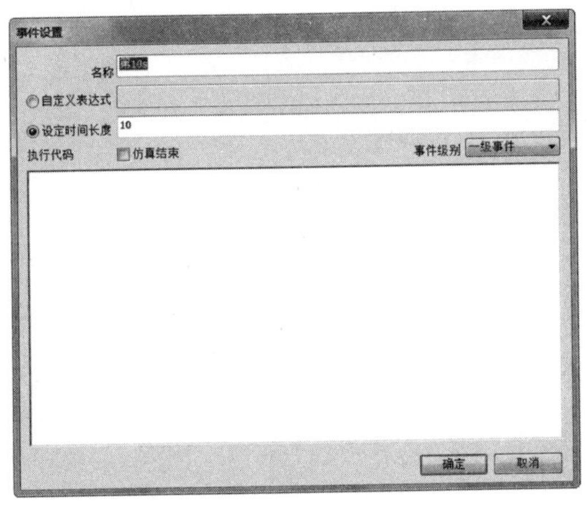

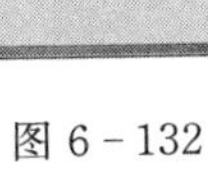

图 6－132

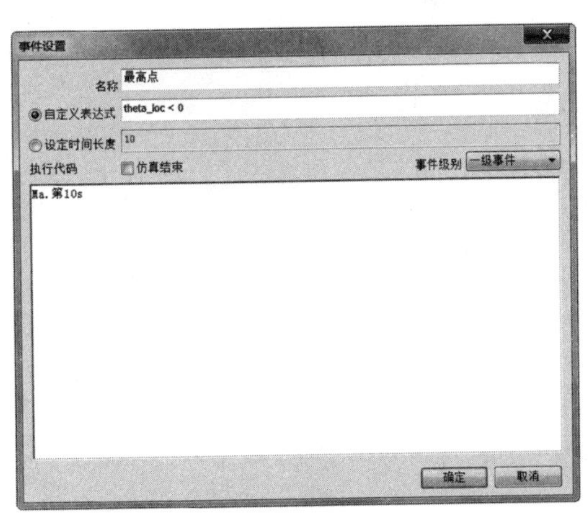

图 6－133

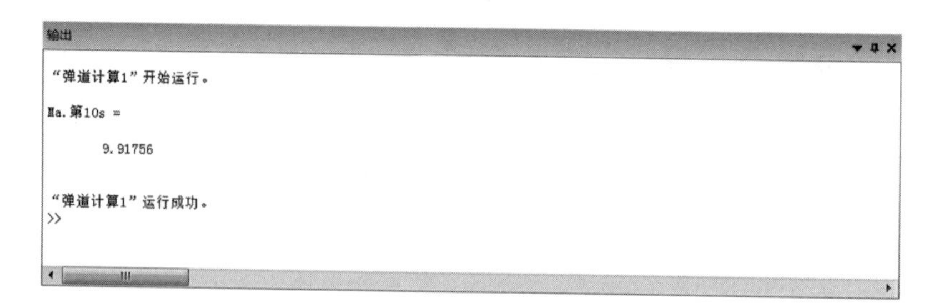

图 6 - 134

方法二：通过在事件设置的执行代码框中进行赋值实现。例如在其他学科建模过程中需要使用第 10s 马赫数值，首先在参数列表中新建名称为“a”的变量，如图 6 - 135 所示；其次在事件“第 10s”设置对话框的执行代码框中，输入“a = Ma”，如图 6 - 136 所示；最后点击运行后，在输出命令行中将显示此变量的值，如图 6 - 137 所示，结果与方法一相同。这样，在其他学科建模过程中即可以直接使用变量 a 来表示第 10s 马赫数值。

名称	值	说明	单位	输入输出
a	0			保护

参数列表　设计页面　结果曲线　结果数据　生成报告

图 6 - 135

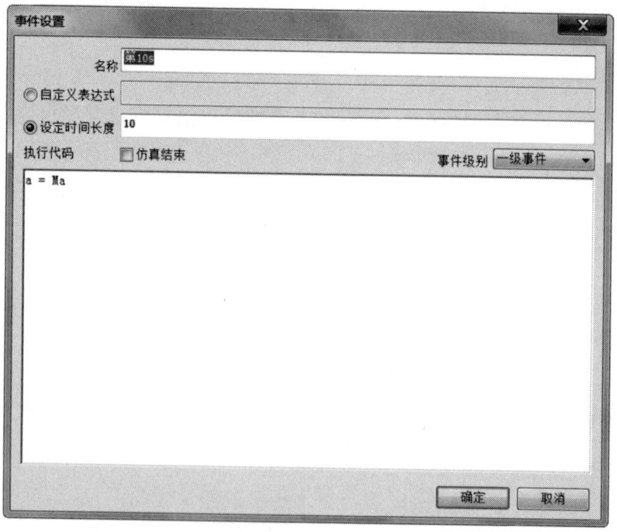

图 6 - 136

图 6 - 137

技巧 91　如何在弹道计算前、中、后进行必要的操作

实际工作过程中，弹道计算前一般需要对某些变量或常量进行赋初值初始化，弹道计算完成后可能需要画图或进行后处理等操作，弹道计算过程中可能随着时序的变化需要对某些变量进行重新赋值，因此，在弹道计算的前、中、后三个阶段都有可能需要对弹道模型进行相关操作，这些需求如何在 FlightSim 软件中实现呢？

(1) 弹道计算开始前和计算结束后的相关代码编程处理方法

在图 6 - 138 所示弹道设计主页面中，单击上部“编辑脚本”按钮，将弹出“设置代码”对话框，这个对话框中有“起始脚本”和“终止脚本”两个标签页，在这两个标签页中可以分别进行弹道计算开始前和计算结束后的代码编制，如图 6 - 139 所示。其中，“起始脚本”中的代码在弹道仿真开始前执行，“终止脚本”中的代码在弹道仿真结束后执行。

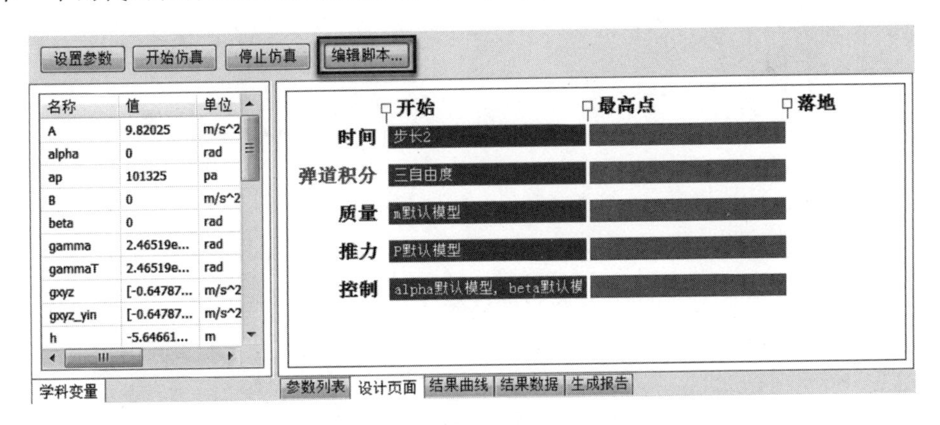

图 6 - 138

(2) 弹道计算过程中的相关代码编程处理方法

弹道计算过程中的代码编制需要在事件设置对话框中实现。在图 6 - 140 所示弹道设计主页面中，双击需要设置的某个事件名称，在弹出的事件设置对话框的执行代码中，可以输入需要执行的代码，如图 6 - 141 所示。在弹道仿真过程中，当该事件发生后将执行这段代码。

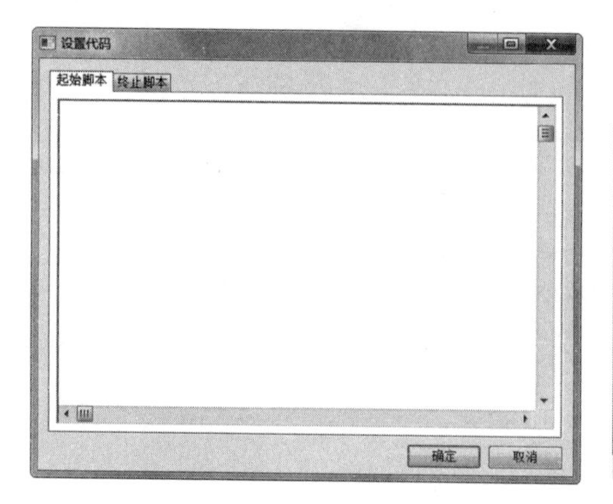

图 6-139

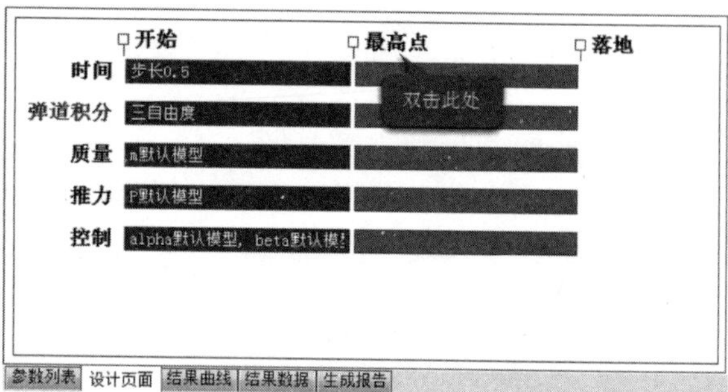

图 6-140

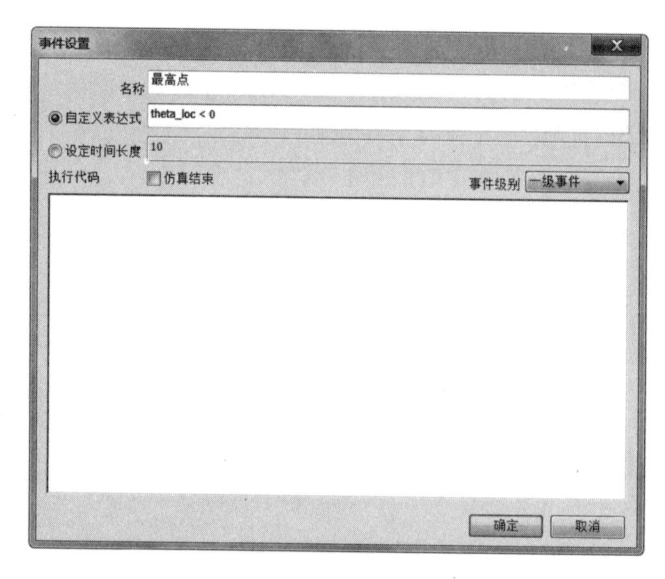

图 6-141

(3) 不同位置代码的执行顺序

起始脚本、结束脚本、事件中的代码执行顺序如图 6-142 所示。

图 6-142

技巧 92　如何进行偏差弹道计算

在弹道计算中，经常需要对某些参数进行拉偏后再进行弹道仿真，即偏差弹道计算。具体实现方法和步骤如下：

1）在弹道设计主页面，单击左上角的“设置参数”，如图 6－143 所示。

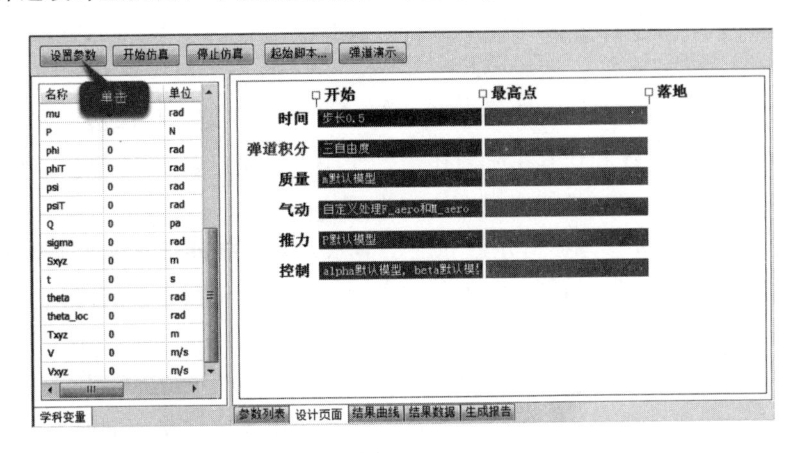

图 6－143

2）在弹出的对话框中，如图 6－144 所示，首先单击“偏差设置”标签，然后在页面下方空白处点击右键，在弹出的菜单中选择“添加新项”，即可添加一个拉偏变量。

3）在添加的拉偏变量行设置需要拉偏的学科变量、设定拉偏值、拉偏类型、拉偏开始结束事件。如图 6－145 所示，拉偏变量直接从下拉列表中选择；拉偏值直接手动输入；拉偏类型有加法、加相对量和乘法三个选项供选择；开始事件和结束事件均通过下拉列表选择，下拉列表中显示弹道建模中所有的时序点供选择，如果没有设置开始和结束事件，默认从弹道积分开始直到积分结束均进行拉偏处理。

图 6－144

图 6－145

4）重复以上步骤可添加多个拉偏变量，同时也可对已添加的拉偏变量进行删除操作。

技巧 93 如何集中管理弹道变量

除了软件内部默认变量外，为了方便进行弹道优化、弹道迭代求解、蒙特卡洛仿真、版本管理等工作，弹道设计和仿真中一般还需要使用大量用户自定义变量，软件提供了集中管理这些变量的解决方案。具体实现方法和步骤如下：

1）管理内部默认变量参与弹道建模和输出显示。基于软件运算速度和界面简洁等考虑，不是所有变量均进行运算和显示在参数列表中，用户可根据需要管理这些变量。首先在图 6－146 所示弹道设计页面双击“弹道积分”学科，在弹出的图 6－147 所示飞行环境设置对话框中单击输出设置标签，在此标签处可通过勾选的方式进行内部默认变量的管理。勾选变量后，在弹道建模的其他学科中可以直接使用这些变量，同时在弹道设计页面的学科变量列表中将出现这些变量的名称，在结果曲线页面可以动态查看这些变量。

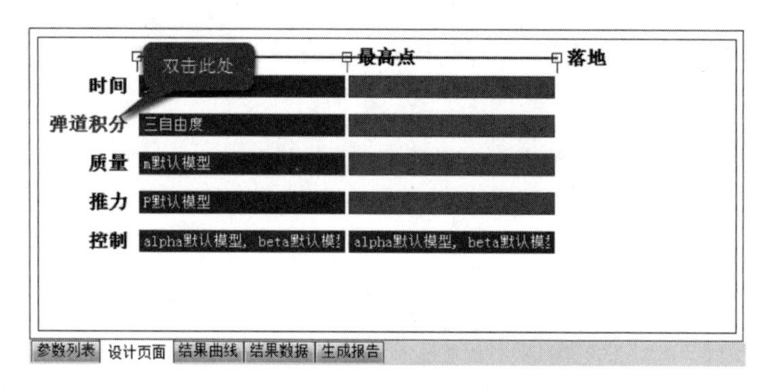

图 6－146

图 6－147

2）管理内部默认变量作为弹道建模工具输出。在弹道优化、弹道迭代求解、蒙特卡洛仿真中，一般需要使用弹道内部默认变量作为约束条件或优化目标。首先点击图 6－148 所示弹道设计主页面左上角“设置参数”按钮，在弹出的图 6－149 所示中间变量设置对话框的输出设置标签中，在需要设置为输出变量数据的某一列中单击下拉三角，在弹出的下拉框中选择“计算并输出”，此变量设置完后即可在其他工具中被解析和使用。

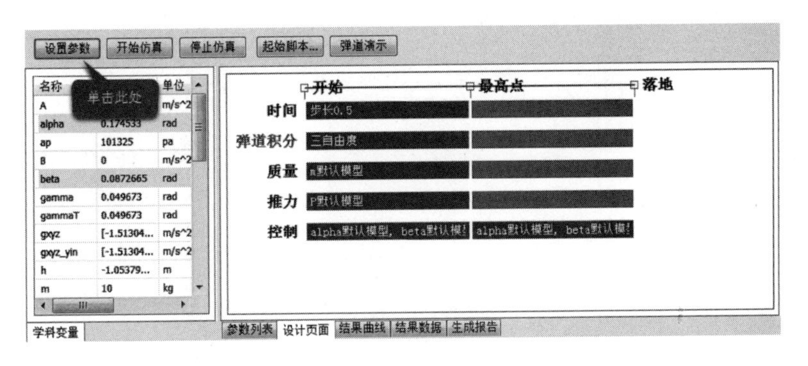

图 6－148

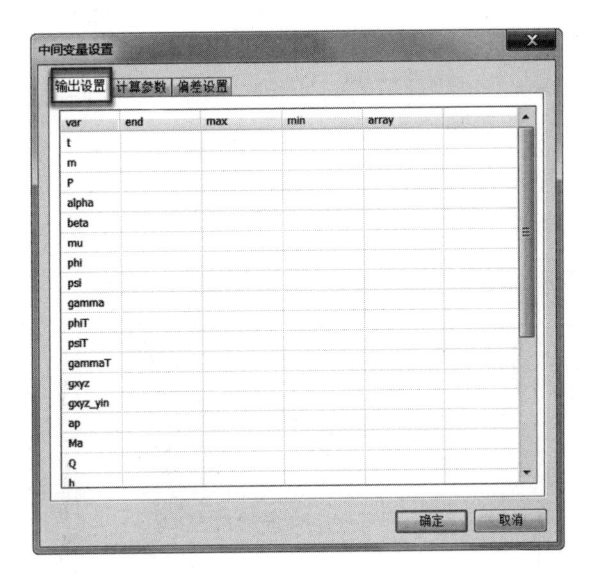

图 6－149

3）管理用户自定义变量参与弹道建模或作为弹道建模工具的输入。在弹道优化、弹道迭代求解、蒙特卡洛仿真中，一般需要使用用户自定义变量作为设计变量。在弹道设计的参数列表标签页中进行用户自定义变量的管理，一般情况下可以将一些常量、设计变量、输出变量、中间变量等保存在此。如图 6－150 所示，在弹道设计主页面中点击“参数列表”标签，在此页面可以通过右键对列表中的数据项进行添加、删除、复制、粘贴、调整顺序等操作，在每一个数据项中可以更改名称、值、说明、单位，并设置输入输出属性。

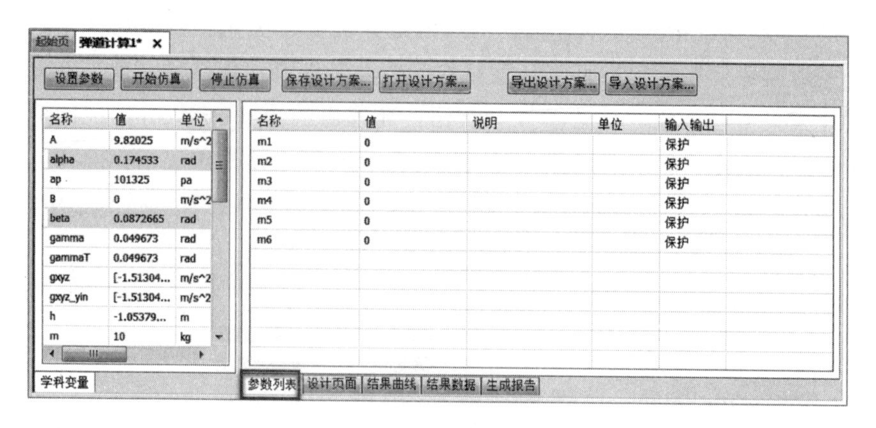

图 6－150

技巧94　如何快速“复制”一个相同的弹道计算工具

在某些情况下，弹道方案需要在一个已有解决方案下进行改动，为了不影响原有弹道模型，这时就需要在同一个解决方案下快速“复制”一个相同的弹道模型。FlightSim软件提供了“添加副本”的功能解决此类问题。具体实现方法如下：

1）在解决方案窗口中选择需要复制的弹道计算模型。

2）右键单击图6－151选择的弹道模型，在弹出的下拉列表中选择“添加副本”后，即可在该解决方案下生成默认名为“弹道计算2”的弹道模型，如图6－152所示。

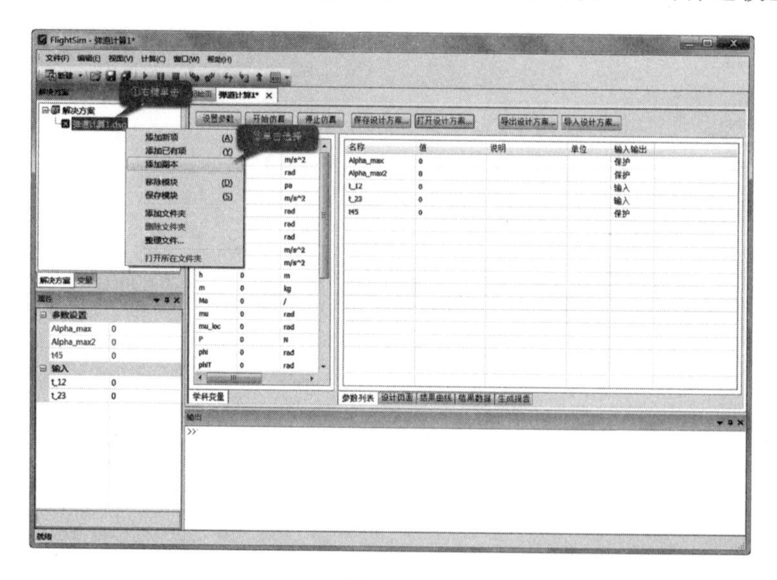

图 6－151

图 6－152

3）名称为“弹道计算2”的弹道模型即为由“弹道计算1”复制的模型，两者完全相同，后续在“弹道计算2”中进行弹道模型的改动不会影响“弹道计算1”，两个弹道模型均为同一个解决方案下两个独立的项目。

技巧 95　如何处理抛整流罩（头罩）等问题

在弹道计算和仿真过程中，经常会遇到在某个时刻飞行器抛整流罩（头罩）、助推器分离等问题，对于此类问题，FlightSim 软件弹道计算工具中的质量模型提供了简单的处理方案。具体处理方法和步骤如下：

1）在图 6－153 所示弹道设计页面“质量”学科行，双击抛整流罩事件时序对应的矩阵块，弹出图 6－154 所示“质量设置”对话框。

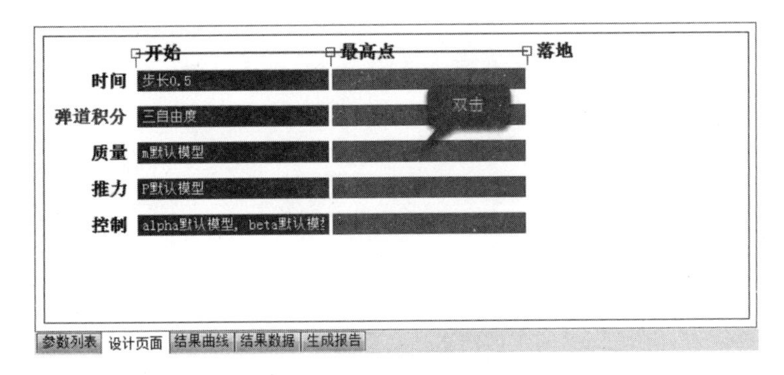

图 6－153

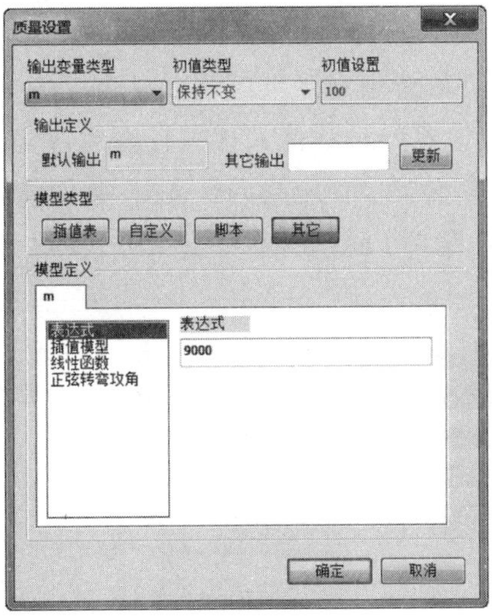

图 6－154

2）在质量设置对话框中，首先在输出变量类型处选择“m _ dt”，如图 6－155 所示，然后在初值类型处选择“指定偏移量”，如图 6－156 所示，其次在初值设置中输入“－整流罩质量”，例如整流罩质量为 100kg，这里就输入“－100”，最后点击确定即完成了抛整流罩问题的设置。

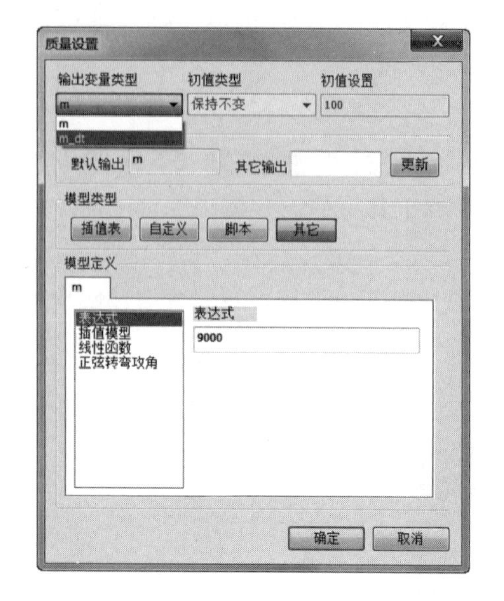

图 6－155

图 6－156

技巧 96　如何定义弹道相对时序和绝对时序

弹道建模过程中不可避免需要定义诸如发动机点火、程序转弯、分离、抛整流罩等多个时序，在 FlightSim 弹道计算软件中如何定义不同的时序？首先来看看软件中是如何定义时序的。如图 6－157 所示，在弹道设计页面的空白处点击右键，选择“插入事件”，将弹出图 6－158 所示的“事件设置”对话框，该事件即时序成立的条件有两种定义方式：一种是“自定义表达式”，另一种是“设定时间长度”。我们将第一种方式称为绝对时序定义，第二种方式称为相对时序定义。这两种时序定义方式的一般使用技巧如下：

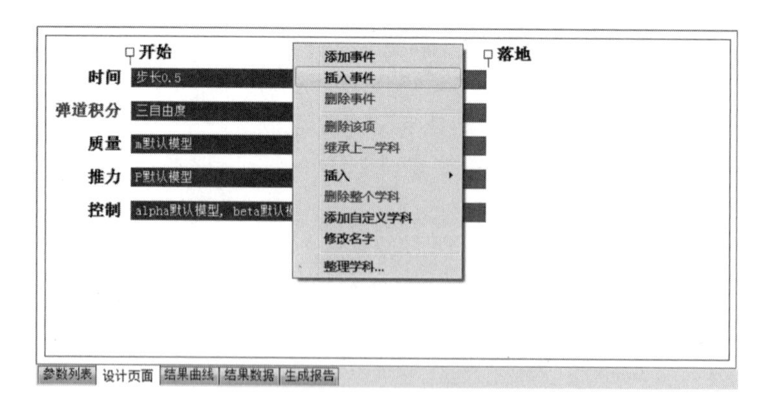

图 6－157

1）绝对时序的使用技巧。在事件定义时，首先需要勾选“自定义表达式”，然后在后面的空白处输入事件发生的表达式。该项设置的自定义表达式的含义为“当该表达式成立时即执行当前事件”。因此，绝对时序定义适用于那些相对上一事件没有明确时序关系的时序定义，如弹道最高点、落地点、发动机关机点等时序。例如弹道最高点时序可以按图 6－159 所示的定义，某发动机工作时间为 60s，则发动机关机点时序可以按图 6－160 所示的定义，弹道落地点时序可以按图 6－161 所示的定义，定义好后的设计页面如图 6－162 所示。

图 6－158

图 6－159

图 6－160

图 6－161

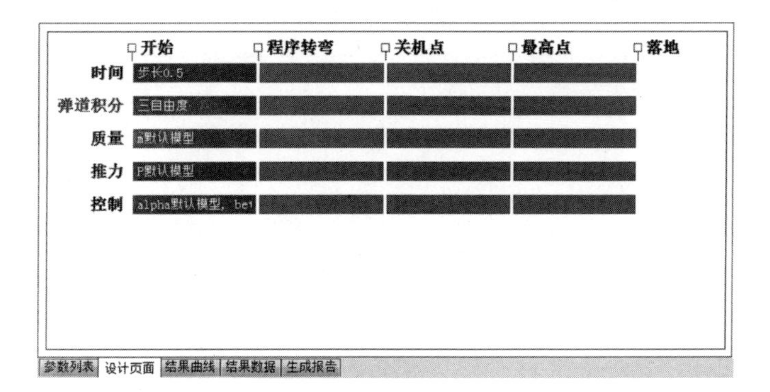

图 6－162

2）相对时序的使用技巧。在事件定义时，首先需要勾选“设定时间长度”选项，然后在后面的空白处输入时间。该项设置的时间长度的含义为“从上一个事件发生到当前事件发生经历的绝对时间长度，单位为秒”。因此，相对时序定义适用于那些以上一个事件为起始事件、具有明确时间关系的时序定义，如程序转弯、抛整流罩等时序。例如，如图6-163所示，在弹道设计页面插入“程序转弯”事件且设定时间长度为5，则表示在“开始”事件发生5s后，开始发生“程序转弯”事件，定义好的设计页面如图6-164所示。

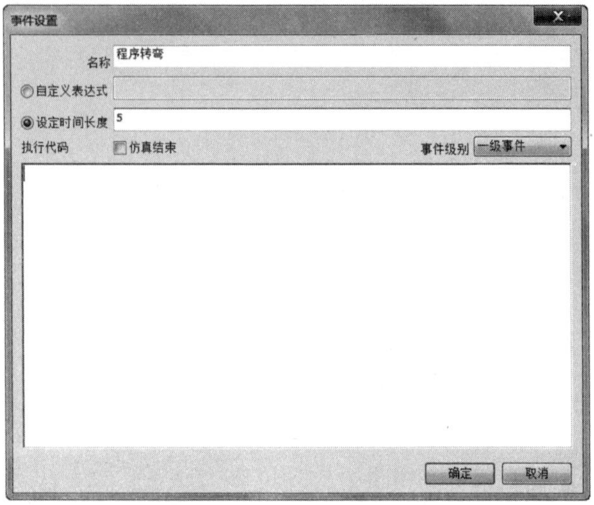

图6-163

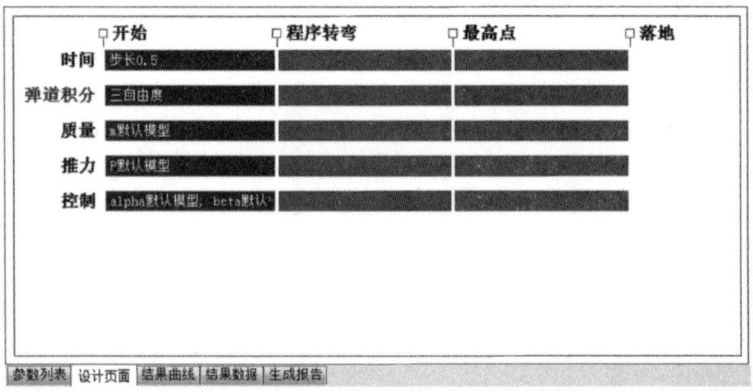

图6-164

提示：本技巧中，发动机关机点时序也可采用相对时序的方式进行定义，即直接在时间长度中输入发动机工作时间，但这种方式仅适用于在发动机点火和关机之间没有其他事件/时序的情况，否则只能采用本例中相对时序的定义方式。采用本例中相对时序定义的另一个好处则是，在定义关机点事件后，无论发动机点火事件和关机事件之间再添加任何多段时序或事件，都不影响关机事件的发生时序。因此，对于诸如发动机关机这类相对某个事件具有明确时间关系且在起始事件和结束事件之间具有多个时序的事件来说，最好采用类似于本例中绝对时序的定义方式。

技巧 97　如何在程序设计中将时序名称作为判断条件使用

在弹道学科建模过程中，经常以某个时序的发生作为模型切换的条件，例如在弹道最高点之后飞行器攻角规律发生变化。对于这类问题，一般有两种解决途径，第一种是插入事件然后采用在不同事件中分别建模的方式，这种建模方式表述清晰易于理解，但对于模型变化频繁的情况来说，此种建模方式对模型的操作和改动较多，比较麻烦，同时程序的可读性和维护性也较差；第二种方式是利用软件中提供的特殊变量 IsHappen。特殊变量 IsHappen 的一般用法如下：IsHappen.事件名，返回值为 0 或 1，当事件未发生时返回 0，当事件发生后返回 1，一般用来作为事件是否发生的判断条件。

对于图 6－165 所示的简单模型来说，在弹道最高点前设计攻角、侧滑角、倾侧角均为 0°，在弹道最高点之后设计攻角、侧滑角、倾侧角分别为 10°、5°、2°，利用变量 IsHappen 实现学科模型切换建模的方法和步骤如下。

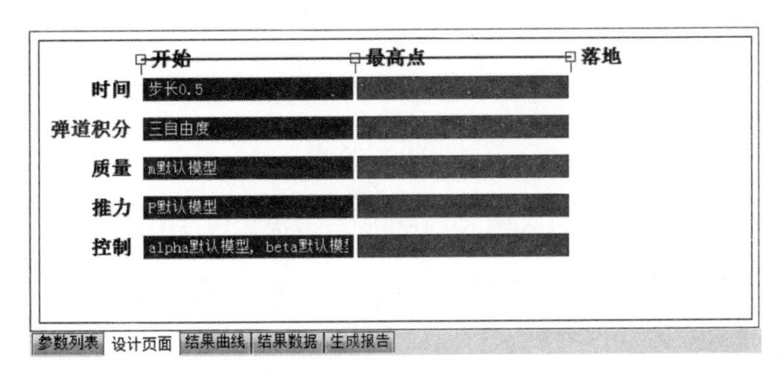

图 6－165

首先双击控制学科中第一个矩阵块；其次在弹出对话框中选择脚本建模方式，在模型定义中输入图 6－166 所示代码；点击确定后运行弹道模型，在结果曲线页面中选中 alpha、beta 和 mu 变量查看结果，发现在弹道最高点前三个参数均为 0°，在弹道最高点之后三个参数分别变为 10°、5°、2°，如图 6－167 所示，实现了预期设计。

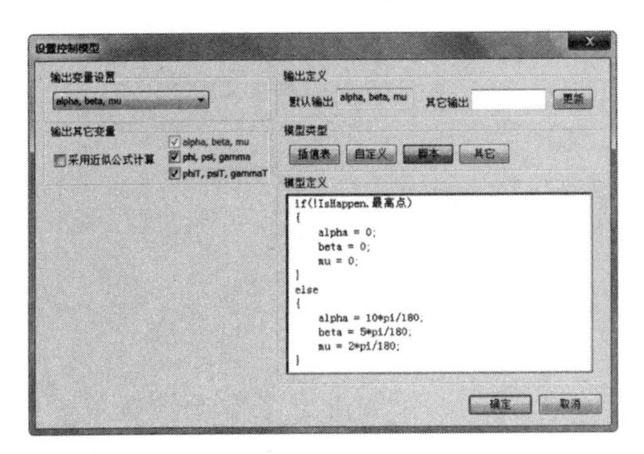

图 6－166

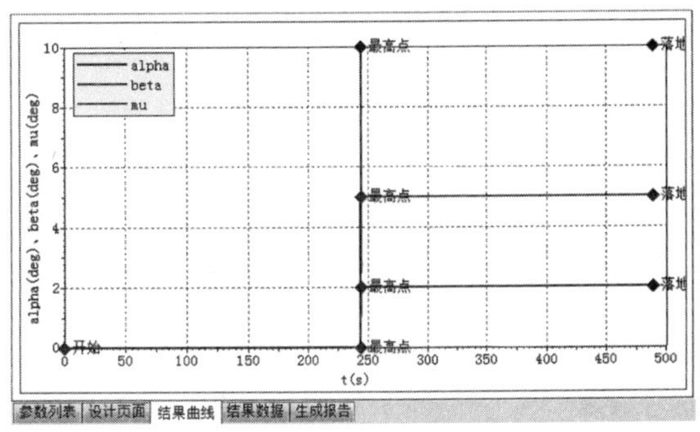

图 6－167

技巧98　如何在仿真中设置飞行器位置、姿态等信息

多级飞行器在每一子级分离后，其姿态角和姿态角速度可能会由于分离过程的影响而发生改变，这就需要在弹道连续仿真过程中，在分离时刻或下一级开始时刻改变飞行器的姿态和姿态角速度信息。在FlightSim弹道计算软件中，此项功能可通过专用的函数来实现，具体实现方法和步骤如下：

1）首先双击事件“一二级分离”，如图6－168所示。

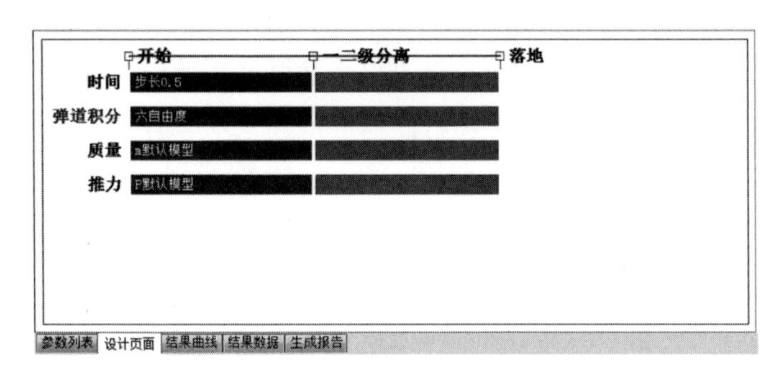

图6－168

2）在弹出对话框的空白处输入图6－169所示表达式后点击确定。

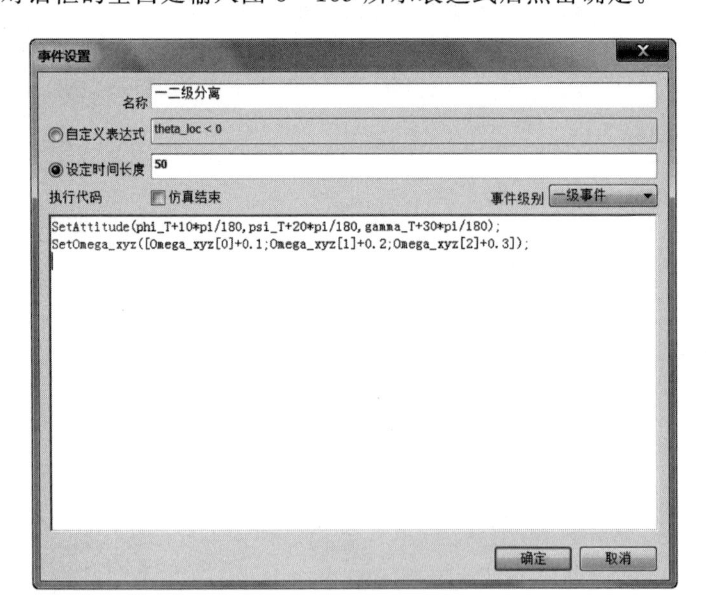

图6－169

3）点击“开始仿真”后，在“结果曲线”中分别查看姿态角和姿态角速度变量，如图6－170和图6－171所示，在“一二级分离”事件发生时刻，三个姿态角和姿态角速度向量的三个分量分别按照预期发生了变化。

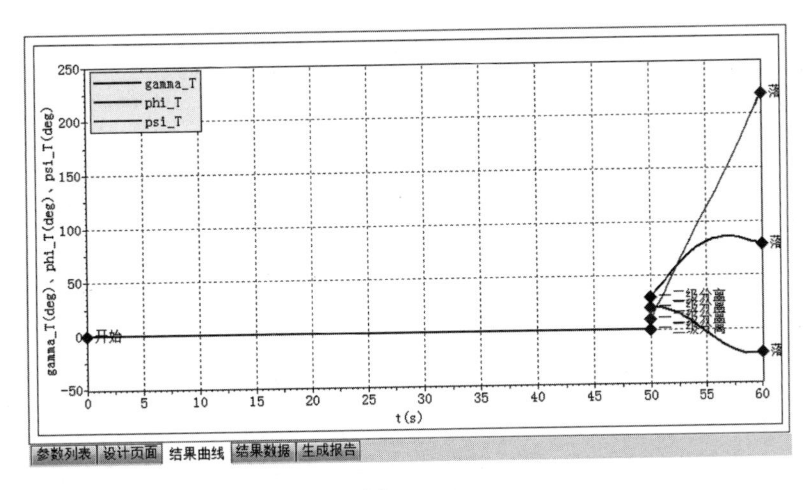

图 6 - 170

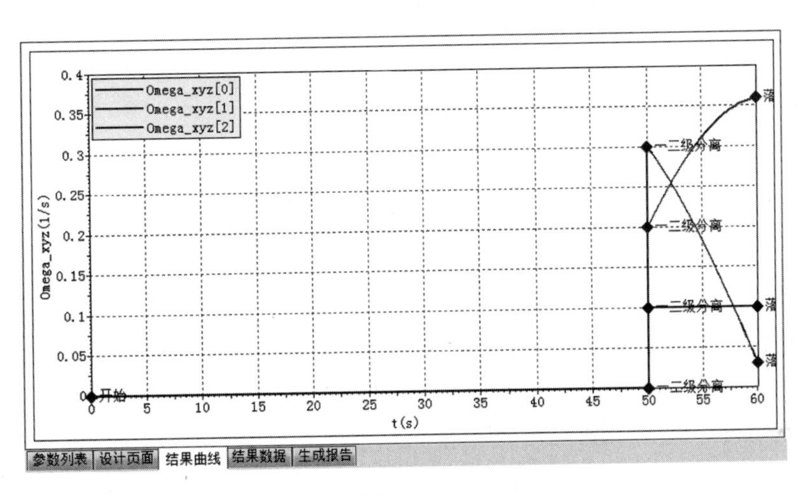

图 6 - 171

提示 1：为了处理级间分离、诱饵抛洒、头罩分离等非连续问题，弹道计算工具中有专门的函数来处理此类问题，除本技巧中介绍的两个函数外，其他函数如表 6 - 1 所示。

表 6 - 1

函数名	功能	备注
SetSxyz0	设置初始位置	一般在外部使用
SetVxyz0	设置初始速度	一般在外部使用
SetAttitude0	设置初始姿态	一般在外部使用
SetOmega0_xyz	设置初始角速度	一般在外部使用
SetSxyz	设置当前位置	一般写在事件的执行代码中

续表

函数名	功能	备注
SetVxyz	设置当前速度	一般写在事件的执行代码中
SetTxyz	设置当前视位置	一般写在事件的执行代码中
SetWxyz	设置当前视速度	一般写在事件的执行代码中
SetAttitude	设置当前姿态	一般写在事件的执行代码中
SetOmega_xyz	设置当前姿态角速度	一般写在事件的执行代码中

利用表6-1中的函数，可以在弹道仿真过程中设置位置、速度、视位置、视速度、姿态、姿态角速度等参数。

提示2：函数SetAttitude设置的三个角度为发射惯性坐标系下的姿态角；函数SetOmega_xyz设置的值为弹体坐标系下的姿态角速度；函数SetSxyz、SetVxyz、SetTxyz、SetWxyz设置的值为发射坐标系下的参数。

提示3：表6-1中的前四个函数可设置飞行器的初始位置、初始速度、初始姿态和初始角速度参数，一般在弹道计算工具外部使用，用于在仿真前设置飞行器的初始状态。

技巧99　如何进行批量弹道仿真和数据存储

弹道计算模型搭建好后，一般只能进行一种状态下的弹道仿真，在有些情况下，需要在弹道模型中某些变量或常值呈一定变化规律情况下进行批量弹道的仿真，以分析弹道特征参数的变化情况。FlightSim软件对于批量弹道仿真提供了较好的支持。具体创建方法和步骤如下：

1）建好弹道模型后，根据用户关心的弹道输入和输出参数，利用技巧107中的方法设置弹道模型的输入和输出变量。例如需要研究飞行器射程随主动段下压最大攻角的变化关系，可以在参数列表中将最大下压攻角变量设置为输入变量，在设置参数中将代表射程的“range”变量设置为输出变量。

2）点击软件界面左上角的新建按钮，在弹出的对话框中选择“建模工具”中的“自定义脚本”模块，然后单击右侧“空模型”，最后单击确定，即可新建自定义脚本工具，如图6-172所示。

3）在新建的自定义脚本工具空白处，输入图6-173所示的代码。在代码中，alpha_max表示弹道模型中的最大下压攻角输入变量，range表示弹道模型中的射程输出变量，“弹道计算”为已建模弹道模型名称。在自定义脚本中，可以利用for循环语句改变弹道输入变量的值，然后利用run语句运行弹道模型，在弹道模型运行完后利用plot函数进行绘图，同时将每次循环使用的输入变量和输出变量保存在新建的变量ALPHA和RANGE中，以此实现弹道的批量仿真和数据的批量存储。

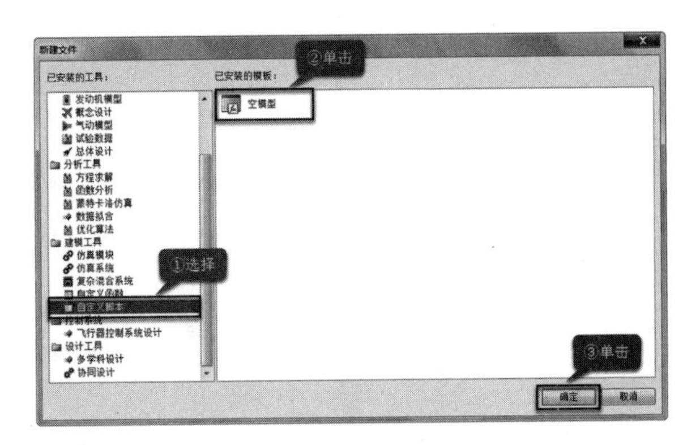

图 6 - 172

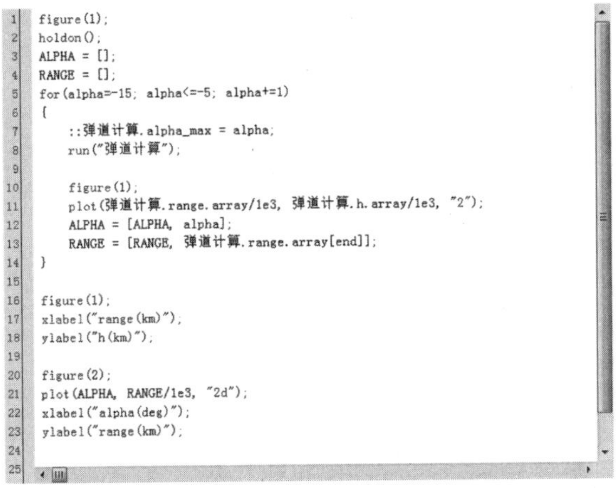

```
figure(1);
holdon();
ALPHA = [];
RANGE = [];
for(alpha=-15; alpha<=-5; alpha+=1)
{
    ::弹道计算.alpha_max = alpha;
    run("弹道计算");

    figure(1);
    plot(弹道计算.range.array/1e3, 弹道计算.h.array/1e3, "2");
    ALPHA = [ALPHA, alpha];
    RANGE = [RANGE, 弹道计算.range.array[end]];
}

figure(1);
xlabel("range(km)");
ylabel("h(km)");

figure(2);
plot(ALPHA, RANGE/1e3, "2d");
xlabel("alpha(deg)");
ylabel("range(km)");
```

图 6 - 173

4）单击工具栏中的运行按钮，可运行自定义脚本中的代码，如图 6 - 174 所示。运行完成后即弹出两个图形控件，如图 6 - 175 所示，同时在变量对话框中生成名称为 ALPHA 和 RANGE 的变量，如图 6 - 176 所示，批量弹道计算过程中使用的数值将存储在该变量中。

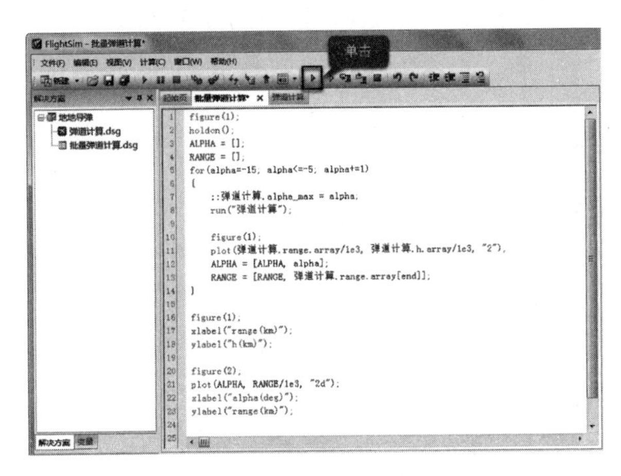

图 6 - 174

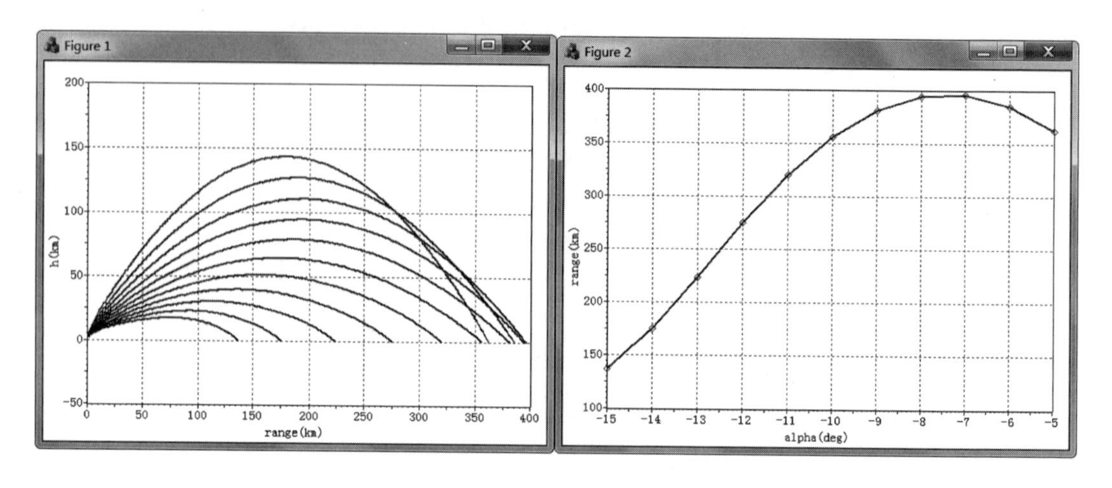

图 6-175

名字	值
ans	336015
alpha	-4
ALPHA	1×11 double
RANGE	1×11 double

图 6-176

技巧 100　如何将批量弹道计算结果保存成不同弹道数据文件

在使用弹道计算工具时，有时需要针对某个参数变化开展批量弹道仿真，同时需要将每一次仿真得到的弹道数据保存成本地文件。针对此类复杂任务，FlightSim 软件提供了较好的解决方案。具体操作方法和步骤如下：

1）搭建弹道仿真模型。根据任务需要，按照技巧 65～技巧 78 中介绍的方法，搭建弹道仿真模型，如图 6-177 所示。搭建好的弹道模型应可进行单次弹道计算且计算结果正确。

2）设置弹道模型的输入变量。按照技巧 107 中介绍的方法，将在弹道仿真中需要变化的变量设置为弹道模型的输入变量，如图 6-178 所示。

3）设置需要保存的弹道数据表。利用技巧 81 中介绍的方法，在结果数据标签页中添加名为“表数据 0”的结果数据表，并设置需要保存的弹道参数，如图 6-179 所示。

4）利用自定义脚本工具编写批量弹道仿真与数据保存代码。首先利用技巧 18 中介绍的方法，在同一个解决方案下新建一个自定义脚本工具，如图 6-180 所示；然后在自定义脚本工具中键入如下所示代码。

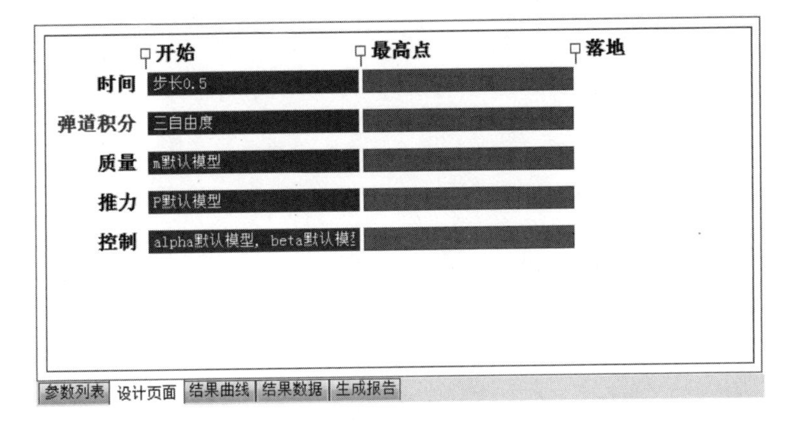

图 6 - 177

名称	值	说明	单位	输入输出
Theta	80			输入

参数列表　设计页面　结果曲线　结果数据　生成报告

图 6 - 178

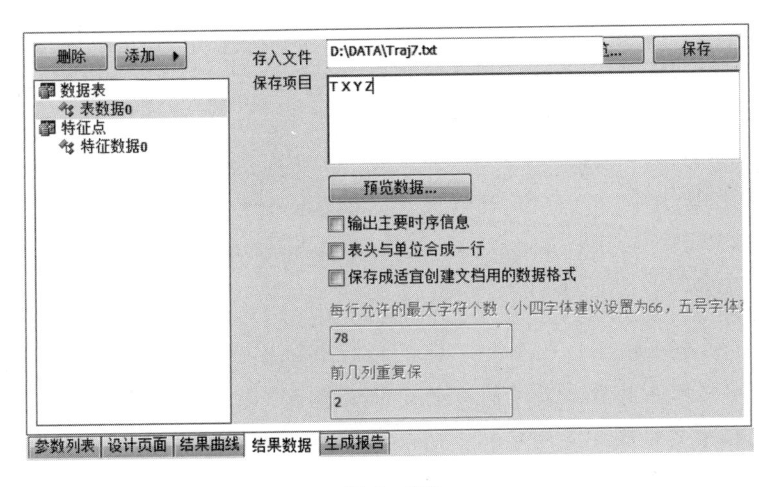

图 6 - 179

图 6 - 180

```
tag = 1;
for(::弹道计算 1. Theta = 10; ::弹道计算 1. Theta<= 70; ::弹道计算 1. Theta + = 10,tag
+ + )
{
    a = ::弹道计算 1. Theta;
    ::弹道计算 1. SaveCurrentScheme("Theta = " + num2str(a));
    run("弹道计算 1");
    ::弹道计算 1. SaveTrajData("表数据 0","D:\\DATA\\Traj"  + num2str(tag)
+ ". txt");
}
```

5）点击图 6－181 所示工具栏中的运行按钮，即可进行批量弹道计算，并将弹道计算结果保存在设置的本地目录下。打开本地“D:\DATA”路径，可以看到批量保存的弹道文件，如图 6－182 所示。

图 6－181

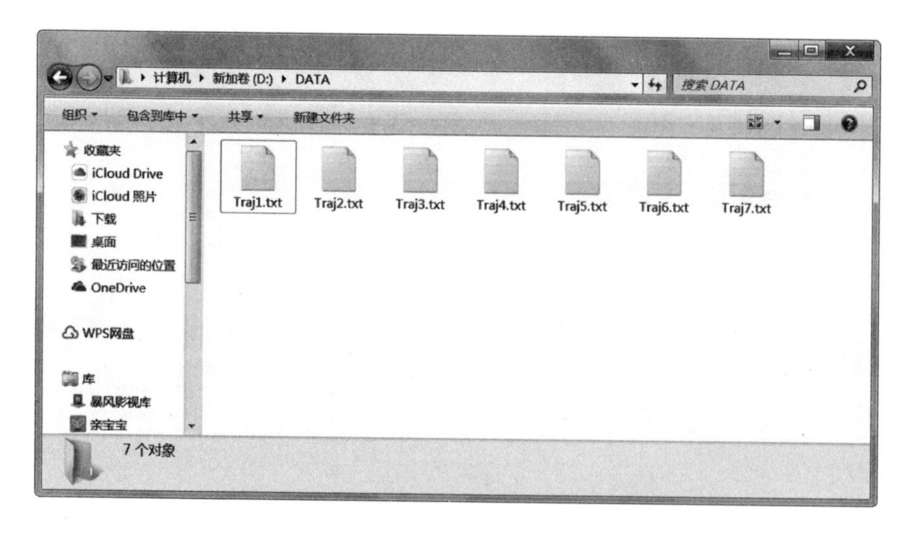

图 6－182

提示 1：本技巧中使用了两个小技巧，一个是字符串的加法，另一个是将数字转换成字符串的函数 num2str。使用函数 num2str 的目的是将变量 a 和 tag 转换成字符串形式，在批量弹道计算过程中实现数字量到字符串的动态转换；使用字符串加法的目的是在批量弹道计算过程中将保持不变的字符串和动态变化的字符串进行合并，实现弹道版本保存和弹道数据保存时字符串名称的动态变化。

提示 2：在 FlightSim 软件中，符号“\\”表示字符“\”。因此，在表示文件路径时，需要在每个符号“\”的地方使用符号“\\”来表示。另外一种表示文件路径的方法是用符号“/”代替符号“\”。因此，对于本技巧中的路径“D:\DATA”可以用“D:\\DATA”或“D:/DATA”来表示。

提示 3：本技巧中使用的 SaveCurrentScheme 函数和 SaveTrajData 函数均是弹道计算工具中的特定函数，这些特定函数的功能和具体使用方法可以参见技巧 31。本技巧中对于该函数的使用即此类函数的典型使用场景，使用 SaveTrajData 函数即可将定制的弹道表数据保存在指定本地路径的文件中，而使用 SaveCurrentScheme 函数即可将每一轮的弹道方案均保存下来，实现如技巧 83 介绍的功能。在弹道计算工具的“参数列表”标签页中，点击页面上方的“打开设计方案”按钮，即可看到保存的每一轮方案名称，如图 6－183 所示。

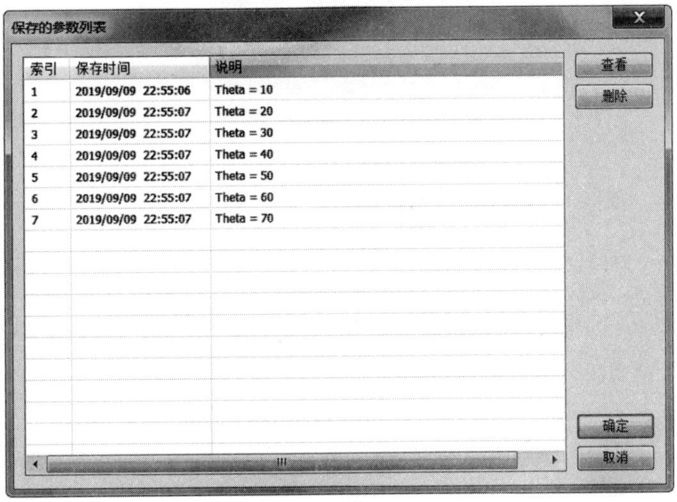

保存的参数列表

索引	保存时间	说明
1	2019/09/09 22:55:06	Theta = 10
2	2019/09/09 22:55:07	Theta = 20
3	2019/09/09 22:55:07	Theta = 30
4	2019/09/09 22:55:07	Theta = 40
5	2019/09/09 22:55:07	Theta = 50
6	2019/09/09 22:55:07	Theta = 60
7	2019/09/09 22:55:07	Theta = 70

查看　删除　确定　取消

图 6－183

技巧 101　如何在弹道仿真中考虑典型器件（执行机构、惯性器件等）传递函数特性

在弹道仿真中，可能需要考虑执行机构（发动机伺服机构、空气舵伺服机构等）和惯性器件（惯组、加速度计、陀螺、速率陀螺等）等典型单机设备的实际工作特性，这些单机设备的工作特性一般用传递函数来表示。利用 FlightSim 软件可以方便在仿真中考虑单机设备的传递函数特性，具体实现方法和步骤如下：

1）在弹道设计界面中插入自定义学科，如图 6－184 所示。

2）在弹道设计页面“自定义”学科行，双击需要设置传递函数模型的矩阵块，如图 6－185 所示，弹出“自定义学科设置”对话框。

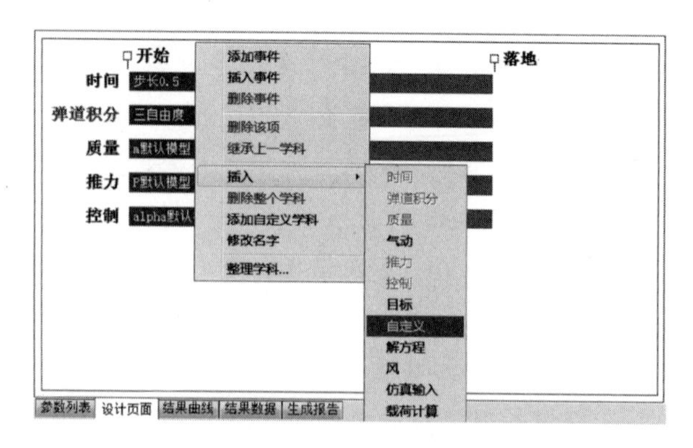

图 6 - 184

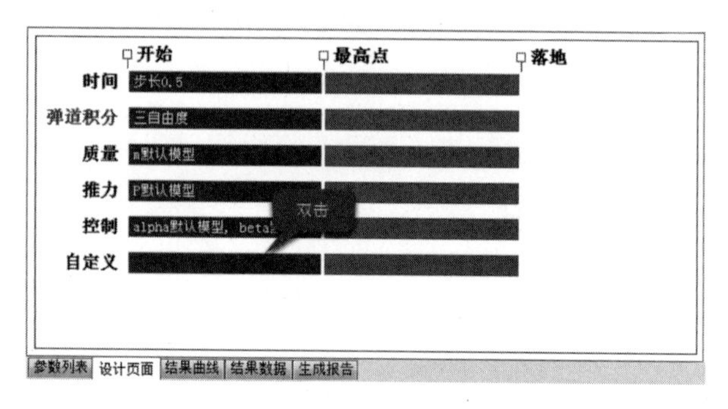

图 6 - 185

3）若单机设备传递函数特性较简单，可首先在图 6 - 186 所示模型类型处选择自定义，然后在右边下拉三角处选择控制系统—传递函数，在弹出的图 6 - 187 所示对话框中设置传递函数的分子、分母以及单机设备的输入和输出即可。

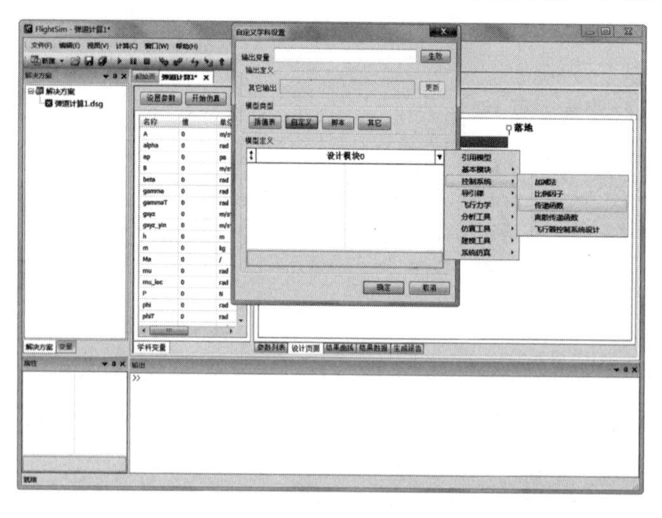

图 6 - 186

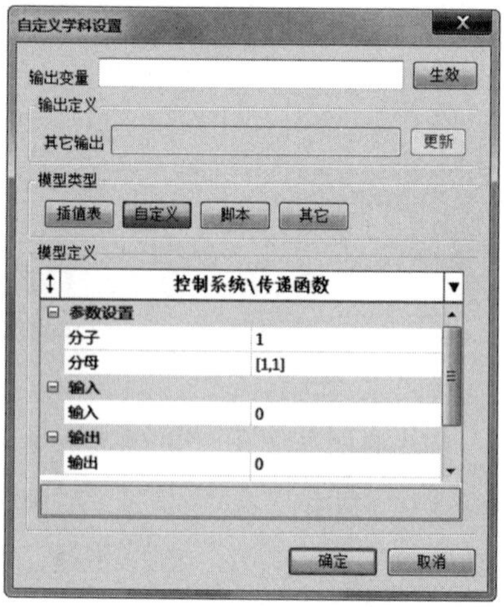

图 6 - 187

4）若单机设备传递函数特性较复杂，可首先在模型类型处选择自定义，然后在右边下拉三角处选择建模工具—仿真模块，再利用技巧 80 中的方法搭建传递函数模块即可。

技巧 102　如何针对自定义模块进行采样运行

对于某些用户自定义的模块来说，可能需要使用自定义的周期进行采样运行，例如实际飞行器的制导算法模块、姿控网络算法等需要以 5ms 或 10ms 为周期进行离散采样运算，这时就需要对这些模块进行相应设置。FlightSim 软件中共有三种自定义建模途径，可通过这些途径实现采样运行，三种途径均需要添加自定义学科：

1）首先在弹道设计界面中插入自定义学科，如图 6-188 所示。

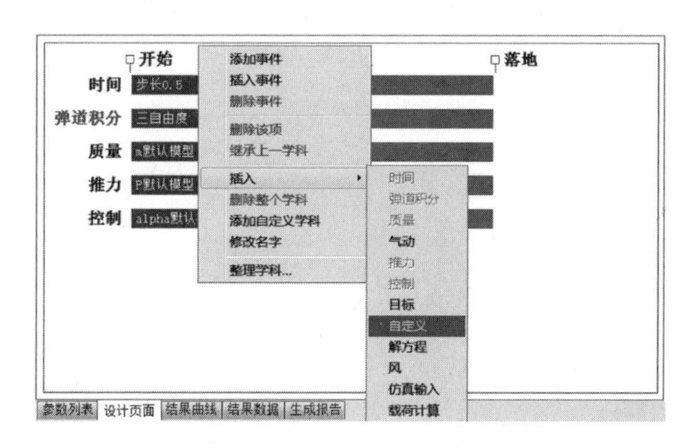

图 6-188

2）然后在弹道设计页面“自定义”学科行，双击需要设置采样运行模型的矩阵块，如图 6-189 所示，弹出“自定义学科设置”对话框。

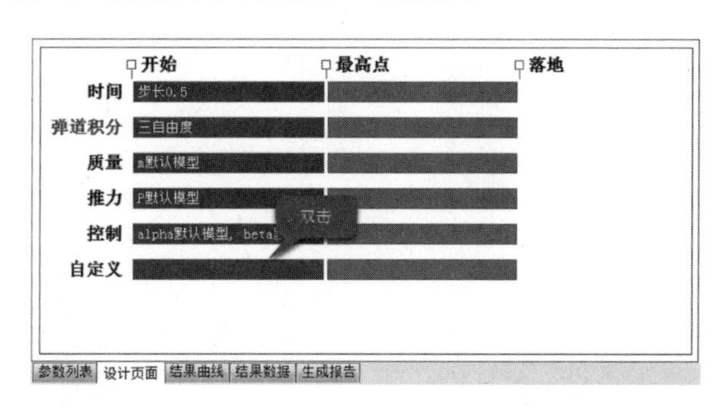

图 6-189

3）其次在模型类型处选择自定义，如图 6-190 所示。

4）自定义函数采样运行设置方法。如图 6-191 所示，首先在右边倒三角处选择“基本模块—数学操作—自定义函数”；其次双击图 6-192 所示模型定义控件顶端名称显示处，在弹出的对话框中设置自定义函数的输入、输出和函数主体；最后右键单击图 6-193 所示模型定义控件顶端名称显示处，在弹出的图 6-194 所示对话框中设置自定义函数的名称、端口个数、采样周期等相关属性，通过勾选“采样周期”并输入数值可设置该自定义函数以采样方式运行。

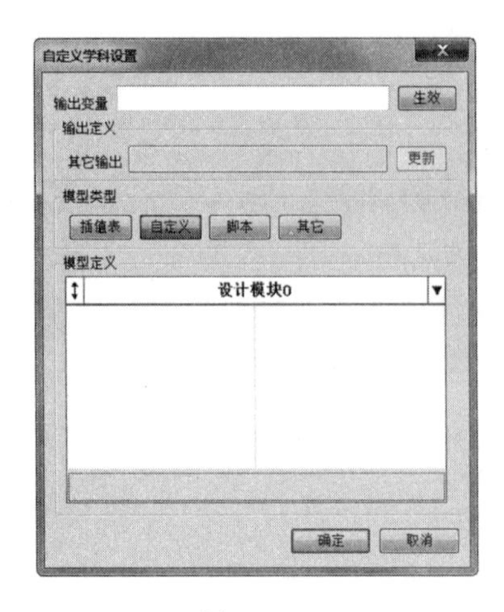

图 6-190

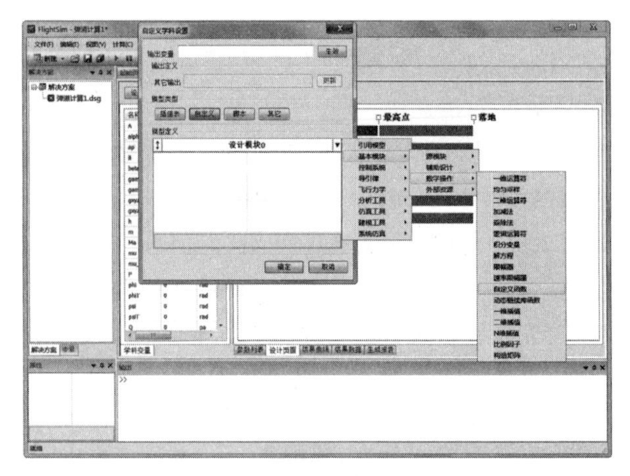

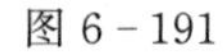

图 6-191

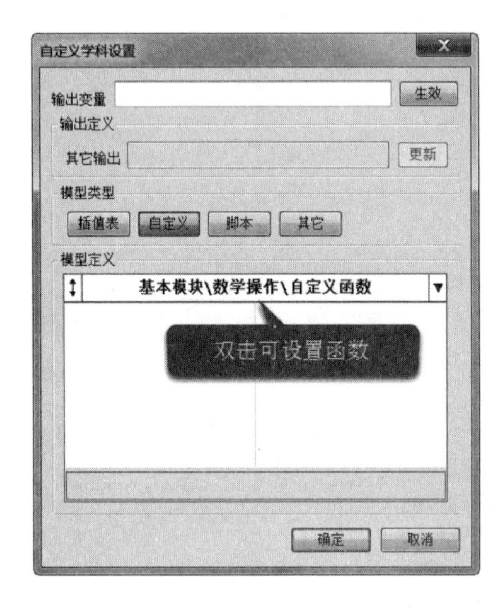

图 6-192

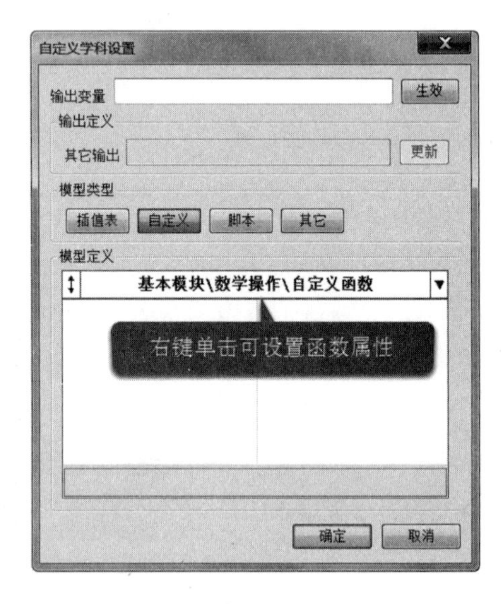

图 6-193

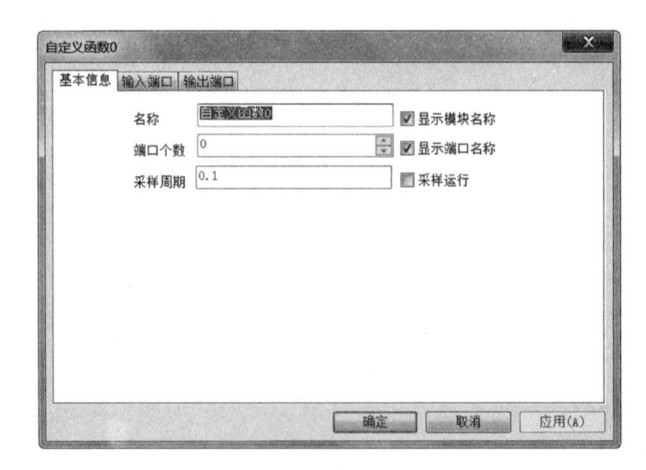

图 6-194

提示：针对自定义 dll 函数和自定义 dll 模型的采样运行，均可采用本技巧中介绍的方法进行设置，仅第一步添加自定义模型的方法有所区别，如图 6－195 和图 6－196 所示。

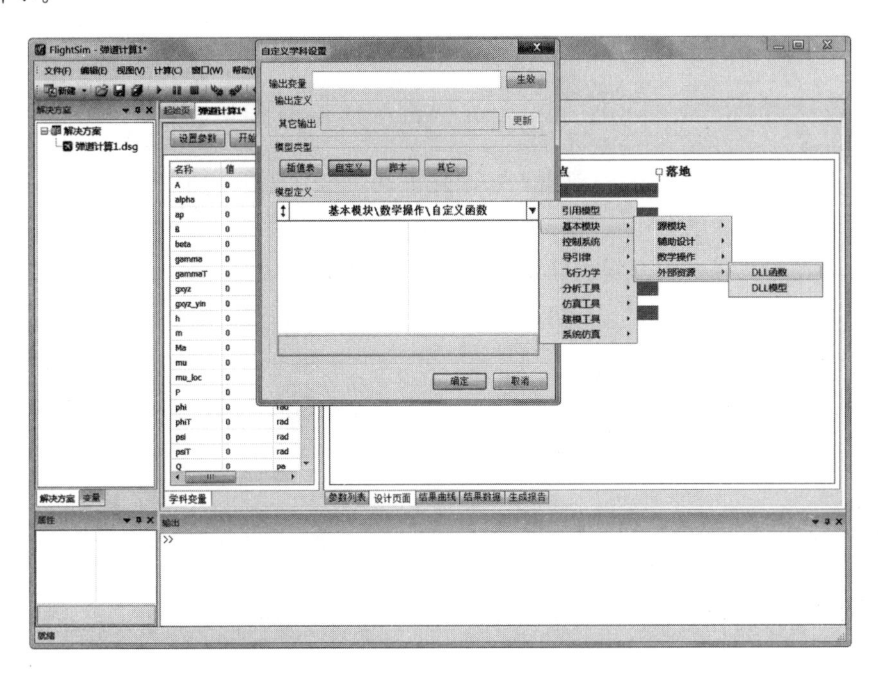

图 6－195

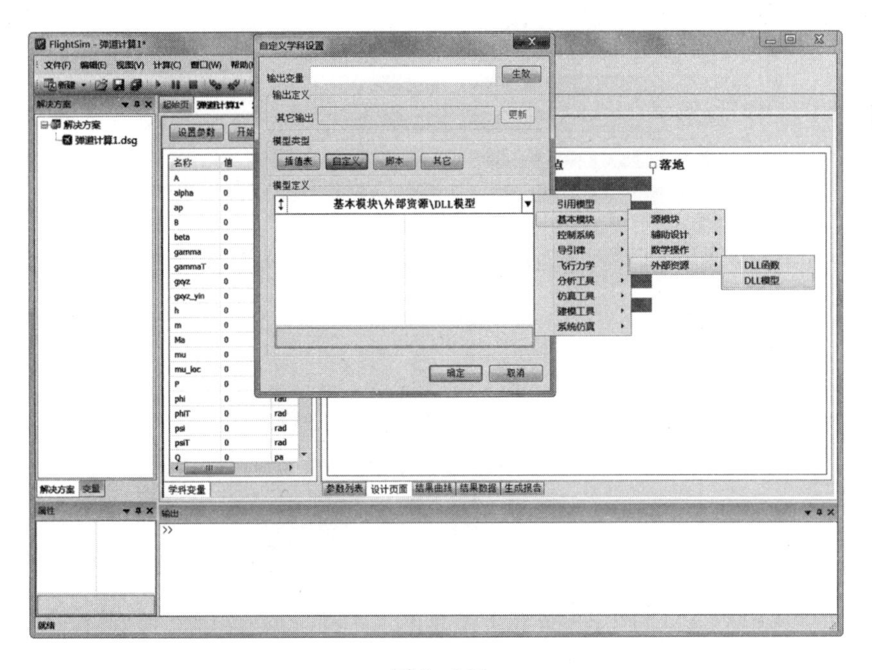

图 6－196

技巧 103　如何获取变量前几个积分步长的值进行微分等运算

在某些制导算法或微分运算中，可能需要使用一个学科变量前几步的值，软件提供了一个特殊的函数—GetParamLatelyValues。GetParamLatelyValues 函数的原型如下：

```
array rt = GetParamLatelyValues(string sparam, int nLate)
```

其中 rt 为函数返回值，为一向量，用来存放指定变量返回的前几步值；sparam 为函数第一个输入变量，为字符串变量，用来指定获取变量的名称，nLate 为函数第二个输入变量，为一个整型数据，用来指定获取变量的个数，缺省为 1。

例如对于学科变量高度 h，需要获取其前 5 步的值，可以使用如下命令实现：

```
h_array = GetParamLatelyValues("h", 5)
```

如果需要求取高度 h 的导数，可以使用如下命令实现：

```
h_array = GetParamLatelyValues("h", 2);
h_dot = (h - h_array[0])/dt;
```

其中，dt 表示积分步长，在弹道设计页面可以通过双击时间学科进行相应勾选，从而激活弹道积分步长变量 dt，如图 6 - 197 和图 6 - 198 所示。

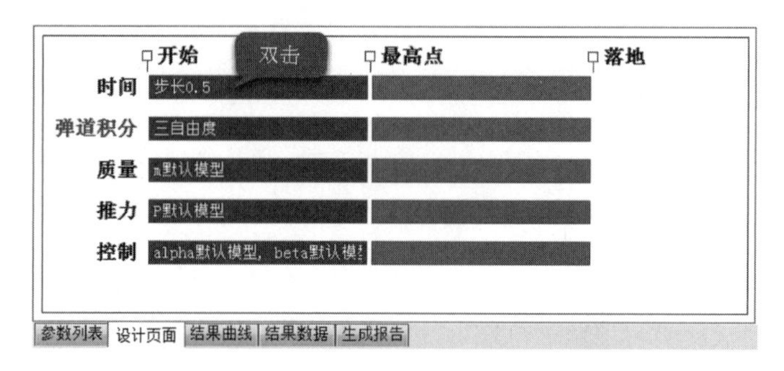

图 6 - 197

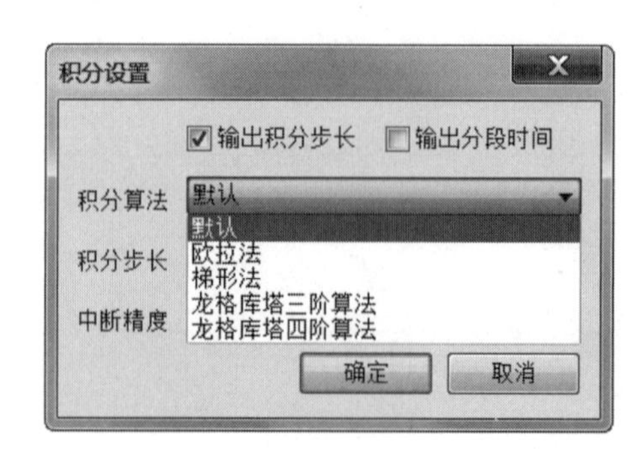

图 6 - 198

技巧 104　弹道计算模型中的特殊变量如何使用

（1）end

数组索引中，FlightSim 软件提供了关键字“end”，用来表示向量或者矩阵行或列的最后一个索引值。对于二维数组来说，如果其用在第一个索引值处，表示最后一行的行索引，即行数减一；如果用在第二个索引值处，表示最后一列的列索引，即列数减一。end 在数组索引中的具体用法如下所示：

```
>> A = rand(5,6)
A =
    0.942869    0.374279    0.786309    0.661214     0.513504    0.595538
    0.723258    0.847041    0.569567    0.776147     0.566698    0.865902
    0.750298    0.867946    0.352306    0.437452     0.916562    0.728172
    0.688467    0.695944    0.287301    0.335459     0.233528    0.383648
    0.983886    0.781182    0.846828    0.0227668    0.639241    0.0672628
>> A[end - 1,end - 2]
ans =
    0.335459
```

（2）this 和 root

FlightSim 软件中的编程语言采用了面向对象的设计思想，软件提供的各种专业工具可以类比为面向对象设计语言中的类，而用户在解决方案中添加的工具可以类比为一个特定的对象。FlightSim 软件中的每一个具体的工具都包含特定的属性和函数，可以通过“this”和“root”这两个关键词对其进行引用和调用，不同的是，关键词“this”调用的是本工具的相关变量或函数，而关键词“root”调用的是该工具父模型中的相关变量或函数。下面通过一个简单的例子进行说明。

某个弹道计算模型参数列表中定义了变量 a，如图 6 - 199 和图 6 - 200 所示。

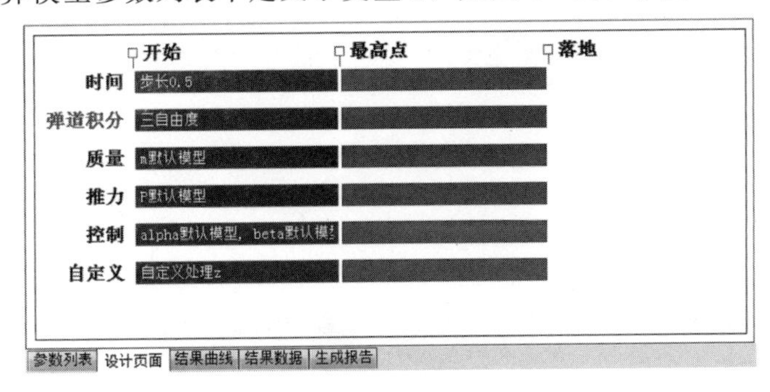

图 6 - 199

名称	值	说明	单位	输入输出
a	10			保护

参数列表 | 设计页面 | 结果曲线 | 结果数据 | 生成报告

图 6-200

在自定义学科中引用了一个自定义函数，函数的输入为 x 和 y，输出为 z，如图 6-201 和图 6-202 所示。

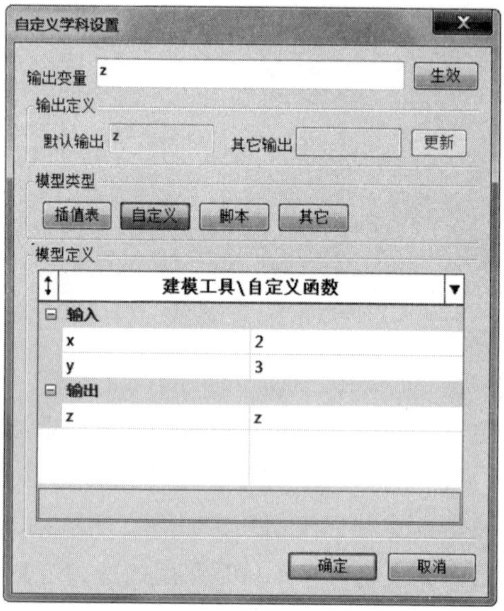

图 6-201

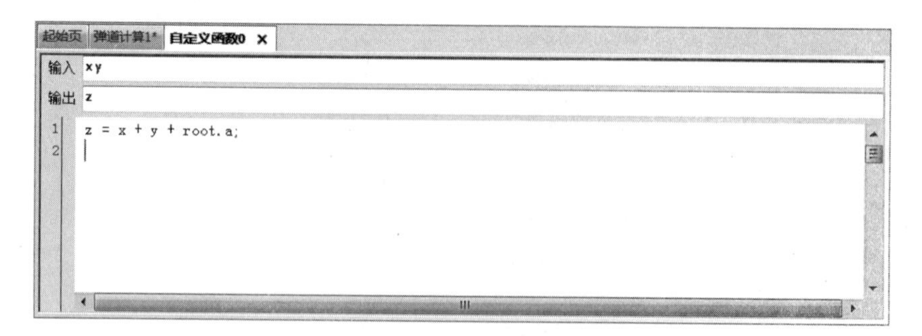

图 6-202

在自定义函数中，若需要使用弹道计算工具中定义的变量 a，则可以采用 root. a 的方式，如图 6－203 所示。

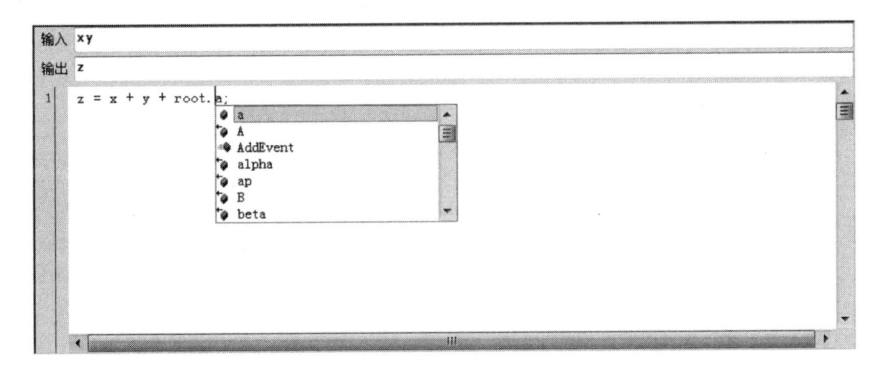

图 6－203

若需要使用自定义函数中的局部变量 x，则可以采用 this. x 或 x 的方式，如图 6－204 所示。

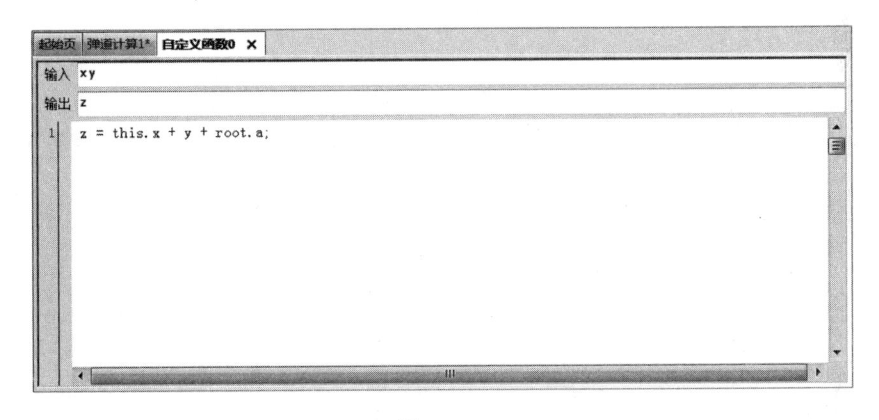

图 6－204

技巧 105　如何处理双脉冲发动机模型

双脉冲火箭发动机通过隔离推进剂分别点火，形成两个脉冲，第一脉冲燃烧完毕，二次脉冲可按需要选择时间点火工作，能提供间歇推力。简而言之，区别于传统单脉冲发动机，双脉冲发动机是一种具有两档推力且中间间隔时间可调的发动机。对于此类发动机模型，软件可通过简单的设置实现。例如某型双脉冲发动机具有 200 kN 和 100 kN 两档推力，第一档工作 40 s 后第二档进行点火，具体的实现步骤和方法如下：

1）在弹道设计界面的适当位置插入两个事件，在这里将弹道模型的第一个事件名称设置为“第一档发动机点火”，另一个事件名称设置为“第二档发动机点火”，设置时序条件为“自定义表达式”，条件设为“t－t. 第一档发动机点火>40”，如图 6－205 所示。

2）在弹道设计界面中插入推力学科，并分别在“第一档发动机点火”和“第二档发动机点火”两个事件之后的矩阵块中，通过双击的方式设置两档推力，如图6-206所示。

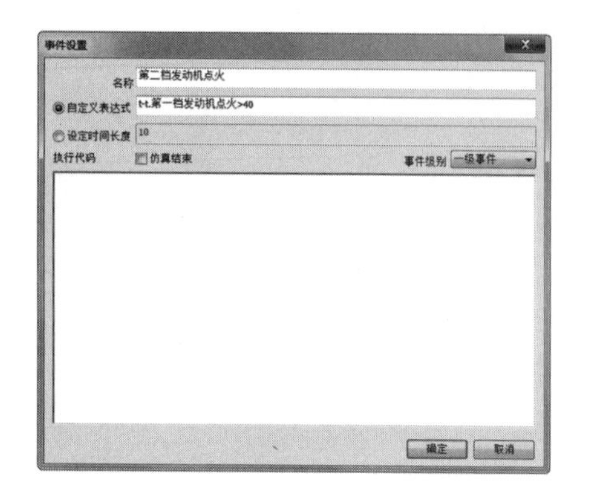

图6-205

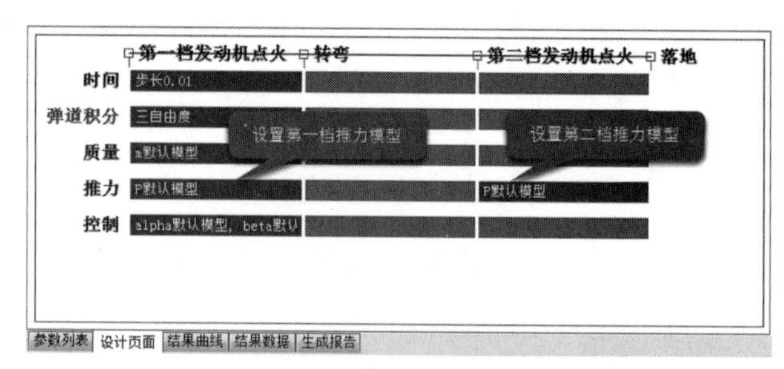

图6-206

3）在第一档推力设置对话框中，模型定义P处输入200000，在第二档推力设置对话框中，模型定义P处输入100000，即完成了双脉冲发动机模型的设置，如图6-207和图6-208所示。

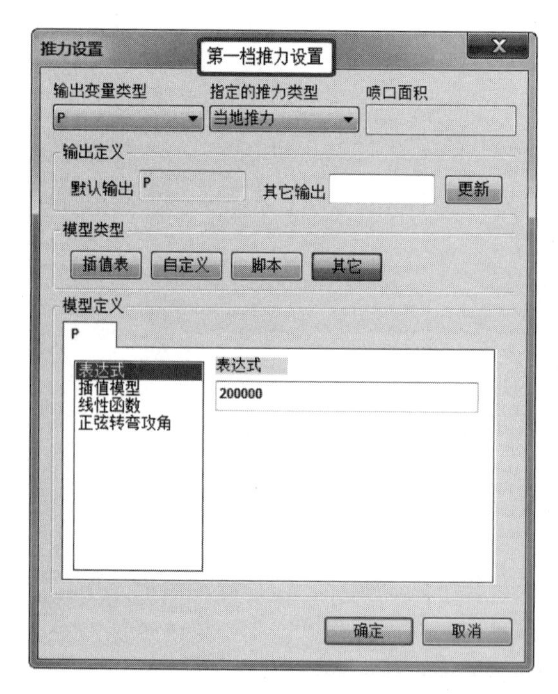

图6-207

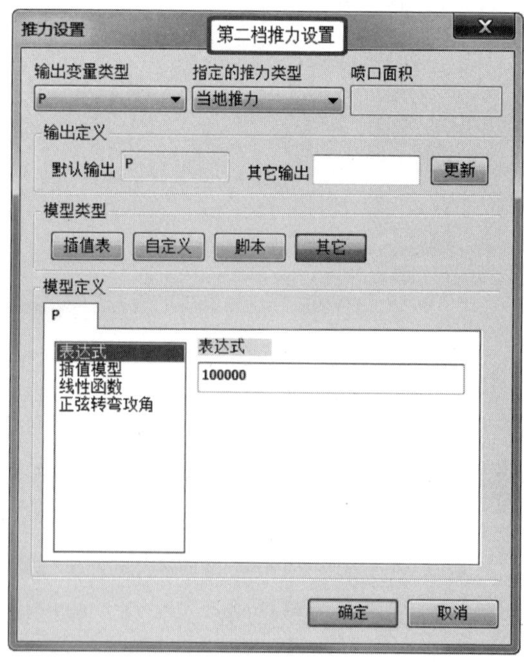

图6-208

技巧106 弹道运行过程中如何进行调试

FlightSim软件大部分函数和代码均封装在底层，一般情况下用户无法对其进行调试，但是为了用户查找及调试程序错误，软件主要针对使用自定义dll函数、自定义脚本和自定义函数等建模方式提供了弹道调试功能。其中关于自定义 dll 函数的调试方法见技巧 35。自定义脚本与自定义函数调试方法类似，下面仅以自定义函数为例进行说明。对于已采用自定义函数方式进行建模的自定义学科“风速模型”，在弹道运行过程中需要对其进行调试，具体实现步骤如下：

1）如图 6-209 所示，双击风速模型学科的第一个矩阵块，弹出自定义学科设置对话框。

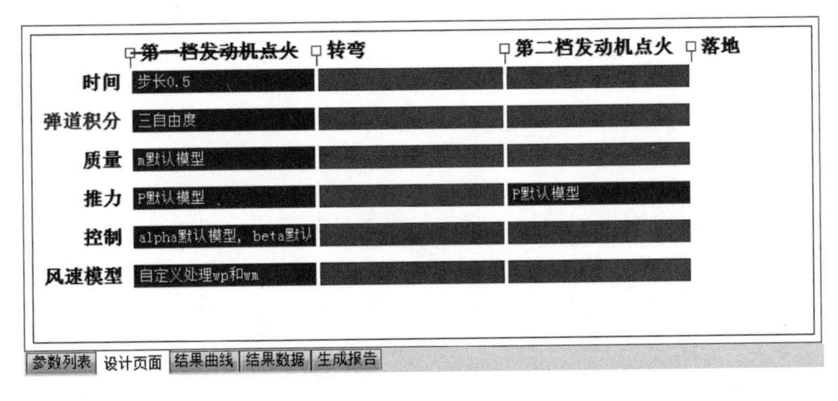

图 6-209

2）在弹出的对话框中双击模型定义“建模工具\自定义函数”处，如图 6-210 所示，后台将弹出“自定义函数 0”编辑框，在“自定义学科设置”对话框中点击“确定”或“取消”后，将在前台显示“自定义函数 0”编辑框。

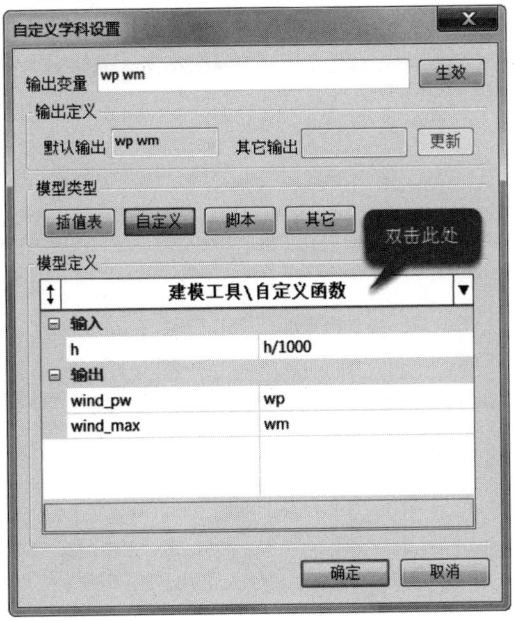

图 6-210

3）在编辑框左侧点击设置断点，如图 6－211 所示。

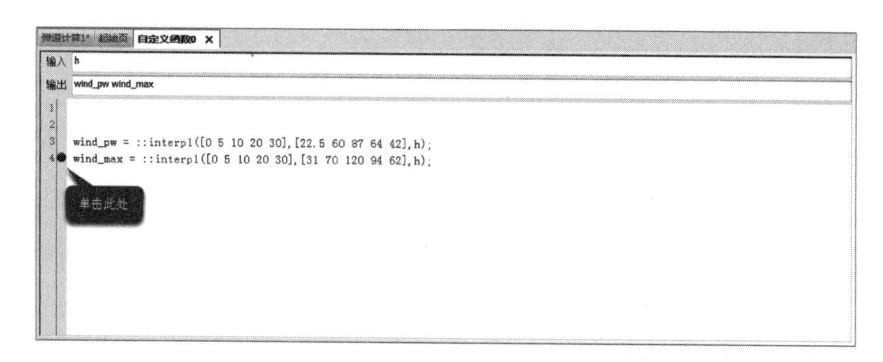

图 6－211

4）在弹道计算界面上点击“运行”或“开始仿真”按钮，如图 6－212 所示，即可进入调试模式，程序直接跳转至自定义函数断点处，此时用户可以将鼠标移动到关心的变量处，可显示变量值的提示框，同时用户可以按照 C++ 的方法进行调试，如图 6－213 所示。

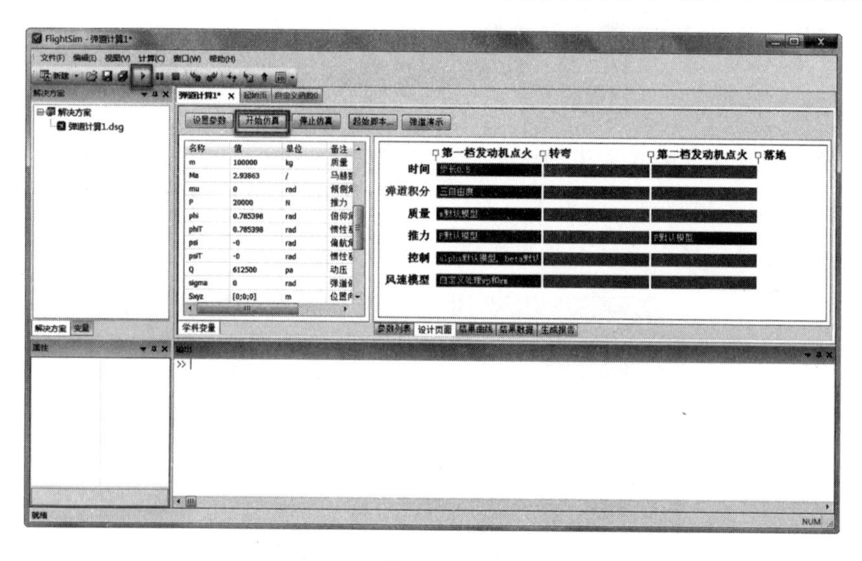

图 6－212

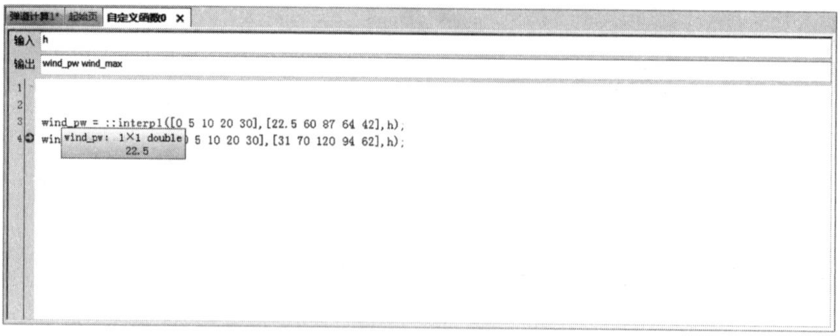

图 6－213

第 7 章　弹道优化与设计

弹道计算工具实现各类弹道的计算，为完成弹道分析、蒙特卡洛仿真、优化与设计功能，FlightSim 软件提供了专门的工具，包括方程求解、蒙特卡洛仿真、优化算法等工具，这些工具提供了与弹道计算工具进行优化和设计的接口，可以方便地完成弹道分析、蒙特卡洛仿真、优化、设计等任务。

技巧 107　如何在弹道模型中设置输入和输出变量

为了配合方程求解、蒙特卡洛仿真、优化算法等其他工具开展弹道设计、仿真、优化等操作，需要在弹道计算工具中设置弹道模型的输入和输出变量。弹道计算工具中设置变量的输入和输出属性有两种方式：利用参数列表；利用设置参数对话框。下面分别进行介绍。

（1）利用参数列表

1）在弹道设计页面下方单击“参数列表”标签，如图 7－1 所示。

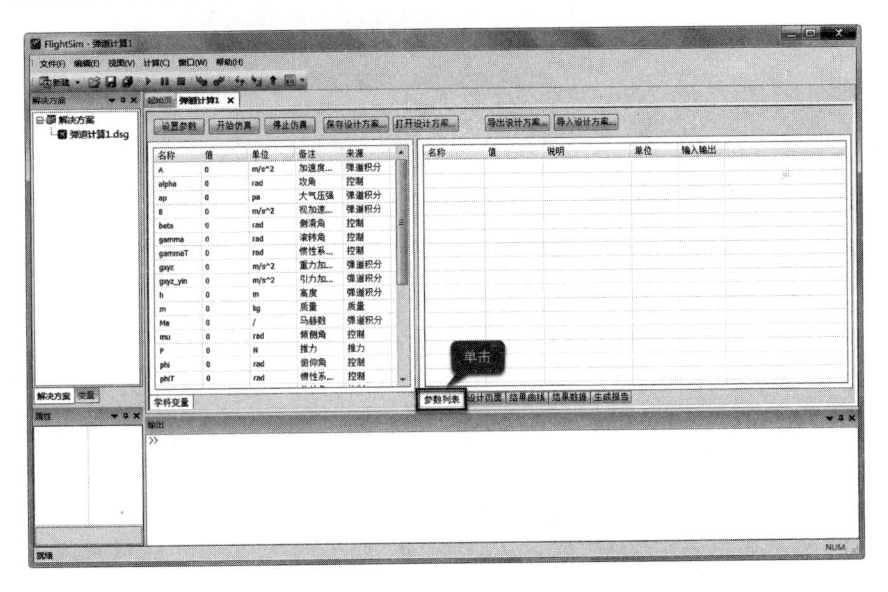

图 7－1

2）在参数列表控件中某个参数最后一列“输入输出”栏中，单击后方的倒三角符号，在弹出的下拉框中选择“输入”或者“输出”，如图 7－2 所示。

（2）利用设置参数对话框

1）在弹道设计主页面，单击左上角的“设置参数”按钮，如图 7－3 所示。

图 7－2

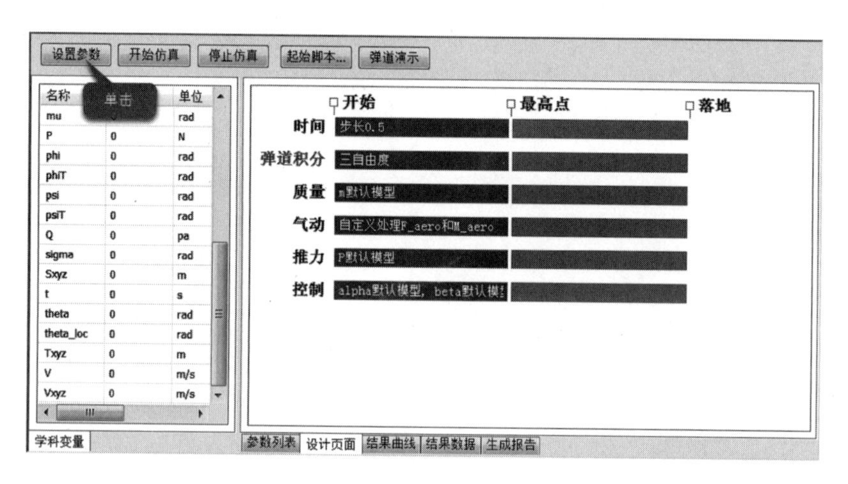

图 7－3

2）在弹出的对话框中，单击“输出设置”标签，在下方控件可进行变量输入、输出属性的设置。对于每个变量，均有四个量可进行设置，其含义分别如下：

• end，表示弹道积分过程中学科变量最后一个值；

• max，表示弹道积分过程中学科变量最大的值；

• min，表示弹道积分过程中学科变量最小的值；

• array，表示弹道积分过程中学科变量随时间变化的数组。

默认情况下，所有的量都不输出，点击某个变量相应列后面的倒三角符号，在弹出的下拉框中选择“计算并输出”，工具在弹道计算结束时会求解该量，并将其设置为弹道计算模型的输出，如图 7－4 所示。

图 7-4

提示 1：若单纯使用弹道计算工具进行弹道仿真时，并不需要设置弹道模型的输入和输出，换一句话说，参数的输入、输出属性不会对弹道计算结果产生任何影响。

提示 2：在参数列表中，可设置参数为“输入”或“输出”属性；而在设置参数对话框，仅可将参数设置为“输出”属性。

提示 3：一般在参数列表中对用户自定义变量的输入或输出属性进行设置；一般在设置参数对话框中对弹道模型内部变量或用户自定义学科输出变量的输出属性进行设置，即一般在设置参数对话框中对学科变量控件中可显示曲线变量的输出属性进行设置。

技巧 108　如何进行蒙特卡洛仿真

蒙特卡洛仿真是弹道、制导、姿控等专业常用的设计和分析方法，一般用来分析偏差量和干扰对飞行性能参数的影响。FlightSim 软件提供了专门的蒙特卡洛仿真工具，可方便地对搭建好的弹道模型进行仿真。蒙特卡洛仿真的具体设置方法和步骤如下：

1）搭建弹道仿真模型。根据任务需要，按照技巧 65～技巧 78 中介绍的方法，搭建弹道仿真模型，搭建的弹道模型应可进行单次弹道计算且保证计算结果正确。

2）设置弹道模型的输入变量。按照技巧 107 中介绍的方法，将蒙特卡洛仿真需要使用的变量设置为弹道模型的输入或输出变量，如图 7-5 和图 7-6 所示。

3）新建蒙特卡洛仿真工具。单击 FlightSim 软件左上角的“新建”图标，在弹出的对话框中选择“分析工具”中的“蒙特卡洛仿真”模块，然后单击右侧“空模型”，最后单击确定，如图 7-7 所示。

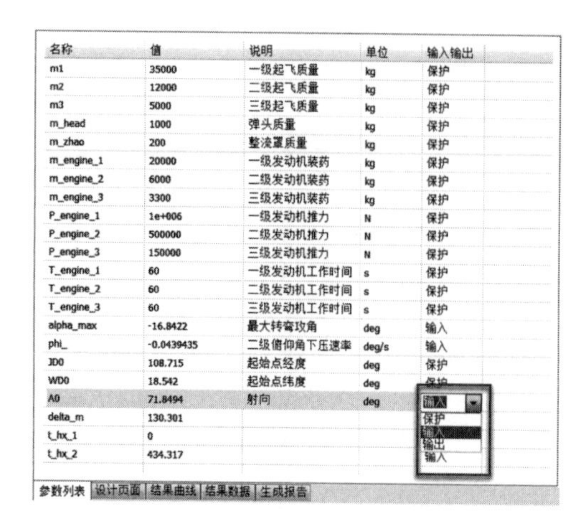

图 7-5

图 7-6

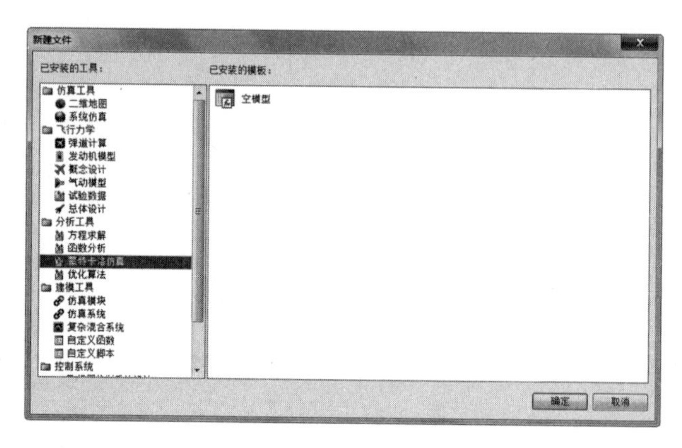

图 7-7

4）设置蒙特卡洛仿真模型。直接从解决方案面板中将要仿真的弹道模型拖入蒙特卡洛仿真工具左上角的空白处即可，如图 7-8 所示。拖入完成后，蒙特卡洛仿真工具的输入和输出标签页将显示在弹道设计页面设置的输入变量和输出变量，如图 7-9 所示。

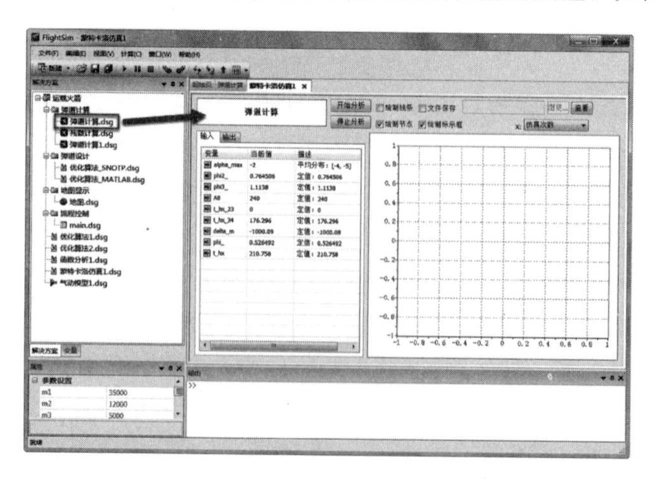

图 7-8

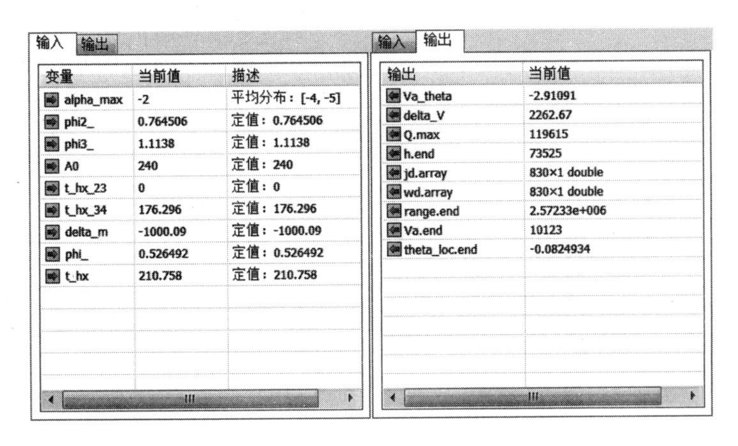

图 7－9

5）设置输入变量的分布规律及数值。在输入标签页中双击输入变量，弹出“设置变量分布”对话框，如图 7－10 所示，可对变量分布类型进行设置，其支持的分布类型包括：定值、平均分布、正态分布以及离散值等。设置类型后再对其数值及范围进行设置。

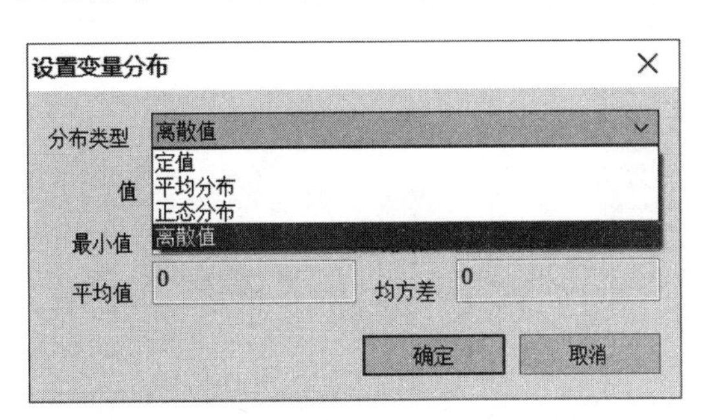

图 7－10

6）设置仿真方式。在工具左侧的属性对话框中设置仿真方式，如图 7－11 所示，可供选择的仿真方式有两种：给定次数和穷举边界。当选择“给定次数”方式后，还需要在下方设置迭代次数。

图 7－11

7）点击蒙特卡洛仿真工具左上部的“开始分析”按钮进行仿真，仿真过程中可点选不同的输入、输出，设计页面右侧曲线将动态更新，如图 7－12 和图 7－13 所示。

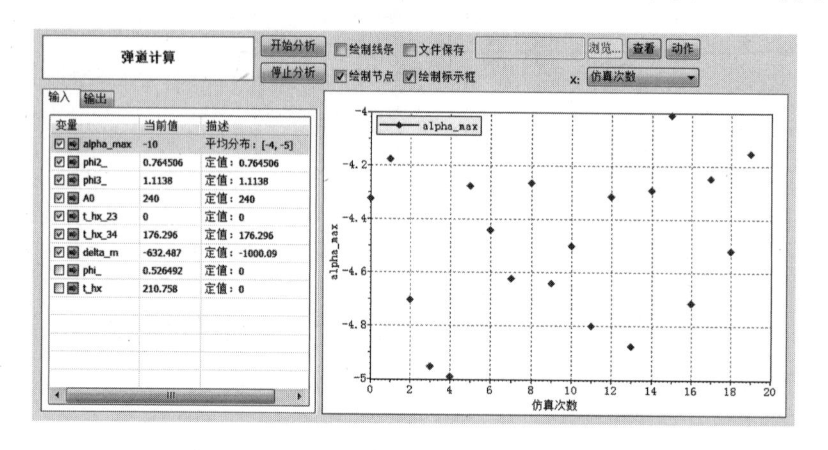

图 7－12

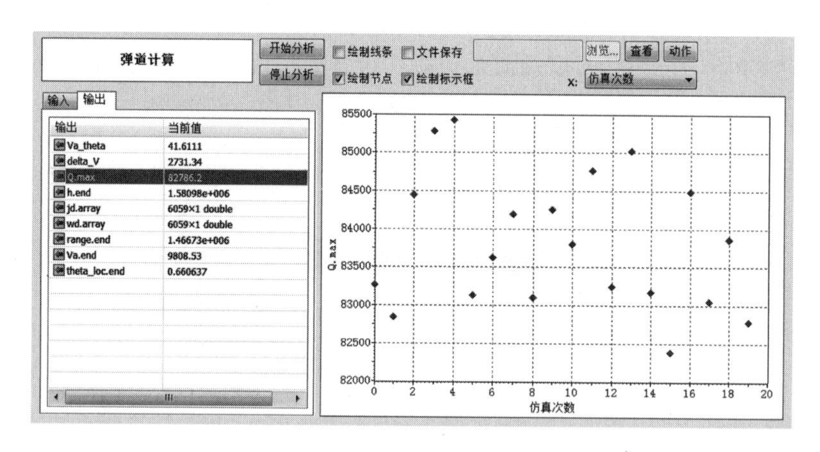

图 7－13

技巧 109　如何对蒙特卡洛仿真结果进行保存和分析

利用技巧 108 进行蒙特卡洛仿真后，有时候还需要对仿真结果进行保存和分析。本技巧将介绍如何保存蒙特卡洛仿真结果文件并对结果进行分析。

（1）查看仿真统计结果

在图 7－14 中，直接单击页面右上角的“查看”按钮，即可打开图 7－15 所示的仿真统计结果文本文件。该文本文件包含两部分内容，上半部分显示了每次仿真中的输入变量值和输出变量值，下半部分显示了输入变量和输出变量在所有仿真次数下的统计结果，包括平均值、方差、标准差、最大值、最大值索引、最小值、最小值索引等信息。需要注意的是，该操作仅能统计和查看被设置为弹道计算模型输入和输出属性的变量，对于弹道模型计算过程中的其他变量并不适用，要想保存每一次仿真过程中的弹道中间变量，需要使用下面介绍的方法。

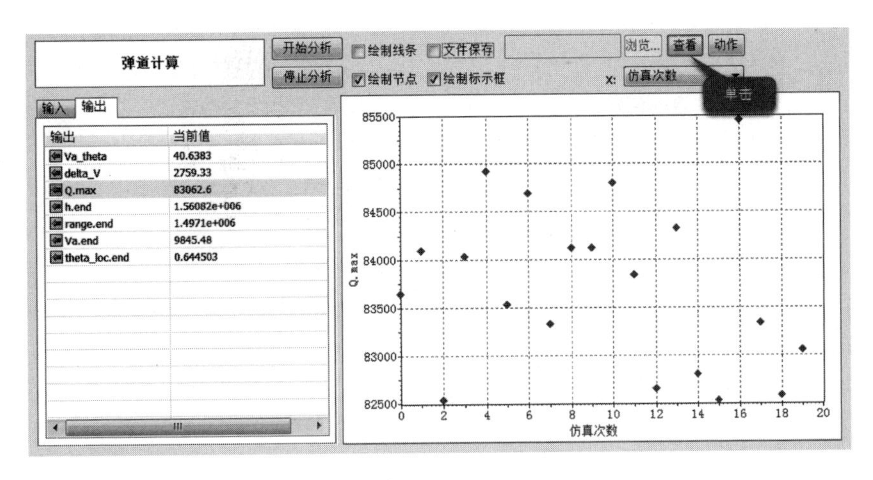

图 7 - 14

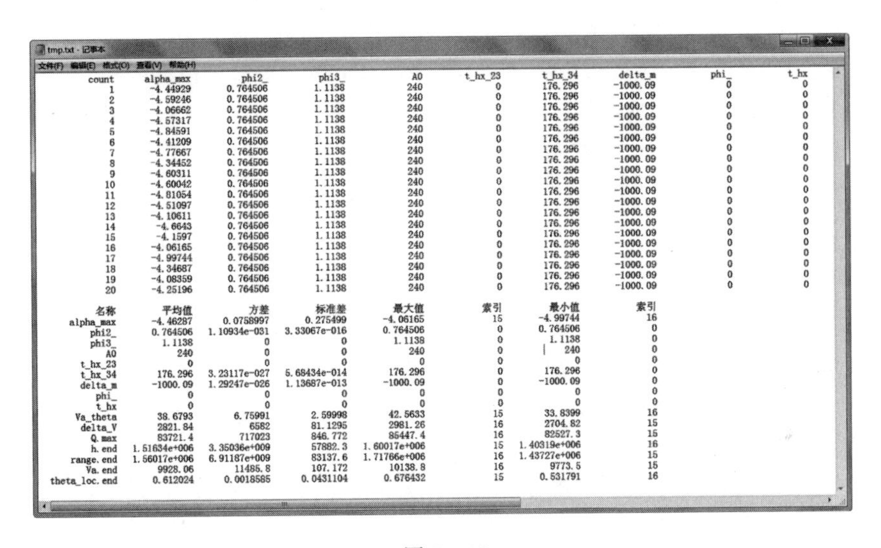

tmp.txt - 记事本

count	alpha_max	phi2_	phi3_	A0	t_hx_23	t_hx_34	delta_m	phi_	t_hx
1	-4.44929	0.764506	1.1138	240	0	176.296	-1000.09	0	0
2	-4.59246	0.764506	1.1138	240	0	176.296	-1000.09	0	0
3	-4.06662	0.764506	1.1138	240	0	176.296	-1000.09	0	0
4	-4.57317	0.764506	1.1138	240	0	176.296	-1000.09	0	0
5	-4.84591	0.764506	1.1138	240	0	176.296	-1000.09	0	0
6	-4.41209	0.764506	1.1138	240	0	176.296	-1000.09	0	0
7	-4.77667	0.764506	1.1138	240	0	176.296	-1000.09	0	0
8	-4.34452	0.764506	1.1138	240	0	176.296	-1000.09	0	0
9	-4.60311	0.764506	1.1138	240	0	176.296	-1000.09	0	0
10	-4.60042	0.764506	1.1138	240	0	176.296	-1000.09	0	0
11	-4.81054	0.764506	1.1138	240	0	176.296	-1000.09	0	0
12	-4.51097	0.764506	1.1138	240	0	176.296	-1000.09	0	0
13	-4.10611	0.764506	1.1138	240	0	176.296	-1000.09	0	0
14	-4.6643	0.764506	1.1138	240	0	176.296	-1000.09	0	0
15	-4.1597	0.764506	1.1138	240	0	176.296	-1000.09	0	0
16	-4.06165	0.764506	1.1138	240	0	176.296	-1000.09	0	0
17	-4.99744	0.764506	1.1138	240	0	176.296	-1000.09	0	0
18	-4.34687	0.764506	1.1138	240	0	176.296	-1000.09	0	0
19	-4.08359	0.764506	1.1138	240	0	176.296	-1000.09	0	0
20	-4.25196	0.764506	1.1138	240	0	176.296	-1000.09	0	0

名称	平均值	方差	标准差	最大值	索引	最小值	索引
alpha_max	-4.46287	0.0758997	0.275499	-4.06165	15	-4.99744	16
phi2_	0.764506	1.10934e-031	3.33067e-016	0.764506	0	0.764506	0
phi3_	1.1138	0	0	1.1138	0	1.1138	0
A0	240	0	0	240	0	240	0
t_hx_23	0	0	0	0	0	0	0
t_hx_34	176.296	3.23117e-027	5.68434e-014	176.296	0	176.296	0
delta_m	-1000.09	1.29247e-026	1.13687e-013	-1000.09	0	-1000.09	0
phi_	0	0	0	0	0	0	0
t_hx	0	0	0	0	0	0	0
Va_theta	38.6793	6.75991	2.59998	42.5633	15	33.8399	16
delta_V	2821.84	6582	81.1295	2981.26	16	2704.82	15
Q.max	83721.4	717023	846.772	85447.4	16	82527.3	15
h.end	1.51634e+006	3.35036e+009	57882.3	1.60017e+006	15	1.40319e+006	16
range.end	1.56017e+006	6.91187e+009	83137.6	1.71766e+006	16	1.43727e+006	15
Va.end	9928.06	11485.8	107.172	10138.8	16	9773.5	15
theta_loc.end	0.612024	0.0018585	0.0431104	0.676432	15	0.531791	16

图 7 - 15

(2) 保存每一次仿真结果到本地文本文件

1) 首先按照技巧 81 中介绍的方法，在弹道计算工具的“结果数据”标签页中设置需要保存的弹道数据表，假设数据表名称为“表数据 0”，同时设置需要保存的弹道参数，如图 7 - 16 所示。

2) 其次单击图 7 - 17 所示页面右上角的“动作”按钮，将弹出“设置代码”对话框，如图 7 - 18 所示。

3) 在“过程脚本”标签页空白框中输入图 7 - 19 所示代码后，点击“确定”按钮。其中第一条语句是将每一次仿真的索引号赋值给变量 tag，第二条语句是在每一次仿真结束后，将弹道计算工具中“表数据 0”中设置的弹道参数保存到路径为“D:\DATA2”的本地文件夹中，文本文件的名称用“Traj + 索引号”表示。

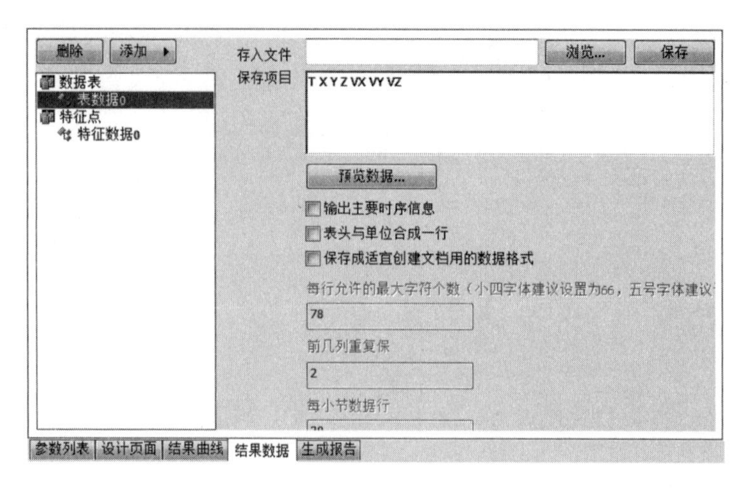

图 7－16

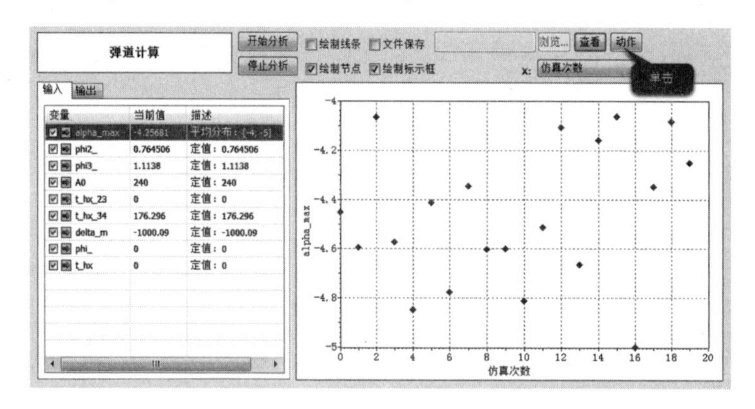

图 7－17

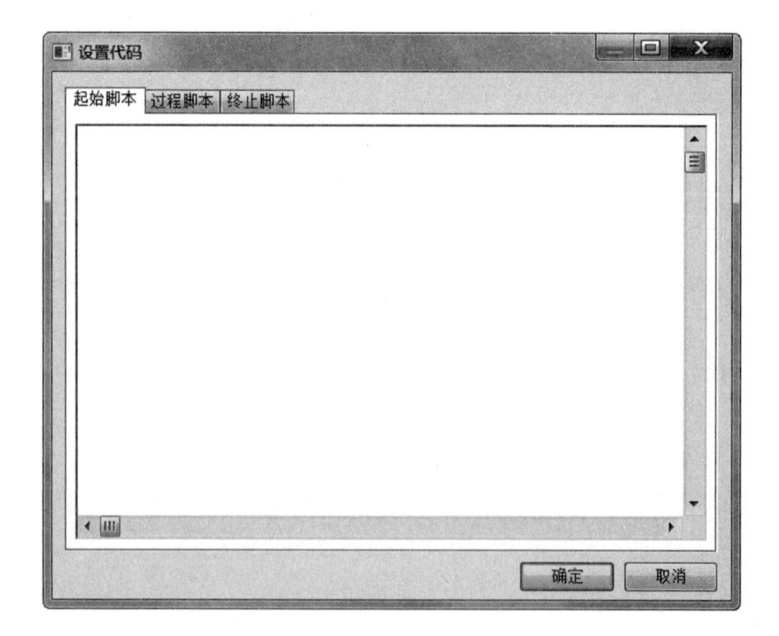

图 7－18

设置代码
起始脚本
过程脚本
终止脚本
tag = this.GetIndex();
::弹道计算.SaveTrajData("表数据0","D:\\DATA2\\Traj" +num2str(tag) +".txt");
确定
取消

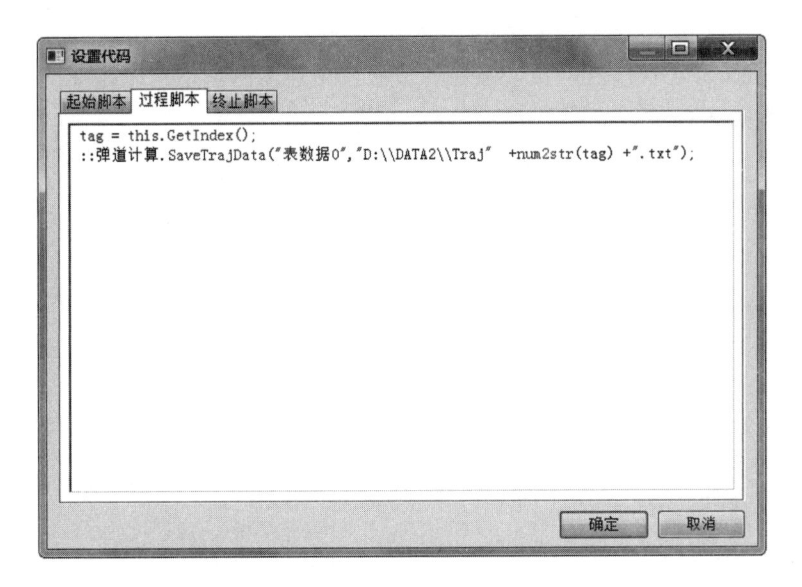

图 7 - 19

4）最后单击图 7 - 20 所示页面左上角的“开始分析”按钮，即可开始仿真，仿真结束后，在路径为“D:\DATA2”的本地文件夹中将出现个数为仿真次数的文本文件，其中每个文件均保存对应仿真索引号下的弹道仿真结果，如图 7 - 21 所示。

弹道计算
开始分析
停止分
单击
绘制线条
文件保存
绘制标示框
浏览...
查看
动作
x:
仿真次数
输入
输出
变量
当前值
描述
phi2_
0.764506
定值：0.764506
phi3_
1.1138
定值：1.1138
A0
240
定值：240
t_hx_23
0
定值：0
t_hx_34
176.296
定值：176.296
delta_m
-1000.09
定值：-1000.09
phi_
0
定值：0
t_hx
0
定值：0
alpha_max
仿真次数

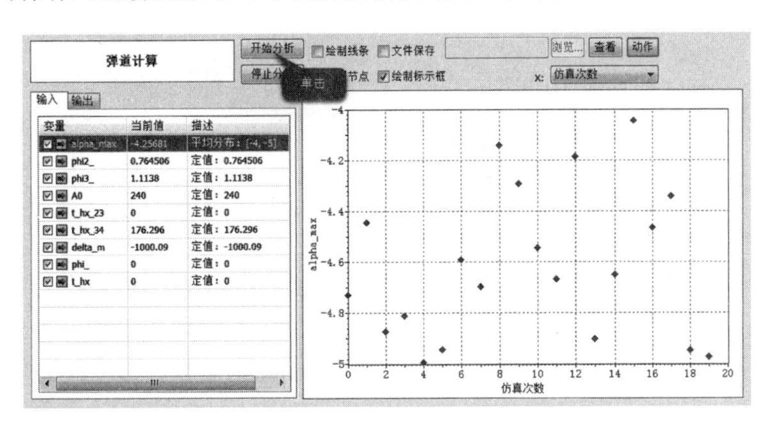

图 7 - 20

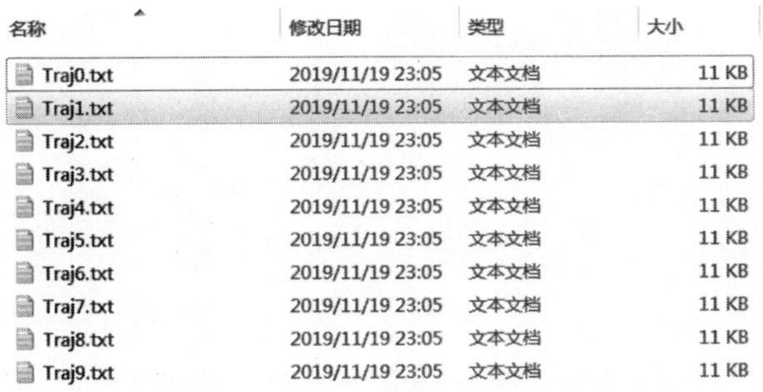

名称
修改日期
类型
大小
Traj0.txt 2019/11/19 23:05 文本文档 11 KB
Traj1.txt 2019/11/19 23:05 文本文档 11 KB
Traj2.txt 2019/11/19 23:05 文本文档 11 KB
Traj3.txt 2019/11/19 23:05 文本文档 11 KB
Traj4.txt 2019/11/19 23:05 文本文档 11 KB
Traj5.txt 2019/11/19 23:05 文本文档 11 KB
Traj6.txt 2019/11/19 23:05 文本文档 11 KB
Traj7.txt 2019/11/19 23:05 文本文档 11 KB
Traj8.txt 2019/11/19 23:05 文本文档 11 KB
Traj9.txt 2019/11/19 23:05 文本文档 11 KB

图 7 - 21

（3）对批量的文本文件进行分析

1）点击 FlightSim 软件左上角“新建”按钮，在弹出的对话框中选择“飞行力学—弹道数据处理”后点击确定，如图 7－22 所示。

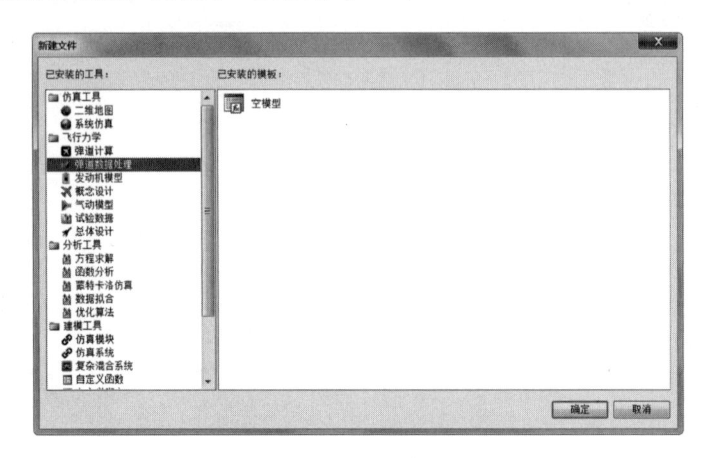

图 7－22

2）首先点击图 7－23 所示上方的“浏览”按钮，在弹出的对话框中选择存放需要分析文本文件的路径，然后单击“载入数据”按钮，即可将选择路径文件夹下的文本文件批量导入，导入完成后的页面如图 7－24 所示。

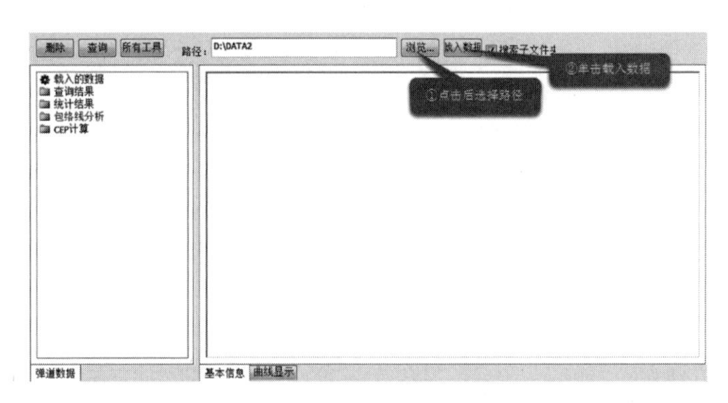

图 7－23

图 7－24

3）单击图 7－25 上方的“所有工具”按钮，在下拉框中可以对所有载入的文件执行查看、查询、统计、包络等操作，如图 7－26～图 7－28 所示。

图 7－25

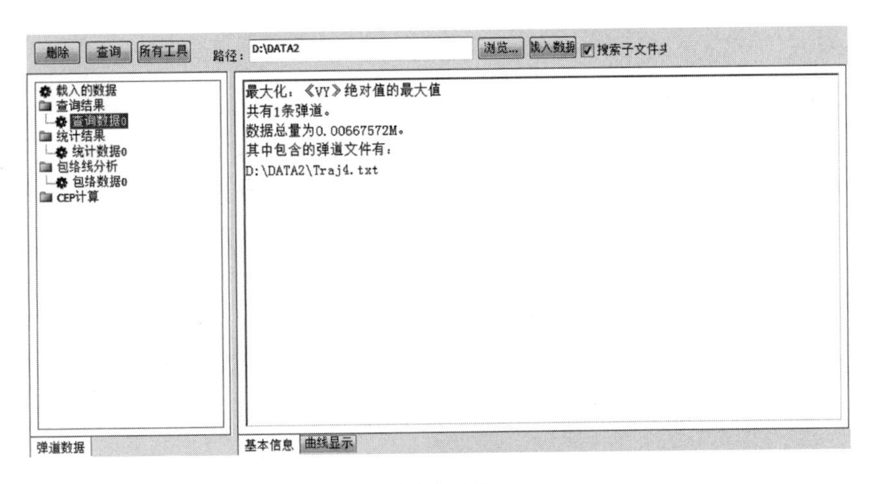

图 7－26

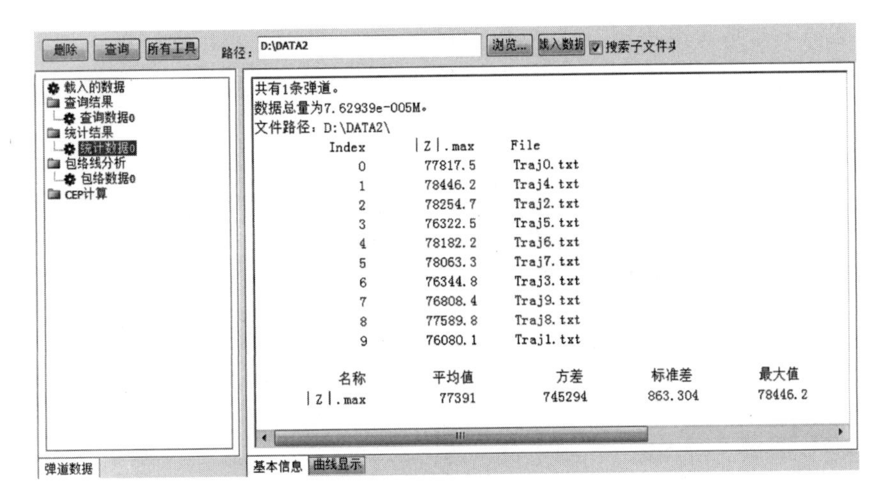

图 7－27

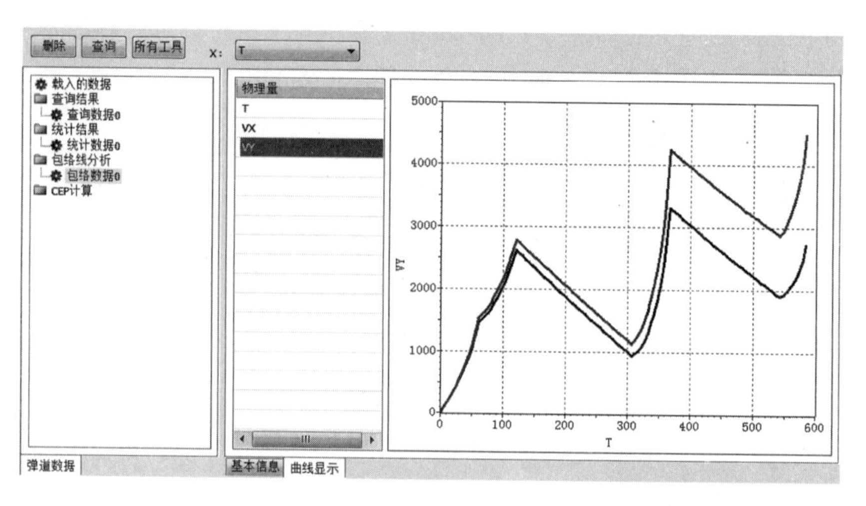

图 7-28

技巧110　如何进行弹道迭代求解

弹道优化解决的是约束条件下使得目标函数最优的弹道设计变量寻优问题，对于这一类问题，弹道设计变量的个数往往多于约束条件和目标函数的个数。而弹道迭代解决的是等式约束条件下弹道设计变量的求解问题，此类问题的弹道设计变量的个数一般与等式约束条件的个数相等。最常见的弹道迭代问题就是在给定发射点和目标点的情况下计算标准弹道，求解弹道迭代问题需要使用FlightSim软件中的方程求解工具。下面以一个例子来说明进行弹道迭代求解的步骤。

【例】已知某飞行器质量为100 kg，飞行器初速为5 000 m/s，飞行过程中仅受地球引力作用，假设发射点经纬度为［112.3°,35.4°］，目标点经纬度为［139.2°,37.3°］，飞行器弹道设计变量分别为射向 A_0 和初始速度与水平面的夹角Theta，需要设计飞行器的标准弹道。利用FlightSim软件中的方程求解工具解决此问题的方法和步骤如下：

1）首先需要进行弹道建模。在新建的弹道计算工具中，利用前述的方法分别搭建弹道积分、质量、控制等模型，建模完成后要求模型能够正常运行并能得到正确的计算结果，如图7-29和图7-30所示。

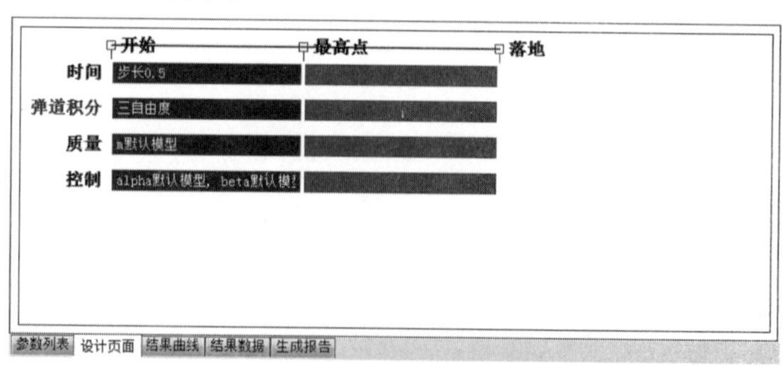

图 7-29

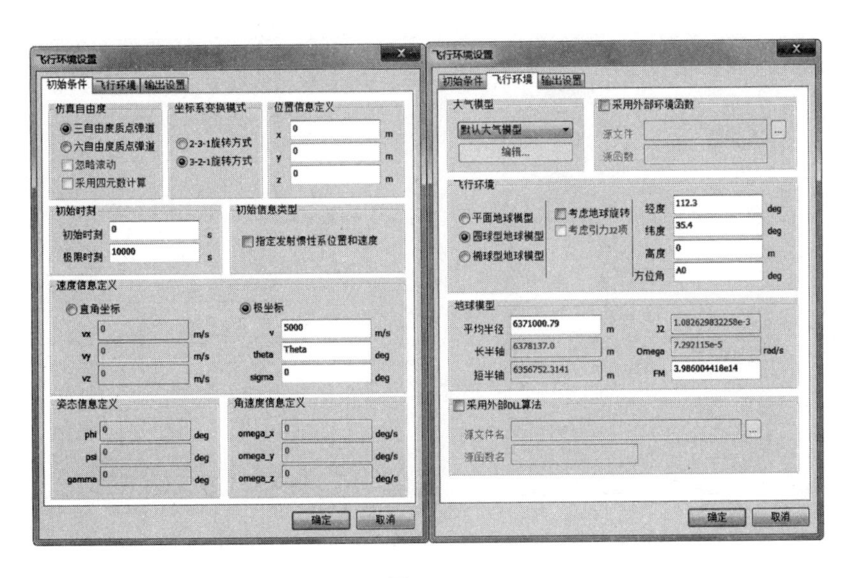

图 7 - 30

2）设置弹道模型的输入变量。利用技巧 107 中介绍的方法，在参数列表中，将变量 A0 和 Theta 的属性设置为“输入”变量，如图 7 - 31 所示。

名称	值	说明	单位	输入输出
A0	0			输入
Theta	0			输入

参数列表　设计页面　结果曲线　结果数据　生成报告

图 7 - 31

3）设置弹道模型的输出变量。首先利用技巧 70 中的方法将经度 jd 和纬度 wd 设置为弹道计算过程的输出变量，如图 7 - 32 所示，然后利用技巧 107 中介绍的方法，在“设置参数”对话框中，将变量 jd 和 wd 的“end”列属性设置为“输出”变量，如图 7 - 33 所示。

4）新建方程求解工具。单击 FlightSim 软件左上角的“新建”图标，在弹出的对话框中选择“分析工具—方程求解”模块，然后单击右侧“空模型”，最后单击确定，如图 7 - 34 所示。

5）设置弹道迭代求解模型。直接从解决方案面板中将要迭代求解的弹道模型拖入方程求解工具左上角的空白处即可，如图 7 - 35 所示。拖入完成后，在方程求解工具的输入和输出标签页将显示在弹道设计页面设置的输入变量和输出变量，如图 7 - 36 所示。

图 7－32

图 7－33

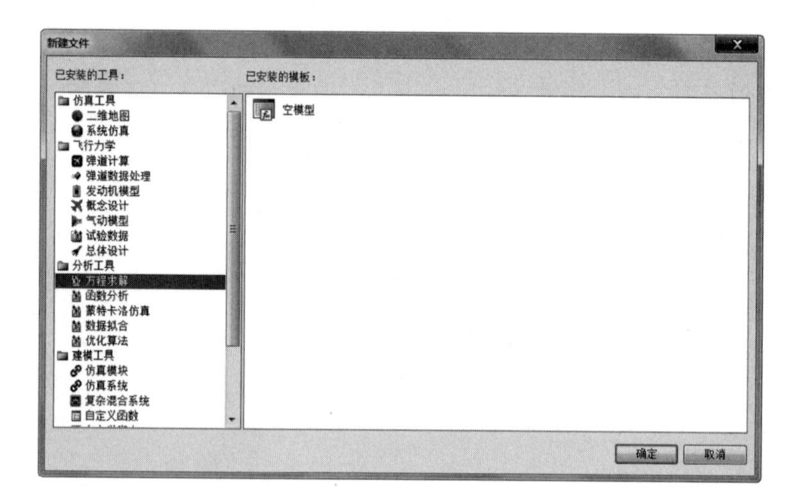
图 7－34

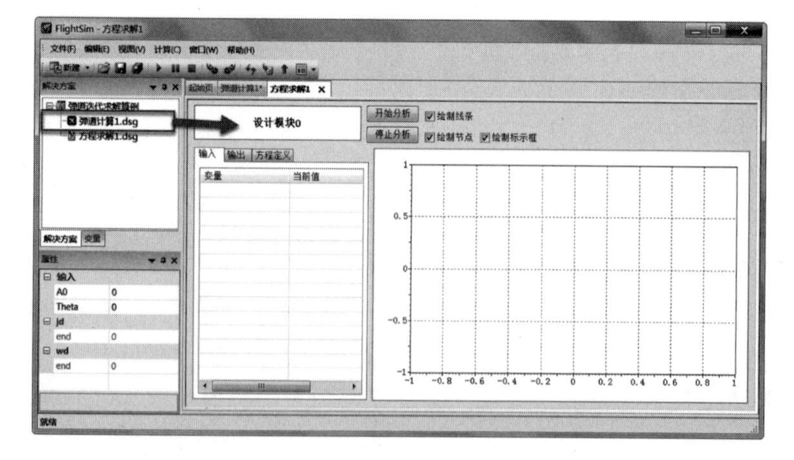
图 7－35

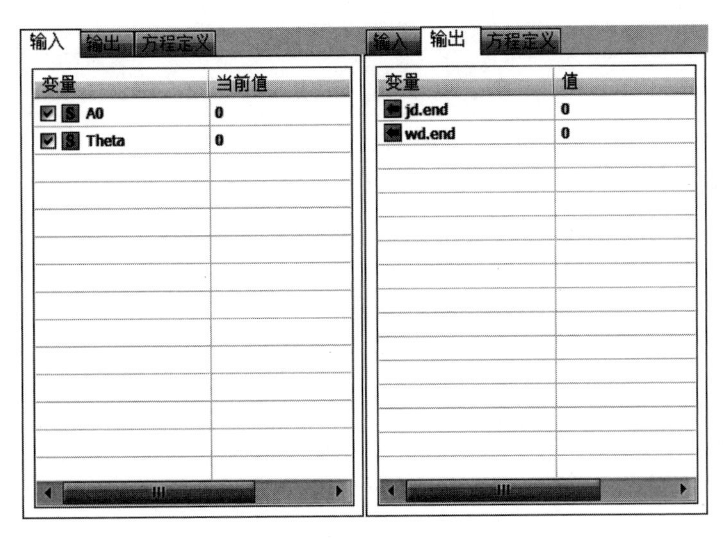

图 7 - 36

6）设置输入变量初始值和迭代求解方程。通过勾选输入页面中的变量定义迭代求解变量，同时可以设置变量的初始值；通过在“方程定义”标签中右键添加新项定义方程约束，定义时可以用输入和输出中解析的变量任意组合表达式，这里直接定义为飞行器最后一个点的经度和纬度值分别等于目标点的经度和纬度，如图 7 - 37 所示。

7）设置方程求解工具的属性。在属性面板中设置是否显示计算结果、迭代求解收敛精度和最大迭代次数，如图 7 - 38 所示。

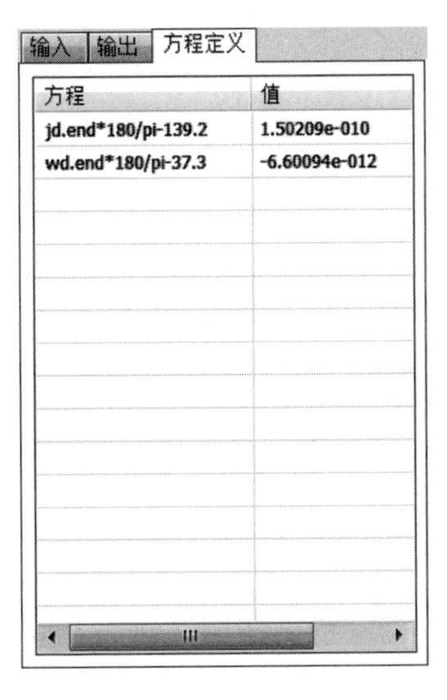

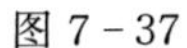
图 7 - 37

图 7 - 38

8）点击方程求解工具界面左上部的“开始分析”按钮进行迭代求解，求解过程中可点选不同的输入、输出、方程定义，设计页面右侧曲线将动态更新，如图 7 - 39 和图 7 - 40 所示。

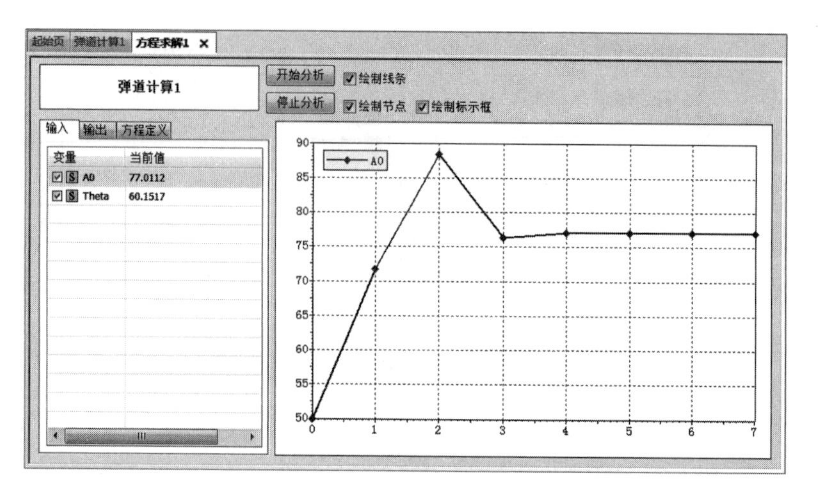

图 7－39

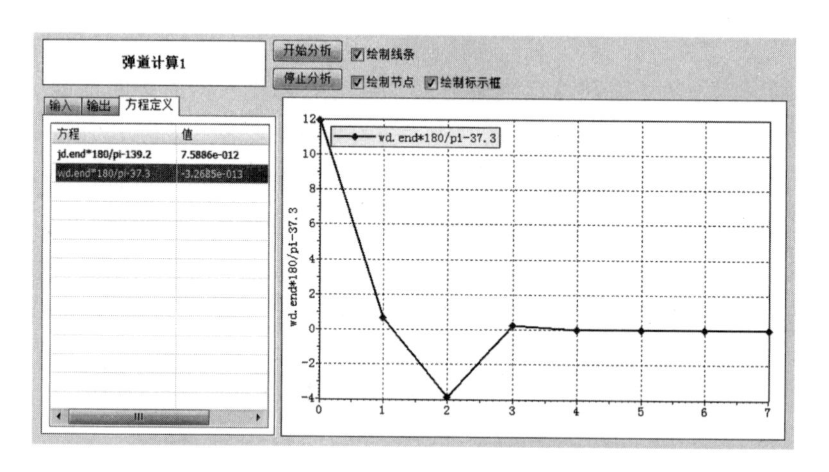

图 7－40

提示：在弹道迭代求解过程中，程序有时会报错，如图 7－41 所示。

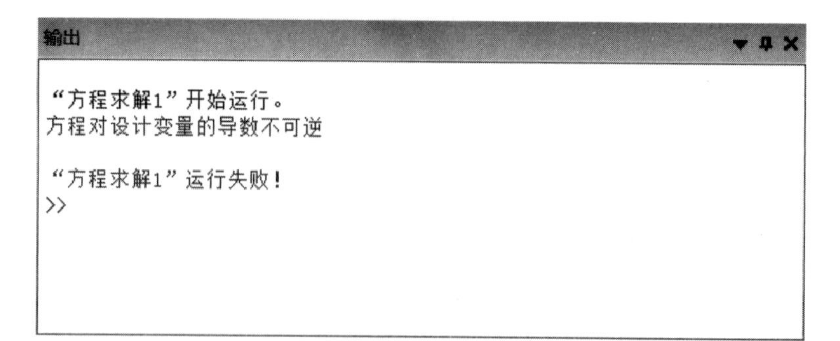

图 7－41

出现这种错误的原因是输入标签中输入变量的初值选取不合理。解决办法是调整初值再次运行，首先可以手动调整输入变量的值，运行弹道计算工具，然后观测输出变量的值，至少保证其中一个输出值在目标值附近，最后以手动调节的输入变量值为初值开始进行迭代求解，一般即可顺利得到正确的结果。若仍然出现此类错误，则重复此操作调整输入变量初值后再次进行迭代求解，直到不出现错误为止。

技巧 111　如何设置弹道优化模型

弹道参数的优化设计对于提升飞行器性能、确保任务可行性、指导后续设计等具有重要意义，FlightSim 软件提供了专门的优化算法工具，可方便地对搭建好的弹道模型进行优化设计。弹道优化模型的具体设置方法和步骤如下：

1）搭建弹道仿真模型。根据任务需要，按照技巧 65～技巧 78 中介绍的方法，搭建好弹道仿真模型，搭建好的弹道模型应可进行单次弹道计算且保证计算结果正确。

2）设置弹道模型的输入变量。按照技巧 107 介绍的方法，将弹道优化需要使用的变量设置为弹道模型的输入或输出变量，如图 7－42 和图 7－43 所示。

名称	值	说明	单位	输入输出
m1	35000	一级起飞质量	kg	保护
m2	12000	二级起飞质量	kg	保护
m3	5000	三级起飞质量	kg	保护
m_head	1000	弹头质量	kg	保护
m_zhao	200	整流罩质量	kg	保护
m_engine_1	20000	一级发动机装药	kg	保护
m_engine_2	6000	二级发动机装药	kg	保护
m_engine_3	3300	三级发动机装药	kg	保护
P_engine_1	1e+006	一级发动机推力	N	保护
P_engine_2	500000	二级发动机推力	N	保护
P_engine_3	150000	三级发动机推力	N	保护
T_engine_1	60	一级发动机工作时间	s	保护
T_engine_2	60	二级发动机工作时间	s	保护
T_engine_3	60	三级发动机工作时间	s	保护
alpha_max	-16.8422	最大转弯攻角	deg	输入
phi_	-0.0439435	二级俯仰角下压速率	deg/s	输入
JD0	108.715	起始点经度	deg	保护
WD0	18.542	起始点纬度	deg	保护
A0	71.8494	射向	deg	输入
delta_m	130.301			保护
t_hx_1	0			输入
t_hx_2	434.317			输出 输入

参数列表　设计页面　结果曲线　结果数据　生成报告

图 7－42

3）新建优化算法工具。单击 FlightSim 软件左上角的“新建”图标，在弹出的对话框中选择“分析工具—优化算法”模块，然后单击右侧“空模型”，最后单击确定，如图 7－44 所示。

图 7-43

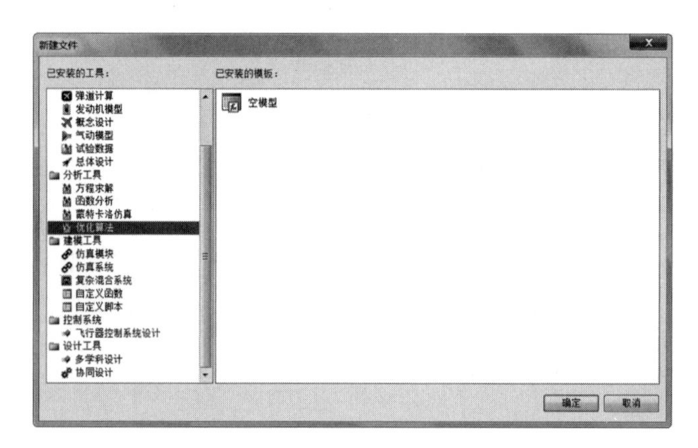

图 7-44

4）设置弹道优化模型。直接从解决方案面板中将要优化的弹道模型拖入优化算法工具左上角的空白处即可，如图 7-45 所示。拖入完成后，在优化算法工具的输入和输出标签页将显示在弹道设计页面设置的优化变量和输出变量，如图 7-46 所示。

5）设置设计变量、优化目标和优化约束。通过勾选输入页面中的变量定义设计变量，同时可以设置设计变量的最小值和最大值；通过在优化设置页面中右键添加新项定义目标或约束，定义时可以用输入和输出中解析的变量任意组合表达式，如图 7-47 所示。

6）在属性面板中设置优化算法。首先在解决方案面板中选中要设置优化算法的优化工具，属性面板中将显示优化工具的属性，如图 7-48 所示。在算法栏可选择随机算法、遗传算法、粒子群算法、SQP 算法等，在迭代次数栏可自定义迭代优化次数。

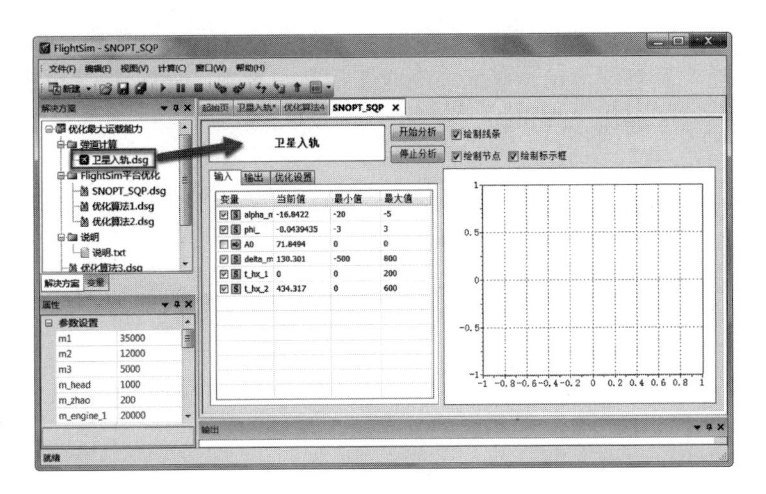

图 7 - 45

输入 | 输出 | 优化设置

变量	当前值	最小值	最大值
alpha_n	-16.8422	-20	-5
phi_	-0.0439435	-3	3
A0	71.8494	0	0
delta_m	130.301	-500	800
t_hx_1	0	0	200
t_hx_2	434.317	0	600

输入 | 输出 | 优化设置

变量	值
h.end	700000
jd.end	2.25271
jd.array	708×1 double
wd.end	0.407422
wd.array	708×1 double
range.end	2.17917e+006
Va.end	7508.07
theta_loc.end	-1.17395e-012

图 7 - 46

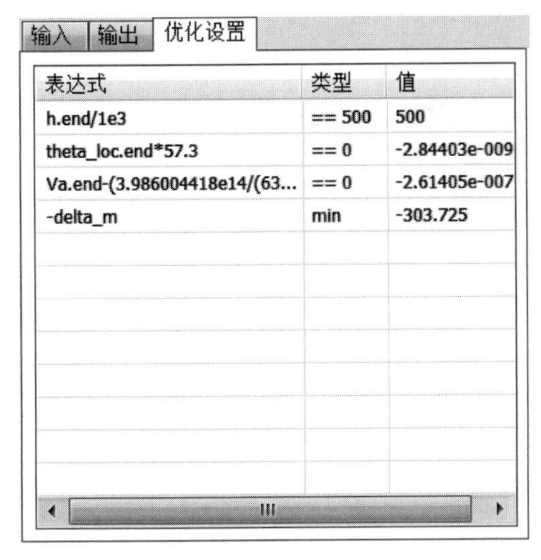

输入 | 输出 | 优化设置

表达式	类型	值
h.end/1e3	== 500	500
theta_loc.end*57.3	== 0	-2.84403e-009
Va.end-(3.986004418e14/(63...	== 0	-2.61405e-007
-delta_m	min	-303.725

图 7 - 47

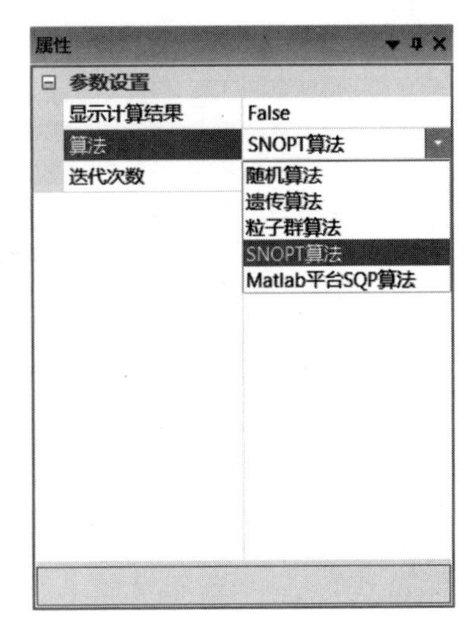

图 7 - 48

7）点击优化算法界面左上部的“开始分析”按钮进行优化，优化过程中可点选不同的输入、输出、约束及目标，设计页面右侧曲线将动态更新，如图 7 - 49 所示。

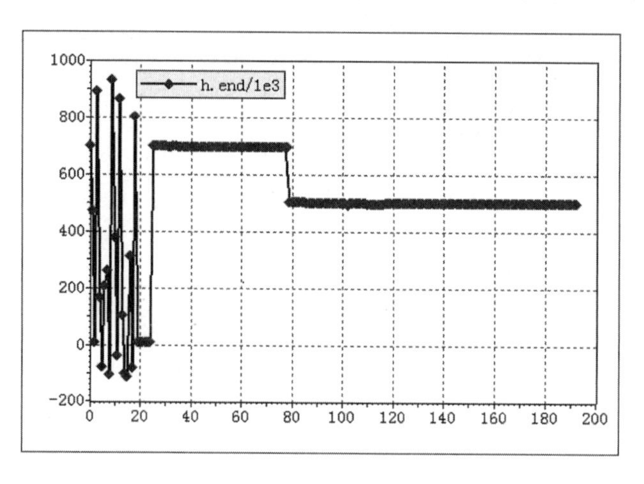

图 7 - 49

技巧 112　如何针对导弹设计射程最远的弹道

对于地地导弹或空地导弹来说，经常需要设计射程最远的弹道，下面通过一个例子来说明如何利用 FlightSim 软件的弹道计算和优化工具来解决上述问题。

【例】某两级地地导弹采用垂直发射方式，可供设计的飞行参数包括一级最大转弯攻角和二级飞行攻角，假设忽略气动力，在给定导弹质量特性和动力特性情况下，如何设计导弹最远射程弹道？利用 FlightSim 软件解决此问题的方法和步骤如下：

1）搭建导弹弹道计算模型。根据任务需要，按照技巧 65～技巧 78 中介绍的方法，分别搭建弹道积分、质量、气动、推力等模型，如图 7 - 50 所示。

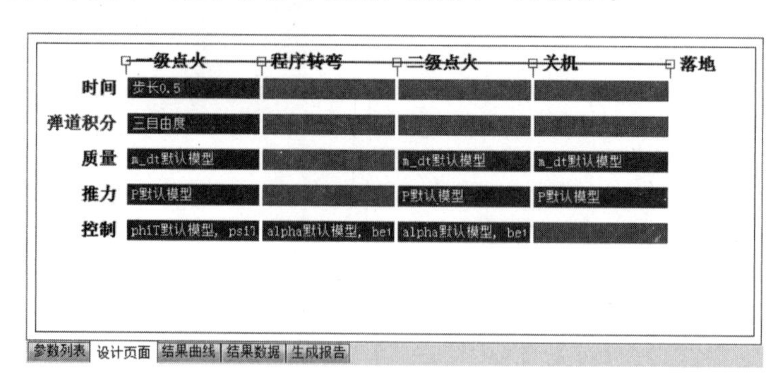

图 7 - 50

2）设置一级、二级控制模型。一级和二级飞行段控制模型如图 7 - 51 和图 7 - 52 所示，其中程序转弯设定为一级点火后 3s，程序转弯前控制模型 phiT 为 pi/2，psiT 和 gammaT 均为 0。

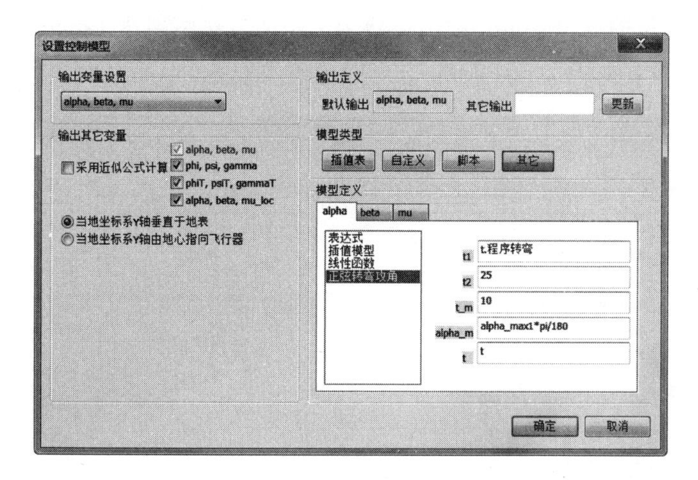

图 7－51

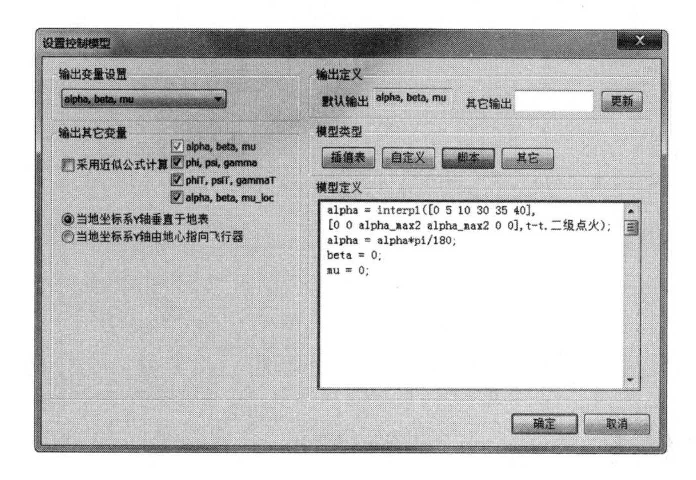

图 7－52

3）设置弹道模型的输入变量。利用技巧 107 中介绍的方法，在参数列表中，新建一级最大转弯攻角 alpha_max1 和二级飞行攻角 alpha_max2 两个变量，并将其属性设置为“输入”变量，如图 7－53 所示。

名称	值	说明	单位	输入输出
alpha_max1	-2			输入
alpha_max2	2			输入

参数列表　设计页面　结果曲线　结果数据　生成报告

图 7－53

4）设置弹道模型的输出变量。利用技巧 107 中的方法将射程 range 的“end”列属性设置为“输出”变量，如图 7－54 所示。

图 7－54

5）新建优化算法工具，将弹道计算工具拖入其中，设置输入变量的优化范围，并设置优化模型，如图 7－55 所示。

6）选择优化算法及迭代次数。这里算法选择“SNOPT 算法”，迭代次数设置为 200 次，如图 7－56 所示。

图 7－55

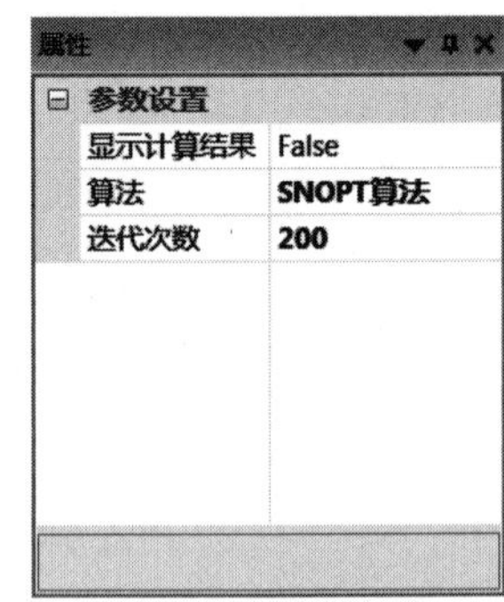

图 7－56

7）点击“开始分析”按钮，即可开始优化分析，仿真结束后即可得到优化的结果及最优结果对应的设计变量值，如图 7－57～图 7－59 所示。

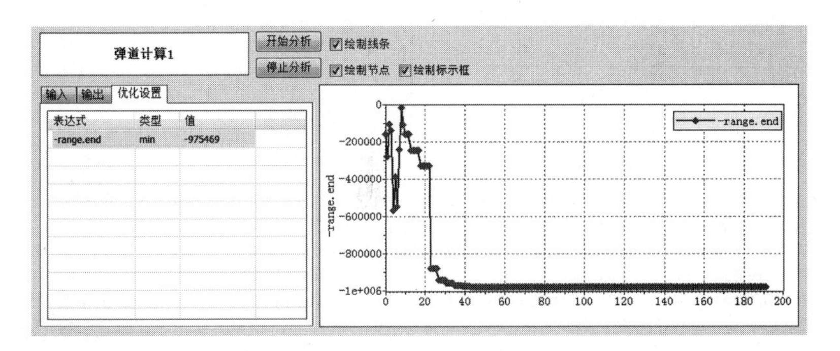

图 7－57

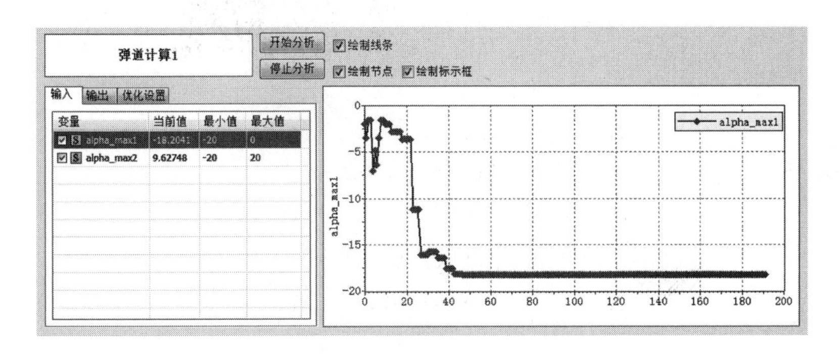

图 7－58

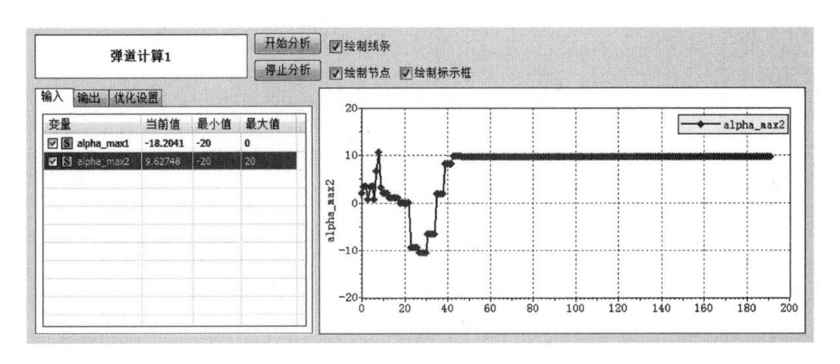

图 7－59

技巧 113　如何针对运载火箭设计能够入轨的弹道

对于运载火箭来说，需要设计能够入轨的弹道，下面通过一个例子来说明如何利用 FlightSim 软件的弹道计算和优化工具解决上述问题。

【例】某三级运载火箭采用垂直发射方式，在给定导弹质量特性和动力特性情况下，计算最大可将多重的有效载荷发射进入高度为 500 km 的圆轨道，其中可供设计的火箭飞行参数包括一级最大转弯攻角、二级俯仰角下压斜率、一级滑行时间和二级滑行时间。利用 FlightSim 软件解决此问题的方法和步骤如下：

1）搭建运载火箭弹道计算模型。根据任务需要，按照技巧 65～技巧 78 中介绍的方法，分别搭建弹道积分、质量、气动、推力等模型，如图 7－60 所示。另外，在弹道积分模型中，将质量输入设置为 m+delta _ m，如图 7－61 所示。

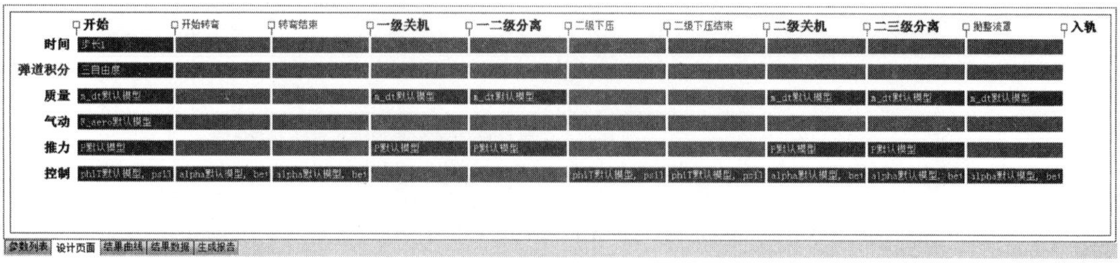

图 7－60

图 7－61

2）设置一级、二级控制模型和滑行时间时序。一级和二级飞行段控制模型如图 7－62 和图 7－63 所示，其中程序转弯设定为一级点火后 3 s，程序转弯前控制模型 phiT 为 pi/2，psiT 和 gammaT 均为 0。一级滑行和二级滑行时间分别设置为 t_hx_1 和 t_hx_2，如图 7－64 和图 7－65 所示。

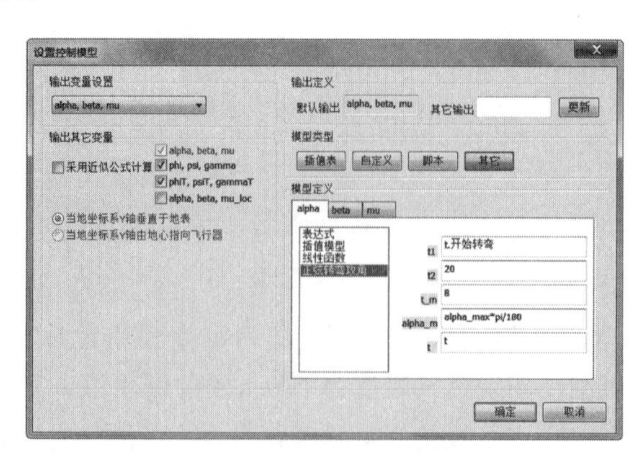

图 7－62

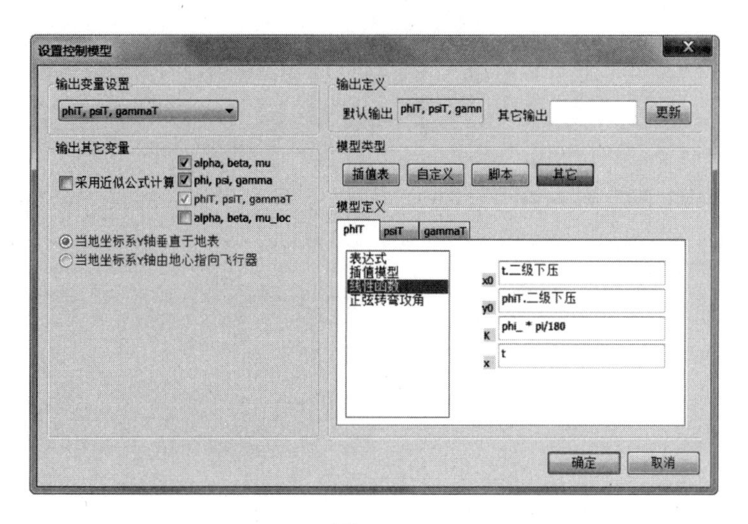

图 7 - 63

图 7 - 64

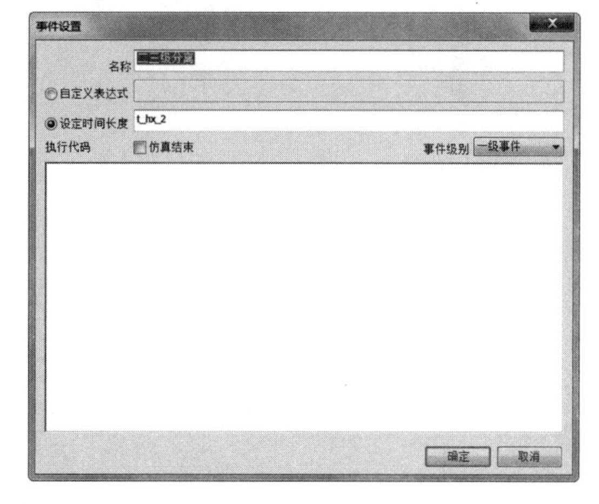

图 7 - 65

3）设置弹道模型的输入变量。利用技巧 107 中介绍的方法，在参数列表中，新建一级最大转弯攻角 alpha_max1、二级俯仰角下压斜率 phi_、载荷重量 delta_m、一级滑行时间 t_hx_1 和二级滑行时间 t_hx_2 五个变量，并将其属性设置为“输入”变量，如图 7 - 66 所示。

4）设置弹道模型的输出变量。利用技巧 107 中的方法将高度 h、速度 Va 和弹道倾角 theta _ loc 三个变量的“end”列属性设置为“输出”变量，如图 7 - 67 所示。

5）新建优化算法工具，将弹道计算工具拖入其中，设置输入变量的优化范围，并设置优化模型，如图 7 - 68 所示。

6）选择优化算法及迭代次数。这里算法选择“Matlab 平台 SQP 算法”，迭代次数设置为 200 次，如图 7 - 69 所示。

7）点击“开始分析”按钮，将弹出图 7 - 70 所示的对话框，直接点击“是”按钮。

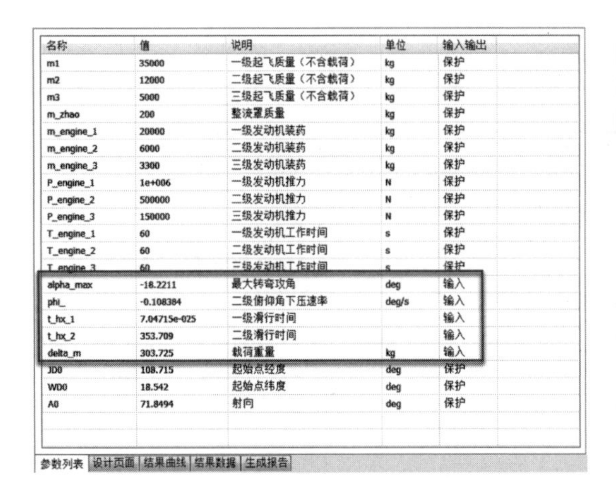

名称	值	说明	单位	输入输出
m1	35000	一级起飞质量（不含载荷）	kg	保护
m2	12000	二级起飞质量（不含载荷）	kg	保护
m3	5000	三级起飞质量（不含载荷）	kg	保护
m_zhao	200	整流罩质量	kg	保护
m_engine_1	20000	一级发动机装药	kg	保护
m_engine_2	6000	二级发动机装药	kg	保护
m_engine_3	3300	三级发动机装药	kg	保护
P_engine_1	1e+006	一级发动机推力	N	保护
P_engine_2	500000	二级发动机推力	N	保护
P_engine_3	150000	三级发动机推力	N	保护
T_engine_1	60	一级发动机工作时间	s	保护
T_engine_2	60	二级发动机工作时间	s	保护
T_engine_3	60	三级发动机工作时间	s	保护
alpha_max	-18.2211	最大转弯攻角	deg	输入
phi_	-0.108384	二级俯仰角下压速率	deg/s	输入
t_hx_1	7.04715e-025	一级滑行时间		输入
t_hx_2	353.709	二级滑行时间		输入
delta_m	303.725	载荷重量	kg	输入
JD0	108.715	起始点经度	deg	保护
WD0	18.542	起始点纬度	deg	保护
A0	71.8494	射向	deg	保护

图 7-66

图 7-67

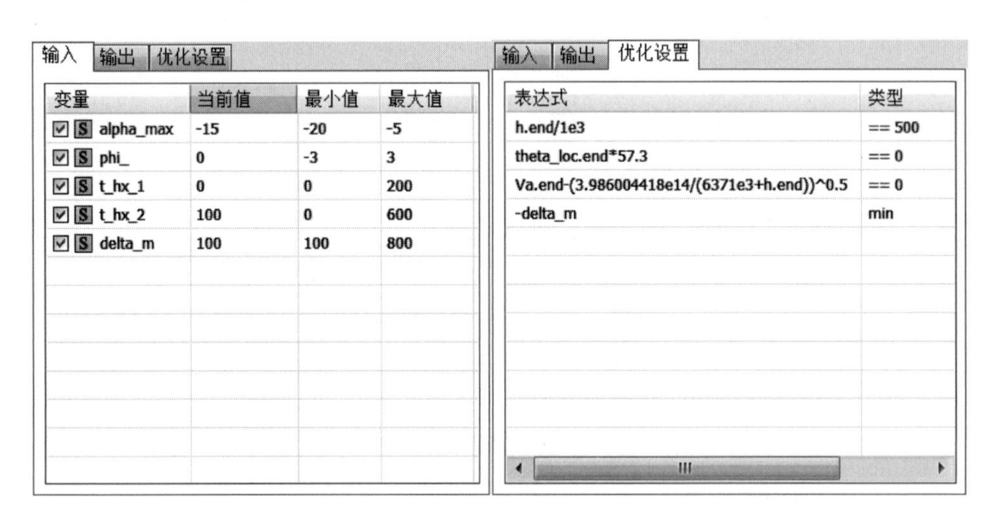

图 7-68

图 7-69

FlightSim

请打开Matlab，并在其中运行如下代码：

```
optpath = 'D:\work\02软件\FlightSim_plan_20190908\designtool';
addpath(optpath, '-begin');
hd__ = 2034584;
sm__ = '5D2A4103428445748A3CB13C2704F29F';
options__ = optimset('Display', 'iter', 'MaxFunEvals', 1e6, 'MaxIter',
200);
x0__ = [-15, 0, 100, 0, 100];
lb__ = [-20, -3, 100, 0, 0];
ub__ = [-5, 3, 800, 200, 600];
for loop_tag=0:0
init_func_(hd__, 3, loop_tag);
[x__, obj__, exitflag__] = fmincon(@obj_func, x0__, [], [], [], [], lb__,
ub__, @cons_func, options__);
init_func_(hd__, 4, x__);
end
rmpath(optpath);
```

是否要复制代码并关闭该对话框？

是(Y)　否(N)

图 7-70

8）打开 MATLAB 软件，在命令行窗口中单击右键，选择 Paste 或者直接利用快捷键 Ctrl + Y 或 Ctrl + V 即可将图 7 - 70 中代码复制到 command 窗口，然后回车后即可开始优化，如图 7 - 71～图7 - 73 所示。

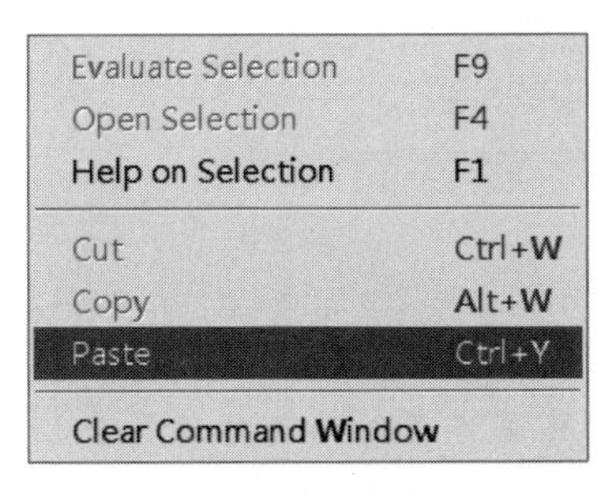

图 7 - 71

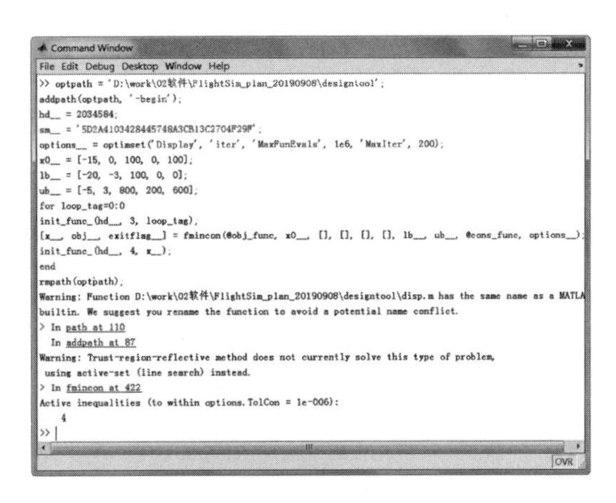

图 7 - 72

```
输出
   19    129     -303.726     0.007471           1      -0.0199          2
   20    135     -303.725    1.005e-005          1      0.00121        4.1
   21    141     -303.725    4.648e-006          1   -6.82e-005       4.36  Hessian modified twice
   22    158     -303.726     0.000313    0.000488       -0.853       2.03  Hessian modified
   23    164     -303.725    6.232e-006          1     0.000228          2
   24    170     -303.725    5.291e-006          1    -5.1e-005       3.15  Hessian modified
   25    176     -303.725    7.193e-008          1    1.33e-006       2.12  Hessian modified twice
Optimization terminated: magnitude of directional derivative in search
 direction less than 2*options.TolFun and maximum constraint violation
  is less than options.TolCon.
  lower      upper      ineqlin    ineqnonlin
>>
```

图 7 - 73

9）仿真结束后即可得到优化的结果及最优结果对应的设计变量值。在输入标签页下可以看到设计变量优化结果及优化过程，在优化设置标签页下可以看到表达式的优化结果及优化过程，如图 7 - 74 和图 7 - 75 所示。

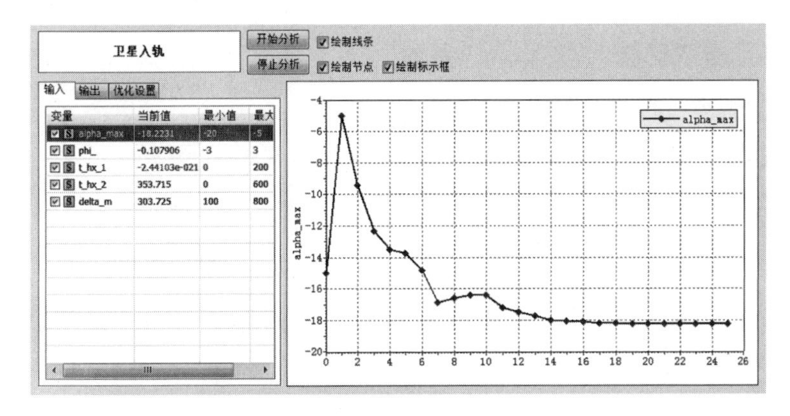

图 7 - 74

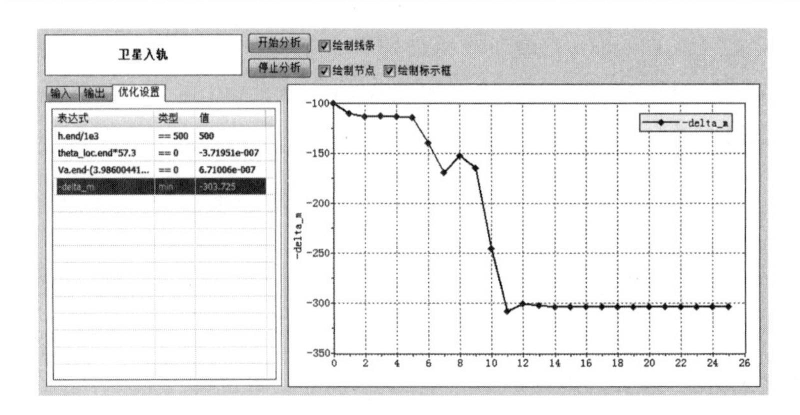

图 7－75

提示 1：优化工具中可供选择的优化算法有随机算法、遗传算法、粒子群算法、SNOPT 算法、MATLAB 平台 SQP 算法，其中前几种算法可不依赖其他工具直接在 FlightSim 软件中独立运行，MATLAB 平台 SQP 算法需要打开 MATLAB 软件运行。

提示 2：在处理含有等式约束的优化问题时，一般选择 SNOPT 算法或 MATLAB 平台 SQP 算法，利用这两种算法可以得到比较理想的优化结果；而在处理不含有等式约束的优化问题时，可以选择其他算法中的一种，优化速度较快。当利用其中一种算法得到的优化结果不理想时，可以尝试使用其他优化算法再次进行优化。

提示 3：在优化工具中，当第一次使用 MATLAB 平台 SQP 算法时，点击“开始分析”按钮后将弹出图 7－76 所示对话框。

该窗口中的代码为优化工具与 MATLAB 软件的接口文件，直接点击“是”按钮后，打开 MATLAB 软件，在命令行窗口中单击右键，选择 Paste 或者直接利用快捷键 Ctrl＋Y 或 Ctrl＋V 即可将图 7－76 中代码复制到 command 窗口，然后回车后即可自动生成接口文件。

随后，在优化工具中将弹出图 7－77 所示对话框。

后面即可按照本技巧中介绍的方法进行优化。

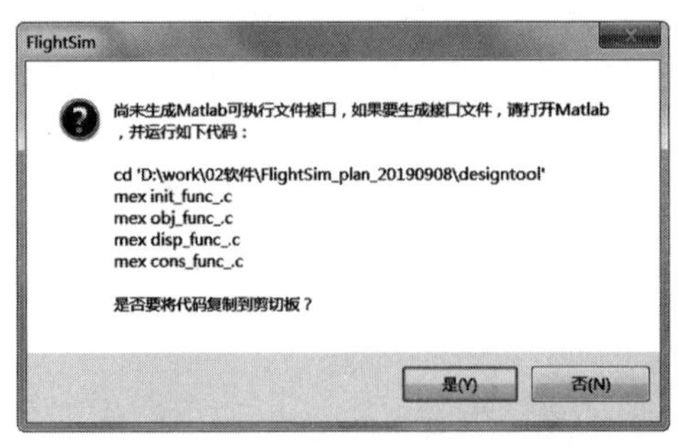

图 7－76

图 7－77

第8章　二维地图

在进行飞行器弹道计算和仿真时，经常需要对飞行器星下点轨迹、残骸落点、发射点、目标点等区域进行安全勘察，需要在地图上进行作业，另外，在飞行器弹道规划、拦截仿真等应用领域，也需要地图进行辅助设计。为此，FlightSim 软件提供了基于高精度地图数据的地图工具，如图8-1所示，该工具具有如下特点：

1）精确到1 m的海量地图数据免费下载；

2）行政区和地形地貌两种显示模式；

3）可通过手动添加、删除、修改的方式操作地图；

4）可通过编制脚本程序的方式自动操作地图；

5）提供绘制线、文字、矩形、圆等基本元素的函数；

6）提供绘制以我国国界为发射点的攻击范围、岛链、东海识别区等专用函数；

7）支持跟随弹道计算等工具，实现飞行动画效果。

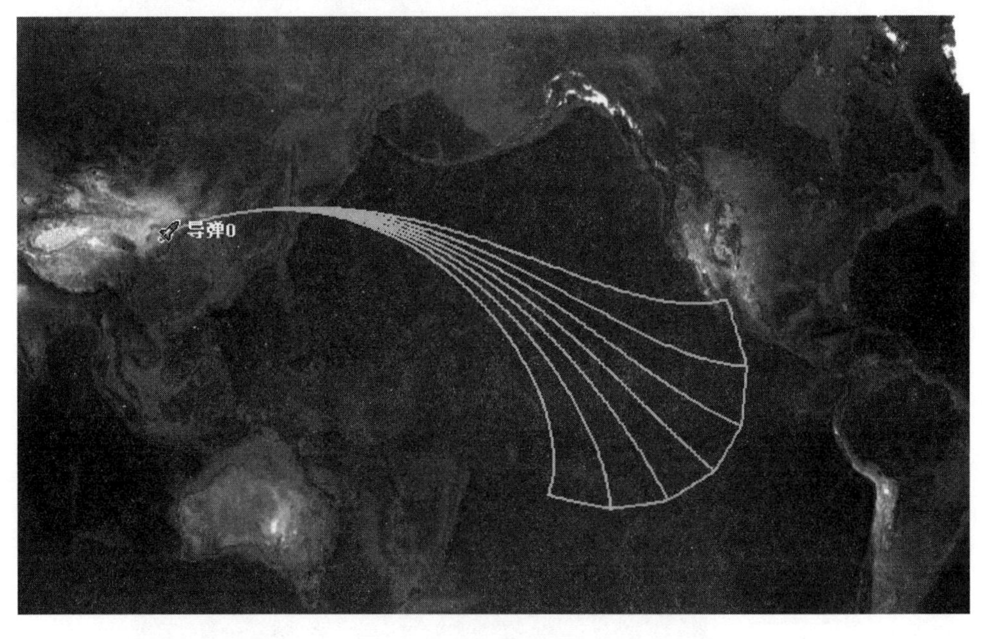

图8-1

技巧114　如何打开二维地图

在 FlightSim 软件中打开二维地图的方法和步骤如下：

1）双击软件图标，启动软件。

2）单击左上角“新建”，如图 8-2 所示。

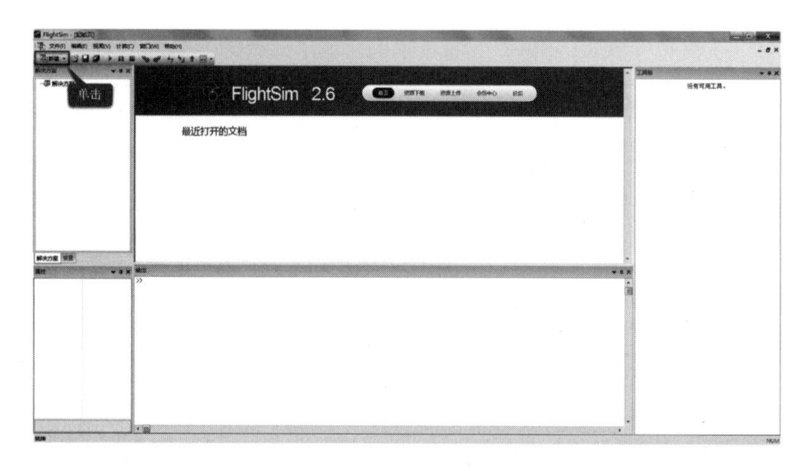

图 8-2

3）在弹出的图 8-3 所示对话框中首先选择“仿真工具”中的“二维地图”模块，然后单击右侧“空模型”，最后单击确定，即可得到新建的二维地图工具，如图 8-4 所示。

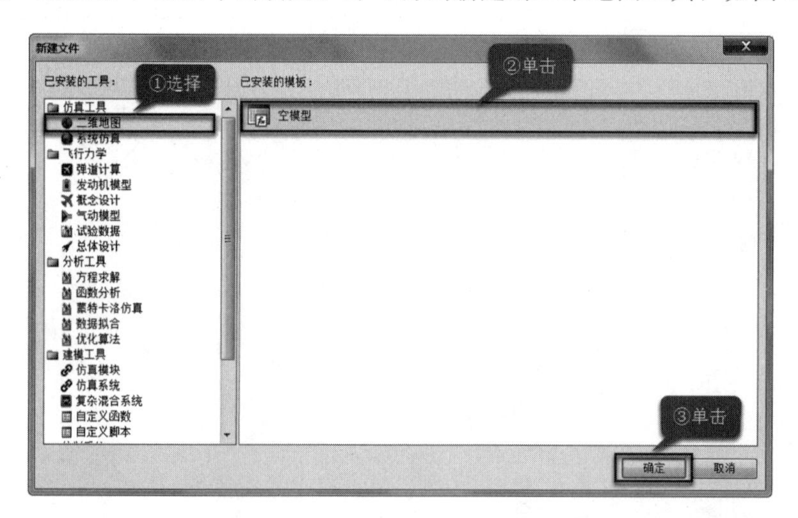

图 8-3

图 8-4

技巧 115　二维地图中工具栏的功能

二维地图中包含了专用的工具栏，如图 8－5 所示。

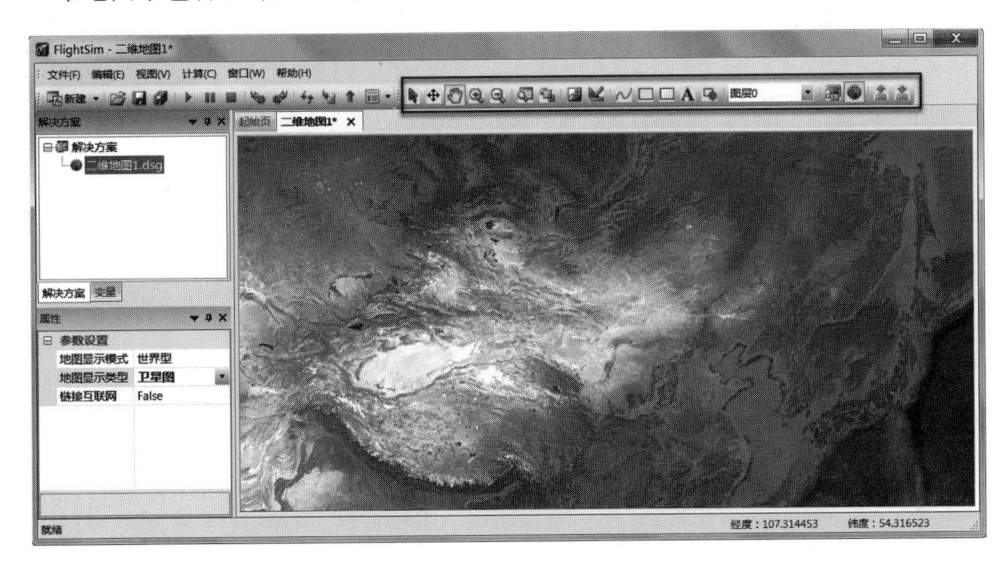

图 8－5

工具栏上各按钮的说明如表 8－1 所示。

表 8－1

序号	按钮	说明
1		设置鼠标的动作为选择
2		设置鼠标的动作为移动坐标点
3		设置鼠标的动作为移动地图
4		设置鼠标的动作为放大地图
5		设置鼠标的动作为缩小地图
6		切换地图工具中图层面板的显示
7		为地图中添加图层
8		截取地图，选中该按钮后在地图上拖动会将对应的地图复制到剪切板中
9		量取地图上的距离
10		在地图上添加线
11		在地图上添加多边形

续表

序号	按钮	说明
12		在地图上添加填充的多边形
13		在地图上添加文字
14		打开添加元素对话框
15		生成地图数据
16		切换行政图和地形图
17		导出地图中添加的图层数据
18		从外部文件中载入图层数据

技巧 116　如何在地图中进行手动绘图

利用工具栏中的按钮可以在二维地图中实现手动绘图。手动绘图主要包括两种方式，一种是通过鼠标在地图上点选方式，另一种是通过在对话框中输入参数方式。下面分别进行介绍。

（1）通过鼠标点选方式

①添加线

首先在工具栏中点击按钮；其次在地图中单击左键选择线的起始点；然后移动鼠标至第二个点位后再次单击左键，依次类推，利用同样的方法可以添加若干条线；最后将鼠标移动到终止点点位后双击左键即可完成多条线的添加。利用此方法可以完成单条线段或者多条折线的添加，如图 8－6 所示。

②添加多边形

首先在工具栏中点击按钮；然后在地图中单击左键依次选择多边形的第 1～第 n－1 个点；最后在第 n 个点处双击左键即可完成多边形的添加，如图 8－7 所示。

③添加填充的多边形

方法与添加多边形完成相同，如图 8－8 所示。

> 提示 1：利用鼠标在地图上选取点位时，若某个点位选择有误或是想更换点位时，点击“Esc”按键一次即可取消上一步点位选择，再次点击“Esc”按键即可取消上两步的点位选择，以此类推。
>
> 提示 2：在选择点位过程中，在任意时候在地图界面双击左键即可结束添加过程。

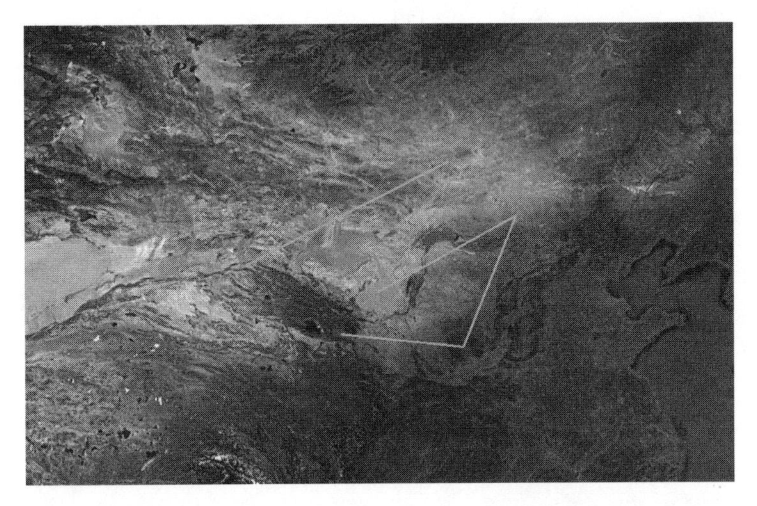

图 8-6

图 8-7

图 8-8

（2）通过对话框输入参数方式

1）首先在工具栏中点击按钮，将弹出“添加几何体”对话框，如图 8-9 所示。

2）点击几何体栏后面的倒三角符号，在弹出的下拉框中选择需要添加的图形类型。可供选择的图形类型包括直线、曲线、矩阵、圆形、大圆弧等，如图 8-10 所示。

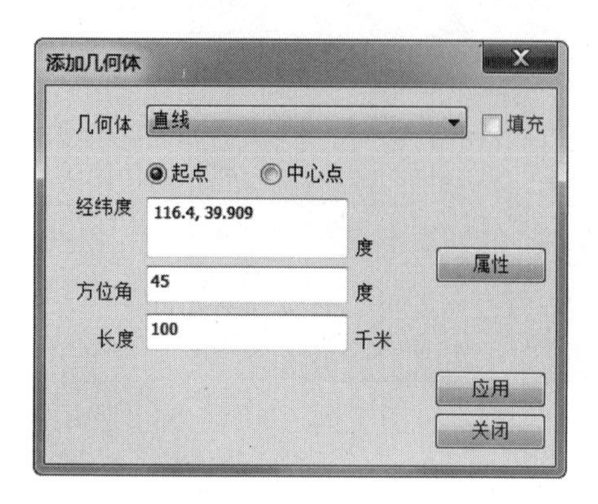

图 8-9

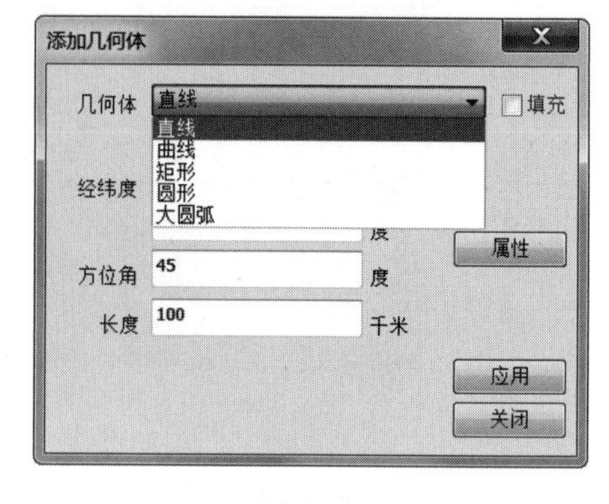

图 8-10

3）在几何体栏下方设置图形参数。不同的图形类型设置方法各不相同，下面分别进行介绍：

a）直线。参考点有起点和中心点两种指定方式，需要设置的参数包括经纬度、方位角和长度，如图 8-11 所示。

b）曲线。如图 8-12 所示，点击“编辑数据”按钮后，在弹出的对话框中输入曲线上各个点的经纬度。勾选“封闭曲线”选项可以将所有离散点连接成封闭曲线；勾选“填充”选项可以使所有离散点组成的封闭曲线显示为填充多边形；点击“属性”按钮，在弹出的对话框中可以进行曲线属性的相关设置。

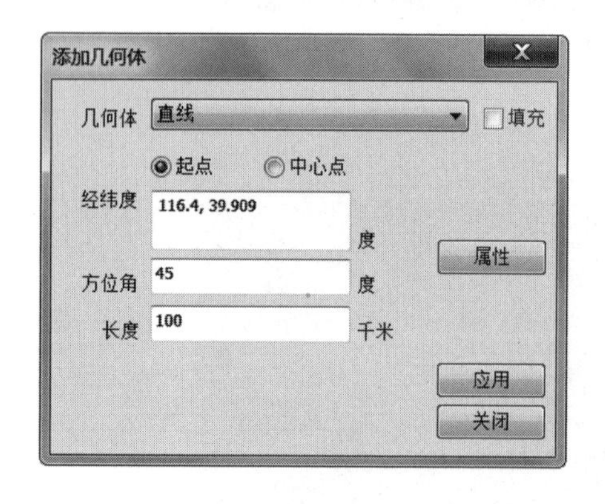

图 8-11

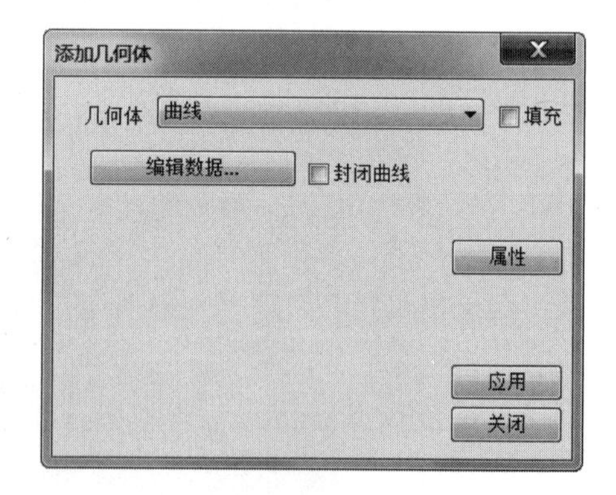

图 8-12

c）矩形。如图 8-13 所示，需要设置矩形的中心点经纬度、方位角以及离中心点前后左右的距离；勾选“填充”选项可以使矩形显示为填充矩形；点击“属性”按钮，在弹出的对话框中可以对矩形属性进行相关设置。

d）圆形。如图 8 - 14 所示，需要设置圆形的中心点经纬度、半径等参数；勾选“填充”选项可以使圆形显示为填充圆形；点击“属性”按钮，在弹出的对话框中可以对圆形属性进行相关设置。

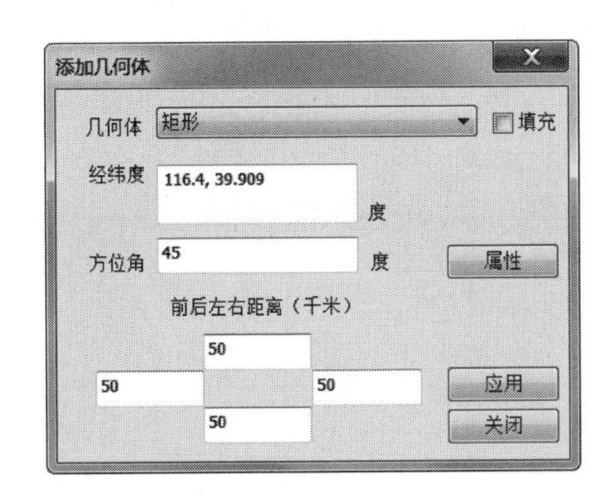

图 8 - 13

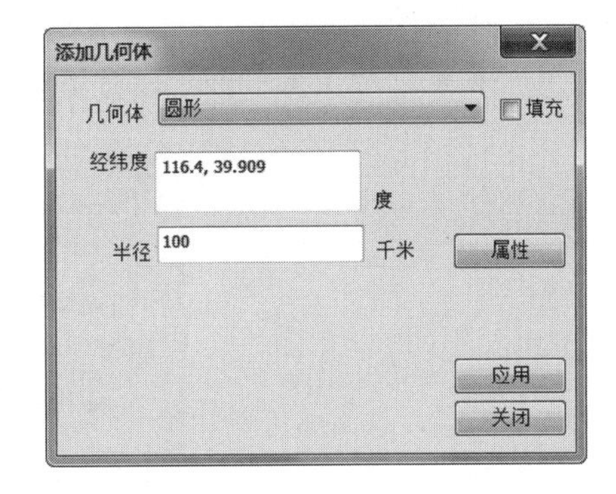

图 8 - 14

e）大圆弧。如图 8 - 15 所示，需要设置大圆弧起点和终点的经纬度；勾选“画长边”选项可以画弧长较长的那部分圆弧；点击“属性”按钮，在弹出的对话框中可以对大圆弧属性进行相关设置。

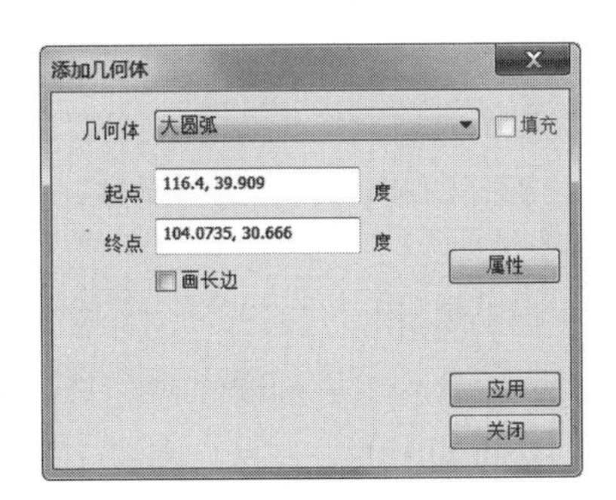

图 8 - 15

4）点击“应用”按钮，即可在二维地图工具中添加所设置的图形，如图 8 - 16 所示。

图 8 - 16

提示1：在“添加几何体”对话框中，点击一次“应用”即可添加一个几何体，在不关闭对话框的情况下，可以多次添加不同几何体。

提示2：添加完后，单击工具栏按钮后，在地图中双击几何体图形，在弹出的“设置元素属性”对话框中，可以对添加的图形进行二次编辑，如图8－17所示。

图8－17

技巧117　如何从地图工具中提取某个点的经纬度信息

在使用二维地图工具时，经常需要在地图中提取某个当前点的经纬度信息，例如以当前位置为圆心，做一个半径为10 km的圆。对于此类问题，软件提供了两种提取经纬度坐标的方法。

（1）方法一：利用鼠标移动手动提取

当鼠标在二维地图中移动时，在软件下方的状态栏将实时显示经度和纬度信息，用户可直接将鼠标移动到需要提取信息的某个点上，然后通过手动抄录的方法记录该点的经纬度信息，如图8－18所示。

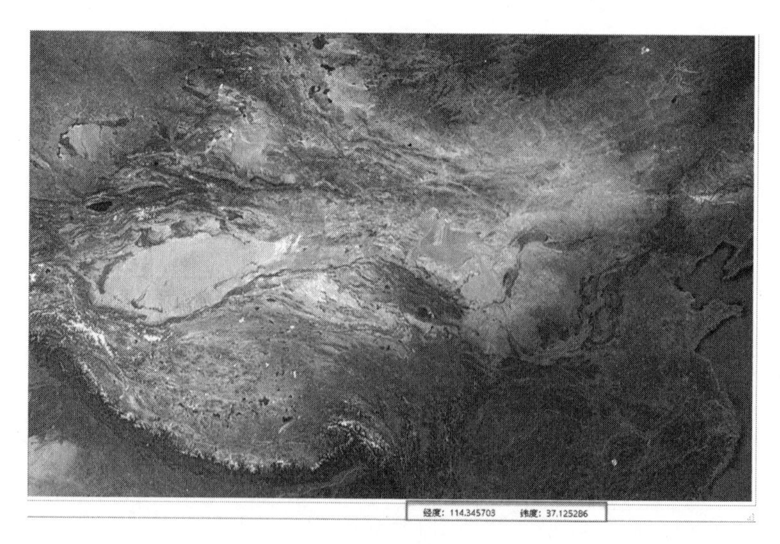

图8－18

(2) 方法二：利用鼠标右键直接复制

首先将鼠标移动到需要提取信息的某个点上，然后单击右键，最后在弹出的下拉框中选择“复制当前点”即可将当前所在点的经纬度信息复制下来，在需要使用的地方使用快捷键“Ctrl + v”即可进行粘贴使用，如图 8 - 19 所示。

图 8 - 19

技巧 118　如何利用地图工具测量两个地点的距离

以测量北京到上海的距离为例，介绍在地图工具中测量两个地点之间距离的方法和步骤：

1) 利用工具栏中的、、等按钮对地图进行缩放，使得需要测量的两个地点在地图中均位于可见且合适的位置，如图 8 - 20 所示。

图 8 - 20

2) 单击工具栏中（丈量长度）按钮。

3) 首先在地图中左键单击起始点（以北京为例），然后移动鼠标至终点坐标处，最后在终点坐标处双击左键，即会弹出测量结果对话框，显示测量结果，如图 8 - 21 所示。

图 8－21

提示 1：本技巧中介绍的测量距离的方法与鼠标在地图上选取位置的经纬度密切相关，因此若将地图进一步放大，可提高测量的精度，但放大的倍数需要把握合适的度，至少确保要测量的两个点在地图中同时可见。

提示 2：在选取起始点之后且在选取终点之前，不能使用鼠标的滑轮对地图进行缩放操作，否则起始点位置将随着滑轮的缩放而变化，最终导致测量结果错误。

提示 3：在事先知道起始点和终点的经纬度信息的情形下，可以直接使用 FlightSim 软件提供的 erhlg 函数来计算两点之间的距离。例如若已知北京和上海的坐标点分别为［116.411，39.926］、［121.509，31.222］，在输出命令行中直接输入以下代码后回车即可计算得到两个地方之间的距离。

```
::erhlg([116.411, 39.926],[121.509, 31.222])
ans =
    1.07009e + 006
```

技巧 119　如何在地图中添加图层

在地图中手动添加图层的方法和步骤如下：

1）点击工具栏（切换地图结构视图）按钮，将地图工具切换为图层面板的显示模式，可以看到二维地图工具中默认自带名称为“图层 0”的图层，如图 8－22 所示。

2）点击工具栏（新建图层）按钮，即可在左侧图层结构树型控件中添加名称为“图层 1”的图层，如图 8－23 所示。若要添加多个图层，可以按照此步骤重复操作；若需要对添加的图层名称进行修改，可在选中该图层名称情况下，单击其名称，即可切换到名称编辑状态，输入图层名称后回车即可。

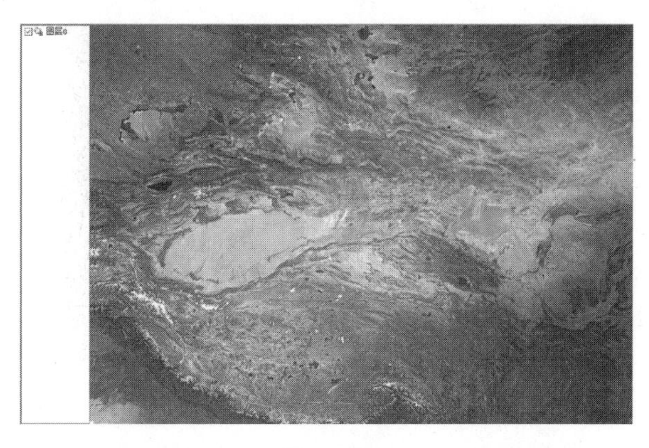

图 8 - 22

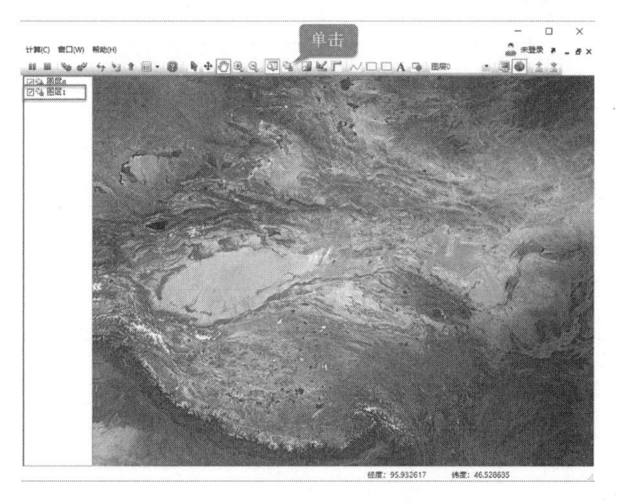

图 8 - 23

3）点击工具栏中的图层选择按钮即可在下拉框中选择当前图层，如图 8 - 24 所示。另外，通过点击左侧树型控件中各图层名称前的勾选框，可以设置该图层中的元素是否在右侧地图中显示。

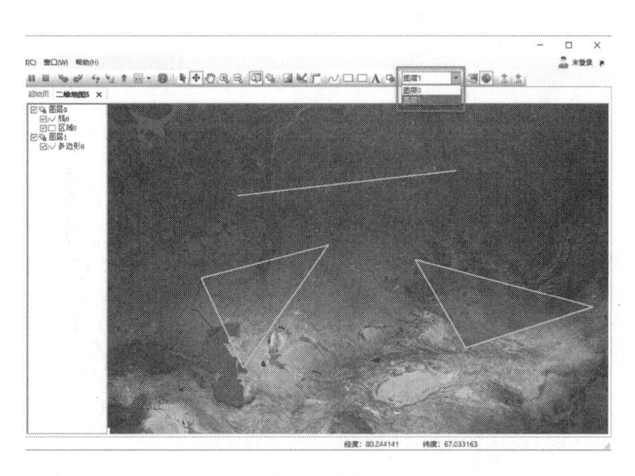

图 8 - 24

技巧120　如何在地图中利用命令自动绘图

除了利用鼠标进行手动绘图外，还可以在地图工具外部使用命令语句进行自动绘图。二维地图工具中可进行绘图的函数名称及功能详见技巧31，对于其中以Add开头的添加地图元素的函数，其配置项见表8-2，用户可使用这些函数及其配置项实现自动绘图功能。

表8-2

配置项	说明
color	指定线的颜色，采用RGB模式，即[255，255，255]代表白色，[0，0，0]代表黑色
name	指定地图元素的名字
linewidth	指定线的宽度
layer	指定在哪个图层下创建地图元素
trans	指定填充的透明度，其中1代表不透明，0代表完全透明
fillcolor	指定填充的颜色，采用RGB模式，即[255，255，255]代表白色，[0，0，0]代表黑色
fontsize	指定字体的大小
bold	指定字体为加粗型
italic	指定字体为斜体

下面以一个例子说明利用函数进行绘图的步骤和方法。在二维地图工具中建立两个图层，一个名称为默认的"图层0"，另一个名称为"一子级残骸图层"。现需要在"图层0"中绘制以北京（坐标[116.411，39.926]）为中心，半径为200 km的实心圆，并将该实心圆取名为"北京200 km生活圈"；另外需要在"一子级残骸图层"中绘制以[111.280843725388，32.0953110191522]、[111.189672523938，35.6848344574149]、[115.610327476062，35.6848344574149]、[115.519156274612，32.095311019152]四个点位坐标为顶点的矩阵：

1）首先利用技巧114中介绍的方法，在解决方案中新建名称为"二维地图1"的地图工具。

2）其次利用技巧18中介绍的方法，在解决方案中新建名称为"自定义脚本1"的脚本工具。

3）然后在脚本工具中键入如下代码：

```
::二维地图1.ResetMap();
::二维地图1.AddSolidCircle([116.411, 39.926],200e3,"name","北京200km生活圈","linewidth",2,"fillcolor",[255,0,255]);
::二维地图1.AddLayer("一子级残骸图层");
::二维地图1.SetCurrentLayer("一子级残骸图层");
```

```
xx = [ 111.280843725388      32.0953110191522
       111.189672523938      35.6848344574149
       115.610327476062      35.6848344574149
       115.519156274612      32.0953110191522
];
::二维地图 1.AddPoly(xx,"name","矩形框");
```

4）最后点击自定义脚本工具栏中的“运行”按钮即可，运行结果如图 8-25 所示。

图 8-25

技巧 121　如何在二维地图工具中使用弹道计算工具中的数据

某些情况下，需要在二维地图中绘制飞行器飞行的发射点、落点、飞行轨迹、残骸落区等图形，而这些数据一般可以直接利用弹道计算工具仿真得到。因此，FlightSim 软件提供了一种将两个工具有机结合起来的解决方案，通过采用外部编写代码的方式，直接在二维地图工具中使用弹道计算工具中的数据自动绘图。

下面通过一个例子进行详细说明。飞行器起点经纬度坐标为［100°，40°］，射向为 270°，要求在二维地图中绘制飞行器发射点、飞行轨迹、落点，其中将发射点绘制成半径为 10 km 的空心圆形图案，落点绘制成半径为 20 km 的实心圆形图案：

1）首先在解决方案中新建名为“弹道计算 1”的弹道计算工具并进行弹道建模。在新建的弹道计算工具中，利用前述的方法分别搭建弹道积分、质量、气动、推力、控制等模型，如图 8-26 所示，建模完成后要求模型能够正常运行并能得到正确的计算结果。

2）利用技巧 70 中的方法，将经度和纬度两个变量设置为弹道计算过程中的输出变量，如图 8-27 所示。

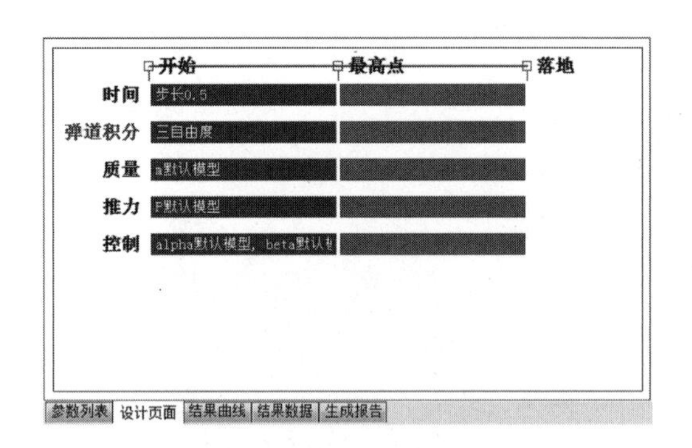

图8-26

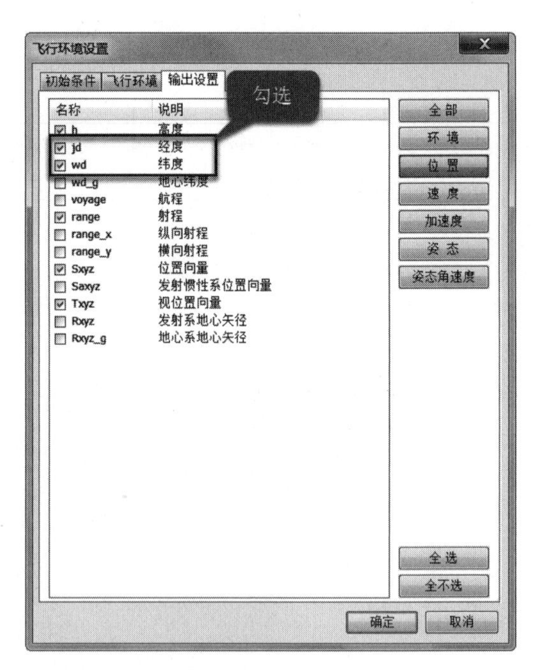

图8-27

3）利用技巧107中的方法，将经度和纬度两个变量的array设置为弹道模型的输出变量，如图8-28所示。

图8-28

4）新建名称为“二维地图1”的二维地图工具。

5）新建自定义脚本工具，并在脚本工具中键入如下代码：

```
::二维地图 1.ResetMap();
::run("弹道计算 1");
xx = [::弹道计算 1.jd.array,::弹道计算 1.wd.array] * 180/pi;
::二维地图 1.AddCircle(xx[0,:],10e3);
::二维地图 1.AddLine(xx,"4r-");
::二维地图 1.AddSolidCircle(xx[end,:],20e3);
```

6）最后点击自定义脚本工具栏中的“运行”按钮即可，运行结果如图 8-29 所示。

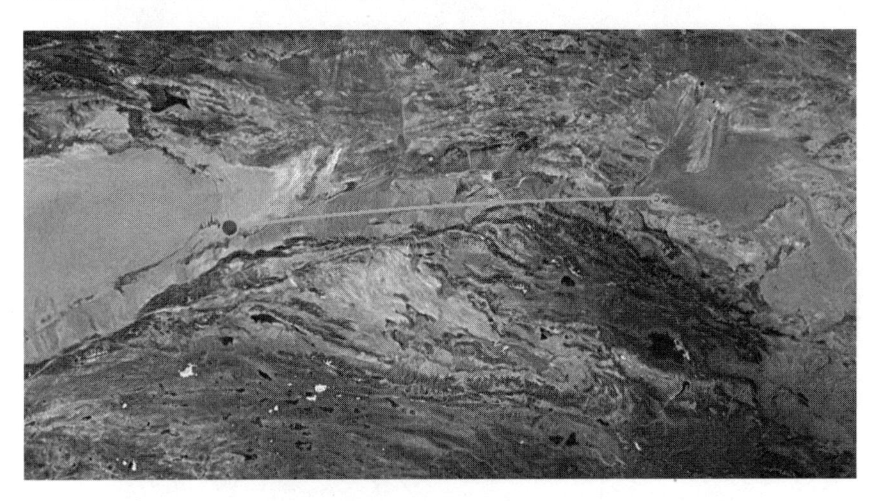

图 8-29

技巧 122　在地图工具中绘制星下点轨迹

飞行器的星下点轨迹一般用经纬度来表示。在地图工具中绘制星下点轨迹一般有两种方法，一种是手动绘图，另一种是利用命令自动绘图。利用命令自动绘图方法已在技巧 120 中进行了详细介绍，本技巧主要介绍采用手动绘图的方式绘制星下点轨迹的方法和步骤：

1）通过弹道仿真计算得到飞行器星下点轨迹的经纬度数据。

2）在二维地图工具中任意添加一条曲线，如图 8-30 所示。

3）单击二维地图工具栏按钮后，双击地图中的曲线，如图 8-31 所示，将弹出图 8-32 所示“设置元素属性”对话框。

4）单击“设置元素属性”对话框上方的“其他”标签，然后点击“编辑数据”按钮，如图 8-33 所示。

5）在弹出的图 8-34 所示“编辑变量”对话框中，删除原有数据，并将星下点轨迹的经纬度数组数据拷贝到空白处，最后点击“确定”，即可在二维地图中显示飞行器的星下点轨迹曲线，如图 8-35 所示。

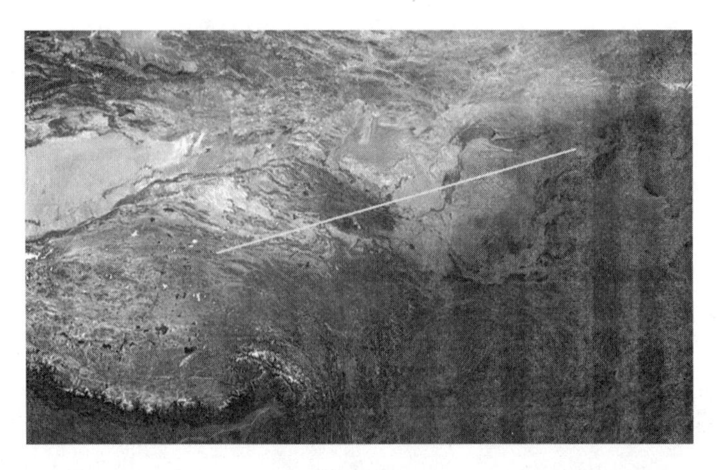

图 8-30

图 8-31

图 8-32

图 8-33

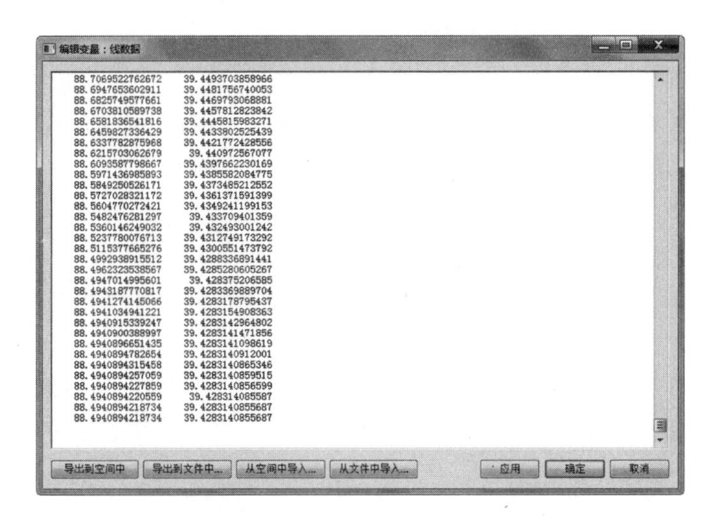

图 8－34

图 8－35

技巧 123　在地图工具中绘制残骸落区

一般通过两种形式表示飞行器残骸落区，一种是指定残骸落区中心点、方位角及前后左右距离，另一种是指定残骸落区范围四个顶点的经纬度坐标。针对这两种形式的残骸落区，利用地图工具绘制残骸落区的方法和步骤如下。

（1）用中心点、方位角及前后左右距离来表示残骸落区

假设残骸落区为矩形区域，矩形的中心点经纬度坐标为［100.4，33.2］，方位角为 135°，矩形长度为 200 km，宽度为 100 km。

可以采用手动绘图和利用命令绘图两种方式实现：

1）手动绘图方式：首先利用技巧 116 中介绍的方法，在“添加几何体”对话框中选择“矩形”，如图 8－36 所示，并勾选“填充”选项，分别输入经纬度、方位角和前后左右距离后，点击“应用”按钮，即可得到图 8－37 所示的残骸落区。

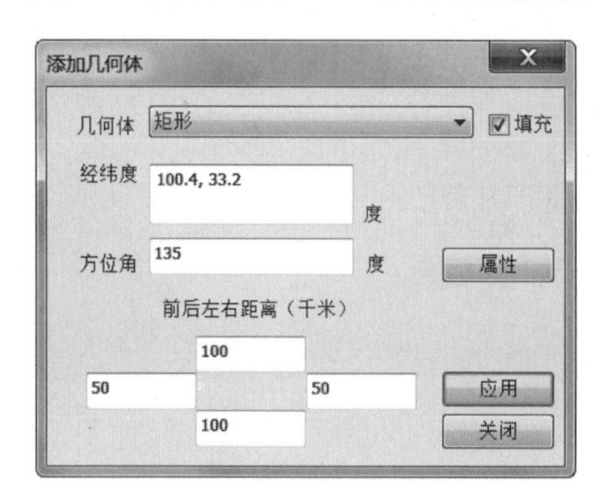

图 8－36

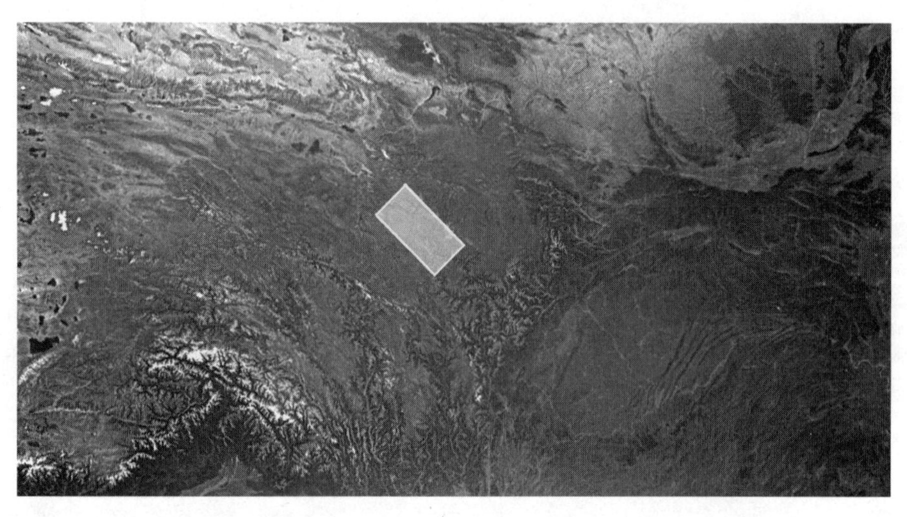

图 8－37

2）利用命令绘图方式：利用技巧 120 中介绍的方法，在自定义脚本工具编辑框中输入如下代码后点击运行，即可得到图 8－37 所示的残骸落区。

```
::二维地图 1.ResetMap()；
::二维地图 1.AddSolidRect([100.4，33.2],135,200e3,100e3)；
```

（2）用四个顶点的经纬度坐标来表示残骸落区

假设残骸落区为矩形区域，矩形的四个顶点的经纬度坐标分别为 [94.273，32.277]、[95.781，33.552]、[96.534，32.912] 和 [95.026，31.646]。

同样可以采用手动绘图和命令绘图两种方式实现：

图 8 - 38

1）手动绘图方式：首先利用工具栏中▢（添加填充的多边形）在二维地图中随意添加一个填充的多边形，如图 8 - 39 所示，然后利用技巧 116 中介绍的方法，将矩形四个顶点的坐标输入图 8 - 40 所示编辑数据对话框中，最后点击“确定”，即可在二维地图中显示残骸落区，如图 8 - 41 所示。

图 8 - 39

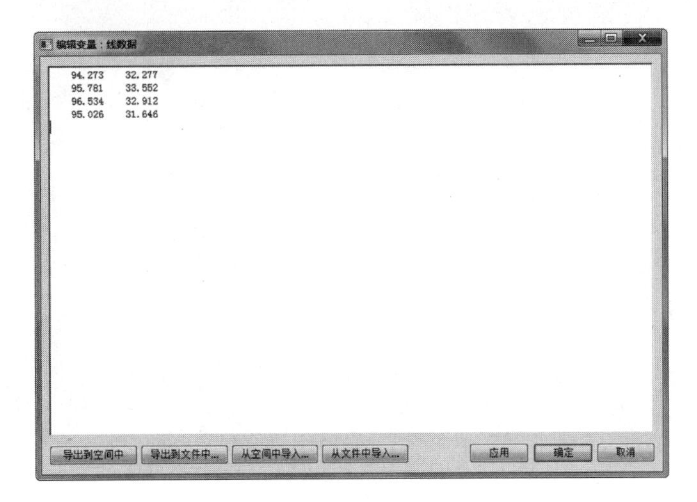

图 8 - 40

图 8－41

2）利用命令绘图方式：利用技巧 120 中介绍的方法，在自定义脚本工具编辑框中输入如下代码后点击运行，即可得到图 8－42 所示的残骸落区。

```
::二维地图 1.ResetMap();
xx = [94.273    32.277
      95.781    33.552
      96.534    32.912
      95.026    31.646
];
::二维地图 1.AddAero(xx);
```

图 8－42

技巧 124　如何下载地图数据

FlightSim 软件二维地图工具中显示的地图由 256×256 的图片拼接而成，地图数据存放在软件安装位置\map 中。在联网情况下，该工具将自动加载安装的地图数据。下载地图数据的方法和步骤如下：

1）点击地图工具栏中的生成地图数据图标，将弹出地图数据下载窗口，如图 8－43 所示。

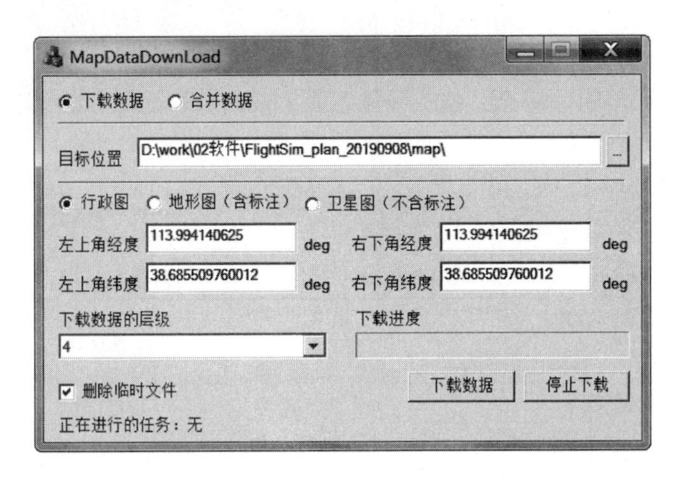

图 8－43

2）在数据下载窗口中，有两种方法可以下载数据。第一种是采用输入经纬度的方式，在对话框中设置下载地图类型（行政图、地形图或者卫星图）、需要下载地图数据的矩形区域两个顶点处经纬度坐标、下载数据的层级等参数后，点击“下载数据”按钮后即可开始自动下载地图数据；第二种是采用鼠标拖动框选区域的方式，首先点击工具栏的移动地图图标，配合鼠标的滑轮将地图移动并缩放至用户关心的区域，然后再次点击工具栏的生成地图数据图标后，直接利用鼠标在地图中拖动选择需要下载地图数据的矩形区域，如图 8－44 所示，选择完成后将再次弹出图 8－45 所示“MapDataDownLoad”对话框，其中的左上角经度、左上角纬度、右下角经度、右下角纬度输入栏中将自动填入鼠标拖动选择的矩形区域数据，最后进行相关设置并点击“下载数据”按钮后即可开始自动下载地图数据。

3）点击地图数据下载窗口上方的“合并数据”单选按钮后，将显示图 8－46 所示合并地图数据相关设置信息，利用此工具可将新下载的不同区域相同层级的数据与已下载数据合并到一起。依次选择目标位置（最终合并在一起的数据）、数据源（被合并数据）路径后，点击“将源数据合并到目录文件夹”按钮后，即可开始合并。

图 8-44

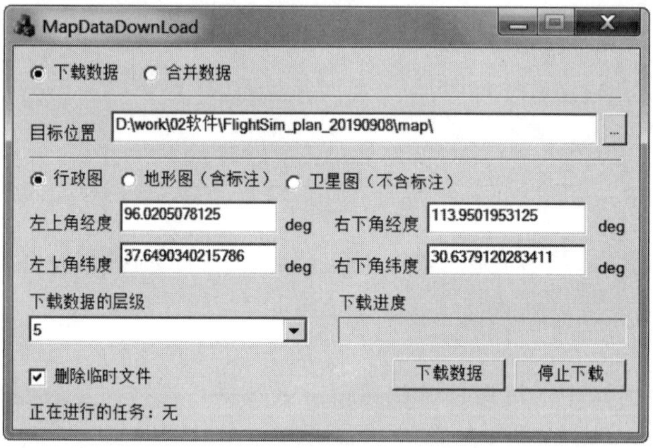

MapDataDownLoad

下载数据 合并数据

目标位置 D:\work\02软件\FlightSim_plan_20190908\map\

行政图 地形图（含标注） 卫星图（不含标注）

左上角经度 96.0205078125 deg 右下角经度 113.9501953125 deg

左上角纬度 37.6490340215786 deg 右下角纬度 30.6379120283411 deg

下载数据的层级 5

下载进度

删除临时文件

下载数据 停止下载

正在进行的任务：无

图 8-45

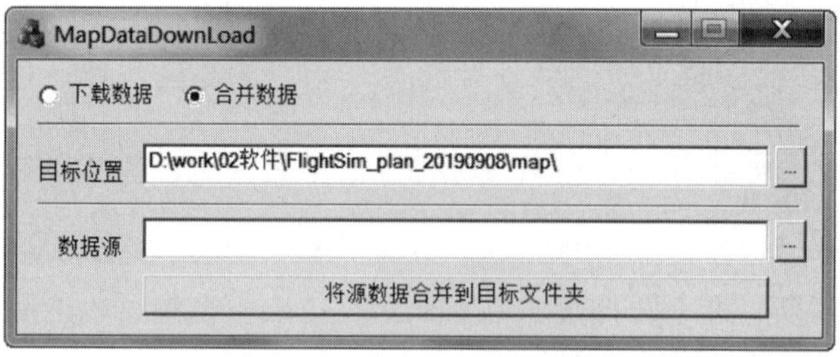

MapDataDownLoad

下载数据 合并数据

目标位置 D:\work\02软件\FlightSim_plan_20190908\map\

数据源

将源数据合并到目标文件夹

图 8-46

提示：数据的层级越大表明地图数据越详细，在地图工具中当利用鼠标滑轮或者工具栏的缩放工具对地图进行放大操作时，若放大到一定程度后无法显示数据，说明在此区域内没有对应层级的地图数据，需要下载更大层级的数据才能查看该区域的地图。

技巧125　如何进行二维地图属性设置

二维地图工具除可进行查看、绘图等操作外，还具有多种显示属性，用户可根据使用习惯，对地图显示模式、显示类型及是否链接互联网等属性进行设置。在页面左下角的“属性”对话框中可进行二维地图属性相关设置，如图8-47所示。

(1) 地图显示模式设置

点击“地图显示模式”栏后面的倒三角，如图8-48所示，在下拉框中可以选择“中国型”或“世界型”，两种显示模式的区别在于，“中国型”在显示曲线时以中国为中心且以零经度线为分割线；“世界型”在显示曲线时以东经180°/西经180°经度线为分割线。

图8-47

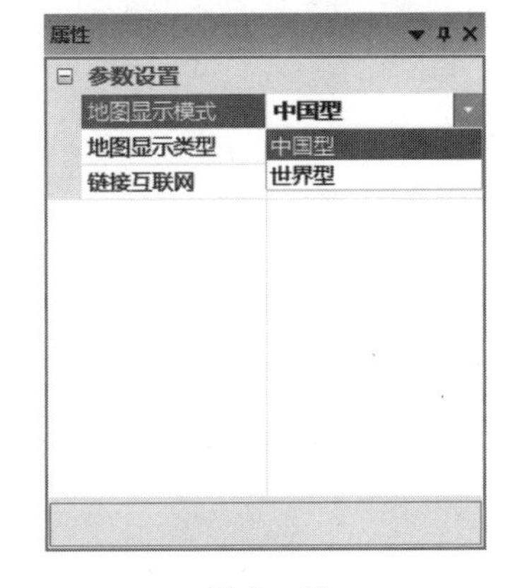

图8-48

例如利用前面介绍的技巧，以中国重庆附近某点为圆心，画一个半径为8 000 km的圆形，当地图显示模式为“中国型”时，地图显示如图8-49所示。

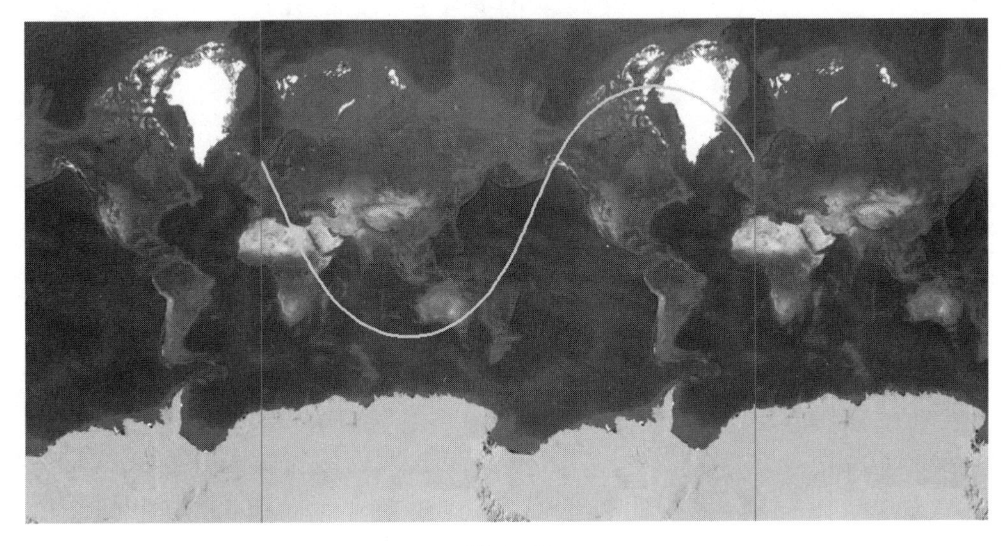

图8-49

当地图显示模式为“世界型”时，地图显示如图 8－50 所示。

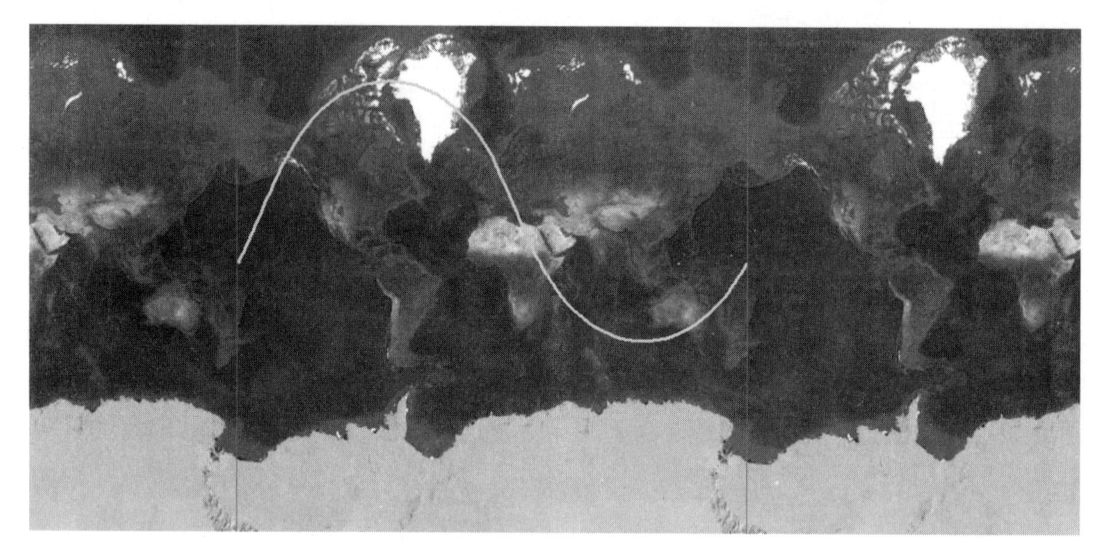

图 8－50

（2）地图显示类型设置

点击“地图显示类型”栏后面的倒三角，如图 8－51 所示，在下拉框中可以选择“行政图”“卫星图”或“地形图”，三种显示类型的区别在于显示的图片和标示有所不同。

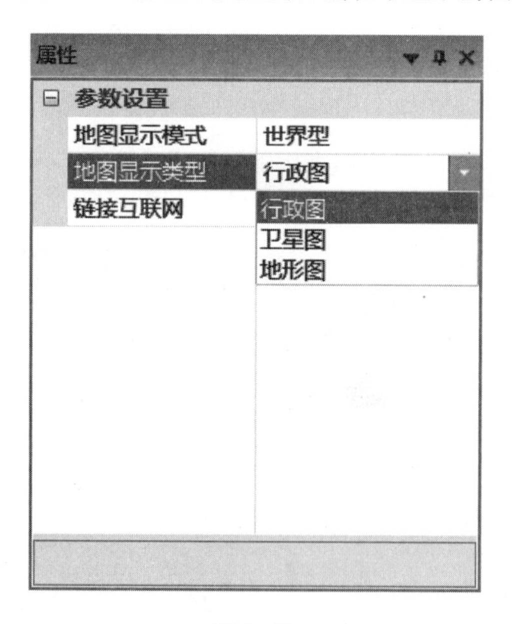

图 8－51

例如，对于同一个地理位置——中国北京，当选择“卫星图”时，地图显示如图 8－52 所示。

当选择“行政图”或“地形图”时，地图将显示行政区域划分及主要地名。

图 8 - 52

(3) 链接互联网设置

点击“链接互联网”栏后面的倒三角，如图 8 - 53 所示，在下拉框中可以选择“True”或“False”，两个选项的区别在于当利用鼠标对地图进行缩放操作时，选择“True”选项时，软件将实时联网下载缩放范围内的地图数据，从而显示更加精确的地图信息；而选择“False”选项时，软件将不会联网下载数据，仅根据本地已下载的地图数据显示相应的地图。需要注意的是，当选择“True”选项时，下载的地图数据不会保存在本地，若没有对应图层的地图数据，下次再查看时若不联网，仍然不会显示该区域信息。

图 8 - 53